图解

微行为
秘密都在小动作里

张卉妍 编著

天津出版传媒集团

天津科学技术出版社

这是一本
配备读者交流群的微行为畅聊书

　　本书配有读者交流群，群内提供丰富的读书活动和读书服务，帮助读者更好地学习微行为，并实际运用到生活、工作中去。读者可以根据需要加入感兴趣的交流群。

入群步骤　　建议读者配合二维码一起使用本书

1　用微信扫码本页二维码

2　根据提示，选择加入感兴趣的交流群

3　入群后，系统将自动推送关键词到手机，群内回复对应的关键词，即可获取相应的资源，并参与读书活动

微信扫描二维码
加入本书交流群

图书在版编目（CIP）数据

图解微行为：秘密都在小动作里 / 张卉妍编著 . --
天津：天津科学技术出版社，2018.4（2019.9 重印）
　ISBN 978-7-5576-4829-9

　Ⅰ . ①图… Ⅱ . ①张… Ⅲ . ①心理学—图解 Ⅳ .
① B84-64

　　中国版本图书馆 CIP 数据核字（2018）第 040074 号

图解微行为：秘密都在小动作里
TUJIE WEIXINGWEI : MIMI DOUZAI XIAODONGZUO LI
责任编辑：刘丽燕
责任印制：兰　毅

出　　版	天津出版传媒集团 天津科学技术出版社
地　　址	天津市西康路 35 号
邮　　编	300051
电　　话	（022）23332490
网　　址	www.tjkjcbs.com.cn
发　　行	新华书店经销
印　　刷	北京市松源印刷有限公司

开本 720×1 020　1/16　印张 29　字数 580 000
2019 年 9 月第 1 版第 2 次印刷
定价：68.00 元

前言

　　人生就像一场化装舞会，每个人都用面具挡住自己的真实表情。站在你面前的人，是言为心声，还是口是心非？家人、朋友、同事、领导、客户，你觉得你很了解他们，其实每个人都会隐藏自己的内心，而这几乎是一种下意识的行为。这时候，不管你有多么智慧过人，有多么出众的口才，如果你不会从对方的行为中读懂对方的心理，就很难获得好的人际关系。

　　有些人可能因知识、阅历、能力等原因，能够在内心波涛汹涌的时候做到面不改色，明明很讨厌别人却可以表现出很喜欢，明明是在掩盖事实却可以让别人看不出。也许他久经沙场很会掩饰，也许他聪明机智善于装腔，但人的心理无论怎样掩饰，都会通过细微的肢体语言表现出来，这种肢体语言包括表情、动作两个方面，合称为微行为，是人自己无法控制的，更是装不出来的。秘密就藏在这些小动作里！

　　在日常生活中，微行为对我们非常重要。如果我们错误地理解其含义，会让我们对交流对象形成错误的判断，这无疑增加了人们之间的隔阂，而不是相互信任；如果正确理解了其含义，我们就能够从他人一闪而过的表情信号里发现有价值的信息，以此来准确地识别他人。这样，我们不但可以通过对方的面部表情、身体动作和语言变化等线索来识破对方的谎言，同时也可以了解到对方的真实想法与目的。

　　在小型聚会上，看到对方吸烟的姿势，你能看出对方的性格吗？在工作时，看到老板的一个小动作，你知道他在想什么吗？在见客户时，他皱了一下眉，你觉得他想表达什么意思？在和恋人相处时，你怎么用身体语言来展示自己的优势？当你掌握了人类的各种微行为之后，你会发现，认识人、研究人、了解人是一件非常有趣的事情。对方的种种小动作，只是为了让你了解他，对方的种种掩饰，只是为了让你更加明白他在想什么。摘下他们的面具，看透他们的心声，一切秘密将尽收眼底。

　　人生就是一场博弈，生活就是一场较量。在这个纷繁复杂、瞬息万变的现代社会中，我们时刻都要与他人进行沟通和交往。而在这个过程中，我们必须要面对人生的考验和灵魂的洗礼，接受各种挑战。本书图文并茂，收集了各种微行为概念，并结合实际案例加以说明，教你从面部表情、行为举止、言谈、衣着打扮、生活习惯和兴趣爱好等方面捕捉、分析、判断他人，交给你一个"阅读放大器"。渐渐地你就会发现，读懂人心、识破谎言不再是难事。通过本书，你将得到一双识人的慧眼、一把度人的尺度，让你灵活运用微行为的相关知识，从体态上辨认人的性格，从谈吐中推断人的修养，从习惯中观察人的心理，从细微处洞悉人的气质，进而让你在职场、商场、情场等各种场合中左右逢源、运筹帷幄，一切尽在掌握！

　　接下来你要做的，就是熟练地掌握这些内容，并且把它应用到生活实践中。从现在开始，静下心来读这本书吧。用不了多久你就会发现，不管是什么人，都逃不出你的"法眼"。

目录

第一章　信心的博弈：重视与轻视

不屑代表着对其轻视 ……………………………………………… 1

轻视时会发出"哼""切"的单音词 ……………………………… 2

轻视时会不自觉地皱眉头 ………………………………………… 2

能力差的人容易受到忽视 ………………………………………… 3

唯唯诺诺没有想法的人容易被轻视 ……………………………… 4

不善言表的人容易被轻视 ………………………………………… 4

会把轻视的事情放到最后完成 …………………………………… 5

喜欢指手画脚的人容易被轻视 …………………………………… 6

忘记姓名表示轻视 ………………………………………………… 6

如何应对被轻视 …………………………………………………… 7

不雅的站姿表示轻视 ……………………………………………… 8

随意的坐姿表示轻视 ……………………………………………… 8

准确地把握老板发出的轻视的信号 ……………………………… 9

劝退的肢体语言表示轻视 ………………………………………… 10

低头摇头耸肩且双唇下弯表示鄙视 ……………………………… 10

攻击性的反驳表示鄙视 …………………………………………… 11

过分轻视时就会无视 ……………………………………………… 12

眼神游离表示漠视 ………………………………………………… 12

初次见面记住名字表示重视 ……………………………………… 13

记住对方的细节表示重视 ………………………………………… 14

触摸表达重视 ……………………………………………………… 14

对话中点头表示重视 ……………………………………………… 15

会面中坐姿端正表示重视 ………………………………………… 16

受邀坐主位表示被重视 …………………………………………… 16

会谈中站姿挺直表示重视 ………………………………………… 17

频频表达喜爱之情可以带来重视 ………………………………… 18

准时赴约表示重视 ………………………………………………… 18

第二章　懂得保持心理距离：排斥与接受

守住你的安全距离 19

距离产生美 20

性别也能决定距离 20

心理距离的文化差异 22

陌生人，别离我太近 23

拥挤使人不适 23

眨眼速度慢：不愿看 24

抿嘴不笑所隐含的内容 25

抿嘴微笑：温柔的拒绝 25

不只是卖萌：噘嘴 26

拨弄头发的女士 27

短裙美女难接近 27

碰触手部可以拉近距离 28

双手插兜，拉开距离 29

双手背后防止他人靠近 29

交叉双臂建立防线 30

腿部动作表露的距离感 31

交叉双腿表示没有认真在听 31

第三章　看穿对方的心理软肋：妥协与抗争

总是擦眼镜的人 32

咬眼镜腿泄露的秘密 33

警惕摘眼镜的动作 33

滑落鼻尖的眼镜 34

把握熄灭烟头时的心理 35

酷酷的吸烟者 35

高抬的下巴：我不会妥协 36

拣出不存在的"绒毛" 37

不安地压低下巴 37

不同含义的耸肩 38

低调的缩肩动作 39

歪头表示顺从 39

具有威胁意味的食指 40

把大拇指插进裤兜 41

叉腰动作解析 41

双腿交缠的女性较为顺从 42

OK 手势使气氛融洽 43

抖脚背后的深层次含义 43

男人的弹弓式坐姿 44

想要离开的坐姿 45

跨坐在椅子上的男性支配欲强 45

身体斜靠宣告所有权 46

抬高身体赢得优势地位 47

表示恭顺的鞠躬礼 47

第四章　谁在挑衅：冲突与防御

难以隐藏的愤怒 48

愤怒：冲突的根源 49

幼儿园里的冲突 49

冲突前的预备 50

愤怒的表现 51

威胁的结果 51

挑衅与迎接挑战 52

防御自己的领地 53

手的表达 53

领地的标识 54

个人领地的防御 55

如何捍卫"家"领地 55

人类的躲藏行为 56

迎接场合的挡身动作 57

熟练的挡身动作 57

天然的自我防御工事 58

坐姿中的挡身 59

需要防御的另一个地方 59

平息攻击的方式 60

尖叫的防御作用 61

抱臂防御 61

弱者的防御：耸肩 62

脱掉外套的人 63

"二郎腿"能跷否 63

第五章 你的神经绷紧了吗：紧张与放松

紧张感是如何产生的 64

为什么紧张难以隐藏 65

会叫的狗不咬人，脸红的人不动手 65

缓解紧张时的呼吸加速 66

紧张时眨眼频繁 67

紧张的面部表达 67

揉捏鼻子释放压力 68

怯场导致声音改变 69

鼻孔张大暴露紧张情绪 69

拉扯耳垂：焦虑和犹豫 70

抚摸胸腹的安抚作用 71

抚摸颈部寻求安全感 71

不能克制的手部颤抖 72

搓腿可以平缓情绪 73

焦虑时的手部表现 73

从抖腿到踢腿 74

紧张时的咀嚼和吞咽 75

紧张时的声音安慰 75

社交场合的替代行为 76

把玩饰物代表心神不宁 77

机场更容易出现替代行为 77

第六章 害怕了吗：压力与惊恐

压力下的安慰行为 78

眼睛的保护行为 79

眼睛的视觉阻断 79

触摸肌肤的安慰作用 80

压力下的双手背后 81

自我安慰的拥抱 81

社会名流如何隐藏压力 82

咬嘴唇隐含的负面情绪 83

消失的嘴唇 83

吸烟的味道安慰 84

惊讶时的面部冻结 85

受到惊吓时的冻结反应 85

受到惊吓时身体僵直 86

或红或白的脸色 87

古代的身体冻结：跪叩 87

惊恐之下的呼吸控制 88

压力使腿部动作减少 89

手部约束：不知所措 89

工作压力的理论模型 90

遇到压力时的双脚相扣 91

工作压力产生的因素 91

第七章　谁的内心在被谴责：自豪与愧疚

良心不安的愧疚心理 92

爱收藏玩具的成年人的小心思 93

透过视线看心态 93

"不可思议"的补偿 94

吸气或者捂住嘴巴表示愧疚 95

说谎的人心怀愧疚 95

语速比平常快，表示愧疚 97

愧疚的"抵消效应" 98

妻子不与丈夫比肩而坐，表示愧疚 98

愧疚时候的生气和焦急 99

用双手按住双颊 100

从工作态度看同事 100

第八章　继续下去还是适时停止：喜爱与厌恶

别让对方皱眉 101

下意识地扬眉 102

"八字眉"是怎么回事 102

眉毛上的动作 103

睁大眼睛看你 104

瞳孔的变化 104

眼角看人 105

"挤眉弄眼"使眼色 106

游离的眼神 106

斜瞄式微笑的魅力 107

嘴角变化有玄机 108

鼻子上的微行为 108

头部微倾的温暖和顺从 109

托盘式姿势 110

注意敲击桌面的手 110

眨眼的秘密 111

抬头微笑 112

摩拳擦掌 112

第九章　伪装下的情绪涌动：沉静与动摇

神奇的 NLP 113

鸡皮疙瘩是怎么回事 114

向左上方移动的眼球：视觉频道 114

回味感觉 116

左右转动的眼球 117

为压力"出气" 117

丰富的摇头动作 118

一种姿势多种含义 119

平视就是平静 119

是真正的健忘吗 120

摩擦前额的含义 121

拍打头部为哪般 121

手指关节的动与静 122

抓挠后颈有几种可能性 123

紧握双手的秘密 123

手肘摆放有学问 124

双臂交叉的两种不同情况 125

吸烟是因为缺乏安全感 125

通过眼镜塑造个人形象 126

她为什么双颊绯红 127

歪着头的秘密 127

第十章　谁处在受支配的地位：强势与弱势

如何有效利用视线 128

主动移开视线的人更加强势 129

弱势的一方移开视线是为了躲避 129

由上而下的打量 130

由下而上的尊敬 131

三角区域造成的威严感 131

压低的眉毛中会透出威严 132

带着威严的凝视 133

死盯着对方的眼睛不转移 133

长久凝视使人更亲密 134

高昂着下巴的人通常倔强 135

用镜子来训练威严的目光 135

下巴有时会带侵略性 137

高昂下巴有时会使人觉得高傲 138

握手时该谁先出手 138

翻转手掌获得主动权 139

强势的领地宣言 140

如何应对强势的握手者 140

伸展手臂的不同含义 141

手撑桌面获得主导权 142

双手叉腰的威严感 142

手臂的扩张和收缩 143

竖起拇指表示自信 144

叉开双腿的强势站姿 144

伸出拇指的其他含义 145

地位高的人肢体动作少 146

显示权威的座位安排 146

第十一章　克制不住的烦躁：成功与失败

胜败的重力原理 147

反重力动作 148

胜利者的姿态 148

胜利者的摇头晃脑 149

成功欺骗后的得意 150

高声欢呼代表胜利 150

失败者的表现 151

失败者会长期压抑 152

怯懦的失败者 152

一瞬而逝的表情 153

手插裤兜的人 154

这样做只能代表你是个失败者 154

失败者的眼神灰暗 155

成功者的手舞足蹈 156

失败的人心不在焉 156

成功者具备的心态 157

拍打头部说明走出困境 158

成功者的状态 158

失败者喜欢否认 159

失败的时候容易表现出退化 160

转移视线 160

爱做白日梦 161

隔离信息 162

为自己开脱 162

第十二章　到底是谁激怒了谁：愤怒与好斗

愤怒的表情 163

愤怒者的脖子会变粗 164

双拳握紧代表愤怒 164

眼神犀利也是愤怒的体现 165

愤怒者的语言短促有力 166

变得愤怒，呼吸也会剧烈 166

愤怒后的挑衅姿态 167

没表情不等于没感情 168

咬牙切齿的愤怒者 168

嘴唇紧绷，表示愤怒 169

两条眉毛竖起来 170

扇动的鼻翼 170

愤怒时眼睑也有变化 172

松领子 173

叉腰也表示愤怒 173

愤怒也可以假装 174

越愤怒双臂抱得越紧 175

双眉下压表示愤怒 175

很明显的愤怒：怒目而视 176

愤怒的人鼻孔张开 177

愤怒的人毛发竖直 177

厌恶的愤怒：上唇轻微离开下唇 178

大吼发泄愤怒 179

憋气表达愤怒 179

第十三章　三十六计走为上：逃避与逃离

稍稍吸气代表恐惧不安 180

姿态微微调整：他很不安 181

直接后退，想要逃跑 181

恐惧时两手冰凉 182

躯干和头后仰代表想要逃离 183

避开他的视线：视觉逃离 183

坐姿角度扭转，准备逃跑！ 184

从脸色也可以直接读出不安与想逃 185

站姿角度扭转，下一步就逃跑！ 185

恐惧的直接反应是静止 186

张大嘴巴吸气 187

恐惧会使人最大限度地睁开双眼 187

发出尖叫声 188

膝盖发软 190

躯干倾斜就是要逃离 190

手心潮湿的人内心恐惧 191

恐惧时用手护住某个部位 192

逃避时头歪一边，用手托住头 192

逃避时按住脸颊、头、头发 193

逃避时会自己紧握双手，或手指交扣 194

逃避时头歪一边，用手托住头 194

脸色急速转变代表恐惧，急切想逃避 195

逃避时会玩弄饰物 196

空洞的眼神表明很不安 196

想逃离时，身体会不自觉抖动 197

烦躁时不自觉想逃离 198

回忆过去与幻想未来 198

当对周遭的人失去信任时，就想逃离 199

想逃避时，会毫无目的地狂奔 200

自我封闭是为了逃避现实 200

第十四章　说不出却藏不住的痛：悲伤与痛苦

悲伤源自哪里 201

悲伤时的眼泪可以排毒 202

悲伤的表情特征 202

痛快哭一场 203

婴儿痛哭的表情分析 204

婴儿的痛哭 204

成人的痛哭 205

悲伤时压抑的痛哭 206

一张痛哭的嘴 206

眉毛和眼睛表露的悲伤 207

平静之中隐藏的悲伤 208

苦涩的嘴唇 208

静静的忧伤 210

深深的忧虑 211

扩大的悲伤情绪 211

为自己化解悲伤 212

令人厌烦的苦瓜脸 213

女性的撒手锏 213

你真的会区分痛哭和大笑吗 214

抑郁成灾 215

现代人如何远离抑郁症 215

第十五章　居然是这样：惊讶与意外

超过 1 秒的惊奇表情是装出来的 216

惊讶时额肌充分收缩 217

真正吃惊的表情不到 1 秒钟 217

惊讶时的眉毛会大幅上扬 218

年纪大的人惊讶时前额会产生水平皱纹 219

嘴巴不自觉张开，配合一次快速吸气 220

受到刺激时嘴巴向下轻微张开 221

瞳孔微微放大：他有些惊恐 221

惊讶的人会深吸一口气 222

惊讶时下巴会微微抬高 223

受到惊吓，不自觉提高声音 223

尖叫是被严重吓到了 225

惊讶的人有时会面部仰天 226

歪过头去注意令人惊讶的事 226

惊讶刺激使人流泪 227

有时候惊讶会使人停住所有动作 228

皱眉：严重关注令人惊奇的大事 228

控制呼吸的深度和频率 229

屏住呼吸：太震惊了 230

惊讶让人变得严肃？ 230

你的听众正在不断敲着他的饭盒 231

五指并拢盖住嘴唇，平复受惊情绪 232

受惊，双手盖住脸 232

本来托腮的手突然张开了手指，太惊讶了 233

受到负面刺激，做出防御姿态 234

小孩子的两只手放在脑袋两侧，五指全部张开 234

第十六章　谁在仰视着谁：服从与合作

服从于高高在上的人 235

有些被服从的人会骄傲 236

习惯放下 236

达西的傲慢 237

想要合作的诚意 238

谁服从于谁 238

从拍照站位中找出领导者 239

低头处世，昂首做人 240

真假拥抱 240

真正的合作建立在尊重与互惠上 241

永远不用强迫来换取别人的"臣服" 242

善意谎言比真话更吸引他人注意 242

给予别人高度的重视 243

控制局面，让别人从心理上仰望自己 244

设身处地为别人思考，是一种心理服从 244

利用"留面子效应"指引别人的顺从性 245

拥抱对手使自己站在主导位置 246

从众心理对促成合作很有效 246

低调做人，是服从的表现 247

身处劣势时，示弱能激起他人的怜悯之心 248

适度进取，不要永远低头 248

把功劳留给大家分享 249

嘴上卖乖哄人欢喜是一种保全权术 250

"苦肉计"，能助你制伏疑心大的上司 250

第十七章 小动作出卖你的"秘密"：性格信号

注视背后的秘密 251

只有男性会出现"管状视野" 252

读懂"唇语" 252

女人微笑的次数比男人多很多 253

不同微笑，不同秘密 254

奇怪的微笑 254

同样的咂嘴，不同的含义 256

天真的托腮 257

性感的下巴 257

手臂动作的情感体现 258

手势表露自信程度 259

手臂的信号 259

叼烟的方式 260

持烟的方式 261

吐烟也看性格 261

站姿显露性格特征 262

落座体现心理状态 263

坐姿表露性格 263

第十八章　日久生"隐情"：习惯信号

见到强势的异性往往会顺从 264

听人发言往往直视对方的人自我感觉良好 265

每当落座时都整理仪容：自我感觉良好 265

从写字的习惯看人 266

列席会议时抬头倾听：认真顺从的人 267

列席会议时，低头倾听代表没有安全感 267

拍打头部的后悔心情 268

站立时，靠在门廊上的人自我评价很高并且野心勃勃 269

嘴形所透露的喜悦和无奈 269

眉毛的"动作"所透露的心理信号 270

歪着脑袋倾听表示聚精会神 271

交谈时抹头发的人问心无愧 271

指尖相碰的姿势所透露的心理信号 272

搓手的心理信号 273

双手攥在一起的心理信号 273

第十九章　服饰会说话：服饰信号

从服装颜色看个性心理 274

衣着讲究与否也能识人 275

从内衣看女人 275

过分追求服饰打扮的人可能很极端 276

服装不讲究的人可能是自我表现型 277

从包内的摆放看人的性格 277

穿着朴素的人比较沉着 278

穿衣追求合体的人往往是智慧型 279

购买衣服先考虑价格的人比较经济 279

从手提包发出的信号 280

喜欢流行服饰的人 281

从穿的 T 恤观察对方 281

由手表识对方 283

戴礼帽的人很绅士 284

由戒指识对方 284

爱戴旅游帽的人 285

爱戴彩色帽的人 286

戴鸭舌帽的人办事稳妥 286

从随身携带的笔一窥其心 287

从领带的颜色认识男人 288

从领带打法看男人性格 288

第二十章　众口难调的美味：用餐信号

食物改变性格 289

爱吃甜食的人往往热情 290

坚强的人偏好冷食 290

从冰激凌的口味看性格 291

喜油炸食物的人喜欢冒险 292

喜欢吃辣的人脾气火暴 292

付款方式看性格 293

酒后吐真言 294

胖瘦与食量 294

从吃饭的坐姿看出一个人的性格 295

边吃边看书的人爱思考 296

边煮边吃的人恋家 296

从吃法可了解是否在意别人言行 297

细嚼慢咽的人好享受 298

吃饭速度快的人性子急 298

第二十一章　咸甜还是苦涩：流泪信号

流泪是一种高度进化行为 299

流泪是一种自我保护 300

流泪的三种形式 300

流泪可以平复情绪 301

哭泣的效力因素：旁边站着谁 302

眼泪可以升华友谊 302

流泪代表降低防卫水平 303

哭泣的等级 304

求救性流泪：请帮帮我 304

适当流泪增进朋友间的感情 305

令人信任的脆弱 306

婴儿哭泣表示烦闷 306

阻碍他人的攻击 307

不轻弹的男儿泪 308

博得同情的泪水 308

第二十二章　对你有意思：表白信号

对方在体现灵活有力的肩膀 309

昵称的内涵 310

喜欢他就模仿他 310

与你在一起时总表示心情愉悦 311

莫名的醋意 312

凝视对方可以增进感情 312

看她的时候她会羞涩 313

关心你的家人 314

爱屋及乌是一种爱 314

因爱而恨也是一种爱 316

想要一起旅行或度假 317

试探性的表演 317

在你面前哭泣 318

邀请参加婚礼 319

频繁的短信 319

喝醉后的电话 320

无处不在的巧遇 321

分享喜悦 321

小惊喜、小礼物 322

不经意的触碰 323

在一起的小玩笑 323

第二十三章　爱情渐升温：浪漫信号

吻恋人的耳朵：俘虏你的心 324

专注吻对方 325

接吻前先擦去唇膏：表示珍惜 325

"斜"眼瞟人不一定是无视 326

眼睛不自觉睁大 327

眉毛会说话 327

魅惑的目光 328

暗恋者的目光 329

手部的邀请姿势 329

站姿有点儿慵懒 330

张开双臂拥抱 331

裸露双足 331

身体方向的偏向 332

交叉腿缠绕方向 333

抚摸皮肤 333

指尖摩挲头发 334

胸部语言 335

男人摸自己的脖子 335

女人低头的心理暗示 336

多说甜言蜜语 337

闻香识得女人心 337

第二十四章　我们结婚吧：求婚信号

当电话的内容深入家庭生活时 338

频繁地想安定下来 339

把他的一切都告诉你，还在哥们面前提起你 339

生活细节上更乐意提供帮助 340

开始挑选戒指 341

他的表现就像你们刚开始约会那样殷勤 341

不会主动打探你的过去 342

突然很关心某个细节 343

和你谈论别人的未来 343

他想要和你共度节假日 344

不再提以前的罗曼史 345

单膝下跪求婚 345

提出共同养一只宠物 346

邀请你参加他家庭的重要事件 347

突然关心在意你的喜好 347

与你生活在一起 348

极力邀请你听音乐会或者舞会 349

突然改变穿衣习惯，在你面前打扮入时 349

经常借物传情 350

对你的外表的肯定 351

慢慢地从男朋友的角色转换成老公的角色 351

第二十五章 群体的反应差异：性别信号

她戴着戒指：对爱情的态度 352

她有外遇了：一眼就能看出来 353

女孩在你面前怎么搭车 353

看透女人的性格：吸烟的姿势 354

女友和陌生人的搭话显示其忠诚度 355

女人怎样选择伴侣 355

他情人节送的礼物 356

男人是不是真的喜欢买单 357

大男子主义 357

他的穿衣颜色暴露了性格 358

从喝酒看男人的人品 359

从口红颜色看她的生活 359

她用什么声音对你说话 360

在你的镜头下她的拍照姿势 361

她的笑容意义非凡 361

接电话与爱情观 362

他在对你说谎吗 363

从眼神中读懂你 363

握手方式与男人性格 365

让人着迷的女性气质 366

女人逛街带着什么 366

第二十六章 地面无声的言语：走姿信号

昂首挺胸彰显气势的走姿 367

锋芒太露摇摆不定的走姿 368

看似放荡的走姿 368

走路时将脚抬得很高的人自视过高 369

走路时嘴里喜欢含着食物的人好动 370

走路说话的人爱唠叨 370

八字步的走姿 371

走路常将一只手或两手同时插进口袋的人心思细 372

挺肚阔步的人神采奕奕 372

走路常回头的人心胸狭窄 373

懒散地拖着鞋子走路的走姿 374

精神衰弱的走姿 374

步伐平缓的人守承诺 375

走路玩弄手指的人不专心 376

含胸走路的人没有自信 376

走路慌张的人比较能干 377

走路躬身俯首的人缺乏自信 378

尾随其后、指指点点，被视为"侵犯人权" 378

手足协调的人严于律己 379

边走边摸头发的人自恋 380

成年的同性行走时勾肩搭背、搂搂抱抱 380

第二十七章　不觉泄露了自己：睡姿信号

潜意识的身体语言 381

自恋往往独睡 382

感性者的裸睡 382

漫不经心的侧卧者 383

喜欢躺在床的对角线上的人比较武断 384

靠边睡：强力的捍卫者 384

婴儿般睡姿 385

自我防卫意识强烈：四肢交叉 386

俯卧的人自信满满 386

睡觉爱翻身 387

恬静的睡姿 388

跪卧的人可能失眠 388

少睡与多睡 389

坐着睡的人规律性强 390

睡觉握拳的人意思多多 390

仰卧的人不怕得罪人 391

睡觉打鼾的人 392

从不同的侧睡姿势看出一个人的特点 392

不同的仰睡姿势有不同的性格 393

睡着后常踢被子的人 394

睡觉时候喜欢俯卧的人 394

第二十八章　职场的察言观色：领导信号

领导的眼神 395

领导训话 396

领导在酒场上 396

领导就爱摆架子 397

领导的左膀右臂 398

领导如何看待加班加点 398

领导的笑容 399

领导拍拍你的肩膀 400

领导常用的手势 400

领导在打电话 401

领导的领导来了 402

领导与秘书的关系 402

领导喜欢走出办公室"视察" 403

领导的个人性格 404

领导喜欢的称呼方式 404

听懂领导的暗语 405

领导的禁区 406

领导的办公桌告诉你 406

领导的工作习惯透出心理 407

领导是美女 408

领导的咖啡香烟 408

第二十九章　高雅的上流社会：礼仪信号

聊天的内容要讲究 409

拍照是一门礼仪学问 410

打招呼体现素养 410

要学会应对尴尬 411

香槟应该怎么喝 412

选择小食需要礼仪 412

敬酒礼仪 413

握手的礼仪 414

任何场合都要淡定自若 415

不要放纵自己的情欲 416

坐姿讲究分寸 416

着装要凸显个性又不失礼仪 417

男士着装要求 418

女士派对着装要求 418

泰国的礼仪 419

印度的礼节 420

日本人的礼仪 420

西方社交场合的拥抱礼仪 421

亲吻的礼节 422

致意的礼节 422

各国的送礼习俗 423

接受名片需要讲究方法 424

向外国人送花的禁忌 424

第三十章　购物泄露了性格：血拼信号

把手提包当成购物袋的人办事很讲效率 425

爱买鞋子的人追求完美 426

爱买手袋的人好奇心强 426

因样式或颜色不喜欢而后悔的人 427

因尺寸大小不合适而后悔的人 428

因价钱太贵而后悔的人 428

陪情人购物判断性格 429

在打折时选购物品的人比较现实 430

女王型购物狂 430

喜欢办信用卡的人容易相信别人 431

为自己的爱好花巨资的人比较偏执 432

购物的基本原则 432

中老年人购物比较理智 433

男女购物的差异 434

女性消费者比较爱美 434

购物三心二意的女人缺乏判断力 435

购物毫无主见的女人依赖性重 436

独立自主购物的女人意志坚强 436

喜欢刷卡积分兑奖的人爱贪小便宜 437

把付款的任务推给别人的人立场不坚定 438

付款的时候能拖就拖的人比较自私 438

信心的博弈：重视与轻视

不屑代表着对其轻视

当人们对某种东西不重视，对其表示轻视的时候，会表现出不屑的态度，因为这时候的内心有一种强烈的自信感和优越感，觉得自己要完成这样一件事或者要做得比"目标事物"更加优秀是轻而易举的。而当对一个人轻视时表现出的不屑则是对这个人做的事情质疑或者是"看都不看一眼"。我们经常可以在一些职场的电视剧里看见这样的镜头，资深的职场人对职场新人做出来的策划书表示不屑，当职场新人把做的策划书给资深的职场人审阅时，或者向其讨教时，资深的职场人会做出这样的反应，让新人把策划书放在其桌子上，等自己有时间再看；或者是草草看了看，没有给出什么意见，或者是不认同这个策划书。当领导表扬新人做得不错时，他们还会说"这有什么，但凡个大学毕业的人都会做"之类的话语。

通过这样的轻视行为，我们可以看出这类"资深职场人"不大好的心态，会带着架子去处理那些"轻视的人和事"，总觉得自己才是权威和厉害的，当然，这么做新人肯定不敢说什么，但长此以往，这么做对自己肯定是不利的，一方面骄傲了，没有不断提高自己，总有一天会让人赶上；另一方面这样的为人处世肯定会给人留下不好的印象。有这么一句话，山水有相逢，你怎么知道，哪一天你要有求于这个被你轻视的人呢？到时候别人会怎么对你呢？

问轻视别人最直接的方式是什么？当然就是冷嘲热讽了，就是用尖酸刻薄的语言来打击对方，讽刺对方。这个方式不仅直接，而且可以直接戳中对方的心！从进攻的角度讲，这种方式的杀伤力绝对是五颗星。为什么这么说呢？

一来不仅可以满足自己的嘴皮子，用唯恐天下不乱的表达把自己内心的想法毫不保留地表达；二来可以让自己的满足感达到最高点，可以借轻视别人来重视自己的感觉；三来直接告诉对方，你被轻视了，如果对方没有坚强的心脏和足够的勇气，也许就被你"击倒"了。

对手很弱的话就会觉得这是一种强烈的打击，对方很强的话也就权当看笑话而已，一笑而过不当一回事了。

轻视时会发出"哼""切"的单音词

　　一个人轻视别人时，发出"哼""切"这样的声音是想加强自己的自信心，等于在给自己"打气"，更是想通过这样的声音直接告诉那个人，你被我"轻视"了。总的来讲，这样的声音更多时候不是想去打击别人，更多时候是想满足自己的心理需求。

　　如果一个人被这种人轻视，一旦做出什么失败的事情，这种人往往会第一时间站出来，对其"评头论足"并提出自己认为最佳的"见解"。当然，这个时候这人脸上还会挂着一丝得意的笑容。这样的人非常令人讨厌。

轻视时会不自觉地皱眉头

　　有一些人在轻视别人的时候不是向前面讲的直接地冷嘲热讽，他们会尽量克制自己的内心情绪，但当那个轻视的人说话的时候，他们还是有一个不自觉的动作表现在脸上，就是迅速地皱一下眉头。

　　此外，这种人在这个时候还会把耳朵竖起来，听一听周围的人对那个说话者的评价，如果听到别人也是给出负面的、与自己想的一样的评价时，他就会让自己的眉头舒展开来，嘴角也会微微上扬。

　　这样的场景常见于职场，而在生活中我们也可以从特定的场景和他人的表情看出对方是在重视自己或者是在轻视自己，但这种轻视也有可能是担心被超越而做出的表现。

能力差的人容易受到忽视

有的人觉得平平凡凡就是最好的，俗话说"高处不胜寒"，你的能力越强，职位越高，而责任也自然就越大，随之而来的生活压力也会越大。他们宁愿像一颗路边的小石子，最好可以平凡到不受关注。但是这种人、这种生活方式是很容易被忽视的。能力差的人有一种是甘于平凡的，他们追求的就是被忽视的生活态度。还有一种是不求上进的，他们甚至没有意识到自己可能在某天会被淘汰。由于他们没有能力，所以很容易就被替代，而他们又不是好争的人，也没有争的能力，所以在工作和生活中，他们的利益会被牺牲。

你为什么要辞职？

公司各部门职务……

职场中，敢于对上司直言谏议、据理力争的人不容易被忽视。

有一些女性，结婚后专心在家相夫教子，自己觉得生活美满，可是在柴米油盐中不知不觉变成了黄脸婆，她们可以为家庭牺牲一切，可是离开了家庭却没有了生存的能力。万一遭遇老公有外遇，那她们只能默默地忍受，没有反抗的能力，因为也许她们的老公已经习惯了忽视她们的感受。

很多女性都在婚后辞去工作，在家做全职太太，以为不用很辛苦地去外面打拼，在家就可以过清闲而舒心的日子。

把菜切好点儿。

好的，老公。

唯唯诺诺没有想法的人容易被轻视

　　唯唯诺诺指的就是没有自己的主见，一味附和别人意思，恭顺听从的人。

　　我们总用唯唯诺诺指代屈于强权，侍奉权贵的小人样子。比如抗日电视剧里塑造的汉奸，总是跟在小鬼子后面做卖国贼，一副唯唯诺诺的嘴脸。碰到权势又点头哈腰，不要提主见，连人格都不要了，鬼子让他干啥他就干啥。

　　当然现实中也许没有电视上那么夸张。但是留心观察，得到我们敬重的人，肯定不会没有主见，没有想法。一般当我们遇到这种人的时候，说不定连交道都不屑打，连朋友都不会去做，因为他们身上没有值得我们尊重和关注的品质。如果不得不与他们打交道，肯定也是应酬应酬，试想一下没有自我、没有想法的人怎么会有原则。应酬还要提防他们，不要被他们出卖了还不清楚是发生了什么事。这种人利字当头，利益驱动下是没有原则、没有底线的。

不善言表的人容易被轻视

　　我们在电视上经常看见这样的镜头，一个很不善于言表的人经常会被代表。当大家在问意见时，人们往往会忽略问他，甚至直接说：没事，他肯定没有其他意见，我们帮他做决定吧，他从来都不说，看来也说不出来什么惊天动地的意见来。

　　不善于言表的人其实不一定就没有主意、没有想法，他们也宁愿选择默默躲在角落里，让别人感觉不到他的存在就最好了。刚开始也许人们还会招呼他入座，但久而久之，他安静惯了，就算是存在了，别人也当他是空气。这种感觉肯定是不好受的，有点儿"躺着中枪"的感觉。

会把轻视的事情放到最后完成

先做这些复习好了的题目。

考试时一般会重视那些有把握的、复习充分的题目。

试想一下，当你在进行一场考试，但考试的时间是无论怎么做都无法完成整份试卷的，所以你只能挑选一部分完成。你会怎么做呢？当然你会选择那些有把握的、复习充分的先完成了。那些平时没有复习的，觉得不是得分低的放后面。这其中的道理很简单，即重视的部分会被优先完成，而轻视的部分会放在后面完成。这个想法往往会存在在大部分人的心里，而这种轻视也可以分两种情况：第一种是你自己觉得不可能完成这个任务，直接放弃它而产生的轻视心理，还有一种情况是你自己觉得胸有成竹，这种小事可以很快完成，不需要过分去关注，而去轻视它，我们把这种轻视称为拖延症。就是说最容易跟最难两个极端的东西，不到最后一刻，如果不是不得不完成，我们总不想去碰它。看见事情没完成又总觉得心里不舒畅，但是又觉得这件事情没有重要到必须马上完成。

其实这样的心理是不对的，不利于自身的发展，如果觉得不可能完成就直接放弃它、轻视它。那就等于是放弃自己，轻视自己，这样的事情是没有人希望看见的，我们都知道"世上无难事，只怕有心人"，不去努力一把，怎么知道不行，放到最后才去做、去试，也许真的没有时间了。而如果你觉得你自信满满，小事一桩，最后才去做，你能保证在细节上不出问题？能保证不受其他因素干扰吗？

"成功在于细节的完成"这个道理大家都懂，可千万别因为这样让自己后悔。职场上有拖延症可能是大忌，上级希望下属工作认真，但也追求效率，如果每一项工作下属虽然都完成得很圆满，但是总要一催再催，给他不重视的感觉，那么下次有重要任务的时候，会三思而后行再分配给他了。同事上级希望下属做事细致，但讨厌磨磨蹭蹭。要得到上司的青睐与重用，对于领导下发的任务就要既认真又高效，既细致又干脆。

喜欢指手画脚的人容易被轻视

有人天生就喜欢指手画脚，找别人的错误，这种人也是容易被别人轻视的。他们有的很虚伪，惯用的伎俩就是假惺惺地一番赞美后，再拐弯抹角地用"但是"两个字开启长篇大论的批评，一二三点地指出别人的错误。

我们都会很鄙视这一类人，这种人人生的追求就是指责别人然后来建立自己的优越感，就喜欢留意别人的错处。其实，每个人都有缺点，但如果真诚地间接提出别人的错失，会比直接地公开地指责来得温和，不会引起别人的反感甚至鄙视。

忘记姓名表示轻视

姓名是一个人最重要的标志之一，所以以表达轻视最好的方法就是忽略他的名字。我们常用某某某或者路人甲来代替与自己无关的人，或者会给自己讨厌的人起个难听的外号。就算是记得，也不想去提，好像他在我们心里只配是一个符号而已，跟阿猫阿狗无异。

对付难缠的太狂妄的对手，我们可以故意忘记他的名字来表达对他的轻视，打击他，让他知道我们根本就不把他放在眼里，他也不要太自以为是。如果我们不想承认对方的能力和人格，并且可以不需要跟他打交道的时候，那就假装忘记他的名字。

或者在其他人面前故意说："啊，那个谁，老是记不起来，他还说他认识我呢，我都没印象。"这些话语都是用忘记名字来鄙视对方，不希望跟他打交道。当然了这种鄙视是最直接最不礼貌的，所以被鄙视的人心里肯定会有情绪的。

如何应对被轻视

谁都有被人轻视的经历，那种心中的不痛快、愤怒总让人难以忘怀。当自己的人格和尊严被人踩踏和打击，人的基本反应便是在心里立刻反击对方。当然，他也有可能进一步在言语和行为上反击。至此，轻视这一行为就成为带给人灾难的开始了。

被他人轻视的感觉肯定不好受，可能是自己本身就被轻视，也可能是自己做出的行为被轻视，无论哪一种，都是任何人都不想发生的情况。但往往这样的情况却经常发生，在这个时候应该怎么做呢？

首先，当觉得自己被轻视的时候，就要先认清自己的实力并准确判断出对方的实力，只有分清了状况才可以在相对弱势的情况下，以己之长败敌之短，而这个时候的自己务必不能被他人的轻视所击倒，如果对方轻视你你就马上恼羞成怒的话，你肯定会还没有开始"战斗"就败下阵了，因为这时候的你已经方寸大乱，怎么可能应战成功呢？也许这种做法也是对方的策略而已。所以，无论什么时候都要笑对一切，保持一个不骄不躁、不卑不亢的心态。

正如前面所讲，对方轻视你也可能是计谋之一，那这时候的你就要分析好战术了，如果你们双方是竞争对手的话，那么他这么做只是想在心理上占据优势，采取"战略上藐视敌人，战术上重视敌人"的方式，因为人在面对强者的时候都会产生一种自卑感，对方当你是强人，所以在战略上先"吓吓"你，如果可以在这个环节就将你打败的话，那么成功就不在话下了。所以千万不要觉得这时候的对手根本没有把你放在眼里，他在战术上绝对是重视你的。

有时候意识到别人对自己的轻视，未必不是一件好事。别人为什么会轻视你？首先得从自身找原因，如果在某一个方面确实不如人家，那我们就必须虚心地向人家学习，如果你认为在这一方面比对方强些，也不必去和人家计较。这样的话，只要觉得有人在轻视你，看不起你，你就要在某一个层面上拿出一份成绩来，向瞧不起你的人，轻视你的人展示一下你的实力。因此别人对你的轻视也就潜移默化地变成了你自身的，积极向上的原动力。这样，一件不如意事无形中就变成了一件好事，不是很值得欣喜么？

当然，我们也不能纵容自己对别人的轻视，即使别人比你差很多，也要在心里平等地对待。只有真正地做到不轻视别人，才能不怕别人的轻视。摆正角色，以一个平凡人的身份出现在社会上，在日常生活中学会礼贤下士，尊敬他人，才能赢得他人的尊重。

综上所述，应对被轻视最好的办法就是积极应对，笑对一切。

不雅的站姿表示轻视

人们站立的姿势千姿百态，有的双脚岔开，大拇指勾在皮带上，一副浪荡子的样子；有双脚岔开无精打采随意抖动着的，自由散漫。这些站姿都会让正在与你见面的人觉得你不专心，不认真，摇摆不定，觉得你不踏实。

正式场合里，不管对方是谁，都要收起自己平时懒散随意习惯的姿态与精神面貌，才能避免传达出轻视、漠视别人的信息。

随意的坐姿表示轻视

跷二郎腿

双手交叉式

前俯后仰式

如果谈话中我们身体往后靠着椅子，手脚自然地伸开，腿翘着，手臂懒洋洋地搁在把手上，眼光带着不耐烦，那么传递给别人的信息就是："我不想再谈下去了，你可以不必继续讲，这个谈话对我没有任何作用。"这种心不在焉的姿势无疑是缺乏教养、傲慢的表现。

坐定后小腿呈现出倒V字形摆放，并不受控制一样的抖动，吊儿郎当的坐姿也传达轻视对方的信息，让人家觉得你对会面已经很不耐烦了。跷着二郎腿，两手在胸前交叉，收缩着肩膀，说明你对他所说的话题根本不感兴趣。

还有一些坐姿要注意，就是坐下后头靠在座位的靠背上，或者低头注视地面；身体歪歪倒倒，前俯后仰，倒向一侧。这些坐姿在商务交往中都会给人放肆嚣张的感觉，让人觉得你不尊重他，不在乎现在的交流。

准确地把握老板发出的轻视的信号

老板总是很难捉摸的，与老板面对面时他的每一个动作、表情跟眼神都可能含义无穷。如果他不停地摇头、皱眉，很明显地表达了不在意你正在说的话题想提前结束，你还在滔滔不绝地长篇大论，不要抱有他会因此而重视你的侥幸心理，他只会更加反感。如果你发现你在发言的时候老板用手摸着耳朵，那表示他对你的话有怀疑。这个习惯是从小就有的。小朋友说错话了，就条件反射地会马上捂住自己的嘴，而不想听父母唠叨责骂，会迅速地捂住耳朵。所以当他不由自主地摸耳朵，或者摸靠近耳朵的颧骨和脸颊，眼睛漫不经心看桌上时，你就知道他根本就不信你说的事情，对你的话不放在心上。

手指托住下巴——老板
对你的话不耐烦。

当你发现老板竖起食指，挨着脸颊，把大拇指抵在下巴上托住，他不是在思考你说的话，而且是在表达你说的东西他听了很不耐烦，没必要留心，也不用重视。

如果你正陶醉在自己的完美计划中，而老板却环抱着双臂微微身体靠后望着你，这是一种防卫性的姿势。他用这个姿势来刻意与你拉开距离，告诉你双方是不同层次的，他正在用居高临下的态度听你说话，但是他对你说的不认同，甚至潜意识是有抵触的，他可能会随时打断你，结束本次谈话。当老板有这些信号的时候，要尽快地把握并迅速地做出回应，老板才会觉得你有悟性。如果继续坚持己见，那老板对你也许会更加漠视，不再给你表现的机会了。

作为员工要聪明机灵，反应快捷如风，但要注意善变的想法和信手拈来的小聪明常常让身边的人头疼不已，无所适从。若要得到上司的青睐，最好不要把自己的聪明才智用在耍小花招上，更不要掩饰自己的缺点，真诚的人才能得到上司的赏识。

劝退的肢体语言表示轻视

劝退类型的手势表示着一种轻视。比如与对方谈话时没兴趣，不太愿搭理对方，有一句没一句的时候反复看着手表、玩弄着手机，甚至是打个哈欠、伸个懒腰。如果是商务谈判出现这种肢体语言，那么对方就是在告诉你，这个项目他没有兴趣再继续下去了，他不在乎。

还有一些手势是很直接地表示蔑视的，就是用手指直指别人，这是非常不尊重别人的手势，有咄咄逼人的感觉。

低头摇头耸肩且双唇下弯表示鄙视

摇头是代表否定最直接的肢体语言，当我们的谈话进行到一半时，如果对方突然低下头后摇摇头，即使他不说话，我们还是会马上察觉到气氛的变化。低头是一种拒绝的姿态，表示对话题没兴趣或者不认同，在正式场合的交往中，低头是非常不受欢迎的身体语言。

交谈中面部是视线的焦点，对方的反应与心理变化都会通过面部表情适度地表现出来。一个细微的表情可以让你察觉到对方内心微妙的变化，甚至会改变双方相处的气氛。

而伴随摇头有双唇下弯的面部表情，则带有挖苦、嘲讽的感觉。比如你在跟领导汇报工作时，他听着你说，眼睛却没有直视你，而是低着头看着地板，时不时轻轻摇下头或者边摇头边抿一抿双唇，如果再加上耸肩的话，那么他就是在告诉你"这个工作你完成得不好，这么简单的事情你居然做成这个样子。"

攻击性的反驳表示鄙视

反驳有很多方式，有技巧的反驳能促进面谈成功，但是弄巧成拙的反驳会让对方觉得你不尊重他，在鄙视他。

一般来讲反驳都带有不认同、轻视的心理。有技巧的反驳是让对方自己推翻自己，自己去找证据，不对在哪里，比如提问："这个的可行性高吗？"这样留了台阶给对方下，还留给对方面子，只是否定不认同而已。他们会留心听别人的发言，为的是找反感的漏洞，但是一定是等别人都发表完意见了，才会去提问。

你不用说了，这个没用，是不可行的。

打断对方的讲话意味着你对人家观点的轻视，或者表明你没有耐心听人家讲话。

如果对方就问题都能很好地答复的话，他们一般是心服口服不带任何鄙视情绪的。但如果是从心里瞧不起对方，什么事都直接反驳一番，那就带有鄙视的情绪了。比如还没等对方说完就直接打断他说："你不用说了，这个没用，是不可行的。"或者用手做停止的手势示意对方住口，这个是很不重视对方的表现。

从打断对方的发言，到不顾对方感受发表自己的看法，甚至用一些攻击性比较强的字眼来证明对方是不对的，是比自己弱的。而且咄咄逼人，对方说什么他就马上反驳，好像不把对方说得哑口无言就誓不罢休一样。那么这种反驳就是带有鄙视的意味了。

有的人反驳的意图很单纯，就是想把事情做好。而有的人天生就爱反驳，而反驳的意图很明显就是为了显示自己的优越性并顺势踩下别人。

他们反驳并不是看法就有多高明，而是他们只想别人听到自己的声音。实际上这种反驳是很不尊重人的，而且一般人都很反感这种行为。

过分轻视时就会无视

当一个人对另一个人的出现视而不见，对另一个人说的话当耳边风时，我们就会说你无视某个人了。没错，这种无视很大程度来源于对这个"某人"的轻视。为什么这么说？有这么一句话："眼不见为净。"因为轻视这么一个人，索性无视他/她，这样做才可以在心理上达到最大限度的轻视，从这个角度上讲，去借无视的办法去轻视他人为的还是满足自己内心的需求。

听说老板派小王出国了耶……

何？是吗？没有关注他的情况啊，这样的成绩很一般吧，我不会关注这样的事情的。

有的人这么做是因为真的各方面都有着过人的能力，对自己的信心很足，所以对比自己差的、弱的人就轻视，觉得他们根本不是自己的对手，理所当然不需要去关注他、重视他。而更多的人是因为带着几分嫉妒心和自卑心去轻视他人，因为他们觉得这样会提高自己一点点自信。

眼神游离表示漠视

我们在与人交谈的时候，眼神的交流是不可避免的。通过眼神我们可以领悟到对方当下的情感和意图，了解对方的心理变化。如果对方眯视着看我们，传达的就是傲视和漠然的感觉。眯眼是眼神交流中表达不友好信息的语言。

在西方文化里，勾引诱惑异性的时候会眯起一只眼睛，并眨两下眼皮，属于调情的动作。在一些场合下，一些女性会觉得这是一种无形的传递着色迷迷的信息的骚扰。

或者对方一边跟我们讲话一边眼神游离，时不时望向别的地方，我们会觉得他心不在焉，好像迫不及待要逃离这场谈话一样，对我们不尊重。我们会感觉到他疲倦了，无意倾听，此刻他心里想的只是"快一点儿结束这个话题吧，我受不了了"。

初次见面记住名字表示重视

每个人都有自己独一无二的名字，名字代表着第一印象。在初次见面时就能把对方的名字记住，能让对方觉得你很重视他，对你会产生亲切感，为两个人的进一步沟通交流打好了基础。

很多擅长社交的人都很关注对方的姓名。他们天生就对名字很敏感，有惊人的记忆力，如果即使只有一面之交但是对方是非常重要的话，他们都会把名字记得一清二楚，绝对不会叫错。

许多的外交家也把记住对方的姓名作为开启沟通的重要方式，还有人把如何准确记住对方名字写进以如何促进沟通为主题的书里。他们提出有人会在初次见面时可以用照相的方法来帮助自己记住对方的长相与名字。这样不论以后多久再见面，都能很快准确地叫出对方。一些教师也是用同样的方法来帮助自己快速记住学生的姓名。现在很多的通讯录或者简介都附有彩照，也是为了大家能准确地把握联系人的姓名与容貌。

如果一个人在第一次见面就可以叫出你的名字，或者只有一面之缘的人在街上偶遇时马上就能叫出你的名字，你肯定会觉得他对你很有好感，所以你也愿意与他接近。如果我们对一个人有好感，很重视他，首先去关注的也肯定是他的名字，然后牢牢地记在心里。

对于专门与人打交道的人，平时需要多处周旋，记住对方的名字并在下一次相见时叫出来，是非常有用的武器。名字是语言中最重要的声音了，这是最重要的表达重视的方法。对方会莫名其妙地产生一种错觉，觉得自己名气很大，受到重视，自我感觉良好。

说不出对方的名字，会让对方觉得自己不受重视。

记住对方的细节表示重视

　　我们与重要的人见面时，都会先了解对方的基本信息，或者会借鉴前几次打交道的经验，寻找一些细节来表示对他的重视，让他感觉到你的诚意，知道你是有备而来的。比如在上一次见面的时候如果对方提到过不喜欢吃牛排品红酒，那下一次选择用餐地点你肯定不会选择西餐厅。

　　如果男女约会，女生即使是无意中说过的话，男生都会记得而且在适当的时候表达出来，女生会觉得自己在他心目中是不一样的，被看重。我们说的"体贴入微"也正是表达了重视的意思。

触摸表达重视

　　老干部提拔年轻后辈，面授经验的时候都拍拍他的肩膀并鼓励他好好干，会说"以后就交给你们了"。这些都是借助触摸表达重视的肢体语言。

　　更平常的例子是在教学中，每当有学生在课堂上解题正确或者回答得很精彩时，老师有时候没有语言的赞美，而是轻轻拍下学生的肩膀，同样能起到鼓励、赞扬的作用，更加亲切自然地表达重视之意，激励学生再接再厉。

　　如果家里小朋友闯祸了，妈妈会过来抱抱孩子，拍拍他的头，然后给孩子讲道理，同时也是鼓励、安慰他，告诉他妈妈在这里，不要怕，但是下次要注意，不能再犯同样的错误。

对话中点头表示重视

肢体语言在交谈中也扮演着传达重视信息的角色。在谈话进行中，我们会通过眼神、头部动作、脸部表情来传达我们对话题很感兴趣，并鼓励对方继续交谈的信号。比如电视中名人访谈类节目，或者是采访，主持人或者记者常常会频频地点头，示意对方继续说，而眼神也是一直注视着对方来表达关注。适时地伴随一两句简短的唯唯诺诺的回应："嗯！说得也是！"受访者都会觉得自己说的话得到了肯定与重视，自然就更加滔滔不绝地说下去。

面试很顺利的时候，面试官会对你的回答频频点头。

所以成功的访问者是善于通过表达自己的重视来让受访者关不住话匣子，知无不言的。而点头无非是最直接简洁的表达。

在面试中点头也是表达重视的一个方式，如果面试官对你频频点头示意，或者头微微侧向一旁，说明对谈话有兴趣，正聚精会神地听，就像是在说"我正在听你说话"或者鼓励你"请继续说，我很认同你前面说的话"。得到重视与获准继续发言，当然面试者就口沫横飞，口若悬河了。

相反地，如果面试官面无表情一副没有兴趣的样子，极少点头，那么你会觉得言论不受重视，怀疑是否自己的表达索然无味，然后就不愿意继续讲下去了。最终就是相对无语，没有达到沟通的目的。

而当学生在回答老师的提问时，老师会微微向前探头表示聆听，而如果对答案肯定，会连连点头。所以点头对于表达对话题的重视是很直观的，是最快速的能让对方感觉到你的关注的方法之一。

要注意的是，点头的频率与时机要控制好，如果乱点可能适得其反。表达重视地点头时，头部要端正，身体直立自然流露出自信、诚实的态度，表现出精力充沛的精神面貌，在商务沟通中是传达正面信息的首选。

会面中坐姿端正表示重视

坐姿包括就座的姿势和坐定的姿态。为表示敬意，就座一般轻而缓，稳稳地坐定后，为了表示专注，眼神的交流畅通无阻，一般我们都应与人相向而坐，把上身挺直，双膝并拢，以产生稳重的感觉，头部会端正而且目光平视前方的交谈对象。这就是合乎规范传达重视信息的坐姿，称为"端坐"。

如果人座后面带微笑，身体稍微往前倾，再加上诚恳赞美的目光，那么更是可以表达我们关切、谦逊的态度，就像是跟对方说："这场会面对我非常重要，我已经做好准备，全神贯注地与您沟通了。"

受邀坐主位表示被重视

宴席中重要的客人一般都是坐上座的，最重要的人肯定坐在主位。小到家庭聚会，大到外交活动，座位的安排都体现着与会者的地位与身份。比如长辈的生日聚会，寿星肯定是坐主位。

公司会议，最高级别的肯定是坐在统筹的位置上。国际会议中，宴请各来访国使者，座位的安排也是首先按照职位排好。这些席位的安排不仅仅是一种形式，而是有心理学的依据的，最重要的最受关注的肯定是在最显眼的位置上。

很多深谙交际方法的人都会精心布置交际位置来影响别人。还有一种位置显示地位高低的，就是办公室的布置中就座的椅子的安排。有的领导办公室会有沙发与其他椅子，招待来访者。如果他请你坐在同等高度的沙发上，那代表他传达的是平起平坐的信息，他很重视你。

会谈中站姿挺直表示重视

我们在日常交际中，站与坐都是最基本的两种举止，所以站姿与坐姿一样重要。站姿同样是无声的语言，表达你对这场会面是否用心，你是否关注与尊重对方。一个好的站姿是"立如松"的，就是站立的时候想象自己像松树一样高入云端，稳定但又不僵硬，灵活但又不摇摆，向对方展示的是我们控制自己的能力。军队中当指挥军官集合士兵的时候，士兵们就是用军姿来表达自己的重视与听从指挥的。新兵入伍的首要训练课也是"站军姿"。操场上肯定是铿锵有力的口令："挺胸，抬头，收腹，身体微向前倾……"当然这只是纪律部队的特殊要求。但是会面中精神抖擞的站姿是表达关注必不可少的，甚至在站立的时候身子可以微微前倾接近对方，拉近彼此的距离，以显示亲切感，但是注意不要超过基本的交际距离，让对方有压迫感。

与一个站姿挺直且两手空空站在那里的人谈话，会让你觉得对方很亲切。

无距离的沟通还要注意两个人间不要有外物间隔形成障碍。这样反而会让人感觉到你是在抗拒彼此的对话，好像中间的东西让他下意识地想快点儿结束话题。彼此间有障碍物会让你的关注与重视无法让对方感受到。举个例子，一个手里抱着一堆文件的人，与一个两手空空站在那里的人，你选择开始谈话的经常是那个两手空空的人，因为你的视野会很开阔，空间造成一种没有阻隔的亲切感，你觉得他会对你比较关注一点儿，与你开心聊天的机会会高一点儿。

频频表达喜爱之情可以带来重视

　　每个人学生时代成绩最好的一门功课，无一例外的，该课授课老师都很喜欢你，让你觉得自己是班上最重要的学生，所以你也很重视这门功课，自然就学得好。试想下如果数学老师一直都不喜欢你，你上数学课还会有精神跟兴趣吗？你会觉得你怎样学都学不好，从开始不想关注数学，到最后放弃学习。

　　同样地在工作上，如果领导对于你做的事情都是赞赏有加，多多支持，那么你会觉得老板很器重你，所以你一定要更努力地工作，对每一件事情更加地重视与用心，工作表现更好。对于老师与同学，老板与员工，这个都是双赢。每个人得到的掌声都会让他觉得他被重视，不能辜负这种赞美。

准时赴约表示重视

　　守时是对一场会面最起码的尊重，在一些场合，我们还会稍微提前一点儿到达以示庄重。参加商务宴会、私人会面、宴席等对双方都很重要的场合，一般是没有人迟到的。如果突然有事不能赴约或者要推迟一点儿到达，我们会尽快通知对方，并真诚地解释或者提出备选方案，让他有时间调整。

　　准时赴约从心理上让他觉得你是很重视这场见面，而且早早就做好了准备，为双方接下来的沟通打开良好的局面。相反的，如果你约的人不止迟到了，在出现的时候非但没有道歉，或者就是很应付地说了一句"让你久等了"，你会觉得他是在藐视你，不是不把你当回事，就是想故意打击你，然后能在接下来的讨价还价中占上风。

　　当我们觉得是错误或是缺点而对方没有同感的时候，我们很自然地会产生自己的人格被轻视的错觉，这也是人类共同的心理特征。在这种心理状态下，如果开始一场谈判一定要更加保持冷静，谨记自己的底线与这场会面的原始目的，不能因为只顾着自己被轻视的情绪就冲动行事。

懂得保持心理距离：排斥与接受

守住你的安全距离

在人与人互相接触的过程中，需要遵守一定的距离法则，首先不能太近，否则会闯入对方的个人空间；其次又不能太远，否则会使人觉得你在故意疏远或是不好相处。关系不同，彼此之间需要保持的距离也不同。

有学者将人与人之间的分为四种类型：公共距离、社交距离、私人距离和私密距离。公共距离指的是在公共场合，可以说是陌生人之间应该保持的距离，一般在 3.5 米以上。也就是说，在不拥挤的前提下，如果在路上行走，你与其他人的身体距离应该超过 3.5 米，否则就会使人不舒服，不自在，也会对你产生一系列的猜想，把你误认为是小偷也未可知。

正常的社交距离则应该控制在 1.3 米以外，3.5 米以内，在这个空间范伟内，适合商务对话、较为正式的社交谈话和外交谈判等，因为这个距离既不会使彼此没有独立的个人空间，也不会因为距离太远产生沟通上的问题，例如听不清对方说话、握手时比较困难等，因此运用比较广泛。

日常生活中的交往可以相对更近一些，可以根据关系的亲疏远近灵活调整这一私人距离，如熟人之间可以在 1 米以内，有过几面之缘但彼此还不够了解的，则需要 1 米左右，这个距离适合非正式的社交场合，空间范围应控制在 0.6 ～ 1.3 米。而亲人、爱人和好朋友则无须严格遵守这样的数值，这就是亲近的私密距离，可以做到"亲密无间"。

但是在中国，一般情况下，没有直接血缘关系的旁系亲属性别相异时，距离也不会太近。而在西方，初次见面的礼节多味拥抱和亲吻面颊，这种情况不属于我们讨论的范围。

个人空间的五大地带，分别是亲密地带、私人地带、熟悉地带、社交地带、公共地带。

距离产生美

保持距离应该尽量使身体距离做到与心理距离保持一致，既不过分逼近给人以窒息的感觉，从而避免招致别人的反感和嫌弃，因为每个人都有保持自己隐私的权利。

亲人、爱人、朋友之间也需要保持合适的心理距离，允许对方有自己的空间和隐私，保证彼此的内心有足够的空间，否则再亲密的人也会感觉到无形的枷锁带来的负担。

性别也能决定距离

女性之间 →

非正式的日常交往场合，女性之间的距离可以相对近一些，哪怕是刚刚认识的人，只要在购物、美容、服饰等女性普遍感兴趣的话题后，都可以亲昵地挽着手逛街。

男性之间 →

如果是男性，当他们勾肩搭背，可能是因为在酒席上喝过酒以后称兄道弟地寒暄几句，如果是牵着手或者是挽着臂走在大街上，多半会被认为是同性恋。在男性长到青春期以后，即便是父子之间，也很少会像女性那样亲密了。

异性之间 →

异性相处时的空间距离更加需要注意。如果不是夫妻、恋人和亲密朋友，成年异性的距离应该保持在0.8米以外。否则，男性主动拉近距离会被认为意图不轨，女性主动拉近距离会被认为举止轻薄，不够优雅端庄。

并排而坐

对方选择坐在你旁边的位置，就是想要亲近你的表现。

如果是异性之间如此就座，两人多半是情侣或夫妻关系。

虽然他们彼此之间没有发生视线的接触或交流，但两人的内心肯定是在进行着积极的交流。

如果是同性之间如此就座，则说明两人是非常亲密的知心的好朋友关系。

双方没有视线的交流，彼此便不会受到对方视线的干扰，所以双方可以进行自由畅快的交谈。

与对方并肩而坐，是一种非常亲密的就座方式，它表明就座双方的关系非常亲密。

这样坐的原理就是，选择此种座位方式，彼此都朝着一个方向，注视相同的对象，这就很容易产生连带感。

当对方选择坐在你旁边时，是渴望与你进行深入的交流，是想要亲近你的表现。

心理距离的文化差异

不同的文化环境对于两人之间的距离也有不同的理解，各个国家之间的差异很大，如果在与不同文化背景的人接触时一定要了解对方的心理距离，以免造成误会。中国人由于传统文化的影响，在与人接触时很注意保持距离，尤其是异性之间更要保持较远的距离，所谓"男女授受不亲"。

而一些欧洲国家的人对于私密空间的定义只有 20 ～ 30 厘米的距离，在一些地方这个间距会更小。所以欧洲人与别人交往时往往会表现得很亲热，完全没有觉得自己侵犯了对方的私密空间，而且他们更喜欢身体上的接触和目光交流。所以在与欧洲人交往时要理解他们对于空间距离的要求，不要误以为他们有不良企图或者有冒犯之意，如果真的感觉不适可以直接跟他们交流，告诉他们你不习惯与人过于亲密的接触，请他们尊重你的私人空间。

在异性交往时，对于私密空间就要更加注意，尤其是男性不能轻易靠女性的身体太近，不然会被认为是不礼貌的冒犯行为。在向喜欢的异性表达好感时，可以逐渐靠近异性的私密空间，如果对方退后并试图和你拉开距离，说明他/她暂时还不能接受你，但并不一定是拒绝的表现。如果对方对你也有好感，你在接近时他/她就会在原地不动，允许你走进他/她的私人空间。

在社交场合，美国人对于私人空间的要求在 45 ～ 120 厘米的范围内，跟别人交流时一般不会离得太近。日本人却只需要 25 厘米的私人空间，在谈话时会不停靠近对方。所以如果一个美国人和日本人一起交谈时就会出现很有趣的现象，美国人会渐渐地后退，而日本人却一直向前逼近，好像在跳华尔兹一样，其实是这两个人都在寻找自己习惯的个人空间距离。文化背景的差异让人们很容易对他人的行为产生误解。

除了不同国家之间存在着文化差异，不同生活环境也对人的心理距离有着很大影响。在人口较稠密的地区长大的人对于个人空间的距离要求较小，而在地广人稀、人烟稀少的地区成长的人则需要较大的个人空间。在人们之间的关系比较亲密的"熟人社会"乡村长大的人与人接触时习惯较为接近的距离，而人际关系淡漠的都市中生活的人则需要与他人保持一定的距离。

这就对置身于社交生活中的我们提出了更大的考验和要求，我们不仅要尊重不同生活习惯的人对心理距离的把握，还应该尽量了解不同文化差异导致的不同的待人之道。

陌生人，别离我太近

　　科学实验表明，当有人强制闯入某人的安全空间时，受侵害的主体心跳会出现明显的加快，肾上腺素会大量冲入血液，血液流动速度加快，并携带肾上腺素传入大脑和全身的肌肉，肌肉和神经因此变得紧张起来，身体随时处在逃离或反抗的状态中，以应对随时可能出现的危险情况。

　　因此，如果一个初次与你相识的人不管三七二十一直接上来拥抱或勾肩搭背，你会立即产生一种反感，即便是你提前获知对方的身份和性格，对方也表现得十分和善友好，你也会对他的印象大打折扣，这种内心的变化也会很快显露在脸上。

拥挤使人不适

　　常常可见在地铁里，人们都在低头看着自己手里的手机、报纸杂志或书籍，脸上没有任何多余的表情，身体也没有什么大幅度的晃动或摇摆。实际上，这种姿势是很合理的，在保证自己能够照看好自己的财物的时候，最好不要交头接耳，随便聊天，甚至减少打电话，这样是对自己的保护。

　　在上下班高峰期时，公共交通工具里挤满了疲惫的上班族，这时的他们大多面无表情，还有一些表现得十分疲惫，在排除身体疲惫的因素之外，这样表情的人也是为自己的安全距离外的保护网又加上了一道防线，不仅会让站在身边的人远离他，也可以减少很多不必要的麻烦。因此，表现得冷酷而又疲惫，也是对自己真实情感的掩饰。

　　需要注意的是，人在处于这种状态的时候，身边的人对他是没有戒备心理的。所以常常有扒手会装扮成普通上班族的样子伺机扒窃，因此当我们身处这样的环境中时，切不可放松对周围的警惕。

眨眼速度慢：不愿看

正常人在放松的状态下，眨眼的时间十分短暂，只有1/10秒，如果出于某种原因刻意延长眨眼的时间，会产生很多种不同的效果。

延长眨眼的时间本身是一种无意识的行为。人在看到自己不愿看到的人或事情的时候，脑部神经会主动发出排斥的信号，从而支配上眼睑和下眼睑的相互接触的时间加长，简单来说，就是大脑企图阻止眼前的画面进入视线。

如果在交谈过程中，你的交谈对象有这样的动作，那么可以说明，他对你的话题内容毫无兴趣，对你本人也不够尊敬，他内心对你产生的排斥促使他通过闭眼来缓解你带给他的心中的不快，他显然不希望你再出现在他的视线之内，在这种情况下，你已经没有必要再和他纠缠下去了。

此外，人在悲伤绝望的时候，也会延长眨眼时间，他们是通过这种方式来缓解紧张的神经，尽量稳定自己的情绪的。

当人有意识地延长眨眼睛的时间时，一般是在显示自己高高在上的姿态，这类人通常较为自负，很容易自满自大，总喜欢在他人面前展现自己的高贵之处。这种情况可以追溯到英国中世纪时期，当时，有一些略有身份的人为了显示自己上流社会的身份，常常用这种眼神表达对他人或某些事物的蔑视，他们会刻意地延长眨眼时闭眼的时间，以此来显示自己不屑于看见眼前的人或事，也向他们表达出内心的排斥，从而抬高自己的身份、眼光和姿态。就这样，一种优越感和傲慢的心理就逐渐具备了。

如果别人用这样的目光对待你，肯定是充满了蔑视。

后来越来越多的人开始通过这种方式展示自己的高傲和不凡，这种通过延长眨眼时间表示傲慢和排斥对方的方式就形成了。

如果在日常的社交生活中，有人通过延长自己上下眼睑接触的时间，来表达对你的不屑与不接受，你完全可以采用有效的方式进行回敬：因为对方延长眨眼时间后，眨眼的速度也就会随之变慢，再次睁开眼睛时，他们会将视线向左或是向右偏离一点儿，和"翻白眼"比较接近，这时你可以在他眨眼的时候，利用那段被他延长的时间，向左或是向右迈一小步，这样他在睁开眼睛后就会看见你的正脸，这是他万万想不到的，因此内心就会受到惊吓，也就深深明白了你的"过人之处"。

抿嘴不笑所隐含的内容

在倾听别人讲话的时候，如果有人忽然将双唇紧闭，做出抿嘴的姿势，那么可以断定，他所聆听的内容与他心里的想法产生了一些出入，他开始思考和权衡，并且很快就会对是否表达做出选择和决定。

平时就喜欢抿嘴的人常常容易受到不良情绪的影响，并且会将不开心表现在脸上，但又能够意识到自己的面部表情与情绪不应该给对方和其他人造成影响，因而将这种心理状态折中为一种似笑非笑、似哭非哭的表情，以此来遮掩心中的不满和不快。

抿嘴微笑：温柔的拒绝

你借我200万买房吧。

你和葛天禹结婚是因为红烧肉吗？

我帮你起草了一份策划方案。

抿嘴时双唇紧闭，嘴角向上提，眼神宁静。这种微笑不会给人不舒服的感觉，同时略带无奈和遗憾，仿佛在说"不好意思，我没办法做到"或是"对不起，我不能这样做"。当有人对你做出这个表情时，你就知道，不能强求了，应该识趣地收手。

抿嘴微笑还可以表示其他含义的否定，如不同意或不认可、不好意思说"不"、无可奉告等。一些明星在公共场合或接受采访时被问及不愿回答的问题时，常常会抿嘴微笑，但是笑而不语，这就是在告诉对方"请不必继续追问，我无可奉告"。

生活中，当你遇到出发点很好的人为了讨你开心做了某件事，这件事并不能使你得到很大的收获，而你不知该如何拒绝或是不好意思拒绝时，也可以抿嘴笑一笑。对于你不同意但又没有必要反驳的观点，抿嘴一笑也是一种很好的选择。

不只是卖萌：嘬嘴

著名的美国女演员玛丽莲·梦露有一个经典的动作：微微俯身，抬头挺胸，翘起臀部，用手轻轻地遮着嘬起的嘴。这一形象一直被一代又一代的观众推崇，成为极富梦露特色的性感动作之一，几乎成了梦露的代名词，因为它充分表现了梦露性格中除了性感之外的娇嗔、可爱和活泼。

玛丽莲·梦露

小孩子也经常会嘬嘴，在他们不开心或是不乐意做某件事情的时候，当他们正在开心地做一件事情，玩游戏或是看动画片，忽然被家长勒令去完成作业或是练琴，刚才的兴致勃勃被一扫而光，心中十分不情愿，但是又没有有效的反抗措施，只好服从，为了表现和发泄这种内心的不情愿，他们就会把小嘴撅起来。家长有时对着小孩子们嘬嘴皱眉，对他们也会有一定的强制管制的作用，他们能够意识到，家长做这个动作是在否定和制止他们现在的行为，于是只好乖乖地听话了。

在日常的交际生活中，成年人有时也会用嘬嘴表达内心的不满和生气，而有这样动作表情的人通常会被认为是不谙世事的年轻人，或是性格十分任性的人，因为这种表达排斥和拒绝的表情十分明显，有着丰富社会交往经验的人不会将自己的喜怒哀乐表现得这么淋漓尽致，也不会允许自己的内心思想和情绪有这么明显的外露。

然而，在面对不满或是不情愿接受某事时，即便是八面玲珑的社交高手有时也会在最初的一秒钟做一个极难捕捉的嘬嘴动作，这是内心情绪的真实呈现。

社交场合会在很多时候教会我们如何做，哪些表情应该有，哪些表情不应该有；哪些姿势应该有，哪些姿势不应该有，这些不成文的规则会在长时间的约束下塑造我们的习惯，因此，一些本能表现出来的动作可能会逐渐被替换掉，但并不意味着人与人之间的交往会变得越来越需要警惕，毕竟，人总是难以避开"率性而为"的举动。

拨弄头发的女士

在交际生活中，如果在有异性的场合中，女性不时地朝着男士整理或撩拨头发，则可以看作是传达爱意或挑逗的信号，因为女士是在通过这种方式引起男性的注意，并让他们看见自己的美丽。有时，女性发呆时或走神时也喜欢无意识地拨弄头发，这是内心无聊的一种表现。

撩拨头发的另一种可能是源于心理的。女士在处于焦虑或慌乱的情境中，也会显得手足无措，尤其是不知道该将手部放在哪里，于是就喜欢拨弄一下头发，既是在缓解自身感受到的压力，也是在显示自己的平静与淡定，仿佛飘飘然的长发可以将自己心中的慌乱掩盖住一样。

短裙美女难接近

在日常的社交场合，对身着短裙的女性在坐姿等方面都有着严格的要求。例如身着短裙正坐时，两腿并拢，上身挺直坐正，小腿垂直地面，双手放在双膝上。这种坐姿比较适合较高的座椅。

正式场合中，女性摆出以上姿势，则显得端庄优雅，就会让人感觉到女性独特的神圣魅力，显得高高在上，不那么容易接近。实际上，穿短裙为女性带来很多不便，做出这样的姿势，一方面是为了塑造良好的形象，另一方面则是出于对自身保护的考虑。穿短裙时，女性为了防止"走光"，不仅会注意坐姿，而且还会加穿一条打底裤。

在这种情况下，淑女身边的男士也会跟着有所"收敛"，他们会管好自己的目光，言谈握手时也会刻意提醒自己不要太过热情。很多男性都认为穿短裙的女子可以表现性感，因此他们也会格外注意她们，殊不知女性早已料到这一点，无形之中，穿短裙的女性就为自己树立了一道防线，让人难以接近了。

碰触手部可以拉近距离

在人际交往时经常出现这种情况，在与不太熟悉的人或者陌生人接触时，如果有一方主动碰触一下对方的手臂或者肩膀，那么两个人的距离就会自然的拉近，使两人变得亲密起来，可以扔开客套和寒暄，从而像已经认识很久的老朋友一样进行亲密的交谈。这种距离的拉近对两人之后的交往非常有利，会使他们之间的合作更容易成功。轻轻的碰触会在瞬间打破人与人之间那道无形的壁垒，使原本互不熟识的人短时间内变得不再陌生，从而使人们之间的交往更加顺利并更容易达成所愿。

见面时触碰一下对方的肩膀或手臂，可以拉近自己和对方的心理距离。

美国的学者进行过一个实验，证明了碰触在陌生人交往时的神奇魔力。研究者先在电话亭里放了一枚硬币，有人走到电话亭里并看见硬币的时候，研究者也跟着走进去直接询问对方有没有看见硬币，实验的结果只有 20% 左右的人承认自己看见了硬币。之后研究者又换了一种询问方式，在走进去和电话亭里的人说话时，轻轻地碰触对方的手臂，然后再问对方有没有看见硬币，结果竟然有 60% 左右的人承认看到了硬币。可见轻轻的碰触对人际交往有着非比寻常的影响，可以提高我们成功的概率。

握手也是陌生人初见面时很好的碰触对方的方式，手部的接触可以给人更好更深刻的印象。比如在社交场合中，我们会和许多陌生人见面、接触，有的时候我们只是微笑着点点头，有的时候会伸出手来与对方握手。

之后回想起来时，会发现对那些和我们握过手的人印象较深，而那些仅仅点头的人却印象很浅，而且对握手的人的印象会更好。

但是在碰触陌生人的时间和尺度必须把握得恰到好处，如果碰触或者握手的时间过长，会使对方产生不适感，觉得自己被冒犯了，反而对你产生不好的印象。正常情况下握手的时间不要超过三秒，否则对方可能会暗自揣测你是不是有什么其他企图。在碰触手部时最好只把接触部位限制在小臂到手肘的范围内，如果碰到手肘以上则会让对方感到不悦，男士和女士握手时尤其需要注意这点。

双手插兜，拉开距离

很多人都习惯将双手放进口袋里，但这个动作有可能让别人觉得你是一个傲慢、冷漠的人。因为这个动作代表自我封闭，收回的两手好像在告诉别人：我不想和其他人进行接触。一个职员到新公司上班，想要给大家留下良好的印象，跟同事打招呼的时候切忌双手插兜，否则大家会认为你傲慢、自大、难以亲近。

在推销商品时，这样的动作也可以帮助销售员揣测顾客的心理。如果顾客在了解产品时双手放在口袋里，则表明他并没有打算购买，只是想看一看。而且这样的姿势还可能说明顾客对销售员的推销有些不耐烦，双手插兜表示不想再继续听下去，这时推销员再讲下去就有可能得到相反的效果。

双手背后防止他人靠近

当人们走路或者站立时将双手背在身后，会给人一种不可侵犯的感觉。做出这样动作的人是想与他人保持距离，不想让他人靠近自己。我们通常会认为做出这种姿势是在思考，实际上并非如此。例如观看展览的时候，在某一幅作品前面仔细观看的人一般会将手臂放在背后，表示他正在专心欣赏展品，请他人不要贸然接近打扰到他。

通常我们在面对自己亲近的人时不会做出这种姿势，因为这种姿势表示出对他人的排斥，会使亲近的人感到不悦。如果和朋友或亲人谈话时使用这种姿势，一定会引起他们的不满，让人觉得此人傲慢自大，从而有可能疏远他。

而父母如果对自己孩子经常做这种动作的话，会对孩子的心理造成很大影响，因为孩子会认为父母在拒绝他，不想与他亲近，使他产生被忽略的感觉，从而造成儿童的孤独感。试想如果儿童满脸笑容地奔向自己的母亲，本想得到一个热情的拥抱，然而母亲把双手放到身后并没有张开双臂迎接的意思，那么这个孩子心理将会受到多大的伤害。

交叉双臂建立防线

　　儿童时期，在我们遇见危险或不愿面对的事情时，往往会寻找地方躲避和隐藏。例如遇到父母之间大吵大闹，孩子就会害怕地躲到柜子后面；如果小孩做错了事，父母要惩罚他，小孩就会跑到桌子下面不出来。这些行为都是人在排斥某件事情时在自己和此事物之间建筑防线的行为。

　　成年人不会像儿童一样四处躲藏，在遇见相同的情况时便会把双臂交叉在胸前，自己筑起一道身体的防线，潜意识里认为这样可以阻止危险的靠近。

两人在吵架时，对方通常都会做出双臂交叉的姿势。

　　在人们对某件事情表示否定或者怀疑时，也会做出交叉双臂的动作，好像把这件事排除在外。例如两个人在吵架时，经常能看见这样双臂交叉的姿势，再加上讽刺的言语和蔑视的延伸，以此表示对对方的说法不屑一顾。在下属对领导进行业务报告时，有时领导在聆听时会微微点头并带着微笑表示赞同，但有时却会抱起双臂，皱着眉头，表情严肃地看着主讲人，这时这位进行报告的人一定感到非常紧张，因为领导这样的姿势似乎是在对他说：我对你这个说法很不认同。

　　交叉的双臂在我们和外界之间建起了一道墙，在阻止危险和不喜欢的事物的同时，也将自己和他人隔开了距离。这种姿势也和双手插兜一样，会给人一种傲慢、冷漠、难以接近的印象。

　　有时我们也可以利用这种姿势来表明自己想要拉开距离。例如在拥挤的公交车或者电梯里，会看到有人站在角落里，双臂交叉在胸前，这些人是想告诉别人："离我远一些。"还有的人拿东西时会将手里的东西例如书或者包抱在胸前，其实他使用这些东西代替了交叉的手臂，这个动作所代表的意思和交叉双臂是一样的，都是对外界表示排斥的信号。

腿部动作表露的距离感

观察交谈对象的腿部和脚部动作就可以让我们推测出对方大致的心理感受。当我们第一次见到某人时，要真诚地与对方握手，并率先投以善意的目光，而这个人在原地并没有明显的动作或举止，眼神上也有了相应的回应，说明他认为目前两人之间的距离恰到好处。

但是，如果对方向后退了一步或者移开了一些，则说明他觉得距离太近了或是不习惯这样的接触；如果对方向前迈进了一步，拉近了两人的距离，则刚好说明他对这种接触方式十分满意，对接下来的话题十分感兴趣，也很喜欢现在的交谈对象，想要进行更多的接触与交往。

交叉双腿表示没有认真在听

专家通过一组研究发现，双腿和手臂处于自然状态，手臂不交叉，也不跷二郎腿的听众倾听的效果最好。而听讲时双臂交叉抱在胸前，并且跷着二郎腿的人不仅听到的内容较少，而且对演讲的内容也更加挑剔，常常会对主讲人的观点进行反驳。

在社交场合与别人交谈时，交叉的双腿也能暴露一个人的心理感受。比如一对男女在相亲的场合，男人侃侃而谈，如果女人的双腿始终以一种不自然的方式交叉着，身体微微后倾，眼神经常四处打量。这就说明其实这个女人对对面的男人并没有太大兴趣，心里正想着要离开。

相反，双腿自然交叉的姿势表明一个人很放松，这种站姿是：重心放到一只脚上，另一只脚非常轻松自然地交叉，并用脚尖点地。这种姿势是身体高度舒适时的体现，如果在交谈中，两个人都将双腿自然地交叉，则说明双方都感到轻松愉快，谈话的气氛比较融洽。

第三章

看穿对方的心理软肋：妥协与抗争

总是擦眼镜的人

因为眼镜是身外的佩戴物，灵活轻便，这样的特点就可以供人们随意地摘取或戴上。如果是处于佩戴时造成的眼部等生理性质的不舒服，则无可厚非。但是当社交场合中的一个人频繁地摘取眼镜又戴上，或是做出一系列擦拭眼镜等微小而又随意的动作时，他的内心世界一定起了一些波澜，或是可以由此窥见他的性格特征。

总是喜欢频频擦拭眼镜的人通常比较谨小慎微，处理事情的时候可能考虑得太过精细，甚至会缺乏足够的勇气和魄力。这类人在人们心中常常是酸腐书生的形象，实际上他们的确适合做一些学术方面的研究工作，能够适应相对枯燥的资料查阅、数据分析、计算等科学研究，能坐得住"冷板凳"。

有时，人们会通过摘下眼镜进行擦拭来表示自己正在思考并即将做出回答。这种场景常常是这样的，当对方提出一个意见或是要求时，戴眼镜的人经过认真地思考后，摘下眼镜缓慢地擦拭一番，这正是思考的过程，之后便答应了对方提出的请求或要求。

其实，对方擦眼镜的时候可能已经有了答案，他只是在思考如何表达他的意思，只是在寻找合适的回答方式。

显然这也属于一种拖延时间的表现，因此可以看出常做这样动作的人，整体看来比较被动，不太会主动抗争，当他们实在难以妥协的时候，他们会采用拖延时间的方式寻找借口或是出路。

另外一种情况，让人们在看到一件令他称奇或是一个出现得很诧异的人时，也会摘下眼镜擦拭一番。这种举动就是不戴眼镜的人在看到令他难以置信的人或事的时候做出揉眼睛动作的延续。

戴眼镜的人是把眼镜当成了自己眼睛的外化，因此，当看到令他们惊讶万分的人或事的时候，他们甚至不相信自己的"眼睛"，因此需要擦亮"眼睛"，以免被什么东西干扰出现幻觉。在日常交流的社交场合中，小动作特别多的人总会给人一种不够稳重的感觉，一会儿动动这里，一会儿碰碰那里，表现得像个不懂事的小孩子一样的人，会让人觉得他不适合出现在正规的场合，并且做事不够专注，也很难在人群中树立威信。因此，没有必要的时候，可以适当减少擦拭眼镜的动作。

咬眼镜腿泄露的秘密

有一些人并不习惯一直戴着眼镜，而是喜欢时不时地摘下来，拿在手里，这时就会有一个十分常见的动作，那就是把眼镜递到嘴边，咬眼镜腿。做出这个举动的人一般是在思考问题，他们咬眼镜腿的动作几乎是无意识的，与思考时转笔或是手里抓着点儿什么随意玩弄是一样的。

此外，还会有一些人，在交谈中咬眼镜腿，既有可能是在思考问题，也有可能是摆出一副思考的样子，以此来拖延时间。这就需要我们根据其他的面部动作或肢体语言再做进一步的判断了。

警惕摘眼镜的动作

经常摘眼镜的人并非完全依赖眼镜的功能，他们一般会选择开会、讲话等场合佩戴眼镜，因此身边的人也可以在这种场合之下看到他们摘眼镜时表现出来的信号，对他们当时的心态做出适当的判断，从而辅助我们更好地理解含义，理性地接受。

在面试中，我们常常可以看见这样的情景，主考官先是向应聘者提出一些问题，应聘者答出来之后，他便会摘下眼镜，并将眼镜折叠好放在一边，动作不紧不慢，也没有什么强硬感，这就说明这位主考官没什么需要继续提问的了，也就是说，应聘者的基本情况他已经把握，采用还是不采用他心里已经有了结果。

然而如果一个人在摘下眼镜后，并没有像刚才提到的那样轻柔地将眼镜折叠好放在一边，而是直接扔到旁边，动作带有几分力度，那就可以确定，他对现在的状况是不满意的，接下来的情况可能不妙。如果不是对话场合，有人做出这样的举动并非针对某一个人，则可以判定他是针对某一件事情，借此来发泄他心中的不满和气愤。

滑落鼻尖的眼镜

每个人戴眼镜的方式几乎都差不多，因为眼镜主要是为了辅佐视力，达到清晰视物的效果，戴眼镜的人常常很不喜欢眼镜滑落，因为那样还需要不停地将眼镜推上去，有些麻烦。但是在有些场合，眼镜滑落到鼻尖，也可以说明一些问题。

在人们的印象中，身穿深色职业套装，戴着黑框眼镜的女老师都十分严肃刻板，学生都会十分怕她，她们坐在办公桌前训学生的场景也十分熟悉，即抬起头，眼镜在眼睛的下方，用鼻尖撑住眼镜，以防滑落。这种看人的方式通常会给人以很强的压迫感，被训的学生就像是被审讯一样，很容易心惊胆战。而女老师则常常喜欢用一贯的面无表情的脸对着学生，这就增加了她们面部表情的威严感，让人不得不无条件妥协。

在日常生活中，开会讨论等场合也常见这样的人，他们在别人发表完意见或是正在发表意见的时候，从眼镜上方看着说话者，眼神向上飘着，这种情况下可以判定，他不十分赞同或认可说话者的观点，因为这个眼神本身就带有很强的质疑色彩，在一些场合它还可以表示审视。

当我们遇到这种情况的时候，如果是我们作为发言者，抛来这样的眼光，我们大可不必惊慌失措，乱了阵脚，完全可以询问对方是否有问题，然后真诚地展开具体问题的分析和讨论，这样既可以消除对方的疑虑，也能够更好地将问题剖析开来，避免造成误会和误解。

让眼镜滑落到鼻尖上，眼睛从眼镜上面的缝隙中窥探，通常会给人以很强的压迫感。

如果你是眼镜一族，则需要尽量避免眼镜滑落鼻尖给他人造成的审视性的眼光，尽量保持眼镜位置的端正，既是对他人的尊敬和礼让，也是对视力的有效保护。否则会带给对方极不舒服的感觉，被"审视"的人会感受到一种强烈的被胁迫的感觉，会认为你不够谦和甚至太过强硬，凡事与你难以商量，这样身边的人就会对你逐渐远离了。即使在表达抗议或抗争的时候，也应该采取更加和谐的方式，以理服人，这样不仅能更好地解决问题，也可以树立你的威信，可谓一举两得。

把握熄灭烟头时的心理

如果你正在和一个吸烟者交谈，那么请注意了，你可以通过他吸烟的方式判断你们谈话的进程进行到了哪一步，可以由此判断他是否想要结束你们之间的对话。如果他在听你说话的过程中吸完了整根烟，并随手熄灭烟头，那么可以证明他在认真思考你所说的内容。

此外，有的人在某种境遇之下会采用一种十分极端的熄灭烟头的动作，那就是用力地将烟头摁在烟灰缸上或地上，然后可能还会伴有动作幅度较大的扔烟头的姿势。这一整套动作都透露出了很强的愤怒感，可能是刚才发生的事情或是刚才听到的消息让他十分气愤。

酷酷的吸烟者

在影视作品里，常常有人喜欢冷酷又英俊的男性角色，他们身着黑色风衣，戴着墨镜，如果手里再夹一根烟，就会更加凸显潇洒的男人本色。这种类型的吸烟者喜欢用烟装点自己的外形，伴随而来的是给身边的人带来的一种冷峻的感觉，他足够吸引人但却没什么亲和力，让人觉得难以接近。

十五六岁的少年正处在青春叛逆期，喜欢尝试新鲜事物，也喜欢摆出一副酷酷的样子，吸烟对他们来说是个很好的选择，虽然会遭到老师和家长的强烈反对，但是他们还是希望自己能够继续"酷"下去，这种抗争和叛逆的心理在青春期十分常见。

有科学家将这种不是由烟瘾引发的吸烟行为称之为"社交型吸烟者"，他们从香烟点燃的第一个动作开始，一直到香烟燃尽，期间只会有20%的时间用于吸烟本身，而其他的大部分时间则是用来进行展示自己的风格，塑造特性形象或是与其他人进行交流。但是一般情况下，吸烟本身可以表达多种社交情况中的可能性，需要视具体情况而定。

高抬的下巴：我不会妥协

我们常常会在革命战争题材的影片或是影视作品中看到这样的场景：被俘获的革命者高昂着不屈的头颅，下巴高高抬着，视线偏下，表现出对侵略者极度的厌恶和鄙视。我们心中很多英雄人物的形象，无一不是抬着高昂的头，展现出一副勇敢、顽强、不屈不挠的形象。

人民英雄纪念碑下面的浮雕中，很多英雄都是这样的形象，仿佛在告诉世人，他们会凭借自己顽强不屈、坚忍不拔的品质坚持到底，不会随随便便地屈服于恶势力，更不会受威逼利诱而向敌人妥协。

在日常生活中，如果遇见高抬下巴的人，几乎也可以判定这个人在性格中有着不愿屈服、不随意妥协的因素。如果是在双方对峙、自己又处于相对弱势的情况下，这无疑是在表达极度的藐视与不妥协。

在现实生活中，低头与扬头的差异需要根据具体的情况来分析。一般情况下，在谈话过程中把头部高高昂起的人，下巴也随之向上，基本可以断定他是在显示一种无惧无畏、傲慢不屈服的状态，他们就像个革命者一样坚持着自己的思想与信条，绝对不会因为外部压力或威胁而轻易妥协，他们能够在相当大的程度上坚守信念，是一个标准意义上的勇者。

另外，高抬下巴的人还会给人以威严感。据科学家研究分析，睾丸激素水平高的人通常会有一个宽大的下巴，他们的生理特征决定了他们的心理特征，因此可以得出，总是高抬下巴的人做事时较为强势傲慢，当然总会有一定的地位背景做基础。

此外，高抬下巴的人在抬起头的同时会使自己的视线处于高出水平视线的位置，正所谓站得高望得远，他们抬起头就象征着自己的体位也随之抬高，高出了身边人的水平线，这样就会使他有一种由高向低俯视他人的强势与威严感。英国历史上第一位女首相玛格丽特·希尔达·撒切尔夫人就常常用高昂的下巴示人，既展现了她桀骜不驯的个性，又为自己树立了不可侵犯的威严。

英国首相玛格丽特·希尔达·撒切尔夫人

在日常的交际场合，我们最好能够保证自己的视线处在平视他人的水平，保证头部不低不昂，这样是一种十分温和的状态，既不会让别人感觉到你的高高在上，又不会让人看低你，也不会让你看上去无精打采。是一种最合适、最没有歧义的姿态。

拣出不存在的"绒毛"

对于这件事，你有什么看法呢？

在和一些不是特别熟悉的人或是刚刚认识的人交谈时，因为双方不够了解，不知道彼此之间有哪些共同点和双方都感兴趣的话题，所以常常会出现冷场或短暂的沉默期，这种情况下，常常会有一方会低头看自己的衣服，轻轻地在衣服上拣来拣去，像是在拣衣服上多余的绒毛，但实际上，这只是一个象征性的动作，那些"绒毛"根本就不存在。

如果在谈话中，有人运用这种方式来逃避讨论，你作为发言者，如果希望每个人都参与到讨论中，就完全可以将正在进行的话题暂时停下，询问这位正在拣绒毛的人，"对于这件事，你有什么看法呢？""不妨讲一下你的感受和观点吧！"然后，你可以舒展开双臂，做好聆听的准备，这样的话就可以调动起他的积极性，让讨论变得更加活跃了。

不安地压低下巴

上学的时候，如果我们被老师批评或是回答不上来老师的提问的时候，常常会把头低下，紧紧地收着下巴，不敢抬头正视老师的眼睛，这既是害怕的表现，也是内心较为惶恐不安的写照。

成年以后，当我们无意做错一件事情的时候，也会做出这样的姿态，这时，收低下巴则可以理解为表现愧疚造成的不安，也是因为羞愧而无颜面对其他人的表现。如果我们在社交过程中遇见这样的情况，则可以断定对方此时的内心状态是羞愧难当的，他也在悔恨自己做错了事情，并深深意识到了自己的错误，作为旁观者或是身边的人，我们也没有必要再进行生硬的责备，而是应该相对缓和地为对方保留颜面和空间。

另一种情况是这样的。如果在你和对方交谈过程中，他忽然低头，压低下巴，移开了刚才与你对视交流的目光，并不是他因做错事情而感到不安和羞愧，极有可能是因为你所表达的观点或思想和他的观点思想出现不同意见，他无法再继续通过眼神交流来传达意义，也不想再用积极的眼神给你支持，或是通过其他方式对你的观点表示肯定了。

不同含义的耸肩

耸肩动作在不同场合有不同的含义。西方人的习惯动作里常常会有将肩膀上下伸缩的耸肩动作，这个动作可以表示很多含义。比如，当有人对他们的行为或所做的事情、所穿的衣服表示赞扬或夸奖的时候，他们喜欢耸耸肩，表示自己很满意自己现在的状态，对所夸的事情也很得意；如果有人对他们说："不好意思，你没有机会了。"他们也会耸耸肩，表示很遗憾或很愧惜；当被别人问及"怎么办"的时候，他们也会做出耸耸肩的动作，表示无能为力，无法阻止或改变事情的变化和发展，是一种很无奈的表现；如果他们制造了一场惊喜，对方发现后非常高兴，再回过头来用喜悦的眼神看他们的时候，他们也会选择耸耸肩，表示炫耀和满意……

而在日本、韩国等地，耸肩的姿态只在一些特定的场合才会出现，不像在西方那样运用得那么广泛。它主要用来表达无可奈何，用来表示"我对这件事情实在无能为力"。

介于东西方文化的巨大差异，东方人在和西方人进行交谈的过程中，常常会被西方人频繁的耸肩动作搞得晕头转向，因为西方人的耸肩表达的意思实在是太多了，这需要有着丰富而纯正的西方思维才能理解，需要深入了解西方人的生活方式和思维方式，否则也会导致交谈过程出现偏差，形成"自说自话"的尴尬局面，在一些特定的场合还有可能引起误会或制造笑话，甚至会耽误重要事情。

一些中国人喜欢在说英语或是和外国人交谈的时候通过耸肩来表现或塑造自己"很西化"的形象。

实际上，因为文化传统和思维方式的大相径庭，东方人强硬地学习西方人的说话习惯，并不能真正展现西方人的个性，反而会显得十分生硬。就像西方人很难学会中国传统文化中的礼仪礼节或是京剧表演中的举手投足、一颦一笑的样子一样。不同的文化和生活方式塑造不同的习惯，没有必要生硬地套用和学习，只要学会清晰地语言表达，再辅之以国际上通用的肢体语言和态势语，交流就可以达到很好的效果。

低调的缩肩动作

把肩部向上提，头部向前伸或是低下，这样的姿势就叫作耸肩，也可以称为缩肩。耸肩也传递一种无奈的信息，当一个人缩着肩膀摊开双手，这时他的眼神里多半透出无奈的目光和神情，就好像在说"我该怎么办""我实在没什么办法了""谁能帮帮我啊……"。

此外，社交场合中耸肩，也可以理解为一种表现恭顺或谦卑的方式。谈判或个人交际时，我们常常可见弱势的一方"点头哈腰"，下属或员工跟在上司领导身后时，一般都会低头缩肩，这个微小的动作足以显示两人之间的权力与地位的关系。

歪头表示顺从

当人将头歪向一侧时，就向他人暴露出了自己脆弱的喉咙和脖子，所以这个姿势会显得柔弱和没有攻击性，是一种表示顺从的动作。这种姿势可能来源于婴儿把头靠在父母胸前休息的动作，可能正因为如此才使人潜意识中觉得这个动作表示温顺和毫无威胁。身材娇小瘦弱的女性也喜欢将头靠在男友的肩膀上，给人一种柔弱温顺、需要保护的感觉。

人在对某个事物感兴趣时，也会将头歪向一边。女人常常在遇见心仪的男性时做出这个动作，用歪头表达向喜欢的男性示好。因为这样的姿势看起来天真无邪、温柔恭顺，很容易获得男性的好感。

专家对200年来的画作和广告画进行了调查研究，发现画作中女性头部倾斜的形象是男性的3倍，在广告画中歪着头的女明星也是男明星的3倍。由此可以看出，这个姿势所表达的是一种女性化的、温柔的、顺从的、攻击性较弱的形象，女性很适合用这个姿势来展现自己的魅力，而成年男性则很少做出这个动作。

具有威胁意味的食指

在世界上的很多国家，用食指指向他人都被认为是不礼貌的、有冒犯意味的手势。因为当我们将手掌握紧，仅伸出一根手指指向一个地方时，这根手指似乎凝聚了整个手臂的力量，从而显得具有命令和威胁的意味。在用食指指向某人时，好像在说"必须照我说的去做"！他会立刻感觉到受到了威胁。

这个手势非常令人反感，在学校或者是监狱里，这样的手势经常会引发打斗。年轻气盛的青少年，谁都不允许自己被别人这样极富挑战性地指着；监狱服刑的犯人更是不能接受被无端侵犯或挑衅。父母在与孩子交流时，也尽量不要使用手指指点他们，即使孩子犯了错误应该被批评的时候也是一样，因为这样很容易给孩子们的自尊心造成伤害。因此做出这样的动作很容易引起孩子的反感，容易激发孩子的逆反心理，导致更加严重的后果。

对自己的亲人、朋友、同事也最好不要做出这样的动作，因为这是一种冒犯的行为，即便是十分熟悉的人之间，也要尽量避免，否则容易引起对抗，产生嫌隙。

特殊情况下，在需要向对方施加压力或威胁对方时要善于使用这个手势。例如巡警在教训违反规则的市民时往往会利用这个手势，从而向对方施加压力，使之感到自己的威严和力量。在法庭上，检察官在结案陈词的时候也会用食指指向被告，

生气时容易用食指指着别人。

对他发出威慑并施加压力。但是在案件还没有成立之前尽量不要做出这样的手势，因为没有证明被告有罪时检察官或者律师都没有权利这样做。这种情况下可以用张开的手掌指向被告人。

在演讲或者发表观点的时候要避免做出这样的手势，以免遭到听众的反感，从而削弱演讲的说服力和感染力。在陈述观点时做出这样的手势会让听者觉得是在命令或者指示他们，这会让听众产生抵触心理，使讲话者和听众之间产生一道隔膜，阻碍演讲达到预期的效果。即使是领导在开会时也不要轻易地用手指指向员工，因为会使员工觉得领导过于咄咄逼人，好像在用自己的职权威胁别人，这样就会使员工的注意力转移到消极的地方，使讲话的内容被忽视。

总之，除非是权威人物要在发言中表达自己的威信和力量，否则不要做出这样用手指指别人的手势。

把大拇指插进裤兜

有些男人在站立时，会习惯性地将拇指插进皮带或者裤兜里，而将其他四个手指露在外面。有时候男性在做这个动作时，会不自觉地用拇指勾住腰带，并将裤子向上提，放在胯部的手指好像在保护他们的生殖器。这样的动作可以表现出男人的自信，他们好像是在向身边的人炫耀自己的男子汉气概。

虽然这个动作似乎是男性的专利，但有时女人在穿牛仔裤或者工装裤时也会做出这个姿势。一些有女权主义思想的女人，即使在穿套装或者裙子时也喜欢将拇指插进腰带或者裤兜里，似乎是在发出男女平等的宣言。

叉腰动作解析

我们常会看见这样的图片或画面：一个足球运动员，一只脚踏在足球上面，两只手插在腰间。在运动场上，这个姿势常常是运动员们在做好一切准备时的常用姿态，因此，它可以表明这个运动员此时已经准备就绪，等待上场了。演化到日常生活中，这个动作就有可能表示极具竞争意识的心理状态了。

当一个人在与其他人交谈的过程中，听见了某些令他气愤不已的事情，常常也会不由自主地双手叉腰，摆出一副气急败坏的样子，像是要和冒犯他的人大干一场一样。双手叉腰的动作可以在空间上扩展自己的躯干，让自己占据更多的空间，以此来争夺气势，压倒对方。因此这个姿势在商务谈判、政治会晤的时候几乎不会出现。

此外，一些男性喜欢用这个姿势来展现自己的男子汉形象，尤其是在女人面前，当他们在一个酒宴上，将身上的衬衣袖口的扣子解开，将袖口向上挽起，做出这个动作时，一种既阳刚又富有亲和力的感觉便塑造出来了，身边的人会感受到他阳光一般的强烈又温暖的关怀和照顾。

双腿交缠的女性较为顺从

双腿交缠在一起是女性经常会做出的一个动作，双腿交叉的位置不同、情景不同可能会有不同的含义。

社交场合中女性最常做的一个交叉双腿的动作是重心偏离，将一只脚搭在另一只脚上。这样的姿势一般代表心情很放松，或者对交谈的内容很感兴趣，因为这样的姿势很难突然移动身体去做其他事。

如果交谈双方都做出这样的姿势，则表明他们对彼此都有好感，关系融洽。如果一个女性在谈话中双腿交叉的时候眼神却左顾右盼，则说明她对这场谈话并不感兴趣，这时交叉的双腿则表现的是不耐烦的意思。

害羞的女性则会做出另外一种双腿交缠的动作，就是将一只脚放到另外一只脚的后面交叉在一起。这样的动作显得很忸怩，双腿紧紧地并拢，看起来很不自然不舒服。这样站的女性一般比较缺乏安全感，内心内向保守，别人说几句玩笑话她就会羞红脸颊。这种站姿表现出这位女子现在有些害羞和紧张，表现出恭顺服从的样子。

女性在交谈时也许想通过放松的面部表情和大方的动作来掩饰自己内心的紧张，但这样交缠的双腿却透露出她羞涩的内心。男女在恋爱时，女性经常会做出这样的动作，尤其是当男子主动挨近女子身边时，女子往往会害羞地低下头，把一只脚绕到另一只脚后面，代表对男子的顺从。

穿短裙的女性害怕走光，在坐着与人交谈时，应该并拢双腿并向一方微微倾斜。如果穿着短裙交叉双腿的话很有可能造成走光。但是很多女性在穿短裙时习惯于交叉双腿，表明她内心很紧张，这样的动作可以带给她安全感。

身材瘦弱的女性更容易做出交叉双腿的动作，她们给人的感觉比较娇弱，做出这样的动作似乎是在躲避外界的危险。而身材较胖的女性在坐下时交叉双腿则有一定的难度，也会影响姿态的美观。寒冷的冬天由于衣着臃肿，做出这个动作时也会显得笨拙不自然，所以冬天尽量改掉这个习惯。

女性为了塑造美好优雅的形象，在坐姿方面应该注意，最好采用较为保险的正规的标准坐姿，比如，身体坐在椅子的2/3处，上身保持正直，两手自然放于两膝上，两腿平行，与肩同宽。

与人交谈时，身体要与对方平视的角度保持一致，以便于转动身体，不得只转动头部，上身仍需保持正直。这样就不会将自己陷入相对被动的局面，因为标准坐姿是一种很普遍的姿势，每个人都会做到，就不容易泄露自己的性格或习惯了。

OK 手势使气氛融洽

在日常生活中，OK 手势表达了积极乐观的心态，会使交谈的对方感受到你的热情和活力。经常使用这个手势，原本紧张的交往氛围有可能会变得更加轻松随意，周围人对你的态度也会变得更亲切。

在教育孩子时，这个手势也有着很大的激励作用。现在专家提倡对儿童进行鼓励式的教育，因此在孩子做了一件正确的或者有出色的表现时，可以对他伸出 OK 的手势，表示对他的认可和鼓励。孩子在受到鼓励之后，就会有更加出色的表现。

抖脚背后的深层次含义

悠闲时抖脚

有的人喜欢在很悠闲的时候抖脚，有时还会伴随着音乐节奏，这样的人是因为想要放松自己的身体，抖脚的动作和节奏代表了轻松愉悦的心情。但如果在公共场合这样悠闲自得地抖脚，则会打扰到周围的人。

4 字坐姿抖腿式

而如果一个人翘起 4 字腿的同时抖动腿部，则表明这个人非常得意。4 字坐姿本来就给人一种高傲的感觉，再伴随上抖脚，则说明这个人志得意满，对自己的现状非常满意。

收缩身体抖腿

有的人收缩身体抖腿可能仅仅是因为冷风刮过，身体受凉所致。但天气没有明显变化时，一个人还是这样收着身体抖腿，则说明他心里比较紧张和焦躁不安。

男人的弹弓式坐姿

弹弓式坐姿是将双手抱在头后，手肘具有威胁意味地指向外面。这个姿势基本上专属于男性，他们通常会利用这种姿势向他人施加压力，或者伪装出一种轻松自在的样子，让别人产生安全感，在不知不觉中落入他的圈套。

很多身份地位较高的人喜欢摆出这种坐姿，体现出高人一等的架势。或者对某件事情特别有自信、态度强势的人也会做出这种姿势，仿佛在告诉别人"关于这件事我知道得一清二楚"或者"一切尽在掌握"。

在公司中领导阶层的人在办公室里接待下属时也喜欢双手抱头坐在办公桌后面，表现出高傲自信的样子，向站在门口的下属施加压力。由于这个姿势带有威胁意味，所以通常是地位较高的人在地位较低的人面前才会做出这样的姿势。在领导面前这样坐是非常不礼貌的行为。

弹弓式坐姿也可以用来向他人表示自己无所不知，或者用这个姿势占据属于自己的个人空间，因为这个姿势有着标记个人领地的效果。例如到朋友家去做客，主人往往会坐在沙发上斜靠在沙发背上，双手抱头，腿自然地伸展开，让人一看就知道这是他的地盘，他在这里处于支配地位。

交谈中面对这样的人要使用不同的策略来应对，以夺回主动权或者优势地位。比如，面对一个某问题方面的专家，而他觉得自己无所不知的时候，你可以将身体向他倾斜，摊开双手然后诚恳地问："我知道你懂得很多，能不能指导我一下呢？"这样对方就不好意思再表现得高傲冷漠了。或者可以故意递给他一些资料，但是要让他需要起身才能够到，这样他就会放下头后的双手不得不将身体前倾了。

如果你是男性的话，只需跟对方做出同样的弹弓式坐姿就能起到有效的作用，因为模仿他的动作使你们二人之间的关系又重新恢复了平等。

但是女人就不能用这一招来应对了，因为这样的坐姿会凸显女性的胸部，将女性置于更不利的地位。那么女人在面对摆出这种姿势的男人时，可以站起来与他对话，这样他要继续跟你交谈的话就不得不改变自己的姿势。

在较为正式的社交场合，大家都会尽量避免这样会让他人产生不悦的坐姿。有人喜欢在困倦疲乏的时候伸一下懒腰，继而将双手抱在头后，将双手当作是枕头进行放松。但是这样的姿势会让身边的人产生十分不好的感受，所以最好不要在正式的场合随便伸懒腰。

想要离开的坐姿

有这样一种坐姿，双手放在双膝上或者抓住椅子的侧面，身体向前倾斜，就好像运动员在跑步比赛中准备起跑一样，行为学中将这种坐姿称为"起跑者的姿势"。如果在谈话中，对方做出这个动作，有可能是有些不耐烦并且希望自己能够尽快离开。也有可能是，做这个姿势的人可能十分着急，正在赶时间，希望能够尽快进行完当前的对话，以便迅速离开。

所以在谈话中，如果某人是一个深谙行为学的社交高手，他在发言过程中，如果看见听话者摆出这样的姿势，就会十分体贴地询问这个听话者是否有急事在身之类。当我们在一些类似的场合，如果没有什么急事，最好不要摆出这样的姿势，以免干扰讲话者的思路。

跨坐在椅子上的男性支配欲强

在古代，男人们利用盾牌来保护自己的身体，以抵挡敌人的刀枪棍棒。今天，现代社会里人们可能受到身体和心理上的伤害时，也会借用身边的物体像盾牌一样来保护自己抵挡外界的攻击。例如躲在大门、柜子、桌子后面，或者将椅子反过来跨坐在椅子上，这样椅子的靠背就像盾牌一样保护在身体的前方。

喜欢跨坐在椅子上的人往往比较大男子主义，有较强的支配欲。他们与别人交谈时，如果对谈话的内容失去了兴趣，就会想要掌控谈话，打断别人的话开始谈论自己感兴趣的内容。同时椅子的后背还成为他们的挡箭牌，需要时可以有效地躲开他人的攻击。这样坐姿的人一般行为比较谨慎，他们能够在别人没有注意到的情况下就从正常坐姿转换到跨坐的姿势。

在谈话中遇见这样跨坐的人是很头疼的事情，很难跟他进行平等融洽的谈话。最好的回击方式是利用身体动作，例如站着和他讲话，俯视坐在椅子上的人，使他感到一种高度上的压迫感。还可以逐渐靠近他，侵占他的个人空间，当他觉得受到侵犯就会停止旋转并坐好。

身体斜靠宣告所有权

人们通常用身体斜靠在某件东西或者某人身上的动作，来向他人宣告自己对此人或物的所有权。儿童在与父母新送给自己的自行车拍照时会将脚踏在车子上，女孩子在和其他小朋友一起玩的时候，会紧紧抱住自己最心爱的娃娃以免被别人抢走。明星富豪与自己的新车、游轮等私人物品拍照合影时，也会将身体斜靠在这些物品上以展现主人的身份。当人们与这些个人所有的物品相接触时，身体就会不自觉地伸展到这件物品旁边，以此来展示所有权。

在公共场合，经常可以看见牵着手或者挽着手臂的情侣，女性还会斜靠在男友的身上，情人们是用这样的方法向其他异性宣布，这个人是属于我的。妻子还会故意在丈夫的肩膀上留下长发等女性痕迹，来告诫其他女人这个男人已经是有妇之夫了。办公室里，领导往往会斜靠在自己办公室的门框上或者把脚搭在办公桌上，以此来向员工们暗示，自己是这间办公室的主人。

明星与自己的新车拍照合影时，往往会将身体斜靠在车上以展现主人的身份。

但是如果一个物体原本属于其他人或者这一物体靠在另一个人身上，那么斜靠上去就会被看作是威胁或者侵占的动作。在未经主人允许的情况下随意使用对方的东西，或者未经一个人的允许就靠在他身上，实际上是一种侵犯行为。网络上有一些虚荣的女性为了显示自己的财富，靠在别人的名车前面拍照，让别人误以为自己才是这辆车的主人，就是恶意的侵犯行为。

日常生活中，未经他人允许就擅自坐在别人的桌子上，未获得主人同意就开走人家的汽车等都是威胁、侵犯的行为。还有的女性为了赢得心仪的男子，在聚会中会借机向这个男子的身上靠，或者假装崴脚或者假装喝醉酒让他搀扶，这样会给其他竞争者一些暗示，仿佛她已经得到了这个男人的心。

推销员在上门推销时，如果主人没有请他入座的意思，那么就不能擅自坐下，因为未经他人允许进入私人空间是一种冒犯的行为，会让主人产生受胁迫的感觉，产生戒备心理。

在工作场合，更要注意不要侵犯他人的所有权，随意坐级别较高的人的座位或者斜靠在他人办公室的门框上，都会引起领导和同事的反感。如果有这样的习惯，尽量练习将身体直立，并将双手放在身旁，这样可以减轻对别人造成的威胁感。

抬高身体赢得优势地位

古代西方，女人在遇见比自己地位高的人时会行屈膝礼，而男人却不会放低自己的身体，而是摘下礼帽微微点头。可见身体的挺直是权力与地位的象征，男人希望获得更高的身份与地位，因此不会轻易向人下跪或者屈身。

我们在与人交往的过程中，切记不要随意地抬高自己的身体，以免给对方增加一些无谓的压力，给人留下蛮横的印象。即便是领导或其他身份地位较高的人，也应该尽量避免通过抬高身体赢得优势地位，否则会给下属很大的压力，这种情况下，他们便只会一味地妥协顺从，他们的积极性与创造性就会受到影响，很难提出有效的建议或方案了。

表示恭顺的鞠躬礼

我国古代大臣们在向皇帝汇报完之后，总会弯着身子保持着鞠躬的姿势慢慢倒退着离开房间。这是为了向皇帝表达恭顺、敬畏之情，并说明他们对皇帝的权威非常认可和拥护，是一种臣服的表现。

现代社会鞠躬的姿势也延续了下来，是一种建立上下级之间、尊卑长幼之间权利地位关系的方法。按照礼节晚辈拜见长辈时，一定要恭恭敬敬地鞠躬。考生在面试时，也要向在座的评委老师鞠躬致意，以表达自己的尊敬。

日本一些公司为了提高竞争能力，在接待客户时采用了"鞠躬法则"。接待只是随便看看的客户，工作人员只要鞠躬15度就可以了；面对购买产品的顾客，应该给予45度的鞠躬；而对于那些对于公司有重大作用的客户，则需要用90度的深鞠躬来表示对他们的尊重。

第四章

谁在挑衅：冲突与防御

难以隐藏的愤怒

有一个以克林顿为主人公的说谎分析案例曾经在心理学界和行为学界引起了轩然大波，因为愤怒情绪的难以隐藏不仅可以表达出当事人处在极度愤怒的状态中，还可以透露出他隐藏的其他秘密。

克林顿否认与莱温斯基有染的案例曾经被收录在很多心理学和行为学的相关书籍中，用来说明识破谎言的章节和内容。一些心理学家经过详细的分析得出结论：克林顿否认与莱温斯基之间有不正当性行为时，眼睛和诉说的方向与食指指点的方向不同，这就足以证明他在说谎。

这种分析一经公布便受到很多专家学者的追捧，很快便成为非常主流的说法，即便是现在也还依然如此。然而另外一种说法逐渐开始受到关注，那就是愤怒泄密。这些专家在面对几乎成为权威的说法面前提出了这样的分析：

克林顿在向媒体和公众"澄清"这件事情的时候，他的台词用中文来说是这样的："我没有和那个女人——莱温斯基小姐发生过性关系。我从来没有让别人去说谎，一次都没有。从来没有。这些指控是不真实的。"

他在讲话时语气平和，语速和停顿都非常正常，没有任何破绽。但是他伴随讲话所做的态势语却出卖了他：讲话时，他伸出右手食指，有节奏地、快速地、频繁地向前下方指点，可以看出力度较大。但是他的眼睛看着自己的左前方，仿佛那里有一个具体的对象在和他对话。

总体来说，克林顿一面是用平和的语言冷静而坚决地否定着被指控的内容，诉说对象是并不在眼前的媒体和公众，另一面却不由自主地用手指奋力指向讲话应当面对的方向，表达了极度地轻蔑和愤怒。这其中，手指的动作是不由自主的，因此可以证明他的思维中的潜意识是受干扰的，是和他的语言表达不统一的，潜意识的手指动作的可信度高于经过思维整理出的语言，也就是说，他此时的心理状态是对之前受到的"质疑"表示极大的愤怒。

这或许并不能说明什么，但如果因为指控属于污蔑而引发真的愤怒，自觉有理，底气充足，只需予以否定，不会出现这么明显的不敬和攻击意识的动作。

愤怒：冲突的根源

一切冲突的根源都是源于一方或双方忍无可忍的愤怒喷薄而出。人在愤怒的情况下，全身的能量都会凝聚起来，理智会尽量控制情感，但很多时候都是以控制失败而告终，此时，冲突就处在一触即发的紧要关头了。

因此想要在正常的交际生活中避免冲突，交往双方或是多方首先应该尽量控制自己的愤怒。其次也要察言观色，努力化解他人的愤怒。如果我们在看到有人愤怒的时候可以积极有效地采取措施缓解他人的愤怒，可能会避免一场冲突。

幼儿园里的冲突

幼儿园里的争斗多是围绕着对玩具或其他物件争夺拥有权展开的，某个孩子试图从别的孩子手里拿来一件自己喜欢的玩具而又遭到对方的反对，这种情景是幼儿园里引起争斗的最常见原因。

如果被"抢"一方在自己的玩具被别的小朋友占据后，他会通过追击来抢回自己的东西，通常所采用的攻击是举起拳头捶打对方，也会伴随着推、踢、咬或是扯衣服、抓头发等动作。这种打击动作几乎是所有孩子都最惯用的一种方式，据心理学家和行为学家分析，这很可能是人类的一种先天性的打斗方式。

然而奇妙的是，人在逐渐进入成年后，在遇到冲突或打斗的情况下，最常采用也是最先采用的方式也是这种在幼儿园里最常见的打斗方式——举起拳头捶击对方——当然是在手中没有其他棍棒刀枪的"武器"时，因为用拳头捶打能让自己感受到真实的着力感。

冲突前的预备

愤怒是引发冲突的最直接原因，也是人们日常生活中十分常见的情绪表达，但并不是所有的愤怒都能引发一场冲突。实际上，在日常生活中，愤怒只是一种发泄，极端的身体打斗很少出现。很多时候争斗一方只需通过亮出自己的实力在对方面前示威，就可以起到发泄愤怒情绪的目的。

群体之间的争斗，也只需展示彼此之间的实力，让实力相对较弱的一方意识到争斗的结局很可能是自己惨败，就可以为矛盾找一个缓和的结束方式，从而避免直接冲突带来的麻烦。

打斗意味局面的不可控制，也就是说其中一方或是彼此双方的示威宣告失败。我们先来分析一下示威。在身体上，冲突双方都会尽量地抬头挺胸，挺直腰板，打开肩背，一是显示自己的理直气壮，二是希望自己能让自己显得高大，从而从气势上压倒对方。

此外，争斗之前的对峙状态中，还常常可见双手叉腰的动作，这个姿势也是行为人通过肢体语言上的准备和辅助，让自己显得实力和势力都更大一些，因为将双手叉在腰间，可以扩充自己所占的物理空间，让对方感觉到你的气势。

与此同时，叉腰动作也是对自己双手的有效控制，因为正常情况下，没有人愿意成为最先出手的挑起事端的人，除非在忍无可忍的情况下。最先出手就意味着承担更多的责任，因此争斗双方都在尽量控制自己的双手。叉腰动作可以被理解为，即将发起进攻的手部寻找

冲突进入到对峙状态时，常常可见双手叉腰的动作。

到了临时停靠的地方，就等着进攻了。实际上，这样也是行为人无意识地控制自己的方式之一。

在打斗开始之前，双方示威的心态因不同境遇而有所区别。在双方势力不处在均衡对抗的情况下，强者一方的心态是得意的、傲慢的，他的潜台词是："你敢吗？""有本事你来啊！""怕了吧？"对方可能出于害怕而放弃这场斗争；而处在相对弱势的人则是将自己"置之死地而后生"，他仿佛在告诉对方："我会拼命的！"这种困兽之斗的心态也有可能将对方吓住。冲突就会被化解于无形之中。

因此在冲突发生前，如果能将准备工作做到位，能使准备工作发生效用，冲突还是有可能避免的。

愤怒的表现

愤怒的人除了面部表情逐渐僵硬狰狞外，颈部也会出现十分明显的变化。由于呼吸力度和强度增大，颈部肌肉绷紧、面部的咀嚼肌也处在紧绷的状态，再加上颈部两侧的血管本身就相对较粗，这种情况下就会流动着比平常多出许多倍的血液，愤怒的时候，人的脖子就会变粗。

然而需要注意的是，这种"脸红脖子粗"的情况较常见于冲突之前，真正的"肉搏"展开时，很多人的大脑是一片空白的，只剩下一个念头，那就是要不惜一切战胜对方，血液流动会主要集中在手臂部位或腿部，面色的改变会逐渐淡化。此时，可能由于过分紧张或控制理智而导致的身体轻微地颤动也会逐渐消失。

威胁的结果

当气愤的情绪没有达到最高点，肌肉紧张程度较低、幅度较小的时候，人的状态可能不会像打架时表现得那样明显和极端，但是，眼睛还是会死死地盯着刺激源、语言表达减少、语气语调加重、句子变短等，同时还会配合一些具有破坏性的动作，比如拍桌子、捶打手边的物品、扔掉手里的东西等。

你到老这么无理取闹，好不！

说到愤怒，很多人会直接联想到了上述反应以及由愤怒引起的吵架甚至是打架，进而认为对某件事情的看法和别人不同，会引发愤怒的争吵，或是去用对错的标准评判双方的是非。比如某一方不讲道理，无理取闹，或是一方处理事情不公平，使得另一方遭受不平等待遇，再或者某一方试图否定事实、掩盖真相，而另一方不能容忍等。

你连句对不起都没说，还怪我没站好，这么多人，我往哪站，你就是欠揍！

你怎么站的啊！

实际上，人们总是被事情的表面现象所蒙蔽，从而忽略了对事情最真实本质的挖掘。引发愤怒情绪从而导致打架冲突有着更深层次的原因，那就是威胁。威胁并不仅仅限于对某一方物质利益的威胁，也包括对其精神或心理甚至是人格上的威胁。

挑衅与迎接挑战

挑衅是在正式的打斗开始之前的一种常见行为，有时也是引起打斗的重要因素。通常情况下，挑衅是自认为势力较强的一方希望能够采用打斗或斗争的方式尽快取得胜利。因此会使用颇有含义的言语、动作等激怒对方的方式来把这种信号传达给对方，希望对方愤怒并接受挑战。实际上，挑衅一方对自己的势力程度可能估计过高而全然不知，所以挑衅一方很容易吃不消对方的全力反击。

最能激怒对方的挑衅方式是轻蔑。因为没有人能够忍受来自他人的轻蔑，尤其是对其人格和自我意识的侮辱。发出挑衅的一方常常会高高扬起下巴，上眼睑向下压，目光中充满不屑与鄙夷，也就是我们俗话所说的"不用正眼看人"，这种信号是在告诉对方，"我根本不会把你放在眼里"，这就是最不能让人接受的，尤其是对于一个有深刻自尊心的独立社会个体来说。除非轻蔑的一方有着足够高的身份地位或权利，被轻蔑的一方甘愿臣服于其下，例如奴隶社会的奴隶与奴隶主，封建社会的统治阶级与被统治阶级；或者是家族中有主仆关系的双方，这种情况不在分析范围之内。

常见的挑衅手势是用大拇指向上，指向偏自己的方向。

挑衅的一方是在用不同方式证明同一事实，那就是行为人使自己比对方高，或者使对方比自己低，这里的高低是无形的。挑衅一方常常喜欢轻松地毫不费力地表现自己的能力，从而说明"我与你之间存在着巨大差距，我根本不屑于和你较量"。因此，日常生活中的挑衅手势多是用大拇指向上，意指自己，说明自己高高在上的，也就是说对方是"低低在下"的；挑衅者通常会用鼻子轻微但快速地呼气，也可以是唇齿通过气息发出类似"切"的声音；这就是我们常说的"嗤之以鼻"。

而迎接挑战的一方是针对挑衅最直接的反映。常见的动作是调整身姿，坐着的人可能会立刻站起身来；保持站姿的人也会调整双脚，使自己站得更稳，或是握紧拳头，准备回击。迎接挑战的人可能对自己的能力有着较为理性的判定，也可能是性格使然。

防御自己的领地

那是我家的苹果，请不要摘！

领地就是人们将某一个独立的空间或领域定义为归自己所有的区域，是人们对他人设防的空间。如果有人闯入自己的空间范围内，则可能引发冲突。例如，如果某一户人家的果园或菜地的果实被过路人采摘，这种日常生活中的小事情，只要涉到属于自己的领土被无端的侵占，都会引起被侵者的积极防御。

在原始社会，两个部落在争夺某一片还没有所属权的地域时，可能会产生冲突和抗争，然而，一旦领地的所有权争夺有了分晓，失败的一方则意味着在未经许可的情况下，永远不能踏入这个地盘。

手的表达

伸出拇指

手指的灵活程度令人惊叹，因此很多时候被人用来表达情绪。例如，伸出拇指就表示赞美和认同，所有的人都希望自己能够得到别人竖起大拇指的称赞。但如果将表达称赞的拇指指向自己，则可以判定这个人一定具有非常强势的自我认同，对自我的评价程度很高。

伸出食指

1、2、3、4……

中国的导游在带团游玩的时候，喜欢伸出食指清点人数；而日本的导游在清点游客人数时则会用手掌向上的姿势。食指指向的方式会让游客觉得不快，而手掌向上则会让人觉得十分舒服。这是因为食指本来就多用来表示指点。

手掌拍打或拳头捶打

如果用手掌拍打或是拳头捶打某处，则是在更明显地告诉他人，行为人处在愤怒的状态下，他在通过这种方式表达对某人或某事的不满，也是在发泄自己的情绪。

领地的标识

当人们确定了对某一区域或范围的所属权之后，会在其上明明白白地标识出自己的标记，这样就明确地告诉所有人，这是属于他的。动物和群体集团也不例外，狗会在它的活动区域范围之内跷起腿在每一棵树上撒尿，把自己的气味弄在每一棵树上，以此来证明自己的领地；国家会在主权归属于他的每一片领土上插上自己的国旗，以此来告诉周边国家或其他可能侵略的国家，他对这片土地不容置疑的领导权。其他一些社会团体也会通过一些十分常见的方式标识自己的领地，徽标、服装、门禁制度等。那么，人是怎么标识自己的领地的呢？

当某一个人将本属于自己的物品拿出来与其他人共享时，人们常常喜欢提前向其他人说明自己对这项物品的所有权。例如他会通过熟悉演示这件物品的功能、十分注意物品的安全与卫生等方式来向其他人暗示；人们对"家"这一领地的标识也十分明显，当一个人将另外一个人带到自己的家里时，另外的那个人一定是以"客"的身份出现的，这是相对于"主人"而言的，客的活动权力和范围必须遵守主人的规定和限制。

主人在进入自己家的领地时会表现出一种十分放松的状态，而客人就连换鞋入座这类事情都必须由主人指挥来做。表面上看，这是客气与礼貌的表现，而实际上，这正是主人家对自己的领地范围最无声但却最有力的掌控。因此即便是身份地位高于主人的人作为客人进入主人"家"的领地，主人除了热情招待之外，对自己的领地的所有权也不会受到动摇。而素养较高的人，无论在什么情况下去别人家做客，都会尽量地遵守主人的生活习惯，不会随意破坏主人家的规则，从进入主人家门口的那一刻起，所有动作都会尽量按照主人的提示小心翼翼地进行。

然而，在"家"领地范围之外的区域，具有身份地位等高级身份的人，原则上可以进入较低等级的人占据的区域而不受更多的限制，相反，身份等级低的人在进入比他高等级的人占据的空间时，却有可能受到各种各样的限制。

在一些国家的富人区，穷人是不被允许进入的。

个人领地的防御

在拥挤的现代社会，想要在公共场合制造空间感很强的舒适的个人领地存在很大的难度。在工作的过程中，这一问题可以通过"格子"来解决，即使用带有隔板的办公桌，给每一位正在工作的人狭小但是相对独立的空间，以此来标识个人空间的范围和界限。

还有一种方法就是确定喜爱之物。人们会选定自己的喜爱之物，并通过长时间的使用使之变成自己的专属，这种专属并非真的归他所有，而是在人们的习惯中所有。或是使用个人标记，将自己的东西放在自己喜欢并经常待的地方，这就是我们日常生活中最常见的"占位子"。

如何捍卫"家"领地

家庭是由婚姻、血缘或收养关系组成的社会组织的基本单位，也是维系人与人亲密关系的最核心组织。从本质上来看，家庭也可以被理解为是育儿单位。这样一来，"家"领地就变成了育儿场所。

在过去，人们常喜欢在自己的院子里种一些花花草草，再养一些鸡鸭，并把它们都用篱笆、栅栏圈起来，表明这个空间是独立属于这户人家的。任何未经许可的闯入者或外来者进入这个空间都是不被允许的。

在举家外出的时候，"家"领地被简化成为汽车、旅馆等暂时的落脚地，人们在进行游玩的时候会自动划出或占据一片区域，将自己的物品放在这片区域上。例如在海边游玩的家庭，喜欢在海滩上寻找一块适合的区域放置自己的东西，每次在海水里玩耍回来，都会继续回到这个区域。

人类的躲藏行为

躲藏是人类在遇见危险时的下意识行为，选择的阻挡物可能是某种物质性的东西，也有可能是熟悉的可信的人。有时，即便是在没有危险的情况下，人也会将自己象征性地躲藏起来，或掩面，或转身。这种行为也是孩童时期恐惧感和害羞感的延续。

人类在孩童时代，当遇见一个陌生人出现在面前时，只要是他们不敢断定这个人会不会对他们造成威胁的时候，就会躲在母亲的身后，然后探出头来偷看这个陌生人即将采取的行动。如果母亲或其他亲近的人不在身边，孩子们则会选择

一般小孩子见到生人都很害怕，习惯躲在父母身后。

躲在桌椅或其他什么家具后面。如果陌生人进一步靠近，他们会选择用双手把脸捂起来，然后在指缝中看对方的反应。如果陌生人还是毫无停止之意地继续靠近，他们就会转身逃离；如果实在无处可逃、无处可躲，就只能选择号哭或是向母亲求救了。

长大以后，人的胆量和勇气逐渐有了成年人的倾向，危险的标准也逐渐降低，躲藏行为也变得没那么明显了。但是躲藏的痕迹还是随处可见，例如当一个少女处在尴尬或是害羞的局面中时，可能也会用双手捂住脸，或是用手头的书报挡住别人的视线，即便是更加成熟的女性，在害羞的时候，也会低头或是随便用手遮挡一下面部。当然在更加正式的成人交际生活中，男性害羞的场面要少于女性。

在成年人的日常交往中，人们已经有了足够的能力控制自己遇到轻微的威胁时想要躲藏的行为欲望，但是这种行为欲望是通过另一种较为柔和、较为内敛的方式被表达出来的。

例如，在一次酒会上，当你遇到自己因为之前某种原因而不愿打招呼的人时，你并不会像小时候那样拔腿就跑，或是哭喊着求救，而是在保证表情和身体没有太大动作变化的情况下，转向远离他的区域，尽量让他看不到你或是注意不到你。实际上，这也是一种躲藏行为的延续，是较为常见的一种方式。

通常情况下，越是正式的、不熟悉的场合，对象越是陌生，人潜意识里的躲避欲望越是强烈，但是受理性控制的建立更大交际圈的欲望战胜了这种潜意识里的躲藏行为。因此，越是善于社交的人，越是能够有效把握和控制这种躲藏行为。

迎接场合的挡身动作

在迎接场合，当双方的身份地位都处在均势的情况下，暂时作为"主人"的一方会表现出迎接的姿态，因此不会用挡身动作来把"客人"拒之于千里之外；而作为"客"的一方，因为自己初来乍到的拘谨和陌生感，自然而然地利用挡身动作将自己放在可保护的范围内。

而在迎接活动结束后，当人们站着交谈时，之前经过变形的挡身动作，例如将手放在纽扣处抬起又放下的动作，会在这时变为一个持续静止的姿势。这个姿势是在说明，他对当下两个人之间的空间距离是表示满意的，但是他不能接受对方再进一步了。

熟练的挡身动作

在一些重大的外交或高层交往的场合，常常可见一个身份显赫、很有派头的人在面对记者的镜头时，将双臂交叉垂在身体前面。这个动作并不是一直保持的，而是时而停止时而继续因此不会引起他人的注意，还会给人造成一种准备好握手的错觉。而实际上，这是他在需要慎重的重大的陌生场合中的一种自我保护意识的展现。

女士可以更加隐性地做这个挡身动作。很多时候，女性出现在公共社交场合时会有挎包手包等饰物，在上述场合中，女性可以通过拨动或调整挎包的位置来保证自己有能力做出挡身的动作而不被其他人注意到。

很多情况下，完全的挡身动作是做不出来的，它会受到很多因素和场合的限制，而半阻挡的挡身可以隐藏在很多伪装的行为之下，因此更容易被人们运用出来，例如整理衣服或配饰、抬起一只手放在身体前面做一些接触身体的小动作等。

天然的自我防御工事

除了大脑思维和智商高于其他所有动物以外，人的身体在自然界中可以算是弱小的。人没有狮子、老虎那样锋利的牙齿和爪子，也没有羚羊、驯鹿那样能够高速跳跃飞奔的腿部肌肉，更没有翅膀用来飞翔，没有鳃用来在水中生存，但是人的生命力是足够顽强的，人体的构造也十分独特，在人类发展的数十万年中，人类不仅利用高智商的大脑创造出了辉煌磅礴的文明与科技，还在科学与医学的帮助下，用自己弱小的身躯躲过了人与人之间、人与动物之间的相互厮杀。人类生存本身就是奇迹。

人类处在危险环境中时，并不能像乌龟或蜗牛等甲壳类动物那样缩起来。在没有任何辅助工具的情况下，人类唯一可用的保护自己的工具就是自己的身体。幸好人体中有几块较为坚硬的骨头，这几块“硬骨头”全部分布在眼睛周围：两块眉骨、两块颧骨和一块鼻梁骨。这五块“硬骨头”可以在人的头部受到打击时有效地减轻伤害，在一定程度上保护人的大脑和眼睛不受伤害，这也就使得人们在遭到肉体损伤后还能够保持思维清醒和视觉能力，从而有效地做出反击或是逃避。

人类动作的灵敏度也具有十分神奇的功效，它能够在遇见危险的时候自觉做出保护动作，从而更好地保护人类的自我防御工事。例如，人的眼睛是比较脆弱的，所以在遇到危险的时候，很多人选择紧闭双目，以免眼睛受到伤害，将自己陷入不可视的恐怖境地；头部也是人的重点保护对象，在危险来临的时候，人们也会下意识地用双手抱住头部，以防头部受损，因为控制人体全身神经和动作的源头就是大脑，头部一旦受损，大脑将面临局部或全部瘫痪的危险。

此外，在危险情况中，人的身体也会下意识地收缩，使自己变得更结实，占用的空间更小。

拳击场上的拳击选手能够将自己身体的天然防御做得最好，因为他们随时面临着袭击，因而也随时做好了防护，只有在对自己的防护有着足够的信心的时候，才能有胆量主动出击。但是当其中一方处于守势时，他多半会用双臂挡住头部，以免遭到对方的重击。

拳击手的头部怕击打，拳击比赛中，几乎每一名拳手都会保护自己的头部。

坐姿中的挡身

在公共场合中，很多座椅并不是独立的，当一个人坐在长排座椅上的时候，如果旁边的人过于靠近，会让人觉得很不舒服，从而产生挡身的冲动。有的人面对这样的情形时会，跷起"二郎腿"，向上的腿朝向身边的人，做出一种踢他的假象，以此来表明自己的反感情绪。

在职场中，每个人的自我保护意识都极强，每个人都希望自己得到有效的防护。其实办公室中的办公桌能起到极好的作用。工作的人坐在办公桌后面，双腿隐藏在办公桌下面，只有胸部以上可以直接被人看到，但是却保持着相当一段距离，那就是桌面的距离。

需要防御的另一个地方

在通常情况下，人会下意识地保护自己的头部免受危险，但是在不同的场合中，这种下意识保护的地方可能会转移。例如足球运动员需要时时刻刻注意自己进攻的目标的位置，因此他们不能向正常情况中的人一样，用双臂将自己的头部保护起来，而必须要保证眼睛能看到足球和对方球员的情况，并且在很多时候，他们的头部是重要的进攻工具，和脚起到了几乎同样的作用，因此头部不能重点保护了。

女士在遇见危险的时候，除了需要保护下身以外，胸部也是重点的防御部位。用双臂抱着身体就是对胸部的最直接保护。

另外，在完全陌生的环境中，女性无法判断危险是否存在时，喜欢将挎包等随身携带的物品放在胸前，使自己的身体和包同时处在最有效的控制范围内。

平息攻击的方式

心理学家研究表明，在一个人受到攻击或面临人为的危险的时候，一般情况下会有5种应变的措施：躲藏、逃跑、斗争、求援或设法平息攻击者。躲藏和逃跑是相对比较被动的手段，斗争属于积极对抗，求援则是在其他人有可能介入的情况下才能实现，而当攻击者太强难以与之对抗，或是被动的躲藏与逃跑受到空间或条件的限制，又没有第三方可以介入的情况下，设法使攻击者平息下来就是唯一的应对办法。这就需要人做出谦卑的行为。

当面临危险或被对手逼入绝境时，用一副可怜相来求饶几乎是包括人在内的所有动物的本能，这是在弱肉强食的现实生活中求得生存所必须要面对的。动物在这种情况下可能会将自己的身体尽量缩小，表现出一副柔弱的态度，去承认对方的强大和强者地位，这一点，人类也会做到。

动物在表现可怜的时候，会通过发出呜呜咽咽的呻吟声来告知对方自己意识到了他的强大，以此来表示让步或认输。而人则会用语言来为自己辩护或是求饶。这种行为就是在明显地显示谦卑。

人在表现谦卑时，最重要的一点就是在强调自己的弱小，以此来烘托对方的强大，也就是承认自己在这场针锋相对的较量中，处于劣势，没有能力再和对方抗衡了，希望对方不要再咄咄逼人。

在这种心理状态的影响下，谦卑者的身姿和体态都会相对靠下，希望能够以仰视的目光看胜利者。这种情况在现实的人际交往中有了一种表现双方身份的象征性翻版。长期失业者、社会生活中地位权力较低的人以及精神生活受到一定摧残或打击的人，走路的时候，总是弓着腰、低着头、耷拉着肩膀。造成他们这种状态的原因，并不是身份地位较高的人直接给予的打压或威胁，而是他们在日常生活中无形养成的习惯。每当遇到对抗的场合，他们这样的身体姿态已经明显告诉对方，双方力量的高低强弱已经十分明显，较量已经没有什么价值了。

人际交往中，将身体微微前倾再加上"点头哈腰"就可以十分明显地表示谦卑。

尖叫的防御作用

在人类的现实生活中，男性在处于危险、痛苦或受到惊吓时，尖叫的次数会明显少于女性。例如在游乐场中的一些惊险游乐设施上，我们听到的尖叫声主要是来自女性。很多人认为女人受到惊吓尖叫的直接原因是大多数女人生性是弱者，胆小，而大多数男人处事不惊，相对沉稳一些，认为勇敢是男儿本色，只有少部分女人才会像男人那样临危不惧。

实际上，这和两性的社会性别有着明显的关系，现代社会在发展过程中将男权抬高，而为女性制定了一种柔弱的、需要保护的形象，以此来凸显男性在社会生活中不可动摇的地位，女性只有通过不同的方式表现自己的柔弱和需要保护，才能树立起男性的勇猛角色，因此尖叫时表现出来的柔弱感也成为女性吸引男性注意的方式。

抱臂防御

积极抱臂

积极的防御状态是做好战斗准备的防御反应，即挺直躯干，昂首挺胸，双腿稳固跨立，脚掌舒展。这种防御姿势是较为自信和强势的人经常采用的，证明发出危害的一方与主动防御的一方势均力敌，防御一方也在积极等待斗争的开始，这种情况常常会引发较长时间的冲突。

消极抱臂

而消极的抱臂防御则是防御一方遭到对方较大程度的威胁，产生了恐惧、紧张、惊吓等消极情绪。这时，行为人的脊柱会尽量弯曲，头部低垂，缩肩，双腿紧闭，表现出一种与积极抱臂防御截然相反的姿势。这就说明，他在潜意识里对对方充满惧怕，同时害怕冲突的发生。

女性抱臂

此外，女性的抱臂动作常常可以显示较弱，从而引起男性的保护欲。这是因为抱臂动作与双手叉腰的动作完全相反，是一种减少自己身体所占物理空间的方式，这样一来就会给人留下弱小的印象，可以衬托男性的勇猛和强大。

弱者的防御：耸肩

　　西方人喜欢通过耸肩来表达多种含义，如无奈、抱歉、不清楚状况等。而在中国，经过长期的中西文化交流演变，耸肩也有了多种中国含义，如害怕打扰他人、内心紧张、担忧、惊吓过度等。其中有一个重要方面就是在需要自我保护的防御状态下的耸肩。

　　耸肩是将肩部向上提，头部向前伸或向下低，将自己的颈部裸露部分缩短，仿佛是希望自己能够躲在衣服支撑的壁垒里面一样。这就表明行为人对外界有着足够的恐慌和惧怕，并不希望与他们发生争斗，而是主动示弱，承认自己不如对方，希望对方放弃进攻，这是一种十分消极的自我保护和防御方式。

耸肩表示顺从、妥协。

　　同时耸肩也是一个"息事宁人"的姿势，耸肩的人就是利用自己缩小身体物理空间的方式告诉对方，"你不必通过冲突就可以证明你的强大和胜势""你不必对我这样毫无威胁的人动手"。进攻欲望是在挑衅或是有争夺必要的时候被激发的，示弱在强者看来毫无兴趣。此外，耸肩也就意味着不自信。是行为人尚未采取与对方较力的行动时就已经败给对方的表现。这就是一种最为被动的防御方式，可能在冲突尚未发生之前就生效了。但是却很少被人采用，因为这种防御方式被人们认为是"没有血性"的。除非是在人力无法抗衡的巨大危险或是杀伤力极强的攻击面前，人们会用这种近乎求饶的方式保护自己。

　　值得注意的是，人在毫无准备的无意识状态下，耸肩就是第一反应。运动场上的运动员在受到伤害的时候，会首先耸肩低头来保护自己颈部的大动脉不受伤害。如拳击场上的拳击运动员在被对方袭击的时候，会下意识地耸肩，并用双手护住头部。足球场上的足球运动员在面对高速飞来的足球时，如果不能有效地接球，就会在第一时间耸肩低头。在日常生活中的人们也是同样的状态，当忽然听到一声巨响时，所有人的第一反应都会是耸肩。所以，耸肩也是一种最为常见的防御姿势，是人在下意识情况下逃避或防御危险的本能。同时的伴随动作还有用手掩住头部、耳朵或是面部，并且弓着腰保护腹部。这一系列动作都是人在遇见危险时的本能反应。

脱掉外套的人

许多男人在准备打架时，会脱掉自己的衣衫，露出胸肌，然后摩拳擦掌准备大干一场。这是因为男性的胸肌本身就代表了强壮、勇猛和力量。他们在斗殴过程中将自己的胸膛露出来是在向对方显示自己的力量，可以理解为一种示威方式。

有的人因为受到条件或环境的影响，不能肆意脱下上衣，他们便将这种动作做了象征性的改变，那就是挽起袖子，以此来代表脱下外衣的效果。在现代社会总有同样的效用。

"二郎腿"能跷否

通常情况下，这种姿势是被看作一种纯粹的习惯性动作的，人在保持这个坐姿的时候既有可能处于美感，也有可能是在两腿保持了长时间的静止和固定姿势，或是座椅不够舒适等。因此不够引起人们的注视。

如果一个人跷"二郎腿"时双臂交叉环抱身体，则可以说明这个人希望能够避开或结束谈话。如果在商场中，销售员一味地向顾客介绍某种产品，而顾客摆出了这样的姿势，那几乎可以说明，顾客对这种产品是不感兴趣的，销售人员不如停止口若悬河的游说而询问对方的意见。

此外，有人习惯将一条腿呈半弓形跨在另一条腿上，有专家将其称之为"交叉合拢"跷腿，也就是我们所说的"4"字形腿的坐姿。这种姿势有段时间在美国十分流行，尤其是在特别讲究竞争的男人圈子里，这样坐说明这个人有着很强的竞赛和抗拒心理。

第五章

你的神经绷紧了吗：紧张与放松

紧张感是如何产生的

紧张是人们经常出现的一种感受，不仅表现为心理上的焦虑不安，往往还会引起一系列的生理反应，例如心跳加速、手心出汗、脸色发白等。

人的身体在振奋时，身体机能就快速地运转起来，并准备接受下一步运动的指示。而当人放松下来时，身体就像汽车退到慢档一样，慢慢缓和下来。这些变化是由自发神经系统来控制的。

自发神经系统包括两个相互对立的部分：交感神经系统和副交感神经系统。交感神经系统的能动性较高，是司动者；而副交感神经系统的能动性较低，是司静者。当身体处于普通的活动状态时，交感神经系统和副交感神经系统之间保持着一种平衡。交感系统使身体继续活动，并保持一定的强度；而副交感系统将身体的活动强度控制在一定的范围之内，从而保存体力。两个系统的力量基本相当，因此使人体维持适当的、中等程度的活动。

日常生活中，大部分时间我们的身体都处于这样的状态。但如果受到某种刺激，需要做出紧张或强烈的运动时，交感神经系统就会活跃起来，压制住副交感神经系统。这时人体就会出现一系列的变化，首先血液里的肾上腺素增加，心跳加快并变得强烈，血液从表皮和内脏向脑部和肌肉转移；消化系统运动减弱，唾液分泌减少，使人感到口干舌燥；肝部贮藏的碳水化合物融入血液，因此血糖升高，呼吸加速，身体大量地出汗。

身体上的这些变化都是为了进行下一步更强烈的活动，也就是说身体已经跃跃欲试。大脑的血液增加，以备随时都能做出敏捷的反应，肌肉则绷紧准备进行激烈的运动，肺也努力地扩张以便吸入更多的氧气，皮肤加速排汗有利于热量的散发。如果这些准备得到了释放，身体采取了进一步的行动，那么就不会产生紧张感。但是，很多情况下处于一些外部的原因，身体上的行动会受到抑制，肾上腺素已经释放，身体已经做好了充分的准备，但是却没能进行下一步的行动。这种情况下受到压抑的身体就会产生紧张和压迫的感觉，身体出现的上述变化则能成为紧张的信号。这样生理方面所做的准备都成为多余的，于是导致自发神经系统产生了不平衡的状态，交感神经系统和副交感神经系统都开始活跃起来，身体便处于一种矛盾的状态之下，紧张感便产生了。

为什么紧张难以隐藏

当身体已经做好活动的准备，但受到某种因素的制约而不能做出行动时，就会出现身体上的矛盾状态。举例说明这个问题，一个要接受电视采访的人，不可避免地会感到紧张，因此他在说话时，为了使嘴唇变得湿润，就会伸出舌头来舔嘴唇或做出其他的唇部动作。肌肉为了逃走而准备的过量血液得不到释放，就会使他的躯干变得僵直，而四肢会不知道该怎么摆放似的不停地移动，或者交叠在一起。他不是两手紧握就是跷起二郎腿，或者同时做出两个动作。

为了高强度的运动，他的身体也在加强散热功能，因此他出的汗要比平时更多，额头、鼻尖、腋下、手心等部位都冒出了汗珠，因此他不时会做出抚摸额头、摸衣领等动作。这么多无法控制的身体反应暴露在众人面前，可想而知想要隐藏自己的紧张感是一件多么困难的事了。

会叫的狗不咬人，脸红的人不动手

平时我们在描述一个人感到很愤怒时总会说他"满脸通红"，好像是说这个人很危险，正在随时准备进攻。当然这样的人是值得警惕的，因为他的自发系统有可能随时回到交感系统的控制之下，使他发起进攻。但是他发红的脸色却暴露了他内心有着激烈的冲突，因此尽管他不停地大声叫骂、暴跳如雷、气势逼人，看上去让人感到很可怕。但实际上，像我们平时就的一句俗话一样：会叫的狗不咬人。

另外，一种动物身上常见的紧张信号也是有一定作用的。如动画片中，被激怒的猫咪往往被画成全身毛像刺猬一样立起的形象。虽然这种现象对于毛发稀少的人类来说并不太明显，但是人在受到惊吓时，身上的体毛也会竖起来，这时我们就会觉得脖子后面的皮肤上，好像有小虫子在爬一样，撸开袖子也会发现胳膊上起了一层鸡皮疙瘩。这种反应虽然不能让别人看出来，但我们自己能够感受到身体正在发生的变化。

缓解紧张时的呼吸加速

　　人在感到紧张的时候，会心跳加快，从而使血液循环加速，新陈代谢也随之加快，因此需要更多的氧气，导致呼吸变快而且变浅。而人在放松时呼吸往往是深且慢的，例如在熟睡中的人进行的都是深呼吸。紧张时的呼吸加速虽然是常见现象，但如果不及时进行调试，呼吸加快很有可能造成过渡呼吸症。

　　在紧张时由于呼吸加快，所以吸入的氧气增多，相应吐出的二氧化碳也过多。二氧化碳成酸性，在身体里起到保持酸碱平衡的作用，而突然的减少会导致体液转变为碱性，从而引起呼吸性碱中毒，出现头晕、胸闷、气短等症状。一些大公司里的白领女性，工作压力大，当遇到紧急的状况时很容易由于紧张而导致过度呼吸症的发作。

　　大多数人普遍认为深呼吸可以缓解紧张的情绪，但是据科学研究显示，这一观念并不科学，正确的解决方法恰恰与之相反。当人们因惊恐或焦虑等原因感到紧张和窒息的时候，最好利用浅呼吸进行缓解。这是因为紧张时人呼吸急促，排出了过量的二氧化碳，导致头晕目眩等症状，此时如果再进行深呼吸，反而会加速二氧化碳的排出，加重不适症状，甚至导致出虚汗、心悸、四肢麻木等严重的后果。

　　专家的建议是，在紧张时应该顺着自然的呼吸节奏，逐渐让过快的呼吸减慢、变浅，普通人一分钟呼吸 10～15 次。正确的深呼吸方式是采用腹式呼吸，吸气时使横膈膜也随着扩张，腹部逐渐鼓起。吸气和吐气的时间保持 2：3 的比例，2 秒钟吸气则 3 秒钟吐气，或者 4 秒钟吸气 6 秒钟吐气，这样使呼吸时间延长，使心跳减速，调节气息，缓解紧张情绪。

　　紧张时可以用这样一些方法来进行缓解：首先是做呼吸操，顾名思义就是让呼吸保持一定的有规律的节拍，就好像做操一样。同时使目光聚焦在一个点上，专注地调整自己的呼吸。第二种方法是"意念柠檬"，想象一个柠檬并将全部意念集中，再想象拿一把小刀把它切

做呼吸操可缓解紧张

开，柠檬汁散发出浓烈的香味，这时再想象着咬上一口，也许会发现自己流出了口水。专注的想象可以缓解现实带来的紧张感。还有一种非常简单的方法就是嚼口香糖，研究发现嚼口香糖能够缓解人的焦虑和紧张。例如 NBA 球员在比赛时喜欢嚼口香糖来缓解压力。平时还可以通过练习瑜伽来锻炼自己的呼吸，采用腹式呼吸或者完全呼吸的方法，加强自己的心肺功能，缓解紧张时呼吸加速的症状。

紧张时眨眼频繁

这么多作业什么时候才能写完。

心理学家研究发现，眨眼的频率与内心的紧张程度有着密切的联系。很多人在紧张或者注意力过于集中时就会频繁的眨眼，这种眨眼不受自身控制并且没有规律性。儿童如果心理压力过大，就会导致频繁的眨眼。家长如果发现了这种状况，在排除了眼部疾病的情况下，就要注意孩子的心理状况。

成人在感到非常紧张时，也会不住地眨眼。有专家发现，1996 年克林顿与戈尔的竞选辩论中，克林顿平均每分钟眨眼 50 次左右，而对手戈尔的眨眼次数则达到了每分钟 100 次之多。因此，克林顿给人的感觉轻松自如，竞选结果自然是克林顿胜出。这说明，当人感到巨大的压力和紧张情绪时，眨眼的次数就会出卖他。

紧张的面部表达

当人感到紧张时，他的脸会呈现出这样一种状态：颚肌收缩、鼻孔扩大、眼睛眯起、嘴巴颤动或者紧闭嘴唇。这些非语言表情是不会撒谎的，一个人可能嘴里会说自己不紧张，但他脸上反映出来的情绪却出卖了他，这些表情很难受到主观意识的控制，并且平时人们在说话时一般也不会注意到这点。

因此一个人如果露出这样的面部表情，则可以说明他的大脑正在处理一些消极的情绪，这种指示信号在全世界都是通用的，因此对它们进行观察对于判断一个人的内心情绪是非常有意义的。例如，在聚会上一个男人说他的孩子们毕业后都找到了很满意的工作，他感到很高兴。说话时他的脸上带着刻意的微笑，但颚肌却明显地收紧了，这就使他的话很值得怀疑。果然，他的妻子后来承认，他们的几个孩子只是勉强过活而已，并不能让人满意。

工资有这么高啊？

你的孩子毕业了吗？

他一毕业就找到了一份很好的工作，月薪好几万呢。

尽管如此，人们往往对这些面部信号重视得不够，或者很容易忽视掉它们，就算我们已经知道颚肌缩进是一种紧张的信号，但生活中也往往不那么容易注意到这一点。这是因为我们的社会习俗教导我们与别人交谈时不要盯着别人看，这是不礼貌的行为，而且我们往往更关心人们说话的内容，而不关心他们说话的方式。

揉捏鼻子释放压力

作为面部五官之一的鼻子，虽然传递出的信息不如眼睛和嘴巴那样丰富，但也能为我们提供一些有用的心理信号。例如一个人在表示不信任时会歪鼻子，对某事或某人感到厌恶时会皱鼻子，紧张时会不由自主地抖动鼻子，发怒或者恐惧时鼻孔会一张一合，表达排斥不懈的意思时会哼鼻子，而闻到气味时会嗅鼻子。

人们在感到压力和紧张的时候会习惯性地用手揉捏鼻梁，比如思考难题或者很疲劳的时候。如果别人问了一个非常难回答的问题，这个人为了掩饰内心的紧张与不安，试图想出一个答案来应付的时候，他的手就会不自觉地放到鼻子上开始揉捏，有可能还会非常用力地挤压鼻子，好像想把内心的压力通过鼻子释放出去。

如果故意向孩子提出很难的问题，他常常也会做出摩擦鼻子的动作，这说明他对这个问题感到困惑，不知道应该怎么回答。实际上内心在感到压力和紧张时会使鼻子产生一种酸痒的感觉，因此我们不得不用手来缓解这种感觉，用各种办法来抚慰鼻子，好使它变得轻松舒服一些。

在思考难题的时候，由于紧张和压力会使鼻窦部位产生微微的疼痛，因此我们就会用手捏鼻梁来缓解这种感觉或者只是疼痛下意识的反应。值得注意的是，人在撒谎时由于"皮诺基奥效应"鼻子内的血液流量会上升，从而使鼻子肿胀变大，就像《木偶奇遇记》中因为撒谎而鼻子变长的木偶匹诺曹一样，因此人在撒谎时也会不时用手触摸鼻子来缓解这种症状。但撒谎时触摸鼻子的动作是非常快速和轻微的，而且往往是反复摩擦鼻子并没有其他的动作。而由于压力导致的揉捏鼻梁的动作一般会比较用力，而且是长时间的按压和揉捏，与撒谎时轻微的动作有明显的不同。在判断一个人是撒谎还是普通的鼻子痒时这一点是很好的依据。

在思考问题时，人们通常会不自觉地摸鼻子。如果在谈判过程中，对方听完你的发言时触摸鼻子，说明你的意见很有可能会被接受，他摸鼻子代表他正在考虑要不要接受。这时你只要恰到好处地推动一下，很容易就能达成协议。而捏鼻梁和摸鼻子表达的是完全不同的意思，捏鼻梁表明对方在仔细考虑你说的话，内心处于压力和冲突的状态。所以在谈判过程中，做出这个动作的人表达的意思是"不要催我，让我再仔细考虑考虑"。

在思考问题时，人们通常会不自觉地摸鼻子。

怯场导致声音改变

咳咳咳……

在正式场合经常能够发现这样的现象，轮到某人发言时，他会先咳嗽几声，清一下喉咙，然后才开始讲话。这是因为焦虑和紧张使喉部产生黏液，堵塞了声道，为了恢复正常的声音则必须先清理喉咙。

嗯……啊……

一般情况下，这样做的男人比女人多，成年人又比儿童多。小孩子紧张时一般不会清喉咙，而是说话变得结结巴巴、吞吞吐吐，说一些"嗯""啊"等暧昧不明的字眼。而故意清喉咙，则是为了向别人发出警告，在表达一种不满的情绪。例如在安静的电影院里有人在不停地小声说话，坐在他们后面的观众就会凑过去故意咳嗽一声，警告他们不要打扰到别人。

鼻孔张大暴露紧张情绪

一般说来人在感到兴奋或者紧张时，呼吸和心跳会加速，从而使鼻孔张大以获得更多的氧气，或者进行深呼吸来平复自己的心情。

但是鼻孔扩大并不一定就是紧张或者兴奋的表现，只是一种线索而已。在身体用力或者在做剧烈运动时，鼻孔都会变大。例如搬重物或者骑单车爬陡峭的山坡时，都会由于身体用力而张大鼻孔。

除了紧张之外，人在感到愤怒和恐惧时鼻孔也会张开。紧张或者兴奋时鼻孔张大通常还伴随着鼻尖出汗，除去天气炎热或者天生鼻头容易冒汗，那么这种现象应该说明一个人内心焦躁不安或非常紧张。如果在交易过程中对方的鼻尖冒出汗珠，则说明他非常急于达成协议，害怕交易失败会使自己丧失机会或者造成损失，所以心情紧张而焦急。

拉扯耳垂：焦虑和犹豫

当人们对某一件事感到焦虑或者犹豫不决的时候，就会下意识地用手去拉扯耳垂。同抓挠脖子一样，拉扯耳垂也是焦虑的表现，因为脖子、耳朵等部位的神经比较敏感，在紧张不安时，这些敏感的地方就会感到不适，因此会通过抓挠它们缓解这种感觉。

例如，在下棋时，如果一位棋手不知道下一步要怎么走的时候，就会拉扯耳垂，说明这位棋手很焦虑。有时棋手会将手伸向某个棋子，但是半路又突然停下，用手拉扯一下耳垂，继续思考，说明他对自己刚刚的那步棋持怀疑的态度。如果棋手对自己的这步棋感到非常满意，他就会在下完棋后将十指合在一起，显得信心十足。如果棋手不希望对手走这步棋，当对手将手移近这个棋子时，他就会下意识地拉扯耳垂，说明他对这步棋感到很焦虑，心里不希望对方走这一步。

有些人，在内心焦虑或紧张不安的时候，往往会做出拉扯耳垂的动作。

虽然拉扯耳垂并不说明对方一定在说谎，但这个动作可以说明说话者内心的紧张与不安。例如在交谈中，你发表观点后询问对方的看法，对方回答"我觉得不错"，但同时他还用手拉扯了一下自己的耳垂。这就说明他说的并不是内心真正的想法，其实他的观点和你并不一致。这时拉扯耳垂的动作一方面是由于心口不一导致的紧张，另一方面是因为对方并不想继续听你的观点，这些都说明他并不同意你的意见。

儿童在听到父母或者老师的责骂时，为了逃避会用两手捂住自己的耳朵，而成年人则会使用抓挠耳朵来表达同样的意思。抓挠耳朵说明这个人正处在紧张焦虑的状态中。有关查尔斯王子的视频中，他在走进满是宾客的房间之前，或者经过嘈杂的人群和记者时，经常做出抓挠耳朵的动作，显示出当时他内心感到紧张和焦虑。

在日常生活中，做出拉扯耳垂动作的通常是男性，因为男性的短发使他们的手更容易碰触到耳垂。而大多数女性留长头发，这样她们的手就不是很容易接触到耳垂，而且很多女性佩戴耳饰，也不方便她们做出拉扯耳垂的动作，所以女性在感到紧张和焦虑时往往会玩弄自己的头发，这种做法其实是拉扯耳垂的变形。

抚摸胸腹的安抚作用

人在感到紧张时，往往会习惯性地抚摸胸部或腹部。胸部和腹部的皮肤在受到按摩的同时，还可能直接影响到内脏的运动和血液循环，从而改善身体的状态，最终达到改善精神状况的作用，缓解内心压力。

当然，一个人做出抚摸胸部或腹部的动作，并不能说明他一定感到了紧张，有可能是真的感到身体不适。在排除了这种可能的情况下，尤其是当出现负面的刺激之后，做出了这种动作就说明这个人心里感到了压力。

抚摸颈部寻求安全感

人的颈部有许多神经末梢，在感到紧张和有压力时，稍微按摩一下，就能够起到降低血压和心跳的作用，从而缓解紧张感。例如男士整理领带，或者女士玩弄自己脖子上的项链等，看到这样的动作不要以为是无关紧要的，它们很有可能表露了对方内心隐藏的想法。

说话时习惯用手抚摸颈部的人，一般对他目前所说的话不太自信，或者正在试图缓解紧张情绪或者释放压力。这是一种有效的信号，说明此人内心存在某种消极的情绪。

抚摸颈部表现出了疑惑和不确定的意思，在交谈中，如果对方做出了这个动作则表明他并不确定自己是否同意你的意见。虽然这样的动作并不能说明欺骗，但是人在言行不一时感到的压力会导致人做出这样的行为。当说出的话和心理的真实想法不一样时，就会做出这个动作。

不能克制的手部颤抖

人的手和手指在身体肌肉的控制之下，能做出各种复杂的动作。而当我们感受到压力和紧张时，神经递质和肾上腺素等激素就会增加，从而引起手的颤抖。当人看到或者想到一些不好的事情时，就有可能引起手的颤抖。而如果手里还握着某样东西，这种颤抖表现得就会更加明显。手就像电报一样告诉他人"我心里充满了压力"。手里拿着的是细长的或者很轻的东西时，这种颤动就会尤为明显，因为手中的物品会随着手而抖动起来，让手部轻微的抖动扩大到很容易察觉的幅度。例如男人在向另一半解释昨晚为何夜不归宿时，如果手里正好夹着香烟，那么他要是撒谎就能从颤抖的香烟上被妻子捕捉到。学生在考试时，如果感到紧张焦虑，那么拿着笔的手就会很明显地表现出抖动。

美国警方在调查间谍活动时，有过这样一个例子。一名有重大嫌疑的男子接受审问，但是目前没能找到任何可以指控他的证据，既没有目击证人也没有重要线索。在审问过程中，这名男子点了一支香烟，警察问了他许多和本案有关的人的名字，他都没有什么明显的表现。但当提到一个特殊的名字时，他手里的烟突然抖动了一下。

为了确定这个动作是随机的还是真的具有某种特殊意义，警察继续提及其他很多人的名字，发现他手里的烟没有再抖过。但是每当提到那个特殊的名字时，他手里的烟都会抖动一下，一共重复了4次。这就足以证明这个男子和这个特殊的名字之间肯定有一些重要联系。颤抖的烟表明那个名字使这个男子感到紧张不适，是一种感受到威胁的反应。

警察根据这一点坚持不懈地进行调查，终于证明这个男子和那个特殊名字曾经在间谍活动中有过接触，最终将罪犯绳之以法。

除了紧张、焦虑、不安等消极情绪之外，兴奋、激动等积极的情绪也能引起手部的颤抖。比如中了大奖的人、牌桌上赢牌的人，还有在机场等候亲人归来的人由于期待和兴奋而双手颤抖。

这种情况下，人们为了控制手的颤抖，往往喜欢抓住别人的手。例如明星巡演与粉丝握手的时候，激动的粉丝会将心爱的明星的手握得生疼，这是因为他们面对偶像过于激动，为了扼制这种颤抖所以将明星的手握得非常紧。

搓腿可以平缓情绪

当我们很自然地坐着，两腿分开，经常会做出搓腿的动作，这个动作比较隐蔽，因为腿常常会处于桌子下方，不容易被其他人发现。如果一个人将手放在腿上，反复地摩擦或者揉搓腿部，说明他此时感到很焦虑，正试图通过搓腿的动作来寻求安慰和安全感。还有可能是因为紧张到手心出汗，而反复摩擦腿部可以擦干手心的汗来舒缓紧张情绪。

在交谈过程中，有的人会做出这样的动作，双手放在腿上，然后慢慢在大腿上向下摩擦直到膝盖处。有的人只做一次，但是大多数人会反复地摩擦腿部。这种非语言行为非常值得注意，因为这种动作表明对方想要缓解内心的紧张和不安。

焦虑时的手部表现

一些性格内向容易害羞的人，在公共场合演讲或者说话时，很喜欢搓动双手来缓解压力。这种动作会给听者留下不好的印象，显得主讲人缺乏自信，使他演讲的内容和观点缺乏说服力，不能达到发言预期的效果。所以有这种习惯的人可以通过一些方法来锻炼自己，从而改掉这个搓手的习惯。

在人多的场合做演讲或者汇报时，手的作用其实是很大的，可以用一些手势来表现自己的自信，或者强调自己的观点。可以看一些演讲者的视频，学习他们的手部动作，例如在说到数字时可以用手势表示出来，形容上升和下降时，也可以用手势来形容。

而在私人聚会的场合，可以用手自然地捧着杯子，或者将双手交叉放在腿上，强迫自己做一些其他的动作，有意识地克制搓手的习惯。如果是正式的场合，例如面试，搓手会暴露自己的不自信，那么最好身体挺直坐好，将双手叠放到大腿上，表现出严肃认真的样子。

从抖腿到踢腿

　　人在焦虑和紧张时，经常会做的动作有摇动腿部、用脚尖拍打地板或者抖动腿部，这些腿部动作都是为了摆脱焦躁不安的感觉。人们之所以习惯用脚部来表达焦躁不安，首先是因为在人员较多的公共场合，人们通常不愿意把心理的紧张焦虑表现在面部表情上，或者是用手臂做出大幅度的动作，这些动作都太容易被他人发觉，所以就会选用离其他人目光最远的、别人最不容易察觉的部位——脚部来表达。例如考生在等候面试考试时，常常会坐在座位上低垂着脑袋，双腿并拢并不停地上下抖动，好像要把自己的紧张情绪都抖落到地上一样。

抖腿可缓解紧张。

　　在警方的一次审问中，一名犯罪嫌疑人不停地摇动双脚，双手也有些紧张地缩在身旁。当问到与案件相关的财政问题和投资失败时，他的脚就由摇动变成了踢。动作的转换非常突然，虽然这并不能表明他在说谎，但可以肯定的是这个问题刺激到了他，使他产生了紧张的情绪，这个动作体现出他内心对于这些问题的抵触与反感。

　　专家研究表明，人的脚部动作从摇动转到上下踢动的时候，说明他感到不舒服，一定发生了使他不愉快的事情。例如上述的审讯中，嫌疑人就是听到了自己不想回答的问题所以才做出了这个动作。这种行为完全是自觉行为，并不受人主观意识的控制。由于这种动作是很难掩饰的，所以我们可以利用这个下意识的动作来探寻对方隐藏的真实情感。

　　美国联邦调查局曾经处理过这样一桩案件，一名女子被怀疑是一起重大犯罪案的目击者，但是这名女子态度强硬，在长时间的审问中没有提供任何有价值的信息。她的腿在审讯过程中一直在左右摇动，嫌疑人在接受审问时经常会做出这种动作，没有什么特别之处。但是当警察问她认不认识一个叫克莱德的人时，她还没来得及回答问题，摇动的腿就瞬间转变成了上下踢动。

　　这个动作提供了非常重要的线索，说明这个问题让她感到紧张和不悦，这个叫克莱德的人一定对她有着消极的影响。警方顺藤摸瓜，终于让她承认这个克莱德曾经让她卷入一桩盗窃案，她的双腿在不知不觉中背叛了她。

紧张时的咀嚼和吞咽

在实际交往过程中，人在感到紧张时通常不可能随时随地能够拿东西来吃，更多的情况是人们会做出吃这个动作的变形，例如磨牙、咀嚼（例如嚼口香糖）、咽口水或喝水等。

还有人在感到紧张和焦虑时会不停地吞咽口水，一方面这是因为紧张导致唾液分泌增多，另一方面是因为吞咽的动作可以向大脑传达正在吃东西的信号，从而起到安慰的效果。在正常情况下，口腔内并没有太多的口水，因此做出吞咽的动作是比较费力的，它涉及了口腔、舌头、喉咙以及食管等多个器官的运动。而人在感到紧张时，会不自觉地咽口水来获取安慰，使神经得到放松。

紧张时的声音安慰

声音是一种神奇的事物，适当地运用能够改变一个人的精神状态。音乐有的让人感到兴奋，有的让人身心愉悦，还有的能够让人心生惆怅。夜总会里喧嚣的音乐配合上强烈的节奏，能够强行刺激神经系统，使得原本沉闷的身体兴奋起来，通过释放身体的能量，使人精神上的压抑得到缓解和发泄。

人们在感到有压力或紧张时，可能会通过在KTV里放声高歌或者在没有人的地方吼叫来发泄自己的压抑情绪，从而缓解精神状态，改善心情。黎明或傍晚人迹稀少的时候、走在陌生的街道或者荒凉的地方的人会努力吹口哨，好使自己平静下来。

有的人在走路时会自言自语，也是为了缓解内心的紧张感。还有的人在感到紧张或心神不宁时，就会打开话匣子说个不停。除了声音的安慰功能之外，哼歌或者吹口哨的时候，还能够调节呼吸的节奏和强度，这也是非常有效地缓解紧张感的手段。

社交场合的替代行为

替代行为是指在内心感到紧张、焦虑、矛盾、不安时，所做出的与当时情况并无关系的小动作。在社交场合中，人们往往用一些无意识的并且无关紧要的动作来掩饰内心的情绪波动。不论我们是主人还是客人，在社交过程中都会对自己缺乏信心，担心自己会给他人留下不好的印象，因此非常注意自己的形象。所以在社交场合中，到处都可以看到替代行为。例如有人在房间走动时不停地搓着双手——替代性洗手；有的女士小心地整理一下她的裙子——替代性装扮；主人在书架旁移动一些书本和杂志——替代性整理房间；主人端来饮料后，客人拿起杯子轻轻地抿一口——替代性喝水；或者主人端来食品，客人们小心地尝一小口——替代性进食。

需要注意的是，这些动作中没有一个是真正有实际作用的。替代性洗手的人手本来就是干净的；替代性装扮的人裙子原本就很整齐；替代性整理房间的人，他的书架本来就不乱；替代性喝水和进食的人，他们其实根本不渴也不饿。但是在社交活动刚刚开始的时候，为了缓解尴尬的气氛，使人们之间的关系更加友善和谐，做出这些替代性的动作是为了缓解自己和其他人的紧张情绪。

许多人有自己养成的个人替代习惯，往往表现出一种特殊的形式，只要内心出现矛盾和紧张，就会做出自己习惯的替代行为。例如有的运动员面临重要比赛时会不停地嚼口香糖；一些官员在参加重要会议发言之前，总要摘下眼镜来擦拭；有的女士在约会时总喜欢玩弄自己的长发；有的儿童在感到恐惧或者焦虑时喜欢咬指甲或者吮拇指；有的人在公众面前发言时总习惯整理一下发言稿；有的人在开会时喜欢在本子上乱涂乱画；有的教师在讲课时喜欢拍打上衣，好像有绒毛一样；还有的领导在发言时喜欢不时地转动自己的手表。

而那些在任何社交场合都能保持镇定自若，从来不做这些无用的小动作的人，如果不是社会地位极高，就是超脱社会而生存的。他不是凌驾于矛盾之上，就是置身于矛盾之外。这种人有可能是一个权力极大的独裁者或者是富可敌国的大亨，要么就是圣人或者宗教修行者，甚至是怪人或精神病人，总之肯定不会是一个普通人。大多数人，在面临重要的事情或者困难时，都会感到焦躁不安，因此会做出一些没有实际功能而且与当时的情况毫不相干的小动作，才能使人们的心理摆脱紧张感，而变得平和。

把玩饰物代表心神不宁

一些容易紧张的年轻女子，在约会或其他重要场合中，总喜欢不停摆弄自己的饰物，或者是转动耳环、拉扯项链，或者是不停地开关自己的手镯。这些行为其实都是内心紧张和心神不宁的表现，只不过女人的动作较为轻柔而且比较注重自己的形象，所以使别人不容易察觉到。

除了身体上不适的感觉之外，这样的动作也有可能是一种紧张时的替代行为，她可能根本没有意识到自己在做什么，而且这样做也没有什么实际的意义。例如一位等待接见的年轻女子，反复地将自己手镯的钩子松开又扣上、扣上又打开，有经验的人一看到这位女士的动作就能了解到，她反复摆弄手镯表明内心紧张不安，而这种心神不宁则意味着内心的矛盾。

机场更容易出现替代行为

在对火车站和飞机场进行观察后发现，在飞机场出现替代行为的可能性是火车站的十倍。在乘坐火车的旅客中，只有8%左右的人表现出替代行为，但是在一架即将升空的飞机上，80%的乘客都会出现这种行为。这种差距显然是因为人们乘坐飞机时要比乘坐火车时更加紧张，在乘坐火车时人们离熟悉的景物很近，而且不会出现从高空掉落的恐怖情况，而对高空的恐惧是人类无法摆脱的。

但是旅客们往往不愿意承认自己的恐惧，所以他们尽管内心焦虑不安，但仍然会努力使自己的行为举止看起来很自然，避免自己的动作让别人看上去觉得唐突不合时宜，因此在机场表现出的替代行为就会相对隐蔽，或者说相对自然，通常利用一些仿佛有一些意义的动作来体现。例如有的人会一遍一遍地检查自己的机票；将身份证、护照等证件从包里拿出来又放回去。

有的人反复地整理自己的手提包，好像在确认每件东西是否都安放在自己应该在的地方；还有的人故意把某样东西掉到地上，自己再弯腰拾起来；有的人不停地从兜里掏出手机，好像在检查有没有错过什么重要的电话。

第六章

害怕了吗：压力与惊恐

压力下的安慰行为

人类大脑的边缘系统的功能是保证人类能够生存下去，它能帮助人类避免危险或者不适，从而使我们感到安全，并且随时寻找机会以获得安全和舒适。不论我们感到舒适或者不适，大脑都会通过身体语言将这种情绪表现出来。

一般情况下，在感到舒适时，这种精神上的幸福感反映在非语言行为上就表现为满足和高度自信；而感到不适时，身体就会表现出相应的压力或者不自信的状态。人在感到紧张或者不愉快的时候，大脑的边缘系统为了恢复舒适和幸福的感觉，就会驱使肢体做出一些安慰的动作。

这些安慰行为是为了缓解消极的情绪，使心理恢复到正常的状态，通常情况下这些行为都是可以被观察而且进行解读的。

人类的安慰方式多种多样，儿童时期在感到不安时会吸吮自己的拇指，而成人之后则变成了许多更为隐蔽、更容易被社会接受的方法，例如将吮拇指转变为咬铅笔等。当人受到负面刺激时，例如一个难回答的问题或者遇到某些压抑的事情，就会触摸自己的脸颊、头部、脖颈、手臂或者腿部。

这些行为都是由于感到不适时大脑要求身体采取某种行动，来刺激神经末梢并且释放能够使大脑镇定的内啡肽，从而使大脑得到安慰。

最常见的安慰行为有抚摸颈部，由于脖子的神经比较敏感，通过按摩这里，能够起到减低血压和减缓心跳的目的，使自己能够平静下来。男性和女性抚摸颈部的方式有所区别，一般男性的力度较大，他们会用力按摩喉结附近的部位或者脖子的两侧和后侧。而女性在感到压力或不安、恐惧、忧虑时，通常会用手覆盖或触摸位于喉结和胸骨之间微微凹进去的部位，也叫作"颈窝"。

触摸脸部也是在人感到紧张或焦虑时一种常用的自我安慰的方式，包括摩擦额头、触摸或舔嘴唇、拉扯耳垂、玩弄头发等。而鼓起脸颊然后再轻呼一口气则可以释放掉内心的一部分压力。有时通过声音也能起到自我安慰的作用，例如独自走路感到害怕时，就会通过吹口哨或者哼歌来使自己平静。有些处于压力状态下的人会不断地打哈欠，其实这也是一种安慰方式，紧张会导致人的口腔干燥，而哈欠会促进唾液的分泌，从而缓解紧张造成的口干。

眼睛的保护行为

当人感到惊讶或者突然发生某件事时，就会睁大眼睛，瞳孔也会扩大，以便能够吸收更多的光线，向大脑传递更多有用的信息。但是当大脑对获取的信息进行处理之后，或者得出消极的认知，瞳孔就会立刻缩小。这是因为瞳孔缩小后，会将面前的一切聚焦，从而对目前的情势看得更清楚，更有效地保护自己。

眯眼的动作反映出一个人内心有某种消极的情绪或者对看到的东西感到厌恶。在商务活动中，如果谈判对方突然眯起了眼，则说明他对某个方面有疑惑，正在进行思考，眼睛表现出怀疑和不适的内心情感。

眼睛的视觉阻断

当人们从外界接收到的信息造成了内心的压力与紧张，就会通过某种方式来阻抑过多的外来信息。最常见的方法就是闭上眼睛，通过视觉进行阻断，避免大脑接收到不喜欢的信息。例如被吵闹的孩子围着的幼儿园老师会将双眼紧闭一阵，然后再重振精神应对这些叽叽喳喳的孩子。

切断视觉信号的方式有很多种。从动作的发出者来看分为两种，一种是眼睛主动进行的躲避，如有的人在谈话过程中眼睛总是不看对方，似乎害怕和对方的目光相遇，总是看着旁边或者地面，躲避着对方的视线。

另一种是利用其他东西遮蔽眼睛的视线。例如在看到一些令人感到不悦的东西时，人们可能会侧过头，用一只手挡在眼前，避免看到更多的细节。而在听到一件悲惨的消息时，人们可能会用双手捂住脸部。具体环境不同，视觉阻断所反映出的人的思想情感也不尽相同。跟别人谈话时，注意这种信号可以帮助我们分析对方对我们的态度。

触摸肌肤的安慰作用

人体的皮肤具有保护身体免受外界伤害的重要作用，例如它可以接收温度、压力、摩擦等触觉信息，并且通过毛孔帮人体排出汗液。皮肤处于温度和湿度适宜的环境中会使人感到舒爽，而轻拍和抚摸会使人觉得有安全感，可能是由于人在婴儿时期，母亲对我们的抚摸和轻轻拍打使我们感到自己是安全的。

胚胎在发育过程中，神经组织和皮肤组织同样由外胚层发育而来，两者同出一源。现已有研究表明心情会影响到皮肤的健康，紧张、焦虑等消极情绪可能引起应激反应甚至造成内分泌失调，血管壁或者组织细胞会释放出激肽、组织胺，这些物质可能诱发或者加重皮肤病。例如，好胜心强，欲求较高，办事过于较真的人容易患神经性皮炎，而长期处于抑郁状态中的人容易得慢性荨麻疹。

相反，皮肤受到的外界刺激也影响着人的神经系统和心理状态。这是因为皮肤表面分布着很多神经末梢和神经纤维，可以将受到的刺激传回中枢神经。积极的刺激（比如抚摸）可以使人感到愉悦，而负面的刺激（比如疼痛感）会使人产生警觉并且立即做出反应来进行躲避。

中枢神经会通过影响内分泌和微循环起到对皮肤的反作用，由于长时间形成的条件反射，神经系统会造成皮肤饥渴。皮肤和神经系统的相互影响和互动关系，使人们在感到精神紧张和不适时，学会了通过触摸肌肤来进行自我安慰。儿童时期，母亲的爱抚可以使孩子感到安全和舒适，对儿童的触摸肌肤起到安慰的作用心理塑造和性格的形成起到了积极的作用。而长大之后与亲密的朋友、爱人之间的肌肤接触，可以表达内心的情感，并使人感到被接受。老年时期，如果子女能够经常帮老人按摩、擦洗，老人的心理就比较开朗快乐，而不会变得古怪和孤僻。

最为常见的肌肤安慰行为集中在头部和颈部。例如挠头皮、把玩头发、抚摸额头或者脸颊、揉鼻子、拉扯耳垂、触摸嘴唇、抚摸脖颈等。这是因为这些部位离大脑中的中枢神经离得最近，而且神经和血管分布较多。

对这些部位的肌肤进行抚摸，较容易使紧张的神经系统得到舒缓，而且如果力度较大的话，还可以缓解血压上升。这种肌肤安慰并不仅仅是一种心理暗示作用，而能够起到客观的生理作用。除了上述较为明显的肌肤安慰形式，还有一些通过变形而来的较为隐晦的动作。例如用手覆盖颈窝处，女士把弄自己的项链或者耳环，男士整理领带或领口等。这些都是经过压制的安慰行为，为了不引起他人的注意而将肌肤接触转化为看起来正常的行为。

压力下的双手背后

　　一些男性政府官员在面对媒体或公众时，都喜欢摆出同一个姿势，即抬头挺胸，下巴微微抬高，双手背在身后并握在一起。除了这些人，警察在巡逻时，校长在学校内巡视的时候，军官在检阅部队的时候也喜欢用这个姿势。这个姿势体现出了一个人的权威、自信和力量。

　　需要注意的是，如果背在身后的双手不是握在一起，而是用一只手抓住另一只手的腕部，那么它所表达的意思就和双手握在背后的姿势完全不同了。这种握手腕的动作体现出这个人内心的不自信和挫败感，他希望利用这个动作来找回控制感。如果一个人手握的位置从手腕移到了上臂，则说明他自我控制的欲望更加强烈，好像内心在对自己说："管好你自己！"

自我安慰的拥抱

　　当我们在儿童时期，每当遇到了使我们悲伤难过的事情，或者感到了紧张和害怕，我们的父母或亲人就会将我们紧紧地搂在怀中，或者张开手臂给我们一个大大的温暖拥抱，这样我们的悲伤和不安就会得到舒缓。当我们长大以后，在感到紧张不安的时候，不太可能总是要别人来拥抱我们，因此我们会模仿童年时期父母拥抱我们的动作，自己拥抱自己以获得安慰。

　　女性自我拥抱的动作要更为隐晦，比如一只手臂交叉抱于胸前，这只手臂弯曲然后抓住另一只手臂的手肘部位，在自己和外界环境之间形成了一道屏障，拒绝他人的靠近，这是一种变相的自我拥抱。这种自我拥抱式的手臂姿势，使人仿佛回到了小时候妈妈温馨舒适的怀抱之中。

　　男性利用双臂进行自我拥抱的方式与女性略有区别，他们习惯于将下垂的双臂略微向前移动，双手在身体前方相握，这种姿势比女性单手抱臂的姿势显得更加自然和隐晦。很多男性在上台领奖或者发表演说时，都会使用这样的姿势来面对观众。这种姿势中男性可以通过双手的位置保护自己的重要部位免受伤害，所以这种姿势能够使男性的安全感和自信心增强。

社会名流如何隐藏压力

政府领导人、娱乐明星等公众人物由于身份的特殊，经常会出席各种公共场合，他们的一言一行都暴露在公众面前。他们都希望将自己最好的一面展示给观众，而隐藏起负面的心理。尤其是内心的紧张情绪或者是不自信的心理，他们当然希望藏得滴水不漏，任何人都发现不了。但是他们肯定也会感到紧张和忧虑，这时社会名流就会利用伪装过的交叉抱臂的姿势来掩饰，使观众认为他们始终很自信、冷静。

为了在公众面前隐藏起自己的心理，他们不会像普通人那样直接将手臂抱在胸前来自我安慰，而是会采用一些更隐晦的姿势，例如将一只手轻松随意地搭在另一只手臂上，或者用手去碰手镯、手表、衣袖、手提包等与另一只手臂比较接近的物品。在触摸这些物品时，手臂也会和抱臂的姿势一样在身前弯曲形成一道将自己和他人隔开的屏障，使他们的内心得到安全感，从而缓解紧张的情绪。例如一些衬衣上戴有袖口的男士会在人较多的公共场合例如舞会大厅中调整自己的袖口。

实际上他的袖口根本不需要调整，他只不过是想借用这个动作掩饰自己在公众面前的紧张和不安。例如查尔斯王子只要到露天场合出席活动，就会习惯性地整理自己的袖口，这已经成了他的标志性动作，其实只是为了使他自己获得安全感。普通人可能不能理解，这些经常暴露在大众面前的公众人物应该早已习惯了这种生活，因此应该已经克服了紧张心理。但是像查尔斯王子不经意间做出的小动作却暴露出了他和普通人一样会感到紧张不安。

而女性用来掩饰内心情绪的安慰动作就更加隐蔽，更不容易被他人察觉。如果感觉到自己的外表或者行为有什么不妥，或者是感到不自信的时候，女性就会握紧手提包或零钱包等随身物品，而不用做出其他更为明显的安慰动作。例如安妮公主每次出席公众活动时都会双手捧一束花挡在身前，而伊丽莎白女王无论到哪里几乎都会握一个手提包或者拿一束花。

人人都可以想到，女王肯定不需要手提包来自己携带一些随身物品，她的手提包其实是向他人传递信息的一种工具。例如当她想步行一会儿，想要停步或起身时，都会用手提包向随行人员做出指示。

用微小的动作来进行自我安慰的方法还有许多，最常见的一种是用双手握住茶杯。如果只想喝水的话，用一只手拿起茶杯就足够了，可是如果用两只手握住茶杯，双臂就在胸前形成了一道屏障，可以将自己和使自己感到不适的外界环境隔绝开来。这样的方式简便又隐蔽，不容易被他人发觉。这种自我安慰的小动作在日常生活中随时都能看到，只不过很少有人认真去思考其中真正的意义罢了。

咬嘴唇隐含的负面情绪

咬嘴唇是日常生活中经常会遇见的一种动作，但它其实蕴含了丰富的含义。不同场合之下，可以传达出人们不同的心态。内心感到紧张和焦虑是咬嘴唇最主要的原因，比如做错事的小孩在面对父母或者老师的质问时，往往会低下头咬着嘴唇沉默不语。

还有内向的人在需要面对很多人发言时，也会做出咬嘴唇的动作。这是人在紧张时的生理反应导致的，紧张会导致人的心跳加速、血液循环加快，因此流经唇部的血液也会随之增多，从而导致嘴唇感到微微的肿胀或者是痛痒的感觉，而咬嘴唇是最简单而又最为隐蔽的方法。

消失的嘴唇

正常状态下饱满的嘴唇说明这个人感到比较满意、心情较为愉悦；在遇到压力时人就会将嘴唇隐藏起来或者压扁嘴唇，如果压力增大或者忧虑的感觉加强，那么挤压嘴唇的力度可能会增大到使嘴唇消失；嘴唇被隐藏起来时，如果嘴角下拉形成倒 U 形，那么说明这个人的情绪已经跌落至谷底，自信心也彻底崩盘，而压力、焦虑等情绪占据了上风。

这种动作虽然并不能表明一个人在说谎，但是可以证明他确实感到了某种压力，因此警察在破案过程中可以利用这种信号来寻找线索。在审问过程中，如果对方挤压嘴或者藏起嘴唇，就说明某个问题使他感到了压力，并引起了他的反感，那么这种线索就可以使警方准确地找到突破点。

除此之外，人在感受到压力时还会表现出其他的嘴部信号，例如咬嘴唇、抚摸嘴唇和舔嘴唇等。这是因为当内心压力很大时，会使人感到口干舌燥，因此会伸出舌头来舔嘴唇，好使嘴唇保持湿润。用手抚摸嘴唇是为了通过碰触、摩擦来自我安慰，起到缓解压力的作用。

吸烟的味道安慰

有一种很流行的观点认为，吸烟的人之所以难以戒烟是因为从其他地方无法获得与香烟效果相同的味觉刺激。例如吃零食的戒烟方法其实很难贯彻下去，吃东西或多或少都会造成肠胃的负担，而且不能一天到晚总吃零食。很多人在戒烟之后都会发胖，可能也是因为吃得比原来多。

吸烟在一定程度上缓解内心的焦虑和压力。

人依赖香烟的一个重要原因就在于，吸烟能够刺激神经系统，烟草中的尼古丁能够起到提神、麻醉的作用，从而在一定程度上缓解内心的焦虑和压力。因此很多人在内心感到压力或者紧张时就会点一支烟，这其实是一种自我安慰的手段。

抽烟的方式可以体现一个人的心理状态，例如心情轻松愉快时，吸烟的动作会比较慢，舒缓自然，而心里有事烦躁不安时，为了缓解这种焦虑就会很用力地吸烟，在掐灭烟头时也会用力地摁在烟灰缸里。在一个人紧张得手发抖时，夹在手指中的烟也能将这种颤动表现得更明显，更容易让别人察觉到。通过测试一个人在压力产生之前和之后的状态改变，可以很好地证明这一问题。

在测试过程中需要让被测试人采用自己觉得舒服的姿势，并给他提供水和烟灰缸。测试开始之后，被测试人的所有行为都能体现出他的心理变化。通过观察他在正常状态下的习惯动作，和在遇到压力时的变化（例如开始吸烟，或者吸得更厉害），可以得到更全面的测试结果。

例如一位企业经理在各方面都很成功，有着良好的个人修养和较强的心理素质。在与他交谈的最初，他谈笑风生、收放自如，一副自信满满的样子。但是后来在问到他和董事会之间的策略差异时，他表现出有些焦躁，脸上的表情出现了轻微的变化，身体和腿的姿态也有所改变，最明显的动作就是，他在陈述自己的观点和目前现状时，连续吸了两根烟。这就说明这件事情使他感到焦虑不安，应该给他造成了很大的困扰。果然，他受到了董事会的压制，并因此感到困扰。

如果不是由于个人习惯，当一个人在受到负面刺激后开始抽烟，或者吸烟的力度和频率加大，则说明这个人心理状态发生了变化，他心里一定感到了某种程度的压力，导致内心的焦虑和不适，因此想要通过吸烟来缓解内心的焦虑、恐惧或者兴奋，使心情恢复平静。

惊讶时的面部冻结

我以前的女朋友每天晚上帮我倒洗脚水，比现在的女朋友……

人在惊讶时面部表情是很明显的：眉毛抬高，眼睛睁大，嘴巴也会不自觉地张开，整个面部在瞬间凝固了，好像呆住了一样，惊讶时之所以面部会僵住，其实是大脑在利用短暂的停顿来处理突然接受的信息，并集中全部能量对信息进行处理，并试图在最短的时间内找到最好的应对办法。

人类在长期进化过程中形成的本能反应，使我们在受到刺激后，利用停顿的时间对刺激作出判断，并采取相应的应对办法。例如，一位男子在与别人聊天时谈到自己与某位前女友交往的细节，没想到他现在的女友已经走到了他的旁边，女友听到这些内容时整张脸都僵住了，表现出尴尬和克制的愤怒。

受到惊吓时的冻结反应

远古时期，与原始人类共同生存的有许多大型的食肉动物，这些猎食者在速度和力量方面都比人类的祖先要强壮。人类在这种艰难的外界环境下找到了维持生存的方法，在面临危险时，人类首要的防御战略就是冻结反应。当原始人类遇到野兽时，一定会感到万分恐惧，这时大脑会做出判断，最好的应对方法就是静止不动，不要让野兽注意到自己。因为很多动物，尤其是食肉动物对移动的物体很敏感，因此一旦试图逃走，野兽就会立刻扑来，保持静止反而是最安全的方法。

现代社会，不仅仅在遇到重大危险时，在普通的日常生活中也会出现冻结反应。威胁不一定来自野兽和危险人物，某些让人感到压力和紧张的事也会导致冻结反应的出现。例如应聘者在参加面试时往往会控制自己的呼吸，降低呼吸的频率和力度或者干脆屏住呼吸。这种应对威胁的方式非常原始，在感到紧张和有压力时人就会减弱自己的呼吸。

除此之外，人们还会尽量减少身体暴露的面积来达到自我保护的目的。例如在审讯过程中，问询对象通常会将双脚藏到椅子下面并冻结住双脚，出现这种情况就说明有问题使他感到压力了。小偷也喜欢弯腰驼背尽量减少自己的动作以隐藏自己，其实这样的动作反而让他们更为显眼。

受到惊吓时身体僵直

在遇到危险情况时，如果不能确定伤害从哪里来，会对身体哪个部位造成伤害的话，我们的第一反应并不是逃走，而是停在原地一动不动，出现身体冻结的反应。这是由于如果不清楚危险来源的话，随意乱动身体反而更容易被伤害到，而冻结住身体则可以将伤害降到最低。例如篮球场上，篮球队员在激烈的抢球中将球扔到了观众席，那么一些胆小的观众就会站在那里一动不动，将身体缩紧等着篮球落地。这些人担心的是，如果自己乱动的话，球没准会砸到更重要的部位比如后脑，如果就这样不动就可以判定球的走向，当球砸来时及时做出反应。

除了可能的身体伤害之外，心理在受到负面刺激，例如不好的意外消息等的时候，也会出现暂时的身体冻结的反应。

在学校进行过这样一个实验。为了观察到冻结反应，设计了一个小恶作剧。学生都最关心自己的考试成绩，实验组就从学生名单中挑出了5名成绩最好的学生和5名成绩较差的学生，这10名学生在这次考试中都及格了，然后与教师商量好进行试验。

在教师走进教室的时候，学生们都表现得轻松自在，几个成绩不好的同学显得稍微有些紧张，可能是担心自己的考试成绩。老师先念出挑出的那5名成绩最好的学生的名字，然后大训斥道："你们这次是怎么考的，居然都没有及格？！"话音刚落全班同学都顿时安静了，坐在座位上一动不动，将眼光投向老师，想要了解更多的情况。因为这个消息实在是太意外了，所有人都没想到这几个学生平时成绩那么好，这次居然没有及格。这5名学生在听到消息的瞬间全都出现了典型的吃惊表情，身体停止了一切动作，好像僵住了一样，面部表情也呆住了。

片刻之后他们脸上的表情先恢复正常，随后又出现了关注和怀疑的表情，有的人皱起眉头。随后老师又宣布另外5名成绩比较差的同学也没有及格，但是班里的同学并没有流露出太多的关注，这5个人也只是微微地惊讶了一下，表情并没有刚才那些同学那样明显，恢复得也更快。也许是因为他们平时成绩就不太好，所以有了一些心理准备，并没有感到太大的意外。最后，当然是老师解释了这个实验的目的，全班同学都恍然大悟，实验结束。

这个实验可以表明，意外刺激的力度越大，冻结反应的强度越大、持续时间也越长，两者是成正比的。但在日常生活中，这样的刺激程度并不常见，因此惊讶时出现整个身体僵住的情况也不多，往往表现为一些更为隐晦的冻结反应。

或红或白的脸色

人们对于脸红最常见的解读是认为这个人害羞了，确实，当性格比较内向的人与不太熟悉或者比较重要的人交往时，由于紧张就会心跳加快，脸色变红。人在尴尬时也会脸红，例如在红毯上不小心走光的女性就会脸上泛起潮红。这种情况是由于羞涩导致的脸红，两颊像扫过腮红一样微红。

而脸色发白则是由于内心感到惊恐。例如人在遭遇车祸时就会吓得脸色苍白，在听到亲人出意外事故时也会脸色变白。这种情况是不受我们意识控制的，人在感到惊恐时，神经系统会将皮肤表面的血液转移到大脑和肌肉，为了进一步的逃跑或者是进攻做准备，脸部皮肤由于毛细血管内血液的减少就呈现出苍白的脸色。

古代的身体冻结：跪叩

中国古代的礼仪纷繁复杂，尤其是臣下面见皇帝的礼仪更是要求严谨，如果在皇帝面前犯了错误则会导致非常严重的后果。在各种古代礼仪中，最高级别的礼仪为叩头，就是双膝跪地磕头。

在现代社会，除了过年过节时晚辈向长辈行礼以外，已经基本不再使用这一礼节了。实际上，跪叩不仅仅是人们为了表达致敬的礼仪动作，其实也是人类在进化过程中由于生存本能而进行的自我保护的动作。由于人在双膝跪地时，能够使重心降低，减小头和身体受到意外伤害的可能性。

在现代社会，虽然已经很少有礼节性的叩首，但是在很多暴力事件中，弱势的那一方如果没有能力反抗的话，就会采取跪在地上用手抱住头部的防御姿势，这时的跪地已经完全没有礼仪意味，而是一种自我保护的本能动作了。

惊恐之下的呼吸控制

压力和惊恐之下，人会下意识地控制自己的呼吸，像俗话所说"大气都不敢出"，即屏住呼吸或者降低呼吸的频率和强度。呼吸关系着人体的能量储备，如果呼吸的频率和强度增大，则说明能量储备在增加，准备采取行动，不仅仅是身体上的行动，还包括思考和语言的。而且运动越剧烈，呼吸的频率和幅度就越大。人在吃惊时的本能反应是大口吸一口气，以备不时之需。但是在感到恐惧时，而且由于一些外部因素既不能逃走也不能反抗的时候，就会屏住呼吸或者将呼吸减弱。

例如一家公司即将召开重要的会议，一名员工却由于公事繁忙竟然忘记派车去接某位重要的领导，好在后来及时补救，会议成功进行。举行庆功宴时，这位领导还是批评了这位员工几句，虽然领导出于大度并没有说什么重话，但是这位员工还是很紧张，听领导讲话时凝神静气，一动不动。在场的其他人也都感觉到了紧张的气氛，不自觉地屏住了呼吸，屋里的空气好像凝结了一样。这种"凝结的空气"是在类似场合常常遇到的情况，这是由于在压力之下，所有人都减弱了呼吸，使室内的空气好像没有流动一般。

这种减弱呼吸的做法是人类漫长的进化过程遗留下来的躲避危险的本能，当遇见危险时将呼吸减弱，从而不引起敌人的注意。动物在争斗时，弱势的一方如果无法战胜强势的一方就只有逃跑，或者隐藏自己。在隐藏的时候，如果呼吸过于强烈，呼出的气流和呼吸的声音就会暴露自己的位置，从而将敌人吸引过来。因此长期的进化使人类学会在遇见危险时要减弱呼吸甚至屏住呼吸，直到今天，其实除了执行特殊任务的人，例如军人、特工或者犯罪分子以外，已经很少有人需要用这种方法躲避敌人了。但是这种本能却遗存了下来，人们在感到压力时就会有一种"想找个地缝钻进去"的感觉，这就下意识地想要隐藏自己，在这种心理状态下就会主动减弱或者屏住呼吸，试图减少外界对自己可能造成的伤害。

正常情况下，受到外界负面刺激的人是会不自觉地减弱或者屏住呼吸的。老板在批评下属时，下属一般都会低下头、凝神静气地挨训，但是如果挨骂的下属呼吸并没有减弱而是越来越剧烈，就说明他内心并不服老板的批评，甚至想要反抗，这种情况下就要进一步了解情况了，有可能他确实受到了委屈。

呼吸反应也可以用于审讯中，如果讯问对象在听到某个问题使呼吸突然减弱甚至停止，则说明这个问题使他感到了不安和恐惧。这说明问对了问题，表明刺激是有效的，可以利用这个问题作为突破点，继续进行有效的刺激，测试对方的情绪，以达到突破。

压力使腿部动作减少

人在感到压力时，往往会减少自己腿部的动作，产生腿部冻结的反应。比如面试、演讲的正式场合、接受批评或训斥时等，这种场合下既不能逃跑也不能彻底放松自己，不会做出叉开双腿或者斜靠在某处的随意站姿，通常会浑身绷紧，双腿直立，克制自己想要逃跑的冲动，被动地接受即将到来的压力。

坐姿状态时最常见的脚部冻结动作是，将双脚紧紧并拢在一起，使它们不能随便乱动，更严重的冻结行为是将双脚放到椅子腿上。有的人在将双脚缠在椅子腿上的同时，还会用手在大腿上来回摩擦，这是冻结反应和安慰行为的结合，两种动作同时出现说明这个人内心有着沉重的压力，他很可能隐瞒了什么，或者害怕自己做过的某事被发现。

手部约束：不知所措

想象自己站在舞台上，台下坐着数百名观众，他们都在注视着你。这时你会不会产生很不自在的感觉，有没有觉得双手不知道该往哪儿摆？对此，女性常做的动作是双手相握放在身前，如果不拉住双手互相约束的话，两只手就会不知道该往哪儿放了，这种动作通常被认为是羞涩、可爱的表现。

而男性常做的动作是双手相握背在身后，做出这种姿势的男性往往被认为较成熟或者有秩序感。还有一些比较隐晦的约束双手的动作，这些动作看起来都有着合理的原因，而且可能显得比较潇洒。例如双手插进裤兜，或者一手拿着东西另一只手插在裤兜里。

但一般当领导的人在公司中具有掌控感，他们在开会或者训斥下属时，是不会将手拘束起来的，而是会随着语言做出不同的动作来起到加强作用，或者做出叉腰的动作显得更加有气势。

工作压力的理论模型

"压力"这个词来自拉丁语 stringere，原意为"紧绷"。关于压力的定义众说纷纭，有人认为压力是一个人的主观感受；而有的人则觉得应该用可测量的客观指标来描述压力，例如血压、心率、唾液分泌量等生理反应；有的人认为应该存在着一个有普遍意义的压力；而另一些人则认为压力有着不同的维度，由不同的方面和特征组成；有的人还认为压力可以从外部刺激因素来定义，即产生压力的因素和人们应对压力的方式。

研究者们给出了各种各样解释和描述压力的理论模型。最基本的一个理论模型是"需求—控制理论"。这个理论强调影响个体行为方式的心理和生理需求，以及人们在应对这些需求时的控制和决策方式。高需求、低控制的情景产生的压力最多。需求—控制在工作场合的表现方式是"挑战—支持"，分为以下几个情景：

第一，高支持—低挑战：处于这种情景中的人，有着良好的技术支持和社会支持，但是由于挑战不够，他们很可能处在一种低效率的状态中。他们感受到的压力则是枯燥和无聊。

第二，高支持—高挑战：这种工作情景中的人受到来自老板、下属、股东和顾客等多方面的挑战，因此他必须更好地工作，同时也会得到相应的支持。从理论上来讲，这类员工应该是幸福感和满足感最强的。

第三，低支持—高挑战：这是工作中最不理想的一种情境，但是却很常见。在这种工作环境中，人被要求不断地努力工作，但是在情感、信息和物质上得到的支持都很少。这是导致压力产生的主要情境。

第四，低支持—低挑战：一些在政府机构工作的人过着平淡而无忧无虑的生活，工作也没什么压力。这些人既不会遇到什么挑战，也得不到什么支持。这种工作对于组织和个人都没有太多益处。

不同的人在面对工作压力时有着不同的应对方式，而不同应对方式的效果也有好有坏。压力的应对方式主要分为问题导向应对方式和情绪导向应对方式。问题导向是指集中力量解决问题并且改变压力源，是一种根本的解决方式；情绪导向是指改变和管理某个特定压力情景下的焦虑情绪，是从个人心理角度入手。问题导向型应对方式包括几个步骤，例如计划、采取直接行动、寻求帮助、筛选出特定时间、延长事件持续时间等。而情绪导向型应对方式有时通过否定事件，有的则是对事件进行重新解释和积极化理解。

遇到压力时的双脚相扣

　　双脚相扣是人们在遇到威胁或者压力时的一种反应，当一个人将双脚相扣时，说明他感到了压力，外界的某件事物使他觉得不安全或受到了威胁。日常生活中，穿裙子的女性也喜欢使用这个姿势。女性在做这个动作时，会将双膝并拢，两脚放在身体的同一侧，双手轻轻放在大腿上。但是如果这个姿势持续的时间过长，就很值得怀疑了，这说明这个人正感到不安或者焦虑。人们在感到舒适放松时，会很自然地放松自己的双腿。

　　相对于女性而言，男性更少做出这个姿势，因此当男性双脚相扣时，就更值得注意了。男性在做出这个动作时，和女性不同，他们会将双手握成拳头放在膝盖上，或者紧紧抓住椅子的扶手，两腿会张开显示出胯部。

工作压力产生的因素

　　首先是个人因素，有一类人心理焦虑程度很高，通常被认为有些"神经质"。这类人在工作和生活中常常带有一种混杂着焦虑、愤怒、神经过敏和自责等负面情绪的心理。因此他们在工作中不喜欢与他人进行沟通，工作的满意度较低。

　　还有一种人在工作中感到的压力较大，这些人有很强的竞争性，有高昂的斗志和紧迫的时间感。他们对成功有着强烈的渴望，希望被认可，因此总是把自己逼到超负荷的工作状态，时刻处在压力和紧张之中。

　　至于环境因素，有的工作比另外的工作压力要更大。一般来讲，涉及做决策或者需要频繁地与他人交流的工作压力要更大，而艰苦的工作条件和非结构化的任务会使工作压力更大。

第七章

谁的内心在被谴责：自豪与愧疚

良心不安的愧疚心理

或许有人会说，说谎的人还有什么良心？其实，说谎的人大多都是普通的人，他们大都是在没有经过思考或者说没有经过缜密的思考，就把话说了出去。他们怎么会没有良心呢？在许多情况下，一般人选择说谎并非是通过深思熟虑，甚至是并非出自本心。

因而，当过了一段时间之后，说谎者发现自己的行为给受骗者造成了不应有的可怕伤害，或发现自己"聪明反被聪明误"，陷入"信誉危机"的可怕境地时，说谎者很可能会悔恨自己的行为，会自责心灵中丑陋的一面，或会感到对受骗者所受伤害负有罪责。

当这种因为说谎而造成的愧疚感十分强烈的时候，说谎者心理上会非常痛苦，以至于觉得当初说谎很不划算，得不偿失，终日追悔当初为什么不选择说谎以外的其他方式，甚至当碰到受骗者或别人在谈话中提及受骗者的名字时，也会显得神情不安。有时候，一些说谎者为了摆脱这种心理上的折磨，明知说出真相将受到惩罚，也会全部抖搂出来。

心理学家认为，说谎者说谎后所产生的良心不安的愧疚心理，是与以下几个因素有关的：首先，就受骗的对象而言，如果说谎者所欺骗的是他平素所敬重的人，或者一直信任他的人，他就会觉得自己的行为有违道德规范，产生良心自责。相反地，如果说谎者所欺骗的是他平常所厌恶、憎恨的人，特别是那些以往经常欺骗他的人，那他就会认为欺骗他们并让他们遭受损害是合理而正当的，充其量只是个恰如其分的报复罢了，心理上良心不安的自责会减轻许多。

其次，就说谎本身来说，如果说谎者能从说谎中得到好处，而这种好处正是受骗者所失去的，说谎者就会觉得自己的行为不正当、不道德。如果说谎者认为自己并没有从说谎中得到什么好处，或者认为受骗者并没有损失什么或根本没有受到伤害，他就不会产生多么强烈的愧疚心理。

最后，就说谎者本人的特点来看，那些价值观念和道德准则与整个社会大相径庭的人，即使撒下天大的谎，也难以产生丝毫愧疚感，在他们看来，获取利益和成功可以不择手段。

爱收藏玩具的成年人的小心思

小孩子喜欢玩具，我们不会觉得奇怪。原因很简单，小孩子还小，对外在的一切事物都充满了好奇心，一些花花绿绿的玩具肯定会瞬间吸引住他们的目光，抓住他们的小心脏。

现代社会生活节奏快，工作压力大。成年人如果无法找到合理的方式来减压的话，肯定会憋出心理问题的，或者会做出许多不理智的事情的。心理学家解释，成年人爱收藏玩具，可以视为一种减压的方式，也是补偿童年的目的之一。成年人都是从小孩子过来的，对于小时候的记忆，有很多都保留着。

透过视线看心态

视线的移动

视线的方向

视线的集中程度

在谈话中，通过观察一个人的视线方向，能透视他的心理。比如一般只注意自己所干的事，根本不正视说话人，这是怠慢、冷淡、心不在焉的态度；仰视说话人，是表示尊敬和信任；俯视说话人，有自我防范的意识；面带微笑直视说话人，是融洽的流露。

在交谈过程中，视线位置移动情况不同，反映的个人心态也不一样。一旦被别人注视就立刻将视线转移的人，大多自卑心理很强，防范意识也比较强，这类人大都不敢正视对方。

在与对方谈话中，不断地注视谈话人，显得较为诚实；但不要自始至终盯着对方不放，以免对方误会。如果某人想和别人建立良好的默契，则会有百分之六七十的时间注视对方；注视的部位是两眼和嘴之间的三角区域，这样信息的传接，通常会被正确而有效地理解。

"不可思议"的补偿

有一些人有这么一种想法，有些事情已经发生了，已经无法挽回了，而这些事情确确实实给某些人造成了损害，只是遭受伤害的人还未发觉或者遭受损害的人迟早要发觉的，错在自己，遭受损害的人是无辜的，那么就趁这一段还未被揭穿的日子里，好好补偿一下遭受伤害的人吧，或者是在日常的生活中对他更好，或者经常给他以惊喜，总之对待他比以前更加好就是了。有这种想法的人，内心有鬼，心里会很不舒服，总要为受害人做一些事情，才会让自己的内心好过一些。这是补偿心理在作祟。

有这么一句话，无事献殷勤，非奸即盗。仔细想一下，这句话还是包含了许多合理的成分的。一个人的表现突然好了起来，那么可以肯定是有什么事情发生在了他/她的身上。

比如，一个员工损坏了公司的财物，但是无人发觉，或许这件事情永远也无法查出是谁干的。别人的确是不知道，但是当事人自己知道，那么他肯定在心理上有负担，总是会觉得过意不过，想去上司的办公室里去承认，怕被开除。不去的话，又会坐卧难安，那怎么办呢？适逢第二天，顶头上司走到了工作间："昨天我们发现公司的财物有了损坏，老板大发雷霆，说一定要揪出这个人是谁，我已经给做这件事情的人挡了回去，没有什么事情了，大家安心工作，做这件事情的人也不用来办公室找我，好好工作。"这个员工听到"好好工作"之后，眼神一亮，终于找到了补救的办法，那就是更努力地工作，更好地完成顶头上司交代的任务。

塞翁失马，焉知非福。一个员工做错了事情，老板不一定要选择惩罚或者一定要揪出来开除的做法，可以换一个思路，把握好时机，利用人内心深处的补偿补救的心理，让员工对老板乃至公司的印象有改观，打通一个员工的心结，那么这个员工很有可能从此努力认真地工作，为公司谋利益。

补偿心理导致的"抵消效应"，我们有了基本的认识，那么生活或者工作中，我们可以留意，可以分析，可以利用。有些事情再补偿也没有什么用，比如说背叛；而有些事情我们却傻愣愣地看到补救。

有些人，会有补偿心理，然后是抵消行为；但是还有一些人，你还是不要指望了。那么，这个人到底会不会有补偿心理和抵消行为呢，就看你对这个人了解的透彻程度了。所以，唯有了解，才是一切行动的前提。

吸气或者捂住嘴巴表示愧疚

小王摔的。

这事你不要跟任何人说啊。

在影视剧中，我们经常会看到这样的情景：B 撞破了 A 正在做的坏事，A 要求 B 保守秘密，B 答应了，但是当有人追问 B 的时候，B 可能不经意之间说漏了嘴。当 B 突然意识到自己说的话泄露了秘密时，就会吸一口气，或者把嘴巴捂住，以此来表示自己说错了话，来表示自己的愧疚。在做完这个动作之后，他通常都会否认自己刚才所说的话，让别人不要把他的话当真。而事实上，他做出这个动作，就说明自己刚才说的是真话。

钱是你偷的吗？

在现实生活中，有的人在觉得自己做错事情的时候，就会捂住嘴巴，这就说明这个人非常愧疚，可能是做了什么坏事。如果你想知道真相，不妨继续追问，一定会得到答案的。

说谎的人心怀愧疚

我在踢球时不小心将脚扭伤了……

昨天我不小心从楼梯上摔了下来。

我在骑车时不小心摔倒了。

一个人为什么要说谎，原因肯定是想隐藏真相，无论是出于善意还是恶意。事实上，几乎所有的人都有说谎的经历，而且说谎的次数你是数也数不清楚的，或者说根本就记不清楚到底说过多少次谎了。

如果一个人说谎，他 / 她肯定会避开对方的注视，即使后来他 / 她又转了回来，那么他 / 她转开到转回的这个时间间隔内，肯定是在作调整，由主观意识调整。被一双眼神审视，本身压力已经够大，尤其是对方在仔细地辨别你的话语的时候，压力尤其大，这个时候说谎者的内心感受到了巨大的压力，需要释放，那么他首先会把眼神转开一瞬间，来释放压力。

是猫咪打碎的…

经理……我今天不舒服……想请假早点儿回家……

说谎者还会有其他的肢体表现。比如额头发亮，当然这是由于紧张而渗出的汗渍导致的；比如会有解衬衣最顶层的扣子或者松领带的动作；比如会不自然地抖动身体，或借故去厕所，或手指有许多多余的动作，掌心有汗，等等。

捂住口鼻

频繁用手触摸自己的鼻头或者手指不时轻触嘴唇，是最常见的说谎动作。

他是不是在说谎呢？

用手捂嘴 → 这是一种明显未成熟，略带孩子气的动作，很多小孩尤其喜欢使用此种姿势，当然，一些成年人偶尔也会使用此种姿势。

触摸鼻子 → 触摸鼻子是用手捂嘴这一姿势的"变异"，相比于用手捂嘴，它更具隐匿性。

一旦他的手离口鼻很近，基本上都有说谎的嫌疑。

如果他在说话时用手捂住嘴巴，那就表示连他自己都不相信自己说的是实话。

这些手部动作起着遮掩的作用，是说谎者在潜意识里企图隐藏真相。

语速比平常快，表示愧疚

这一点大家比较容易理解。爱看电视剧的朋友，只有略微想一下电视剧中的某些镜头，就会在心头情不自禁地点一点头的。电视剧中会经常出现这样的镜头，一个人做错了事情，在向另外一个人道歉的时候，会不住地躬身点头，表示歉意。如果留意语气和语速的话，他/她的语气携带着浓郁的感情色彩，明显是歉意；而语速会不自觉地要比平时快得多。

一般来说，正常人的说话语速都是基本不变的，但是当他的情绪出现波动的时候，说话速度也会发生变化，我们也可以由此判断他的情感。比如你发现一个人说话的速度突然比平时快，那就是他心里有事情了。有时候有的人说话语速比平常快很多，通常情况下这是表示愧疚。因为他内心中有一丝愧疚感，对你说话的时候会变得有些紧张，想尽快地把话说完来掩饰自己的愧疚感，所以才会不自觉地加快语速，尽快地说完自己要说的话，这样就不会让人发现自己的紧张。

愧疚的人的语速为什么会不自觉地加快呢？这一点主要受内心的真实情感的支配。因为一个人若是心怀愧疚，心里会承受较大的压力，会不自觉地加快语速，压力也能通过加快语速迅速释放出去。

想象一下吧，如果你自己心里有一件让你感到非常愧疚的事情，而且你心底已经下定决心，要将这件事情说出来，那么你肯定会选择尽可能快说出来，而不是还像平时那样慢悠悠地说话一般。

如果一个人做了对不起你的事情，在别人眼中也确实是他做了对不起你的事情，但是他在向你叙述时，还是像以往一般，慢条斯理，那么你就可以确定，这个表面上在向你道歉的人，在心底根本没有一丝愧疚之意，他肯定还是觉得他并没有做什么对不起你的事情，只是迫于某种外在的压力，比如同事的眼光、上司的命令，才不得已向你道歉的。他的心里才没有一点儿愧疚之意呢。

所以，在日常的生活工作中，语速快与不快，是确定一个人是否心中愧疚的一个标准。

对不起！对不起！

向某人道歉的时候，会不住地躬身点头，表示自己的歉意。

愧疚的"抵消效应"

老婆，辛苦了，这是我带给你的礼物。

因为愧疚，一些人会主动去做一些事情，来让自己的内心舒服一些，来中和那种让自己不舒服的愧疚感，这种行为可以称为"抵消行为"。比如有的时候丈夫在娱乐城玩得很晚，一般就会给妻子带一个礼物用来消除自己的愧疚感。

有的时候，抵消效应并不一定是为了去弥补已经发生了的事情，是为了来抵消掉自己心中的愧疚感，比如说有的时候妈妈看护不周导致小孩子不小心碰到了桌子磕到了头，孩子哭起来，妈妈便会过去安慰他，并且会骂一下桌子或者用手拍几下，用脚踹几下桌子用来一方面安慰孩子，一方面来抵消掉自己心中的愧疚。拍几下桌子或者打几下桌子并不是来改变这个事情，其实这是为了来抵消自己对于看护孩子不周到导致孩子磕到头的愧疚感。

这个臭桌子，没长眼睛啊，磕我家宝宝。

妻子不与丈夫比肩而坐，表示愧疚

夫妻间的某些动作能折射出夫妻间的感情疏密。如果有的时候妻子不是和丈夫在一起比肩而坐，而是自己远远地坐在丈夫的侧位，那么这种现象通常会说明妻子对于丈夫是很敬重的，家里也是丈夫为主心骨，家庭里的大事都是丈夫说了算的，妻子对于丈夫是言听计从的。由于丈夫做的事情多，承担的责任也多，所以妻子对于丈夫常有自愧不如的内疚感。

但是如果妻子和丈夫比肩而坐的话，那就是妻子在家里就是一个"管家婆"的形象，高居丈夫的上首，对于丈夫总是指手画脚，言谈也总是十分地犀利。这样子的丈夫便是典型的"妻管严"，对于妻子是言听计从，十分惧内。

我当家，钱要交给我！

气管炎哈……

给你，老婆。

好老婆，求你了，我知道你干家务活很累，但咱俩吵架，别伤害孩子呀！

容易产生愧疚之情的一方，大多数情况下是处于弱势或者说处于从属地位的一方。举个例子来说，丈夫和妻子吵架，如果两方各不相让，那么一定会越吵越凶，以至于最后可能会弄得一发不可收。如果一方愧疚意识比较强，肯定不会跟对方吵，或者是会及时止住，将更大的风险扼杀在萌芽状态。当然，和谐的家庭关系肯定不止需要愧疚意识来维系，还需要我们上文提到的理解、包容和信任。

愧疚时候的生气和焦急

"恼羞成怒"这个词可谓是家喻户晓。这个词怎么理解呢？可以这样理解，一个人所承受的怒气超过了他/她所能承受的极限，如果再不朝外宣泄或者释放，垮掉的肯定是他/她自己，这种情况肯定是不容许发生的，所以这个人"恼羞成怒"了。

每个人的承受量是不同的，有大有小。当然，承受量可以经过后天有意识的培养来逐步地放大。如何培养和放大，我们姑且不论，我们来讨论愧疚时候的生气和焦急。

愧疚朝生气和焦急转变要么是愧疚者自身故意为之，要么是受到了外界的刺激性因素。我们在前面提到过，愧疚是由内心生出，但是生气和焦急就可以受到主观意识的支配，所以生气和焦急是可以伪装的。至于你是不是能够看出来，一是看你自己的功力如何，二是看愧疚者自身伪装的功夫如何。至于外界的刺激性因素，起到了催化剂或者说转化剂的效用，成功将愧疚者内心的愧疚点燃了，化为了滔滔的愤怒和焦急之火。

通常情况下，人在说谎的时候多多少少会有一些跟平日不一样的地方，因为说谎的时候自己内心是知道自己在说谎的，大脑潜意识里也会一直在强调自己在说谎并且心存愧疚感。

有的人在说谎的时候为了避免被人识破，外加自己内心因为说谎而产生的愧疚感，他就会做出一些和平常说话不一样的动作，比如他们在说谎的时候会常常强调一下自己的消极情绪，例如他们会生气、会焦急等。他们这是在转移自己和别人的注意力，这样子可以减少自己的谎言被戳破的概率。所以说，人在说谎的时候会心存愧疚并且会生气，就是这个道理。所以你要注意了，看看自己周围有没有这种现象呢。

愧疚是本心在支配，而愧疚时的生气和焦急或者是自然而发，或者是愧疚者故意做作，从而使对方的注意力转移。那么如果是自然而发，那就是完全由本心支配，生气是真生气，焦急是真焦急；而如果是愧疚者故意做作，那么就是本心和大脑综合作用的结果，如果是这样的话，愧疚者的肢体动作肯定会有不协调的地方，如果细心留意的话，肯定会发现蛛丝马迹的。

那如果你发现了一个人本来是愧疚，却偏偏伪装成生气和焦急怎么办呢？最好不要流露出一副鄙夷或者"我知道你在装"的表情，这样容易诱发不好的结果。如果可以的话，你也可以给自己一个机会，什么机会呢？那就是我自己终于可以做一个"演员"了，我就陪着你演这一遭，你来看一下我的演技如何吧！不用担心被看穿吗？不用担心，既然你能够看穿愧疚者的把戏，做到我不知道你在演戏，对于你来说，应该是一件很容易做到的事情。愧疚者与你相比，才是小巫见大巫，自愧不如啊！

用双手按住双颊

双手按住脸颊，是愧疚的一种表现。那么捂住脸颊的依据在哪呢，捂住脸颊要传达的意思又有哪些呢？其实，我们可以这样解读，我做错了事，我知道错了，我很后悔，我很愧疚，我想静静地一个人待会儿，你们不要再说了……

碰到双手捂脸颊的人究竟该怎么办呢？一切行动的前提是了解，针对每个人的性格来采取相关的行动。这个时候，有的人需要大骂一顿，这样的话，他/她的心里会舒服许多；有的人则需要其他人稍微拍一下他/她的肩膀，以示安慰，然后只需要静静地坐在他/她的身边，用无声的陪伴来表示理解和安慰。

从工作态度看同事

内疚反应型

唉，决策失误，决策失误，都是我的错，都是我的错！

有的人一旦工作中出现了问题，那么就会将这个问题的所有责任都揽到自己身上，当他把所有的责任归咎于自己的时候，就会慢慢把自己逼到死胡同里，陷入一个误区当中。更有严重的会变得有神经衰弱的倾向，这种类型的我们统称为"内疚反应型"。

推卸反映型

这可不是我的问题，那天网速太慢了……

但是有的人在面对工作中出现的问题的时候总是选择逃避，不断去推脱出现问题的责任。他们不断地找一些客观理由和借口为自己开脱，为的就是推卸和逃避责任，使自己不用再去承担这些问题的责任，把自己排除在外，这种类型的人被称作"推卸反映型"。

适中反应型

经过慎重的分析，原来问题就出在这……

还有一种"适中反应型"的人就是能够按照事情客观发生的情况来进行分析自身的责任，依据客观事实，分析自己工作失败的原因，对于自己应该去承担的责任不会去推脱，但是对于不属于自己的责任坚决不会去接受。他们这种类型的人工作失败以后能够实事求是的去面对，而且自己能够仔细、认真地分析失败的原因，进行归纳和总结，避免在以后的工作中犯类似的错误。

第八章

继续下去还是适时停止：喜爱与厌恶

别让对方皱眉

眉毛的基本作用是防止汗水、灰尘或雨水等落入眼睛。在行为学中，眉毛的变化也具有十分鲜明的指向性。众所周知，皱眉是在表示不愉快。但是在不同的情景中，皱眉所代表的含义还有一些细微的差别。

小孩子总是喜欢向父母提出各种各样的要求，例如买新玩具或新衣服，去游乐场或是和小朋友玩等。父母可能并不需要用语言来表达他们的答复，眉宇之间就可以回答孩子的请求。如果父母这时轻轻微笑，眉头舒展，孩子的愿望多半可以达成；但如果父母眉头微微皱起，孩子则会识趣地慢慢走开，因为他们知道自己的愿望实现的机会已经很渺茫了。这种情况也适用于职场等成人交际社会中，如果你向老板提出请假的请求，老板眉头紧皱，半天低头不语，那么批你假的可能性就不大了。

我们常常会在早晨的公交车、地铁里看见很多眉头紧皱的上班族。他们皱眉可能有多种具体原因，可能是因为车厢里太过拥挤；可能是起得太早，还很困倦；也可能是工作任务繁重，毫无头绪。总之，皱眉传递着一种不太好的信号，证明他们现在的状态是不好的、消极的。

人们在冥思苦想的时候也会紧锁眉头。在安静的咖啡馆或是图书馆里，常常有人皱着眉头看着电脑或是手中的书，这时他们的心理状态并不一定是烦躁或不愉快，只是在专注地思考问题。在对话中，这样的皱眉也经常存在，在讨论双方就某一问题展开激烈的讨论，双方都能做到积极引导对方思考的情况下，聆听并思考的一方也有可能会皱起眉头，他可能会有不同意见，但这并不意味厌恶和反感。如果聆听的一方十分消极地听着，没有积极地回应和互动，则可能是处于厌恶和反感状态了。

因此我们在日常的交际生活中，应该尽量避免让对方皱起眉头，要懂得察言观色，如果对方不是因为思考而皱眉，那么我们就应该迅速调整自己说话或行动的方式，而不是一味地让对方反感和不快还自顾自地讲话。在融洽的谈话气氛中，如果看到有人微微皱眉，可能是因为他身体出现不适，我们也应该及时地送上关怀和帮助。

下意识地扬眉

　　扬眉在很多时候也是表示与某人打招呼。因为很多时候，熟人见面并不会像商务会盟那样握手致意，相互寒暄，而是仅仅点头示意看见了彼此。向对象微笑的同时扬一下眉毛就是一种十分常见的在和对方打招呼的方式，这种情况多出现在熟人之间不方便长谈或寒暄的时候。

哎哟，不错啊！

　　人在惊讶的时候也会做出下意识扬眉的动作。当你将自己的策划方案递给同事时，看到了同事短暂的扬眉动作，那么他一定是比较满意你的方案的，他的扬眉动作就像是在告诉你："哎哟，不错啊！"同时还可以说明，你的表现令他刮目相看或是大吃一惊。当我们面前出现自己期待已久的人时，也会轻轻扬眉，这是在表现你对对方的倾慕和景仰。

"八字眉"是怎么回事

　　"八字眉"原本是古代妇女眉式名。相传是汉武帝时期兴起的，后被历代沿袭，中晚唐时期尤盛，因为其眉形似"八"字而得名。而天生长有八字眉眉形的人，表面上可能会显得凶巴巴的，不易接近，但实际上和蔼可亲，心胸宽广，品德优秀，算得上是正人君子。

　　在行为学中，当一个人皱起八字眉时，两只眉毛在扬起的时候会相互贴近，眉毛向内集中，两眉之间距离变短，额头中心出现"T"字形皱纹，和挤眉毛的动作相像。当行为人露出这样的表情时，表示他正在经历生理或心理上的痛苦。

　　身体上的不适也很容易造成八字眉。历史上或文学作品中的美女经常会通过蹙眉来显示身体上的不适。例如成语"东施效颦"中的东施就是在学习美女西施心口疼痛时掩住胸口蹙眉的样子；《红楼梦》中的林黛玉也常常是一副蹙眉的病容。这里说的蹙眉实际上就是我们现在说的八字眉，即眉峰紧蹙的意思。

东施效颦

眉毛上的动作

受降眉间肌的控制，眉毛可以产生不同的眉形，表达丰富的面部表情。

当人的眉毛处于一上一下的时候，有专家称之为"眉毛斜飞"，即一边眉毛向下垂落，另一边眉毛则向上飞扬，两条眉毛不处在同一水平线上。这个动作有些人做起来有难度，面部表情丰富、肌肉灵活的人常常会有这样的表情。这种状态下的眉毛就如同这个"斜飞"的动作本身一样，所传达的信息也是拥有两面性的。眉毛下垂的半边脸看上去很有攻击性，而另外半边扬着眉毛的脸则是一副惊慌害怕的神情。通常情况下，这种自相矛盾的表情在成年男子的脸上相对多见，女性脸上较为少见，眉毛斜飞所表达的情绪通常是略带鄙视的怀疑。

喜欢抱怨的会不停地耸眉，这也会引起他人的厌烦。

还有的人喜欢不停地耸眉，即将眉毛扬起又落下，这样反复地耸动，同时还可能伴随着撇嘴的动作。说话的时候伴随着这两个动作，可以判定说话人可能遭遇了一次不太愉快的经历，这正是他在向人诉说自己的不愉快。这个表情常常出现在成年女性的脸上，较早出现在男性脸上，因为女性相对来说更爱表达和倾诉，遇见不愉快的事情，总是喜欢讲给同伴或家人听，也相对喜欢抱怨。经常耸眉的人常常是生活中爱抱怨的人，总是喜欢喋喋不休地将自己的经历讲给别人听，也总会引起他人的厌烦。此外，说话的时候经常耸眉的人比较喜欢议论是非，尤其是关于别人的是非，生活中往往不受欢迎。

平时总是耷拉着眉毛的人，内心比较消极，对什么事情都提不起来兴致，干事情也总是无精打采的，不喜欢表达自己的意见，有些逆来顺受，是相对悲观的人；而说话的时候总是神采飞扬，眉毛高高扬起的人，比较乐观，处处喜欢发表自己的意见，爱在人前表现自己，也喜欢凑热闹，是外向型性格的人，身边的人也都很喜欢听他讲话，因为他会把一件事讲得像故事一样引人入胜。

睁大眼睛看你

　　我们总会遇见这样的情景：当某个人遇见自己喜欢的人或物时，会不由得眼前一亮，眼睛会不由得睁大，瞳孔立刻亮起来。人们常常会将睁大眼睛盯着美女看的男子称之为"花痴"，显然是这名男子被美女的美貌吸引住了。

　　当一个人对所看到的人或物产生欣喜、满意等积极情绪时，他的眼睛会睁大，但这里所说的睁大眼睛是一种下意识的行为，并非行为人自己的意识有效控制的结果。

　　平面广告中的模特眼睛都非常漂亮，不管是什么妆容什么风格，也不管是什么表情什么造型，模特的眼睛都会在化妆师的手里精心描画，以呈现出最好的状态，假睫毛、眼影、眼线等化妆工具会帮助模特的眼睛看上去更加水灵、更加有神，整个眼睛看上去大且深邃。因此广告之中模特衬托产品的作用就凸显出来了，产品的吸引力也由此增加。

瞳孔的变化

　　瞳孔的变化反映出丰富的内心世界，因此艾克哈特教授得出结论：瞳孔的大小是由人们的情绪决定的。当一个人被悲伤情绪笼罩的时候，他的瞳孔会暗淡无光，黑瞳看起来只有一点点，整个人也看起来无精打采；而当一个人处于兴奋状态时，他的黑瞳会尽量扩大，瞳孔也随之扩张，眼睛看上去炯炯有神，整个人也显得神采奕奕。

　　从生理角度来看，瞳孔主要受两组肌肉支配：瞳孔括约肌和瞳孔开大肌，前者的作用是它的收缩可以使瞳孔缩小，而后者的收缩可以使瞳孔扩大；前者受第三对脑神经即动眼神经支配（属副交感神经），后者则是受交感神经支配，当人受惊吓或情绪剧烈波动时的瞳孔放大都是交感神经兴奋的结果。但不同的是，人在处于惊恐状态之下时，瞳孔的放大是僵硬的、无神的。

　　当人对眼前的事物或人产生厌恶或憎恨时，瞳孔会出现收缩，因为此时脑部神经系统的信号是不希望看见眼前所见，作为光线进入眼内的门户，瞳孔会自然而然缩小，仿佛是在阻止眼前的东西进入视线。

眼角看人

曾经有人向心理医生诉说了这样的苦恼："我平时总是喜欢用眼角看人，从高中就开始了。我也知道这种行为十分不礼貌，但是我总是控制不住自己。我曾经试图用手挡住自己的余光，但是还是无法摆脱。我现在根本不敢正视别人，每次遇见陌生人我都不敢抬起头看对方，来到一个陌生的环境，我也总是喜欢用眼角余光去看别人，但是又不敢去和他们大方地打招呼或进一步交往……"

还有另外一个事例：一所名牌大学的毕业生去一家公司参加面试，他本来有很大的优势，面试过程也十分顺利，他对自己的表现也十分满意，但是他并没有被录取。原来，面试的主考官发现他在竞争中，总是用眼角的余光看着别人回答问题；在他自己回答问题时，眨眼的速度和频率又很慢。他的种种表现都表明他不是一个谦虚的人。

同是用眼角看人，为什么会有这么大的差别呢？

第一个事例的主人公是在青春期的烦躁的驱使下，对其他人尤其是异性充满好奇，一方面去小心地探索，而另一方面又为这种探索感到恐惧和不安。他们总是对自己要求过于严格。出现了这种心理问题后不是积极的治疗和疏导，而是采取一种压抑自己的方式，反复告诫自己，应该怎样，不应该怎样，结果焦虑不但没有减轻，反而加重，越是压抑，其承受的压力越大，最后逐步发展到病态。

在心理学上，这种情况被统称为社交恐惧症，在 15 ～ 18 岁时最为常见，其中多是一些性格内向、学习刻苦的女孩子。"爱用眼角余光看人"只是社交恐惧症的表现形式之一。这其实也是因为长期的病症压抑着他们的精神，使得自己对自己越来越不自信，尤其是碰到比自己优秀的人，更是会让他们无地自容，但实际上他们又十分渴望同人交往，这种矛盾的心理驱使他们用眼角看人，仿佛这样就不容易被发现了一样。

而第二个事例中的主人公则是以一种鄙夷的心态用眼角余光看人的。因为他深知在这场面试中，他胜出的可能性很大，自己有很大的把握，完全没有把对手放在眼里，根本不需"正眼"看他们，这才会向他们投去鄙夷的眼光。这种眼光被主考官捕捉到了，他们自然不希望让这种自大傲慢、目空一切的年轻人成为他们的员工。

正常的社交场合中，第二种眼角看人的情况十分常见，也是有人为了显示自己高人一等而故意摆出的样子。

"挤眉弄眼"使眼色

别以为我不知道。

当两个熟人仅仅在彼此之间用眼神传递含义，朝对方挤眼睛时，很可能是因为他们所要表达的含义不太方便说出口，以免让更多的人知道。其潜台词是："我的意思，只有你明白的！"或是"只有我明白你的意思，别人不知道的！"。

然而，相对有身份有地位的人也会用挤眼睛或眨眼睛的动作来传达自己的意思。例如，在古代，有权有势的封建家庭里，作为家中地位较高的老爷或者太太，常常会在有客人在场的时候对下人使眼色，让他们下去或是实行安排好的计划等。这时就需要对方有极为灵敏的观察能力和识别能力，也就是民间所说的"识眼色"。

在现代社会中，一些场合也会通过使眼色来提醒或暗示对方，什么该做什么不该做。例如，如果你在安静的会场和身边的人窃窃私语，很有可能受到别人眼神的提示，意思是你要停止说话，因为你的行为已经影响到别人了。

游离的眼神

在枯燥的课堂上，我们常常可以看见这种情况：在台下听课的学生或学员要么点头打瞌睡，要么就是将视线来回转移，眼神游离不定。这种情况就说明他的注意力已经不再集中，老师讲的内容已经无法进入他的大脑，而他还没有找到具体思考的事物，眼神和思维都处在游离状态。

在日常的社交场合中，如果和你说话的对方在听你说话的过程中，眼神不停地离开你们的目光交流范围，则基本可以判定，他的注意力已经转移。这种情况下，最好的解决办法并不是生硬地提醒他注意，更不是任由他游离，而是根据他的目光所向判断他感兴趣的话题，顺势和他聊起来，再借机迂回到自己想说的话题上面，这样既可以避免造成双方的尴尬，又可以让对方自然而然地接受你的话题。

斜瞄式微笑的魅力

很多时候，人们在看东西或看其他人的时候，不会使用也不适合使用正视的方式，而斜视在这时或许可以表达更丰富的含义：感兴趣的时候和疑惑的时候都有可能采用斜视的眼神，斜视有时甚至能够表示敌意。当一个人在目光向斜处投出的同时，轻扬眉梢并面带微笑，那么就可以说明这是一种对眼前之物产生浓厚兴趣的表现。如果斜视的同时，行为人将眉毛压低或紧皱或者下拉嘴角，那就是在表示对眼前之人或事物的质疑、敌意或者批判。

恋爱中的女孩常常会用一种充满爱意的眼神看着自己心爱的男子，那就是微微低头，压低下巴，同时将眼睛抬起，向上看自己眼前的人。因为这会让眼睛显得更大更有神而且可以让女人看起来像孩子一样天真纯洁。我们可以对这种心理反应做出这样的解释：小孩的身高比成年人矮得多，因此在看成年人时，必须抬起眼睛往上看；而孩子的眼睛本来就是充满纯洁天真的象征。久而久之，不管是男人还是女人，都会被这种仰视的干净目光所吸引，因为它能够激发出他们作为父母般的情感反应和关爱欲望。这种方式也经常作为求爱的信号，特别是女人，因为在低头的时候抬起眼睛往上看，也可以是一种表示顺从谦恭的姿势，这种姿势对强势的男人具有一定的吸引力。

下巴微微内收，抬起眼睛向上看同时保持微笑的表情，被一些行为学家称之为"斜瞄式微笑"。英国的戴安娜王妃几乎成了这种微笑的代名词。这种略带腼腆的笑容最容易唤起富有保护欲的男性内心的渴望。

因此当女孩希望获得心仪男性的青睐时，可以采用这种招数看着他，同时在微笑的时候带入不易察觉的羞涩，让他看到你小女人的娇羞，那么他的心很快就会被你征服了。

戴安娜王妃

但是在同事或朋友之间，这种斜瞄式微笑有了新的含义。当你的同伴出色地完成了一项任务时，他满意地吐出一口气看向你时，站在旁边的你可以给他一个斜瞄式微笑，就仿佛在对他说："你刚才的表现太精彩了！哥们儿，你真棒！"如果还能配上一个俏皮的眨眼动作，就更可以说明你对他的鼓励和满意了。

嘴角变化有玄机

嘴角上扬最典型的表情就是微笑，当人们处在愉悦或是满意的状态下时，嘴角会自然上扬，表示内心的欢喜，但是当我们心情很差的时候，嘴角的变化也会不自觉地显露出来。因此，在日常的社交活动中，如果人群中有人嘴角向下压着，我们基本可以断定对方此时的情绪是消极的，内心一定充满不愉快，我们就可以根据这种情况，做出适合的举动，如询问、安慰等。

当一个人总是沉浸在不愉快的气氛当中时，就会经常出现嘴角下拉的消极动作，而最可怕的莫过于习惯成自然。在社交场合中，经常嘴角下拉的人看上去总是没精打采的，对什么事情都提不起兴致，即便是在大家讨论开心的话题时，他也还是很难融入开心的气氛中。久而久之，下拉嘴角表现出来的消极情绪就会影响大家的积极情绪，因此经常下拉嘴角的人很难受到大家的欢迎。

鼻子上的微行为

鼻孔扩大

一个人在受到兴奋、紧张或者是愤怒、惊慌的情绪刺激的时候，鼻孔会有不同程度的扩大。这是因为人处在情绪紧张的状态之下，心跳加速，呼吸也会适当地加快，全身肌肉受神经系统的控制，出现一定程度的紧缩，鼻孔扩大肌也会自然而然地紧缩导致鼻孔扩大。

鼻尖冒汗

鼻尖冒汗也是十分常见的，这种现象多出现在一个人受激动、兴奋、紧张情绪的控制下，这时候，人体需要更多的能量来维持正常的思考和行为，而人体的能量是线粒体提供的，线粒体在向人体提供富含能量的腺嘌呤核苷三磷酸时，就会同时放出大量的水分，水分由毛孔排出体外，这就是我们通常所说的冒冷汗。

鼻子上提

当人群中，有一个人总是将鼻子向上提的时候，上嘴唇也会跟着出现一点明显的向上移，这类人很可能性格比较傲慢，轻易不把别人放在眼里，对别人获得的成就也会表示不屑一顾，常常是一副凌驾于他人之上的姿态。

头部微倾的温暖和顺从

天真的孩子在向爸爸妈妈提问题的时候，总是喜欢微微歪着头，忽闪着天真的眼睛。实际上，在行为学里，歪着头的确可以表示天真。因为在人们头部保持倾斜的时候，脖子和咽喉部位就会暴露出来，这就意味着将人身体中最重要，也是最柔弱的地方暴露出来了，这时候的人常常是没有任何戒备心理的，也就是说他对对方是十分信任的。成人世界里，歪着头并不一定是表示天真烂漫，但一个人既然会将自己身体中最需要保护的部位放在另一个人面前，则可以说明，这个人是他完全可以信任和依靠的，因此，这是一个表示友善和信任的姿势。

这个动作实际上是人类在婴儿时期，头部还没有办法正常维持稳定姿势，常常会晃来晃去时，母亲就会让孩子靠在自己的身体上，父母的胸膛和肩膀也就成了孩子的襁褓，这样歪歪的倾斜就像是在告知一种需要保护和依靠的姿势一样。当女性在心爱的人面前表达娇羞的时候，就完全可以采用这个策略，你的头部可以微微向侧面，让自己俏皮的倾斜头部的动作为自己增添几分天真和娇嗔。同时仿佛是在告诉对方，"我其实已经关注你很久了"。

而如果头部僵硬，没有任何方向上的倾向的话，则可以说明行为人有着足够的意志力和控制力，对事情也有自己独特的看法和认识，即使是听到别人的观点，也不会轻易接纳，通常他的自我意识也会很强，性格比较倔强，在一群人中，常常是最有主意的那个。

相比之下，女性更经常地出现头部倾斜的姿势。因为在现代社会的既定社会性别中，男性展现出来的通常是坚强、勇敢、有主见的一面；而女性则相对柔弱、乖巧和温顺。因此女性将头部靠在男性的肩膀上会是一副十分温馨的画面。这种情况下，既满足了女性小女人的撒娇心态，也可以让男性在女性面前彰显自己大男子的本色，是一种两全其美的做法。我们也常常会在咖啡厅或餐厅里看见靠窗的位置上坐着一个优雅的女性，她手臂撑在桌面上，用手掌轻轻托着下巴，显现出一副纤弱娇媚的姿态，常常会引起男性的保护欲望，因此也常常会被男性搭讪。

恋爱中，女性将头部靠在男性的肩膀上，会是一副十分温馨的画面。

托盘式姿势

最常见的就是用托盘式姿势表达倾慕之意，多见于儿童或女性。我们常常可以看见这样的情景：在大学课堂上，风度翩翩、儒雅多才的老师正在讲台上讲课，讲台下的女学生不仅听得非常认真，而且很多都会摆出托盘式姿势，他们听得好像入了迷，深深地沉醉在老师所讲的内容里了，实际上，真正吸引她们的，或许并不是老师讲述的内容，而是老师极富魅力的外形和学识。

托盘式姿势也是表现恭维和博取好印象的好方法。假如你和另一个人一起坐着聊天，而你的身份地位相对较高，或是对方想要讨好你的时候，你在发表自己的意见或观点时，他会做出托盘式姿势，表现出一副极为认真的样子倾听你的说话内容。因为这个姿势就是把身体中最重要的感官系统全都集于你面前，说明他在投入全身心的经历听你讲话。

注意敲击桌面的手

我们在日常生活中常常看见这样的场景：公司例会上，经理讲着最近大家的表现和公司的业绩，讲到迟到请假的问题上时，经理的声音顿时凝重了几分，当说到请假迟到的情况越来越严重时，他不由自主地将手指重重地敲在了桌面上，边敲边骂着，在座的员工连大气都不敢出了……这种做法能够充分说明经理的气愤程度，他希望通过这种方式对听话者起到警示的作用。

另外，这个动作也可以表示急切与烦躁。假如你和另一个人在交谈的过程中，你一直在讲话，对方的手放在桌面上开始拨弄水杯或是其他东西，后来又开始不停地抖动手指，最后开始在桌面上轻轻地敲击起来，这一系列动作都在说明，你的讲话已经令他产生了烦躁的情绪，他已经没有耐心听你讲下去了。这时你最好临时采取策略，换一个他可能感兴趣的话题来吸引他的注意。

此外，有的人在思考问题的时候也喜欢做这个动作，图书馆里埋头苦读的学生，常常会在低头看书的过程中穿插这样的动作，他们紧皱眉头，目光专注，手指不停地轻敲桌面，有时甚至只是在空中点几下，做出象征性的动作。这种动作被一些行为学家理解为缓解压力的方式，说明这个人现在正在思考一个重要的问题，这种思考让他心绪沉重，丝毫不能分心，用手指做出敲击的动作可以缓解这种沉重，这种解释也是十分有道理的。

眨眼的秘密

我们在拍照片的时候常常会受到摄影师的提醒，不要眨眼睛，但似乎总是控制不住，因此很多照片在拍摄出来后会有闭眼的情况，实际上就是在快门闪动的一瞬间，我们眨了眼睛。因此很多人认为眨眼睛是一种无意识的行为，是不受人的主观意识控制的，也是没什么秘密的。

然而，正是这小小的眨眼行为却是很多专家学者研究的重点。日本东京大学的心理学家中野玉见博士曾经说过："我们似乎下意识地寻找眨眼的最佳时机，将眨眼时遗漏重要信息的可能性降到最低。"的确当我们目不转睛地盯着一个目标看时，其实就是害怕错过还不愿耽搁眨眼睛的时间。英国的朴次茅斯大学心理学系的一个研究也发现：通过判断一个人的眨眼频率，可以判断对方是否在说谎。可见，一个微小不过的眨眼动作背后，竟然也隐藏着巨大的玄机。

人在厌烦眼前情景的情况下，会通过延长自己的眨眼时间来表达厌恶，仿佛是通过长时间闭眼来营造对方消失的假象。而说谎话的人眨眼频率的变化十分明显，在说谎的同时，他的眨眼频率会放慢，但是在谎话过后，他的眨眼频率又会加快到正常频率的8倍。这是因为说谎者在思考并表达时，希望自己更加淡定和平静，因此眨眼的频率会稍微降低；而当谎言说完之后，仿佛是自己完成了一项艰难的任务，身心和神经都放松下来，这时，快速眨眼成为下意识的不受控制的行为，因此眨眼频率会忽然上升。

人在极度厌烦眼前情景的情况下，往往会保持长时间的频频眨眼。

当一个人主动延长自己的眨眼时间时，会有一种较为傲慢的表情显现出来。这类人常常会在延长眨眼时间的同时，长时间凝视对方，让对方产生一种被审视的感觉，这就充分显示了行为者目空一切的姿态，他对别人的蔑视也毫无悬念地流露出来了。当双方处在较量状态时，常常会以这样的眼神看着对方，以显示各自对对方的蔑视和不屑。而在焦虑状态之下的人，眨眼的频率会不自觉地增大，这是因为他们急于证明自己所说的话是真实的，并且希望得到对方或其他人的认可和肯定。

抬头微笑

在日常的人际交往中，开朗外向的人总是容易受到大家的欢迎，因为他们总是会与快乐一起出现的，他们走到哪里，仿佛就可以把笑声带到哪里，他们真诚的笑容也是一道美丽的风景线，尽管有可能他们的相貌并不出众，他们扬起的笑脸仿佛能够给身边的人带来积极的影响一样。

微笑也是一种能让你更受欢迎的方式，因为只要是真诚的微笑，就没有人会拒绝。即便是陌生人之间，微笑也可以拉近距离。微笑会让你看上去开朗大方、乐观向上，因此很多人愿意受到你的积极情绪的感染而与你相识相知。因此多多微笑不仅可以为你带来更多的朋友，也可以使你得到更多美好的东西。

摩拳擦掌

在寒冷的冬天，很多人会通过双手手掌的快速摩擦来取暖，这就是我们通常所说的"摩擦生热"，这种方式的确可以在一定程度上缓解手部的寒冷。因为人在寒冷的时候，人体仅有手部比较适合摩擦，也最方便做出摩擦动作。此外，在日常的交际生活中，摩拳擦掌的动作还可以表示很多含义。

例如，摩拳擦掌一词总会让人联想到跃跃欲试。也就是说，人们会通过摩拳擦掌来表现对想要尝试某事的急迫心理。当某一个人对做某件事情产生兴趣和期待时，他已经难以抑制自己的激动心情，可能连坐都坐不稳了，摩拳擦掌就是最好的表现。

此外，摩拳擦掌还可以表示行为人当下的紧张心情。焦急等待结果的人常常会坐立不安、摩拳擦掌。例如，在产房外面等待妻子分娩的丈夫常常会有这种情况，他们来回地走来走去，手掌不停地来回搓着，内心非常焦虑与急切，其中还掺杂着更多的担忧，因为产房里，妻子和孩子的安全都是他最挂念的。

伪装下的情绪涌动：沉静与动摇

神奇的 NLP

美国心理学家葛瑞德和班德勒的研究成果十分奇特，那就是利用眼球动向来解读行为人正在回忆的场景中，他本人是受什么感官感知的，也就是说，他们当时是在看一幅画面，还是在听一种声音，是在闻一种味道、尝一种味觉还是在摸一个东西。对不同感官的回忆也会影响眼球转动的方向。葛瑞德和班德勒两位教授将这种观察技巧称之为"神经语言程序学"（Neuro linguistic Programming，NLP）。

这两位心理学家的研究结果表明，如果一个人正在回忆某个看过的东西，也就是一幅画面时，他的眼球会转向上方。如果他是在回忆某个听过的声音，例如身边的人说过的某一句话时，他的目光会投向侧面，通常是左侧，同时头部会微微向左倾斜或转动，做出一副正在聆听的样子，这也是他回忆当时场景的一种表现。如果他正在回味某一时间段内他自己的感觉或是情绪，他会把眼珠转向右下方。如果他仅仅只是在内心里自言自语，盘算着什么的话，他的目光就会投向左下方。

然而，由于这种眼球的转向只是人的一种下意识的行为，行为人自己根本不会注意到，并且这种变化往往是在瞬间发生，同时又还伴随着其他面部表情和态势语，语气的变化也十分明显，我们在观察的时候会受到这一系列的影响，以便更好地倾听和理解对方用语言和肢体语言表达出来的内容，所以我们几乎很难对这些眼球转向传递出来的信号进行实时的追踪和解读。科学家也只能通过录像带和反复细致地专门的研究和比较才能得出这样的结论。

此外，葛瑞德和班德勒两位教授的实验结果还公布了几个数据：35%的人经常喜欢通过回忆某个画面进行思考，也就是科学家所说的"将目光转向视觉信息频道"，如果这个时候你能够提供一些相关的照片、表格或是曲线图给他们看，就一定能够准确地抓住他们的注意力。而有25%的人更偏爱听觉频道，他们在接收信号的时候，更习惯依靠听觉，当他们听见什么声音时，他们会迅速地将目光投向左侧面，尽管这是下意识的动作，这类人喜欢跟其他人保持融洽合拍的关系。剩下40%的人更喜欢将目光转向感觉频道，也就是通过回忆自己的感觉来做出判断，这时你就应该用实例来展示自己的观点，让他们能够通过切身体验来实现思考的目的。

鸡皮疙瘩是怎么回事

吓得我出了一身鸡皮疙瘩！

在日常生活中，我们常常听到这样的话语，一个人对另一个人说："吓得我出了一身鸡皮疙瘩！""好冷啊，我都起鸡皮疙瘩了！"实际上，起鸡皮疙瘩是一种十分常见的生理性反应，是人处在寒冷、恐惧或是看见了什么令他觉得恶心的场景时的一种条件反射。

在寒冷的环境中，人体全身的皮肤，尤其是胳膊等部位也会出现大面积的鸡皮疙瘩。这时，也会伴有一定程度的刺痒，但是这种刺痒并不像正常情况下的痒的感觉一样，不会唤起人的抓挠的欲望，而是通过猛烈的揉搓来缓解不适。寒冷的时候，人们也会通过不停地揉搓来获取摩擦产生的热量。

向左上方移动的眼球：视觉频道

人们眼球的转动方向很大程度上能够表现出此人当下的内心所想，例如，他是处在猜测的思考状态之下还是处在回忆之中？他是在搜索记忆还是在编织谎言？通常情况下，人的眼球转向左上方时，可以断定行为人是在回忆某个画面或细节。我们可以通过现实生活中十分常见的场景作为例子来验证这一结论。

当你询问一个已婚的女性婚礼上的场景时，你通过细致的观察就可以发现，她的眼球转向左上方，然后开始向你展示她的幸福，也就是开始讲述婚礼上的种种感人至深或是温馨浪漫的细节。

王秘书，看到我的那支钢笔没，我刚一开完会就不见了。

没啥印象。

在被问及一些事实性问题的时候，一些人需要在大脑中快速寻找答案，对一些事情的细节进行回忆，这时，他们的眼神也会向左上方转动，努力回想一个经常出现在他面前的但却没有给他留下深刻印象的画面。

在大脑活动中，运用不同的感官记忆对我们从外界收集到的信息进行转换，会激发特定的大脑区域，使我们发现不同的重点，从而导致我们产生不同的思考方式，并以不同的方式进行人际交流。

向左上方看，则在记忆图像。

眼睛向上方看，表示大脑的视觉区域正在被激活，叫作视觉记忆。

看右上方，在创建图像。

眼睛朝右下方看，则表明大脑的感觉区域和情感区域被激活，叫作动觉记忆。

朝左看，是在回忆声音。

眼睛朝左下方看，说明大脑的联合思维区域被激活，正在进行逻辑思维，被心理学家称为中立阶层。

朝右看则是在创造新的想法。

眼睛平视，则意味着大脑的听觉区域正在被激活，叫作听觉记忆。

第九章 伪装下的情绪涌动：沉静与动摇

回味感觉

在葛瑞德和班德勒两位教授的调查中，我们已经看到，有40%的人更喜欢将目光转向感觉频道，对事情的回忆和思考也是从自己的切身感受入手的。

一个人在思考问题时，眼球将转向右下角。

感觉频道的爱好者喜欢在回忆或思考问题的时候，将眼球转向右下角。如果还是在刚刚提到的事例中，你询问对方关于大学时期元旦晚会的有关细节，而对方的眼睛是朝着右下角转动的，那么就可以判定，他是感觉频道的爱好者，他的答案很可能是"那天的气氛实在太好了！""大家都很开心！"之类的话语。当你问一个朋友，"关于下雪，你印象最深的是什么？"他的回答如果是"太冷了"之类的通过感觉来体会的印象时，他很有可能是一个感觉频道的爱好者，在回答你的问题的时候，他一定会将眼球向右下方转动，并且在回忆中想象自己就身在一片白茫茫的雪中。

而当别人问你"你体会过在近40℃高温的夏天，在广场上等人吗？"如果你有这样的感受，你的眼球向下转动的时候，你就已经将自己置于那样一个气氛中了，仿佛现在你就站在40℃高温的广场上焦急地等人。与此同时，你的面部也开始显现出与这种假设的场景相符合的痛苦的表情。

这部分人感情充沛而具有行动力，并且凡事十分注重自己的感受，喜欢把自己的感知和体会当作是评判事情积极与否的标准。例如，在公司的例会上，老板分配了一个任务，希望有能力的职员主动争取这个任务，这时，人群中有一位职员目光转向右下方，又很快转了回来，那么他很可能最自告奋勇地说"我来试试吧""这个工作由我来做吧！""让我把这个问题解决了吧！"这类人常常比较活跃，不能忍受枯燥沉闷的气氛，做事也总会投入百分之百的热情，因此如果他所处的环境有些萎靡不振时，他会成为一个呼吁者，在大家面前呼吁激情，调动大家的情绪。

如果与你交谈的人是喜欢将目光转向感觉频道的人，那么如果在谈话中，他并没有完全理解你的意思，你完全可以用一个实例来讲述，这样对他来说更容易体会和理解，因为切身体验对他来说十分重要，你在提供实例证明的时候，他很有可能会将自己想象成为实例中的主人公，这样便可以轻松地理解你所表达的意思了。

左右转动的眼球

人们在赞扬一个孩子机灵的时候，常常会用"两只眼睛滴溜溜地转"来形容，这是一种对孩子的夸奖。而实际上，这样的孩子之所以眼睛转动得十分灵敏，也是因为他们的大脑进行着高速而有效的运转，思维十分敏捷。

在辩论场上，我们常常会看见唇枪舌剑的辩手们不仅嘴皮子动得特别快，眼睛也在不停地眨动，眼球向左右两侧迅速移动着，这种表现也是因为他们的大脑在进行着非常迅速的思考，从而争取做到无懈可击，以应对眼前的局势，并细致地抓住对方辩友发言中的漏洞，进行有力的反击。

为压力"出气"

生理本能

疲惫疲劳

脑部缺氧

从生理学的角度来讲，打哈欠，是一种对人类身体十分有益的生理性反应。人类从胎儿时期，在妈妈肚子里就开始打呵欠，一次打哈欠时间约6秒钟，这短短的时间内，可以使人闭目塞听，全身神经、肌肉得到完全松弛，在生理和心理上都得到最好的休息，对人体有重要的生理保护作用。

人体在疲劳、困乏时，往往会打哈欠，以提醒人体，表示大脑和各器官已经疲劳，需要睡眠休息。而晨起时的哈欠，可以促进大脑皮层的各个功能区由抑制状态转变为兴奋状态，以使大脑皮层进行正常的工作。

在打哈欠时，由于口腔张开，胸腔扩展，双肩也会不自觉地抬高，这样一来，被吸入肺中的空气量就会相对高于正常的呼吸状态下吸入的空气量，呼气的时候，也会有更大量的二氧化碳被随之排出。也就是说，打哈欠本身就可以补充一些额外的氧气，使人的呼吸更加轻松和顺畅。

丰富的摇头动作

通常情况下，我们通过点头表达赞同和接受，摇头则是表示否定和拒绝。这仿佛已经成为一种定律，跨越了国界和年龄，几乎成了全世界范围内通用的肢体语言。

点头在绝大多数情况下，是表示赞同和接受的。当我们在倾听对方说话的时候，如果对方所讲的观点刚好是我们十分赞同的，即便是不需要我们表态的时候，我们也会下意识地点点头，潜台词就是："对对对，说得很好，和我想的完全一样。"或是"说得太好了，这正是我想说的！"如果在对话过程中，彼此可以达到这样的交流，那么就证明谈话双方产生了共鸣，对某个问题的看法和观点非常接近，他们会越谈越投机的。有时，一些身份地位较低的人，也会通过"点头哈腰"来趋炎附势，讨好上级，对于上级或领导说的话，不假思索地一味点头称是。

摇头表达拒绝或否定，在我们还是小孩子甚至是婴儿的时候，就有所表现了。一个还不会说话的婴儿躺在襁褓之中，如果他已经吃饱了，但是母亲又把乳头塞进他嘴里，这时，他肯定会紧闭双唇，摇着头表示反对。稍微大一些的时候，面对自己不喜欢吃的食物，就会用摇头来表达不吃的意思；同样是在倾听别人发表意见的时候，如果我们听到了和自己观点相异或是与事实不符的内容时，我们可能并不会立刻站起来提出反对意见，而是会轻轻地摇一摇头。因为摇头表达拒绝或抗议的含义太过明显，在正常的交际生活中不便时时处处表达，因此，摇头的动作被逐渐演化为将头转向另一边，以此来表达与摇头意思相近，但相对更加婉转和柔和的意思，这种动作可以理解为一种避开的动作，相对摇头表达的抗拒和否定来说，将头部转向别处来表达避开是一种消极的抗拒和否定。

很多时候，不正常的摇头有掩盖的嫌疑。例如犯罪分子在被警察戳穿罪行时，很可能会连连地摇头，动作幅度很大，这种拒绝承认的表现显然有掩盖事实真相的嫌疑。在被极度误解或冤枉的情况下，大幅度地连连摇头也会出现，这需要根据不同场景和背景来做出具体判断。

我们在倾听别人发表意见的时候，听到相异的观点常常会不自觉地摇头。

一种姿势多种含义

在我们的日常生活中，摇头是表达否定的最常见的动作，而希腊人会用另一种方式表达否定，那就是仰头。当他们需要表达某些人或事物的否定或不满时，他们会做出仰头的姿势。而在新西兰北部的一些地区，仰头的姿势恰恰是在表示肯定。他们在获得了一定的成绩或是做了自己满意的事情之后，会仰起头，高兴地笑出声来或是感慨一番。他们用仰头的姿势表示对自己行为的认可和肯定。

在我们国家，这种场景有时也会看到，当我们取得了期待已久的一个 offer 或是荣誉时，有时并不适合将内心的欢喜立刻表现出来，也不适合做出跳跃或开怀大笑等表达喜悦的动作，反而会做出很沉静的反应，例如，双手紧握 offer 或奖杯，双眼和嘴唇都紧闭着，微微地仰起头，一个人静静地待一会儿，让自己从狂喜中冷静下来。这种喜悦的表达方式更适合有身份、相对较为稳重、阅历丰富的人。

平视就是平静

一般情况下，平视的状态出现在兄弟姐妹等同辈或者同事朋友之间，在年龄地位相仿的情况下，初次相识的人也最好采用平视的视角，以表示的是一种平等的人际关系，说明大家是处在同一平台之上进行交际的，不受长幼、尊卑、贫富等差别的影响和干扰，可以自由地交流思想、谈论话题、处理事情。平视时，人的眼神通常较为温和，没有过多的戾气和身份上的干扰，如果嘴角挂有浅浅的微笑，则会给人以更加舒服的真诚的感觉。

而在日常的人际交往中，总是仰着面部看人的人，一定是性格傲慢、居高临下的，这样的人常常不把别人放在眼里，眼神中总是充满傲气和鄙夷。

而总是低着头的人，看人的时候一定是以一种向上望的眼神，这样的人常常是性格十分怯懦自卑的，在人多的场合中十分容易紧张害羞，胆量也很小，几乎没有什么机会被赋予重任，因为他缺乏足够的自信。而相比之下，只有平时平视别人的人才能做到不卑不亢，也是十分沉稳的表现。

是真正的健忘吗

我们已经在前面提到科学家对拍打头部的动作进行了详细的分析。习惯于拍打后颈部位和习惯于拍打前额的人性格上有着很大的差异，对同一事情的看法也是不一样

哎，忘了！

一个人拍打的部位是自己的前额，那么说明他对自己的健忘并没有真正地特别在意。

的。我们不妨假设这样一个场景，假如你拜托一个朋友帮你做件小事，在你问起他事情办得怎么样的时候，如果他把这件事情忘记了，那么他很可能会用手拍着前额或者后颈，以此来表示他对没有做完这件事的愧疚和抱歉。但是这时你就要注意了，他通过责打自己的方式所表示的懊恼和歉意究竟是发自真心还是仅仅是敷衍。尽管用手拍打头部的动作常常被视为健忘的象征，但是对方拍打自己头部的部位是前额还是后颈实际上是很关键的问题。如果他拍打的部位是自己的前额，那么说明他对自己的健忘并没有真正地特别在意，也不太会担心你的质问，这类人平时可能是大大咧咧的性格，

遇事总是不能做到细致入微，尤其是在一些小事情上，他的注意力会放得很小，加上记性不是很好，很容易出现丢三落四的情况。然而如果你的这位朋友在被你"兴师问罪"之后，拍打的是自己的后颈，那么证明他对于这件事情十分在意，他本身应该是比较刻薄的人，在很多问题上，他会非常计较和追究，他忘记帮你做事情原本是他的错，但是你的质问却让他感觉不太舒服，因为他拍打后颈部是因为他的脖子后面已经起了鸡皮疙瘩。所以，虽然表面上他是在责怪自己办事不力，而实际上，他的心里有一些烦你了。

在日常交际的过程中，有很多看似是人在下意识的情况下做出的反应，实际上却会隐藏巨大的玄机和秘密，这就是微行为的奥妙所在。如果不经过科学家的分析，可能大多数人都不会注意到人在健忘的时候拍打自己头部的动作究竟隐藏着怎样的秘密。而当我们了解了隐藏着这个微行为背后的深层次含义以后，我们就可以根据实际情况适时调整自己的说话和办事的方式。如果对方是真正健忘的性格，将你交给他的事情忘掉，他自己已经十分在意，那么就需要你适时地安慰，告诉他这件事情对你来说并不是很重要，让他不必担心；而如果对方并不是十分在意延误你的事情，你可以考虑多多叮嘱，或者是换个人选了。

摩擦前额的含义

人在思考问题的时候，常常会用手摩擦前额。例如，在下棋的过程中，棋逢对手的两个人对决的时候，常常会有其中的一方一手摩擦着前额，另一手持着一枚棋子，有时还会不停地缓慢地抖动棋子，这说明他正在思考着这枚棋子的着落，正权衡在两种或多种可能性之间，哪一种更加合理。这也就是我们常说的举棋不定。

在日常生活中，我们在做决定的时候常常举棋不定，面对两种或两种以上的可能性，出现了下棋过程中遇见的同样的难题。在思考的过程中，我们就会下意识地将手放在额前，轻轻地摩擦着。因此，摩擦前额也可以表示我们身处了一种难以决断的选择境遇，而面对这种模棱两可的情况，我们正举棋不定，难以做出选择。

拍打头部为哪般

> 快把我要你从街上给捎的猪肉拿出来，家里还有客人。

> 哎呀，我忘记了！

通常情况下，拍打头部给人的感觉是行为人由于自己的疏忽给人造成麻烦从而通过这一手势表达自责。例如你让一个正要外出的朋友帮你捎一样东西，这件东西对你来说可能并不是十分重要，他回来的时候，你在向他询问并索要东西时，他猛地拍打一下自己的头部，接下来，他的表情一定是惊慌地愣了一秒，然后他的回答一定是："哎呀，我忘记了！"

如果在一个人犯过错误或失掉一个机会之后，或是走了什么弯路，他听从了别人的解释和正确的方法，他也会很自然地用手连连拍打自己的头部，不停地说："哎呀，对呀，我怎么这么笨啊！""我早该想到的啊！"

> 我早该想到的啊！

> 真的吗？

如果你在日常的交际场合中看到有人做出用手拍打头部的手势，那么你需要进行细致的观察和耐心的揣测，同时你还有理由认为他的内心隐藏着某些负面的想法。这种负面的想法究竟是什么呢？它可能是怀疑、隐瞒、不确定、吹嘘、忧虑，甚至是撒谎。想要通过简单的观察来判断拍打头部的动作究竟隐藏着什么样的负面想法是很困难的，要想做到这一点，就必须仔细认真地观察对方的每一个手势和眼神。

手指关节的动与静

　　武侠题材的影视剧里，英勇无敌的男主人公在气愤或恼怒的时候，常常会握紧拳头，并发出"嘎巴嘎巴"的声音，这声音是人的指关节受力活动发出的响声。这表明，男主人公马上就要出手了。

　　有一些青年男性，在无所适从或手足无措的时候，他们常常下意识地用一只手按压另一只手的关节，使他发出"嘎巴嘎巴"的响声。

　　这种情节常常会给心智和判断力还没有完全形成的青少年造成影响，很多男孩子认为这是一种展示自己"功力"的方式，自己便偷偷模仿起来。这就使得在现实生活中，常常有一些男性，尤其是青年男性，喜欢在无聊的时候将自己的手指关节用力按压来发出声响，实际上，这并没有什么特别的意义，仅仅是他们炫耀自己或是耍酷的一种方式。

　　很多时候，还有人会认为这样按动手指的关节可以在一定程度上缓解关节的疲劳和僵硬，使手指更加灵活。然而据医学专家分析，这其实是个误解。据专家称，因为习惯性地按压手指关节会引起关节软组织韧带的松弛，关节囊扩大就很容易发出响声，如果这种行为得不到适度的制止，很有可能带来关节的错位和骨质增生。

　　在行为学里，手指还隐藏着很多秘密。例如，一个人如果常常将手指指向别人或是空中，那么这个人一定比较自信，常常能够做到坚定并捍卫自己的信念；对他人可能会有些强势，有时甚至还会摆出一副颐指气使的样子来。相反，如果一个人总是把自己的手指隐藏起来，握成拳头或是藏在身后，那么可以判定这个人的性格一定有些内向，不善于和人接触，对自己的观点和立场也不够坚定，对自己的行为总是不够自信，所以常常把自己的手藏起来，以免别人看见。当我们还是孩子的时候，犯了错误，总是把手背在身后，低着头，站在那里，一副认错的样子。这大概就是藏起手的原始表现吧。

抓挠后颈有几种可能性

人在说谎的时候往往会做出抓挠后颈的动作。当一些明星被记者问及一些涉及绯闻的问题，例如："听说某某（可能是他的绯闻女友）复合的消息了吗？"这位明星故作镇静地回答说："没有听说。"说话的同时，他抓挠了一下自己的脖颈……显然，他是在说谎。

抓挠后颈的动作还常常在另一种场合中出现，那就是一个人感觉害羞、尴尬或难为情的时候。例如，当你询问一个要好的朋友是否帮你办妥你交代给他的事情时，他可能会恍然记起，随后抓挠着后颈露出憨笑的表情，腼腆地说："不好意思，我给忘了。"这个动作虽然简单，但是显得十分淳朴和真挚，也有效地表达了他内心的歉意，你自然不会责备他了。

紧握双手的秘密

祈祷	紧张	挫败

我们常常在西方的影视剧里看见这样的场景：一个人站在教堂的十字架前面，紧握着双手，嘴里念念有词，面容镇静而严肃。大家都知道，他这是在做祈祷。很多耶稣信徒在日常的生活中也会利用这个手势，他们在处于危险、紧张、焦虑和无助的时候，都会紧握双手开始祈祷。

高考已经成为全民大事，高考那两天，等候在考场外的学生家长也是一道令人心酸的风景。他们内心焦虑不安，但是又毫无办法，只能紧握着双手走来走去，等待着孩子走出考场……因此，在很多情况下，紧握双手都是表达行为人内心的紧张和焦虑不安。

当一个人感到十足的挫败时，也会将双手紧握在一起。例如一个原本自信满满的人在大家面前分享自己的成功经验；而朋友说他所讲的成功经验根本不值一提，这时，他的内心一定有很大的挫败感，他可能会将双手握紧放在胸前或腹部，神情显得有些拘谨和沮丧。

123

手肘摆放有学问

有的人喜欢保持这样的坐姿：坐着椅子的全部，背靠在椅子的靠背上，将手肘搭在扶手处，给你一种十分放松的状态，也显得比较霸气。

我们在一些以警匪侦探为主题的影视剧中，常常会看见在接受审讯时，两种姿态完全相异的犯罪分子的坐姿。一种是松松垮垮地坐在椅子上，尽管手腕处戴着手铐，但一侧的手肘还是撑着座椅的扶手，显示出一副满不在乎的样子。而另一种则相反，他们耷拉着双肩坐在椅子的 1/2 甚至 1/3 处，一副垂头丧气的样子，戴着手铐的双手带着手臂一起自然垂下，手肘部关节自然放松着，隐藏在警察看不见的地方，也就是靠近身体的一侧，整个人看上去完全没有骨架感。总是将手肘隐藏起来的人常常给人一种畏畏缩缩、胆小怕事的感觉，因为将手肘撑起会给人一种身体空间扩大的视觉效果，而隐藏着手肘则会使行为人看上去较为瘦削或拘谨。

女性将自己的手肘隐藏起来，会让自己看上去更加温顺和乖巧。

生活中常常有人喜欢将自己的手肘隐藏起来，女性做出这个姿势，会让自己看上去更加温顺和乖巧。但是在正常的社交生活中，这种可以隐藏手肘的动作会让人觉得你不够有主见、容易害羞和拘谨，不够大方自信，甚至认为你是处于弱势的一方，无力承担一些重任，这样一来，你就会失去很多做事和交往的机会。如果你能在公众面前大方地暴露出自己的手肘，例如坐在椅子上的时候，将手肘自然地放在桌子上，站着的时候，不要刻意把手肘缩到身体里，你就会平添几分自信和坦诚，整个人也会焕发奕奕神采，看上去不再是萎靡不振、缩手缩脚的了。

据专家分析，因为手掌、手指、手臂和肘部具有相当强的灵活性，因此大脑仿佛更加"偏爱"它们一样，总是分更多的精力在指挥和控制它们上面，也总是"赋予"它们很多"重任"。手肘是十分重要的关节，在很多时候，手臂的动作都需要由手肘来控制。当我们把手肘暴露在对方的视线之内时，就证明你没有什么拘谨和戒备的情绪，这样就会显得更加坦率和真诚。也会让交谈的气氛变得更加轻松愉快。

双臂交叉的两种不同情况

常见的双臂交叉有两种，一种是缠绕式的，一种是抓握式的。据心理学家的实验表明，抓握式的双臂交叉更容易体现行为人内心的焦虑和不安。例如你看见一个女孩子在人群里孤独地行走，双臂交叉着，两只手抓握着上臂，那么她很有可能是刚刚受到伤害或是对身边的环境充满了恐慌和担心，也说明她此时十分需要保护和安慰。抓握式双臂交叉代表了一种紧张、消极、不安的情绪。

而相比之下，缠绕式的双臂交叉则会更多地凸显一种有气势的自我防御，更多时候可以理解为一种抗拒和不接受，因为做缠绕式的双臂交叉姿势，双手处在自然的状态下或是握紧拳头，有一只手是藏起来的。这种方式的双臂交叉姿势表明行为此时处于自我封闭、拒绝介入的状态之下，不愿接受邀请。例如，当你在商场中停下脚步看一件商品时，销售人员在你的身边详细地介绍着这件商品的特点和性能，而你对此不是特别满意，这时你就会将双臂缠绕着交叉在胸前。

吸烟是因为缺乏安全感

很多人都认为难以戒烟是由于对尼古丁的依赖，其实大部分烟民都并非是沉浸在烟瘾中的吸烟者。其实抽烟这一行为体现出的是吸烟者内心的混乱与矛盾，大部分人之所以抽烟并不是因为尼古丁上瘾，而是由于缺乏安全感。

现代社会处处充满了压力，因此人们处于社交场合或者商业场合中都会不由自主地产生紧张感，而抽烟是他们释放压力的有效手段之一。例如很多人在医院里等待检查结果的时候，都会感到紧张和担忧，这时候吸烟者就会溜到室外去点支烟，来缓解自己的焦虑。而不吸烟的人则会用其他的方式来安慰自己，例如整理头发、调整首饰、嚼口香糖、抖动腿部等。

虽然大部分吸烟者都认为吸烟可以使他们感觉到压力减轻，但其实随着吸烟习惯的养成，吸烟者的压力水平不会下降反而会上升。科学研究表明，吸烟并不像人们所认为的那样可以缓解压力，因为对尼古丁的依赖会直接导致压力升高。人们之所以在吸烟时感到压力降低，恰恰是因为对尼古丁的依赖使他们紧张和焦躁的情绪越来越强。因此吸烟者必须让自己不停地抽烟，才能维持情绪的稳定，而一旦不抽烟时就会感到紧张，这样就造成了恶性循环。因此想要获得真正的内心平静，最好的办法就是强迫自己戒烟。

通过眼镜塑造个人形象

戴眼镜的人通常认为视力不好很麻烦，而且眼镜也会给生活带来诸多不便，比如要去影院看一场 3D 电影的话，在近视眼镜外再架一副大大的 3D 眼镜可真要把鼻梁压垮了。但是在其他人看来，戴眼镜的人看上去更加聪明、勤奋、博学多识，特别是在初次见面时，估计是因为在人们的观念中眼睛不好是由于学习太用功导致的。一项调查显示，人们戴眼镜测出来的智商要比不戴眼睛时高 15 点左右。而且眼镜框的材质越厚重，给别人的感觉就越有学问，不论男女，眼镜都能起到这样神奇的效果。但这种神奇功效持续的时间非常短，只有在简短的交流中，眼镜才会起到增加智慧的作用，时间一长，别人就会发现戴眼镜的人也不一定比别人聪明多少。尤其是现代社会中，电视、电脑、手机对眼睛的伤害很大，很多青少年早早就戴上了眼镜，但绝对不是因为学习用功，而是由于游戏玩得太多。

戴眼镜的人通常给别人留下聪明、勤奋、有教养、有学问的印象。

商界的领袖人物比较倾向于选择材质厚重的眼镜框。因此在商务场合中，眼镜象征着权力和威严，尤其是简洁、厚重的黑框眼镜。而其他类型的眼镜例如无框眼镜、细框眼镜和现在青年中流行的夸张的彩色眼镜则没有这种效果，这些眼镜只能表现出一个人对时尚的追求，而不太关心商业问题。因此，要根据不同的场合和想要塑造的形象来选择眼镜的类型。例如，职位较高的人在一些严肃的场合里，为了塑造出权威的形象，最好佩戴材质比较厚重的眼镜。而在一些轻松的社交场合，想要塑造一种朋友和伙伴的感觉，就要佩戴一些比较时尚的眼镜。

在商务场合，隐形眼镜和太阳眼镜是不被认可的。隐形眼镜可以使眼睛显得更大、更明亮，这在社交场合非常有用，可以更好地展现魅力。但是在商务场合佩戴隐形眼镜的女性给人的感觉不够沉稳、专业，而流露出了更多的女性特质，使男士在与她谈话时更注意她女人的一面而非职业的一面。太阳眼镜或者有色镜片是商务场合的大忌，因为这样的镜片让人看不清人的眼神，容易引起别人的猜疑。除非是在阳光强烈的户外，否则尽量不要佩戴太阳眼镜。

她为什么双颊绯红

当人处在紧张的状态下时，心跳会自然而然地加速，表现在脸上就是面部肤色变红。这种紧张状态可能是多种因素造成的。例如，当心爱的人出现在眼前时，少男少女的心就会"怦怦"乱跳，再被心爱的人深情望一眼，他们的脸就会瞬间变红。

实际上，能够引起脸红的情绪变化，并不仅仅是害羞，还包括很多能让内心受到撞击的事情，例如尴尬和愧疚，或是谎言被揭穿。当然，这些情绪对身体的影响并不是很大，也就是说，它们只能刺激肾上腺素的少量分泌，从而引起皮下血管的扩张。

歪着头的秘密

最近过得怎么样？

日常生活中，歪头的动作常常可以表示惋惜之情，人们在惊讶（特指消极的惊讶）、遗憾和发出无奈的感慨时，常常会出现歪头的动作。当你遇见很久不见的朋友，询问他最近的状况时，如果他回答的内容是他最近过得不太好时，他的头可能会微微地歪向一边，而你表示自己的无奈和惋惜时，会轻轻地叹一口气，或象征性地安慰一句："唉，真遗憾。"这时，你的头部也会微微地歪向一侧。

有时候，人在陷入了沉思时，头也会微微歪向一侧，目光涣散，表情凝固。如果你是一位老师，你就会常常遇见这样的情况了。课堂上，大家都在很认真地听讲，而唯有一名同学，他的头部微微倾斜，目光呆滞，那么你可以判定，他现在的思维已经游离出了课堂。你需要利用一些小手段将他的思维拉回到课堂上，例如大声地说一句话或是穿插一个笑话之类的。

值得注意的是，全神贯注的时候，也会伴随着歪头的姿势，但是这种情况下的歪着头，行为人的眼神是十分专注的，并非目光涣散，因为他的大脑处在高速运转的状态之下，眼睛自然而然地会不停地忽闪着。

第十章

谁处在受支配的地位：强势与弱势

如何有效利用视线

眼神可以看作是人的第二副表情，因为眼神几乎可以表达所有感情，如欢乐、伤悲、痛苦、忧愁、惊讶、满意、喜爱、厌恶等，在日常生活中，运用眼神表达情感有着更大的发挥空间和实用效果。此外，如果你想控制对方，也可以通过控制对方的视线来实现。

在日常生活中，死死地盯着一个人看就会产生一种监视或警告的效果。在警察审讯案犯的时候，常常会用眼神盯着犯罪分子；父母训斥孩子的时候也会选择用严厉的眼神盯着犯错误的孩子，这种"怒目而视"通常可以营造不怒自威的效果，给对方形成无形的压力，为自己增添一分力量的支持。

双方交谈时，面面相觑往往会使双方都不太自然。

而善意的眼光也可以表现鼓励、许可和赞同。在面对面交谈的情况下，面面相觑会使双方都不太自然，一般来说，说话者不宜将视线停留在听话人的身上，这样容易使对方产生一种压力，认为你的话非听不可，因而带有一种强制的感觉，说话者减少看着听话者的次数，既可以让对方处在较为轻松的听话气氛中，也可以将自己的注意力更多地放在所要表达的语言内容上，从而减少听话者带来的干扰。听话者在进行反馈的时候，可以看着说话者，一则表示"我在听你说话，你可以继续讲下去"。二则可以表示"你讲的内容很有道理，引起了我的思考"。这样一来就会形成十分和谐的对话环境。

如果你是一个面对很多听众的讲话者，你需要通过一些手段来控制听者的视线，从而将他们的思路列入你能控制的范围内，使听者能够更好地领会你所表达的内容。最简单的就是将听者的视线集中在一个特定的平面范围内。例如老师在上课的时候喜欢用粉笔在黑板上写写画画，列出一些重点，或是做一些标记符号，这就是一种有效的视线控制，因为从生理上讲，视线控制对增强记忆力有着十分重要的作用。在这种情况下，听者的视线被讲话者提供的某一点吸引过来，思路也就受到了控制。

主动移开视线的人更加强势

第一次见面的人，如果在谈话中主动将视线移开，你就要小心了。如果你认为这是他不愿理会你或是对你有了成见，那你就错了，他将视线移开证明他已经掌握了本次谈话的自主权和主动权，从这时开始，你的情绪很快会完全被对方掌控或左右。所以，对于初次见面就不集中视线跟你谈话的挑战型对象，应特别小心应付。

但是如果两个初相识的人见面，已经寒暄了很久，双方还没有将视线转移开，或者两个有敌对倾向的人一直瞪着对方，谁都不愿先移开视线，这两种情况都可以说明，双方都希望自己掌握主动权，表现在眼神的辅助上，就是不得不增加眼神互相注视的时间。

弱势的一方移开视线是为了躲避

有些时候关系不是很熟的男女之间互相聊天，然后聊到了某个地方双方脑海中浮现了同一个话题而陷入对视的时候，大多时候都是女性先把目光移开。这种由女性先移开的目光表达了一种特殊的弱势，比如与不熟的男性对视造成的不安全感，或者女性天生比较羞涩。并且女性处于矜持、温柔等社会角色和性格的限定，不适合主动地长时间地盯着某人，尤其是男性。总之，先移开目光的人总是弱势的。

被动地先将自己的目光移开、逃避视线、不愿意与人有视觉接触，是内向的人、犯错的人、内疚的人常做的动作。简单来说，这就是一种鸵鸟心理，鸵鸟把头埋在沙子里，以为自己看不见对方，对方也就看不见自己，而躲避他人视线的人也是为了不愿意对方继续看到自己的内心。

鸵鸟心理的表现——眼不见为净。

对视次数控制在 3 ~ 4 次左右。

在现实生活中的交际场合里，我们最好能够做到礼让有加，不要刻意注视对方过长时间，也不要过早地移开视线，要注意观察对方的动态，尽量会面双方保持一致。如果是时间较短的对话，那么从对话之初开始与对方的几种对视次数控制在 3 ~ 4 次左右，在此之后就可以把视线移到别处，但还是要不时地保持眼神的交流，这才是最理想的互视效果。

129

由上而下的打量

　　在日常交往中，常常会用到"打量"这种看人的方法，正确的"打量"方式可以使被打量的一方感受到丰富的感情，从而取代语言的作用，让人觉得温暖和舒服。在打量人的时候，不同的身份地位或者心理状态决定了不同的打量方式。由上而下的打量通常会带有一种关怀的目光。在家庭中，长幼尊卑地位不同的情境中，或者在社会中，权力等级地位不同的场合中，会出现由上而下的视线。

长辈打量晚辈，通常是一种欣赏和关爱晚辈的表现。

　　由上而下的眼光通常是由强势一方发出的，象征了一种地位的显赫与尊贵，也象征了身份上的威严与权力，因此长辈看晚辈或者上级看下级的时候，视线是由上而下的。如果长辈和上级在注视晚辈和下级的时候，目光柔和地由上而下地打量，通常是一种欣赏和关爱晚辈和下级的表现，与此同时，还会伴有微微的笑容，因此，作为晚辈或下级，面对这样的"打量"，完全没有必要感觉不自在或恐慌，大可以从容自信地表达自己的思想或想法，这不仅不会受到长辈或上级的批评，反而是表现自己的好机会，能够让长辈或上级看到自己的长处和优点，从而得到青睐。

　　在与陌生人交往的过程中，也常常会碰到这样的"打量"，这种打量虽不同于长辈对晚辈或上级对下级的由上而下的关怀，而是一种上下反复的打量，但是也没有必要觉得反感，初次相见的人会不自觉地将目光投射到对方身上，以期留下更深的印象。然而，如果每次的打量都是由上而下，并且这种由上而下的视线表现出的是宽容、关怀、慈爱并且略带威严，则大多是长辈或上级的目光。这种目光是基于心理上的关怀或关注，而非无意识的注意。

由下而上的尊敬

在中国，有个成语叫"位高权重"，顾名思义，权重者位高，掌握相对权力的人在地位上一定会高于其他人，这就将无形的身份地位化成了有形的空间地位，身份相对低的人看身份高的人的时候，必须仰起头，抬起眼皮，这种眼神在不经意间就带有了一种敬畏的心理。

这种情况适用于晚辈对长辈。一般孩子小的时候，身高是低于父母的，父母在教训孩子的时候通常会将目光注视着犯错误的孩子，而孩子在挨骂的时候常常是一副"低眉顺眼"的样子。眉毛低垂，眼皮朝下通常是顺从的、不反抗的、弱势的、理亏的、无力的。而眼神直接从高向低，则表现的是霸气的、强势的、理直气壮的。因此孩子看父母或长辈的眼光通常需要由下而上的缓缓移动，既不显得冒昧，又能够表达足够的尊敬。

三角区域造成的威严感

科学实验证实，在普通社交场合中，注视的目光90％都会集中在对方两只眼睛和嘴巴组成的三角区域内。因为在一般思维之下，这样的目光是没有侵略性的，很容易使对方放下戒备，感受到一种安心。

然而，以双眼连线为底边，与眉心额头一线形成的三角形则会给人以严肃威慑的感觉。宋代的包拯是中国历史上著名的青天大老爷，他的形象也成为公正严明、廉洁无私的象征，原因之一是黑色给人以庄重严肃、刚烈正直之感，原因之二则是因为他额头上的月牙与炯炯有神的双眼形成了一个威严的三角，那月牙就好像是第三只眼，无论做了什么事情都逃不过他的三只眼睛。

在日常生活正常的人际交往中，如果谈话一方总是将眼神置于对方面部的这个三角区域，这就容易使对方不知该如何应对，讲话也会犹豫不决，思维出现混乱，从而会使得谈话进程陷入僵局。所以在一些气氛友好的场合中，一定不要注视对方的这个三角区域，以免造成不必要的尴尬。

压低的眉毛中会透出威严

眉毛压低的人看上去十分具有侵略性，既让人觉得十分威严，又透着一种淡淡的忧虑。眉毛压低时总让看着你的其他人觉得阴云密布，制造了一种严肃紧张的氛围。男性如果想让自己看起来更加威严，简单的办法就是修剪眉形，将眉毛修得更低，或者在说话时压低眉毛，就能制造出一种威严的感觉。而千万不要挑高眉毛，这样会给人一种轻浮、高傲的感觉。

当父母在训诫、教导自己的小孩儿时，他们总是一脸的严肃，让小孩不敢不听。其实父母就是故意把眉毛压低制造了这样一种阴云密布的表情，小孩子看到父母这种表情时就会知道自己做错了事而让父母感到不满意和生气，这时父母对孩子的批评才会更有效果。如果父母在批评自己的孩子时都嬉皮笑脸像平时宠他、逗他那样，那么孩子又怎么会觉得自己犯错了呢？在孩子看来，生气时父母所说的话对他而言当然是必须要接受的，因为这一次如果父母不对孩子树立正确的对错观念，下次孩子犯起错来肯定会更加肆无忌惮。

领导在训诫下级的时候往往也是顶着一副阴沉满面的严肃面孔，因为领导在训斥下属时故意压低了眉毛，这样压低的眉毛在下属看来充满着领导的威严和对自己犯错的不悦，领导这样去批评下属才会有力度和强度。如果反过来，领导眼睛睁大、眉毛也向上挑得很高去批评下属反而会让挨批的下属觉得十分滑稽，不仅没有效果还会在下属之间闹出笑话。如果领导只是面不改色、轻描淡写指出下属的过错，往往不会给下属造成太多威慑力，这样的训斥也是没有效果的。

电影中也会利用压低的眉毛来塑造人物性格，例如美国著名影星马龙·白兰度就有着一对低沉的眉毛，他在很多电影中利用这对眉毛塑造了许多反面形象，给人以很强的侵略性和攻击性的味道。

对于政治人物来说，下压的眉毛会给他们带来很大的优势，不仅会使他们看起来更加具有威严，还会给他们添加一种忧国忧民的气质。美国前总统肯尼迪的眉毛形状较为下压，眉毛尾部微微向下延伸，这种眉毛使他看起来总带着淡淡的忧郁，好像随时随地都在为国事烦心，在大选时这一点帮他赢得了大量选民的支持。

马龙·白兰度

带着威严的凝视

在日常生活中，如果一个人想要用目光进行威胁，那么他就会盯着某样东西或者某个人看时，这种凝视的目光会使他看上去更加威严，带有较强的侵略性和攻击性。如一个小孩打碎了家里的玻璃或者是碗，如果父母判断他是故意恶作剧的，就肯定会批评教育他，而这场教育一定是从严肃地瞪着这个孩子开始的。

当一个人在工作中犯了错误，首先他自己心中就会心虚害怕，领导威严地注视着下级时本身就是由上而下施压，这时被这样威严的目光注视着的人，他的后背一定会阵阵发凉，因为他感受到了领导这种威严目光下的可怕之处，我会不会被解雇？我这个月的薪水会不会被扣完？这些问题对于工作者来说都是取决于领导的问题。

死盯着对方的眼睛不转移

大家一定遇到过这样的事情，在公共场合，比如公交车上或者地铁上，自己一回头总是能看见有人正盯着自己看，让自己感到十分不舒服。其实避开这种人的目光的方法很简单，发现有人盯着你看了，你也盯着他，死盯着不要放开，不过一会儿他就会把眼睛转向别处去了。

当自己受到外来的挑衅或者攻击时，试着不要眨眼，盯着无视你权威的人的眼睛一动不动，同时有意地压低你的眉毛，这样来回应对方的挑衅。只要你一直这样一脸阴沉地盯着对方的眼睛，直到对方先把目光移开避开你的盯视，你就取得了第一步胜利：用目光压制你的对手。

很多人的目光不具备足够的震慑力是有原因的，就是当别人盯着他的眼睛时，他总是那个先把目光移开的人，这样就会第一个输掉自己的气势。如果你新官上任，想要下属感受到你作为领导的威严，那么就尝试用这种威严的目光从他们身上通掠一遍，尤其要死盯着那几个也一直盯着你看的死硬分子的眼睛，在目光上战胜他们，这样你的下属才会对你产生应有的敬意。

长久凝视使人更亲密

有一位小姐，快要 30 岁了还没有结婚，爸爸妈妈很为她着急，于是屡屡为她安排相亲，让她出去见各种各样的男人，可是这位小姐虽然每次都认真去和人交谈、了解过了，可还是对坐在对面的男士丝毫没有动心的感觉。直到有一次，她又去见了一位小伙子，那个小伙子在专注听着她说话的同时，还十分诚恳地凝视着她，这种凝视迅速拉近了两人的距离。这位小姐果然不再排斥恋爱，与这个小伙子认真交往起来。在交往的过程中，她感到两个人之间每一次的凝视，都会让她感到这个小伙子真心的感情。经过一段时间的恋爱，两个人就结了婚。

长久的凝视有时会胜过语言的交流，可以拉近恋人们的距离。

亲密性凝视对现在的许多恋人来说，有时两人交谈时突然出现的空白，或者有时两人的目光不知因为想到了什么而飘往何方，只要有凝视对方的习惯，然后笑一下，两人的默契也会越来越好。有一个很简单有趣的"凝视法"，短时间内可以拉近恋人们的距离：两人约隔半米开外或站或坐，然后凝望对方的眼睛，要看得尽可能深，最好看到对方的"灵魂深处"去，对视两分钟后告诉对方自己看到了什么。

除了恋人之间的眼波流转，在生活和工作中，积极主动地进行目光交流也会起到良好的效果。例如在推销商品或者面试的时候，在与对方交谈时需要注意始终与对方进行积极的目光交流，千万不要目光躲闪，否则会让人觉得你不够自信。而大胆地注视对方的眼睛，不但可以建立更亲密的关系，还会使人觉得你自信满满、值得信任，从而得到更好的结果。

简单来讲，长时间的凝视就是行为人的眼光不愿意离开他所当下正在凝视的人或物，换句话说，就是他现在正在看的东西是他希望并愿意看到的，将目光在这里的停留时间加长就可以多享受这个人或物带给他的精神或感官上的快感。如果互相凝视的双方都是这样的心态，相互之间的关系一定是亲密的，即便是不够亲密，双方也都很愿意将关系进一步发展。

高昂着下巴的人通常倔强

在生活当中，我们身边总是有一群高昂着下巴的人，他们存在着一个共同点，就是性格十分倔强。我们身边这些性格倔强的人总是不大爱跟周围的人说话，无论到了哪里都喜欢独处。他们的脸上总是一副漠然、无谓的表情，还总是高高昂起着他们的下巴。

例如英国的撒切尔夫人不论走到哪里总是高昂着下巴，这与她的人生经历和个性有着很大关系。撒切尔夫人出生平凡，获得今天的地位都是靠自己坚持不懈的努力和坚强不屈的奋斗。在遇到困难和失败时，她并没有低下头屈服，而是高昂起下巴，表现出自己无所畏惧的顽强性格，体现出从不服输的精神。

用镜子来训练威严的目光

不知道有没有人因为这种事情而烦恼，自己的目光太过软弱无力，即使当了一个小领导，自己讲话的时候也"镇不住"，不仅没有怀着对领导的敬意听你讲话，而且还在下面嘻嘻哈哈给你找事，像这样的人，只要你用威严的目光死死盯住他瞪一会儿，他马上就会低头表示臣服了。

著名京剧大师梅兰芳站在舞台上，用自己的眼睛朝着台下扫一眼，只要你坐在下面，而且不管你坐在哪里，你都会觉得他看到你了，而且看穿了你的内心！其实梅兰芳大师从小就患有眼疾，他本人还是近视，这种眼神，完全就是练出来的！

训练出具有威严的目光是一件比较简单的事，家里的镜子就可以帮助到你。比如，每天早上出门前或者晚上睡觉之前看着镜子，想象着让你生气的事情，再想象着面对着经常挑衅自己的人，然后试着发出威严的目光看着镜子里的"他"，将这样的训练融入生活当中，每天这样锻炼几分钟，不久之后你就可以用威严的目光震慑那些无视你的小人们了。

135

下巴的高度

下巴的角度不同，所代表的态度也不同，这可能会暗示他们的决定是积极的还是消极的。你的最佳策略就是冷静地观察他们的下一个动作。

"你讲得真糟糕。"

抬高
下巴

如果他们在抚摸下巴之后，将自己的手臂和腿交叉起来，并将身体后仰在椅子上，将下巴抬高。

这种情况下，他们的最终决定可能是否定的。一旦出现此种情况，你大可不必惊慌，因为事情还没有到完全无法挽回的地步。

此时你应迅速征求一下他们的意见，请他们说出心中的疑惑、不满，然后对其进行一一解答。

如果他们在轻轻抚摸自己的下巴后，身体后靠，同时手臂张开，下巴的弧线内敛，这就表明他们的决定很可能是肯定的。

这样一来，那些原来心存疑惑、情绪不满的听众很可能会改变他们的决定了。

一旦出现此种情况，你就可以接着在台上尽情地"纵横驰骋"了。

收缩
下巴

"你讲得真不错。"

下巴有时会带侵略性

有时高昂起来的下巴只是代表倔强和自我,而另一种时候这种高昂的下巴就会让人觉得危险了。那些将要给经过的人造成损失或者伤害的罪犯在实施犯罪行为之前,也总是高昂着他们的下巴,把对方逼入死角,这样去恐吓对方。这种高昂的下巴带来的就是侵略和冒犯。

> 把钱交出来!

打劫钱财的小混混在打劫过路人时总是高昂着下巴,侵略性十足,让人心生畏惧。

在幽深的小巷里,手里攥着小刀、高昂起来下巴的他的一连串动作总是让人觉得他十分具有侵略性和挑衅。我们往往可以在电影中看到:几个昂起下巴的流氓把过路独行的人围到墙角里,拿出手中的武器,也许是一把小刀,也许什么都不用拿,光用他们这一群人满脸的凶狠和威胁就让人感到害怕。

如果一个人正在受另一个人的威胁时,那个人往往都会先把你逼到墙角,手里拿着小刀或者手枪这样简单又危险的武器,然后说类似"把你的钱给我交出来"这样的话,他高昂起的下巴就是他进攻的前奏,因为他想先让对方从他昂起的下巴上看出他心中的恶意和势在必得的强硬态度。

在社交场合中,如果遇见这样的人,如果没有必要深交,我们大可敬而远之,因为即便是他们不会常常发出侵略别人的信号,性格方面也会有一些不易亲近的因素,凡事总是喜欢和别人一较高下,并且一旦事关自己的声誉和利益,他会立刻奋起反抗来维护自己的权益,甚至很有可能过度爆发出自己压抑的情绪。这类人也不善于隐藏自己的情绪,性格可能会比较暴躁,很少有人愿意接近。

高昂下巴有时会使人觉得高傲

就她和咱不一样。

有一些个性傲慢、瞧不起他人的人也喜欢在与别人交谈时高抬下巴，流露出一种藐视的意味，好像根本不想正眼瞧对方，而要用高人一等的目光看人。

高昂着下巴给人的感觉就是将自己置于高高在上的位置上，对别人总是一副蔑视的表情，感觉像是从来不把人放在眼里一样。因此如果有人养成了这种习惯，最好尽量控制一下，以免给他人留下傲慢的印象。没有人愿意和总是高昂着下巴的人相处，这样一来，身边的朋友也会逐渐变得疏远了。

握手时该谁先出手

握手是在相见、离别、恭喜或致谢时相互表示情谊、致意的一种礼节，双方往往是先打招呼，后握手致意。无论是电视上还是现实生活当中，握手都是一项必不可少的情节。有时我们只看握手的两个人是谁，而从不注意握手时应注意的礼节与顺序，其实像握手这样用在社交方面的动作，是有它的规则的。

根据社交礼仪，当我们为从未见面的两个人互相介绍时，应该是先介绍两个人当中地位较低的人，地位高的人则放在后面介绍。而握手的礼仪则是正好相反的，应该是地位较高的人先伸出自己的手，就是由地位较高的人先决定他要不要跟你握手，如果他想跟你握并且先伸出了自己的手，你才可以伸出自己的手和他的相握。

事情因情况而异，握手这件事如果换了男人和女人，则一般都先由女士伸手。当然，假如你是一位女士，万一碰到一位傻傻的男士"不懂事地"向你伸出了手，你也应该回握一下表示礼貌，可别让对方的手停在半空中造成尴尬。

翻转手掌获得主动权

在双方见面握手时，旁边的人看到两只握在一起的手，往往是掌心向上的人表示恭敬与顺从，而掌心向下的人是权威和强势的一方。由此可见，如果你想在握手时掌握主动权，你就可以在两人握到手的那一刻，翻转你的手掌，让自己的手掌手心朝下。两个男性在相互较量时，往往会发动一场翻转手掌的暗战，例如情敌或者是商场上的对手，在握手时就都会试图翻转手掌，将对方压在下面。相反，在与长辈或者上司打交道时，则应该将手心向上，表现出自己的恭顺与尊敬。

握手是一种礼仪，手心朝上与人握手，这种属于乞讨式的姿势，往往表明这人性格较为软弱，地位比较低。握手时掌心向上，一般情况下掌心向上是表示谦恭。但平时最好别伸，搞不好就成"乞讨状"。相反掌心向下给人一种傲慢的感觉，自认为是大人物，"俯视芸芸众生"。

如果和对方见了面还很随意地说笑着，可是在握手时却想重新把控主动权，就可以当握住了对方的手之后再翻转你的手掌，让自己手心向下，而且将对方的手压在底下，这样就可以让对方感到你的强势。对方的手如果被你成功翻到了下面压住，对方自然而然也就处在了被动的地位上，由你掌握主动权。为了获得主动权，你在翻转自己的手掌时，也没有必要一定要水平压住对方的手掌，只需要将对方的手稍稍压低一些，让你的手处于上方就可以了。

女性在与人握手时若将手心向下，则说明她平时比较强势。

男女交往时，一般都由男性掌握主动权，因为女性在握手时习惯性地将手心向上以表示顺从，这是女性特质的一种表现。但是在职场中的女性往往比较强势，有着女权主义思想，在与这样的职业女性特别是女上司交往时，男性最好不要试图掌握主动权，这会使对方觉得没有得到足够的尊重。因为职业女性认为在正式的工作场合，男女应当完全平等，而不应该强调女性的弱势地位。

强势的领地宣言

在单位或者学校的食堂中，经常出现占座的情况，如果一个人想要自己坐一张桌子，他就会将身体大大的伸展开，用四肢占据很大的位置，使别人没办法和他坐在一起。而替别人占座的人则会用书本、背包等东西放到其他的座位上，以此告诉别人这些位置已经有人占了。

一般来说地位较高、较为自信的人所占据的领地要比那些地位较低、不自信的人占据的要多。占据优势的人会在谈话时将手臂搭在椅子上，表现出一种此地他说了算的感觉。尤其是上司在与下属谈话时经常使用这样的领地宣言，上司会坐在椅子上手臂伸展开搭在椅子上，向下属显示自己的支配地位。

如何应对强势的握手者

改变手掌的方向

第一种方法是进入对方的私人空间，强迫他改变手掌的方向。当对方伸出手时，迈出一只脚身体向前倾，从侧面进入对方的私人空间。这样就避开了他伸出的笔直的手臂，让他从身体侧面握手，这样的位置使对方不得不将手掌向上旋转一定的角度才能顺利地握手。这样两人之间的局势就发生了微妙的转变，本来想要占据主动的人现在反而处在一种被动的局面，主动权已经被巧妙地抢走了。

用双手握住对方伸出的手

第二种方法是用双手握住对方伸出的手。如果见面时对方很强势地伸出手来，看上去想要把你伸出去的手狠狠捏住以显示自己的力量。这时最好伸出双手来与他的单只手相握，两只手能够很轻松地转变对方伸出的手的方向，并且抑制住对方的力量。而且伸出双手还会显得比较热情，让对方即使被你控制在手心中也没有办法反抗。

伸出手握住对方的手腕

最后一种方法在对方有威胁或者挑衅时才可以使用，其他情况下有可能会引起对方的反感。在感到对方有威胁的意味时，你可以伸出手握住对方的手腕，这种方法可以出其不意地牵制住对方，但是这本身也是一种威胁的动作，不到万不得已的时候尽量不要使用这种方法。

伸展手臂的不同含义

很多人在坐下时都喜欢将手搭在椅子扶手上，这样可以使人显得更加强势、更具有权威感。因为这种坐姿可以扩大身体占据的空间，使人看起来更加高大。伸展手臂是一种体现自信和权威的动作，人在感到舒适和自信时才会做出这个姿势。相反，当感受到不适和压力时，伸出的手臂就会立刻收回。例如，一个人在谈论自己的投资计划时表现出一副胸有成竹的样子，手臂伸展到旁边的椅子上，显得非常的自信，侃侃而谈，但当别人问到董事会对这件事的看法时，他立刻收回了伸出去的手臂，将双手放到了腿上。收缩的手臂说明这个问题使他感到了不适，果然，后来他承认董事会其实并不赞同他的投资计划，他一直为这件事感到很苦恼。

在商务活动中，可以通过与会者不同的坐姿判断出他们的身份地位。一般来说，领导和地位较高的人常常靠坐在椅子上，将手臂搭在椅子或者沙发的扶手上，显示出自信和权威。而一些职位较低的工作人员则规规矩矩地坐在椅子上，双手拘谨地放在腿上，显得很顺从。

如果将手臂伸展到他人的椅子上，则是一种侵犯他人领地的行为。一般较为自信或者强势的人会做出这样的动作，男士更常做出这样的动作。

在交往中，很多男士会将手臂伸展到旁边人的椅子上，这是由于他们有着较强的侵略性，会给旁边的人造成压力。如果旁边坐的是陌生人，那么这样伸展手臂的动作就会使对方感到受到侵犯。这种情况下要尽量管好自己的手臂，不要给别人一种威胁的感觉，不然很容易引起对方的反感，甚至导致不必要的冲突。

除了威胁的意味，将手伸到他人的椅子上有时也可能是一种示好的表现。例如在社交场合，如果一个男士不自觉地将手臂放到旁边的女士的椅子上，说明这个男士可能对这位女士有好感，想要拉近两人之间的距离，进行进一步的交往。这个动作好像将这位女士拥入怀中一样，表现出内心想要占有的欲望。

男士若对一女性有好感，也会将手臂伸展到对方的椅子上。

手撑桌面获得主导权

　　当人们讲话时站在一张桌子或柜台后面，他们很习惯于将手臂张开一定的角度，用手指撑在桌面上，这种动作是一种表达自信和权威的方式，双臂张开有捍卫领地的意味，是在对旁边的人宣称自己位于主导地位。而且在做这个姿势时，身体会向前倾，尤其是演讲或者讲课时本来站的位置就比其他人高，从而给他人造成一种压迫感，更加凸显自己的主导地位。

　　日常交往中，这种撑在桌面的动作还是愤怒和冲突的表现。在交谈中，如果对方将双臂张开，用手指撑在桌子上，你就要小心了，这说明他就要发作了。如在宾馆大厅中，有一位顾客到前台来求助，这时他的手臂并没有什么明显的动作，但是当他的请求遭到拒绝后，他的手臂张开了，并走上前去将双手撑到了桌子上，随后便跟服务员理论起来，随着双方谈话越来越激烈，他双手也越来越向外扩张。

双手叉腰的威严感

　　双手叉腰也是一种捍卫领地的动作，人们通常利用这个动作来体现自己的权威和掌控权。这种动作是将双臂弯曲，双手放在腰部，将手肘向外张开。叉腰动作是一种权利的象征，也是领地宣言。地位较高、权力较大的人比较喜欢做出这个动作，以彰显自己拥有的权威。

　　警察和军人也喜欢做出这个动作，这是他们长期接受的训练所养成的习惯，这样的姿势使他们在执行公务时显得更加有威严。但是如果在日常生活中，也摆出这样的姿势的话，就会让人感到受到了威胁，从而产生距离感。警察即使在办案过程中，也要慎重使用叉腰的动作，如果在不适当的场合做出这种动作会影响工作的顺利进行。

　　男性使用这个动作通常会显得盛气凌人，但女性在想要体现自己的驾驭能力时，适当使用这一姿势会很有帮助，在职场中，不少职业女性受到性别上的限制，不能同男性一样获得同等的地位和对待。在开工作会议时，女性可以做出双手叉腰的动作来加强自己的权威感和掌控感，使在场的男性同事更加尊重自己的发言。

手臂的扩张和收缩

收缩的手臂体现了消极、被动的心态，相反，张开的手臂则表现了积极主动的心态，说明做出这个动作的人比较自信，他在争取主动权，想要控制当前的局面。例如歌星在演唱时会挥舞手臂并带领全场的观众一起挥手，这就是主导力的一种体现。同样人们在发言时，为了强调某一个重点也会挥舞手臂，以体现自己的主导地位。而当一个人的手臂在说话时收缩的话，则说明他比较没有自信或者感到了不舒适。

在交谈过程中，可以通过一个人手臂的变化来判断他内心情感的波动。例如在谈判过程中，如果对方说话时手臂扩张开，则说明他对自己的观点非常自信，并且想要在谈判中占据主动，这时尝试去说服他是比较困难的。如果随着谈判的进行，对方的手臂渐渐收缩，而且语气也不像当初那么肯定了，那么恭喜，说明对方的自信和心理优势正在减弱，这时候趁机说出自己的意见比较容易获得成功，因为这种动作说明对方的自我意识没有那么强烈，比较容易认同他人的观点。

在商务会议中，对自己的观点很有信心的人往往会试图占据更大的领地，伸展手臂就是一种扩大领地的方式。地位较高和拥有掌控权的人在讲话时，都喜欢伸展自己的手臂，让手臂做出各种动作来强调自己发言的内容。这种积极的手臂动作表达的是"我很自信"，相反一些在发言时缩手缩脚的人往往对自己的能力不是那么有信心。而当一个人被问到让他不自在的问题时，伸出的手臂就会立刻缩回。例如公司的策划会上，策划人在滔滔不绝地讲述策划案的细节，在讲到一些具体内容时，他的手臂向两旁大大地伸开，显得对自己所说的内容非常自信。但当在座的一个同事询问他关于试点调查的事情时，他原本充满自信的手臂立刻收了回来，面部表情也消沉了下去。原来他并没有表现出来的那样成竹在胸，为了节约成本他根本没有进行过试点调查。同事的这个问题戳到了他的痛处，使他的自信心和主导意识瞬间减弱，扩张的手臂也因此收了回来。

在坐姿状态下，手臂的伸展和收缩没有站着发言时那么明显。人们坐着时通常会将手肘或者小臂平放在桌面上，在感到自信时手肘会向外打开，双手手指轻轻地搭在一起，在桌面上圈出一块属于自己的领地范围。而当他内心发生变化，信心减弱时，手臂就会向内收缩，变成双手手肘相碰、小臂并拢的姿势。如果小臂并拢时是直立的，那么双手可能做出十指交叉紧握的姿势，那么就说明情况变得更糟了，这个人在为什么事情感到担心。

竖起拇指表示自信

竖起拇指将拇指竖起是一种背离重力的动作，人们在感到高度舒适和自信时才会做出这样的动作。因此当一个人将拇指向上竖起时，说明他对自己有着较高的评价，对自己的观点或思想非常自信，并且对现状感到满意。

人们一般很少做出竖起拇指的动作，一旦这种动作出现，就可以断定是一种积极情感的表达。而将拇指隐藏起来的动作则是低度自信的表现。男性经常做出将拇指放进口袋而其他四指露在外面的动作，尤其是在面试中，来应聘的人由于紧张就会做出这种动作。这样的姿势就好像在说：我对自己不太有信心。

叉开双腿的强势站姿

人们在对峙状态中，常会叉开自己的双腿，这种站姿不仅会让自己站得更稳，同时也可以占据更多的领地。例如摔跤选手或者拳击选手在双方对峙时，都会将双腿叉开，稳稳地站在地面上，随时准备发动攻击。

双腿叉开的幅度也能说明争执程度的大小，如果两个人的双腿叉得越来越宽，则说明他们之间的冲突升级了。因此在与他人发生争执时，可以利用收回腿部的动作缓和两人之间的矛盾，如果想避免进一步冲突的话千万不要继续叉开双腿，而是要收拢双腿，这样可以减弱身体语言的攻击性，从而降低对抗的等级，进而化解这场一触即发的冲突。

叉开双腿的站姿还有利于树立自己的权威，尤其是对一些需要体现自己权威的职业女性。例如公司中的女主管、女警或者女法官等，由于社会性别的限制不像男性那样容易获得主导地位，而在工作时使用叉腿的姿势站立可以帮助她们强化自己的权威，从而使她们更容易获得主导地位和控制权。

伸出拇指的其他含义

日常交往中人们通常利用拇指来向他人表达自己的情感倾向。拇指的动作属于二级语言，往往需要配合其他的动作或表情来表达确切的含义。最常见的用法就是四指握紧，竖起大拇指对别人表示称赞，竖起拇指的同时嘴里还说道："你干得真棒！祝贺你取得成功！"大拇指代表权威、力量、信心和优势，它排在五指中的第一位，表示第一、优秀的意思。据说竖起大拇指的动作起源于古罗马，当时古罗马的市民非常热衷于观看角斗，在古罗马斗兽场中，如果一名角斗士奉献了一场精彩绝伦的表演，观众们就会竖起大拇指以示赞赏，但是如果观众们不满意时就会将拇指向下，表示"杀死他"。

现代社会，拇指向下虽然已经没有古罗马那样野蛮的含义，但是这样的手势还是表示出否定的含义。综艺节目中，延续了古罗马竞技场的传统，请嘉宾表演节目然后让观众进行评价，观众如果觉得好看就竖起拇指，如果觉得不好就将拇指朝下。拇指朝下还有鄙夷的意思。例如一群人围在一起，同时将拇指向下指向一个人，脸上露出不屑和鄙视的表情，很可能是这个人做错了什么事让其他人感到不耻。

我实在在家待不下去了，她天天没完没了地唠叨，简直一母老虎……

男性用拇指指向女性是非常不礼貌的。

正常情况下是不会用拇指去指别人的，如果用拇指指向别人则表示对那个人的嘲讽和奚落。例如一个男人向朋友诉苦时，说自己的妻子非常唠叨，毫不善解人意，这时他就有可能用拇指指向自己的妻子，并微微晃动拇指。这种手势代表了对他人的不尊重，很容易引起对方的不满与怒气。尤其是男性向女性做出这个手势是非常不礼貌的，而女性则很少使用这样的手势指向别人。

需要注意的是，竖起拇指在不同的文化中有着不同的含义，在使用时要小心不要引起误会。在受英国影响的国家里，竖起拇指有着三种含义：第一，可以向路上的车辆竖起拇指表示想要搭便车。第二，表示没问题、不错，与OK手势的意思差不多。第三，突然竖起拇指还有侮辱的性质，意思是"举起双手"或者"不许动"。而在希腊，竖起拇指则是一种骂人的手势，意思是"吃饱了撑的"。因此千万不要在希腊用大拇指称赞他人哦。

地位高的人肢体动作少

一些职位较高的人在公众面前为了显示自己沉稳的风度，就会尽量减少自己的肢体语言，这样做也可以避免过多的肢体动作暴露自己内心的情绪。电影中演员们会将这种现象表现到极致，例如《007》系列电影中的特工詹姆斯·邦德总是一副无动于衷的样子，他的肢体语言少之又少，不管遇到什么样的压力与困难，都能保持镇定自若。哪怕是受到坏人威胁、侮辱，甚至中弹受伤的时候，仍旧面不改色心不跳，保持着泰山压顶我自岿然不动的英雄本色。

詹姆斯·邦德

除了身份地位的象征之外，肢体动作少还有一个实际的好处，那就是动得越少暴露得也就越少。例如在面试过程中，如果一个人总是左动右动，不停地移动双脚，手也不知道要往哪儿放，面试官一眼就能看出这个人的紧张和不自信。而沉稳、镇定的肢体动作则可以给人一种自信的感觉。

显示权威的座位安排

在商务活动中，不同的座位安排可以营造出不同的沟通氛围。例如，而两个人面对面坐在一张长方形桌子的两边则是一种对抗性的位置，在职场中这样坐的两个人不是上下级关系就是竞争对手。而且这样的位置还能提升身份地位和权威感，体现出强势的意味。

这种位置很容易导致双方发生争执，并容易令人感到紧张。有专家在医生的办公室里做过一项调查，结果表明，医生的办公室里摆有办公桌时，只有10%的病人感到放松，而撤去办公桌后，感到放松的病人的比例提高到了35%。可见这种位置对人心理造成的影响。

值得指出的是，在餐厅等公共场合这种座位并没有对抗的性质。很多人在就餐时认为这样的角度更适合聊天，尤其是关系亲密的人，例如夫妻或者情侣，面对面坐着更利于两人进行眼神的交流。

克制不住的烦躁：成功与失败

胜败的重力原理

生物之所以可以生存在这个世界上，是依赖着重力这个最基本条件，与此同时，重力也是各种生物必须想尽各种办法对抗的第一阻力。这种对抗是多方面的，可以体现在比如站立、投掷、跳跃等反应明显的动作上，也会体现在一些细微的肌肉运动中，比如惊慌错愕、微微一笑、怒发冲冠等。简单地说，生物要对抗重力就必须是神经意识（不仅仅是思维性意识）和能量这两个必要条件同时存在，缺一不可。

一个人昏迷了，就会倒地不起，原因就是控制身体平衡和骨骼肌的神经系统没有了意识，处于无意识状态，控制人体站立、平衡状态的骨骼肌失去大脑提供的指令，所以没有办法继续抵抗重力。

重力原理可以分为两个主要内容，第一个是"想要抵抗重力"，这种抵抗是来源于神经系统有意识的控制。重力原理第二个内容是"对抗重力"，要发生这种对抗就需要能量，这能量还要大于等于身体所可以承受的重力。当身体的能量充足，并且还多于身体目前所承受的重量时，就可以做出一些反重力的运动，大的运动就好比高举双手、跳跃等大肢体的运动，小的运动可以是轻轻一笑，或者向上望等小肌肉运动。然而，当身体的能量出现不足时，也会出现一些动作，比如身体向下"垮"掉，做出一些想休息一下的表现，比如蹲、坐、摔倒、趴下或者躺下等大肢体运动，小肌肉运动则体现在躯干呈现弯曲、把头低下、眉毛和脸上的肌肉开始下垂等，这种情况在某种角度上讲还不是运动，而是能量不足被重力吸下去了。在生活中我们也可以随处见到这样的情况，比如一个人在追赶公车，然后赶不上，通常都会停下来，做一个弯腰的动作，再眼睁睁地看着公车离开。

反重力动作

当大脑神经处于兴奋状态以及有充足能量时，会做出一些大幅度反重力的行为。常见的如比赛冠军或者获胜运动员会激动地高喊，甚至尽可能爬到最高处或者在比赛场内高举双臂挥动绕圈奔跑呐喊，以胜利的姿态向观众致意。

身体上的舒展也可定义为某种程度上比较隐性的"登高"反应。我们在完成某个给我们带来成就感和满足感的工作之后，就会习惯性地对着窗外那些美好的景色高举双手，把自己的身体做一个舒展，伸伸懒腰，活动一下疲倦的颈椎和腰椎，放松紧绷的神经。

胜利者的姿态

有些场面我们经常看见，比如一次体育比赛，在运动员得知自己获得胜利的时候，会表现出一些动作，比如高举双手向观众致意，或者是高声啸叫，或者是绕着运动场地奔跑以表达自己胜利的喜悦，这种情况下我们都会觉得这是胜利者习惯性做出的动作。其实这种需要消耗很多能量去完成的动作，最原始的动力就是为了获得他人更多的关注。

获得胜利肯定是一件值得高兴的事情，从某种意义上来说，胜利是源于积极对待的结果，尽管不一定会引起喜悦的情绪，而胜利者是在因为"胜利"这一件事受到了正面的、积极的刺激之后，才相应地产生了积极的情绪，正是这种积极的情绪把身体内的能量储备大大地调动起来，才会有我们平时经常看到的胜利者的表现。

当一个人在"战斗"中获得胜利，就意味着之后还有更多的收益，这种收益也在很大程度上让胜利者的神经不断受到积极的刺激，尽管在"战斗"的时候会消耗掉身体储备的能力，包括脑力和体力，而在"战斗"结束后胜利者就需要将剩余的能量也释放掉，缓一缓自己在"战斗"状态中那紧张的精神状态，也可以让长期处于兴奋状态的身体平复到正常状态，因为长期的兴奋会让神经系统和循环系统负担过大。

胜利者的摇头晃脑

当然，不是每一次获得胜利每个人都会表现出高声这么大幅度的行为状态，在一些特定的情景中，很多人反而会用一些精致的、细微的复杂动作来表达自己当下的喜悦和兴奋感，尽管胜利者有时候会刻意将自己的情绪隐瞒，只用细微的动作代替，但从行为学上看这些往往带有更多的表演特征。

这种用细微动作代替高声欢呼的喜悦感通常表现在女孩子身上更多，当一个女孩子很得意的时候，她不会大声欢呼出来，反而只是面带笑容地将头轻轻地晃动几下（这种晃动不是摇头的，是左右倾斜的），幅度虽然很小，但频率会很高，做出这个动作的时间也很多，往往一秒钟就完成全部。

看起来这个动作细微而且快速，但是要表演好这个动作耗费的能量可不小，往往只有在特定情绪的驱使下，才可以自然而然地表现出这样的动作，很多时候连当事人自己都没有察觉自己的行为动作。

测谎仪是检测人是否说谎的工具。

我们用了几个小节来阐述获得胜利之后会做出的行为，可以总结出以下规律：当要做出的动作越大或者行为状态越复杂时，就会消耗越多的能量，这种行为也会要求有更高的神经系统的兴奋程度。所以，那些测谎机器也正是利用这样的心理反应来做出判断，当被测试人在测谎的过程中表现出这样的反应，就可以看出这个人内心的积极情绪是否是真实的，因为单纯利用表演或者伪装的积极情绪，是无法在一瞬间就有这样大的情绪波动的。

成功欺骗后的得意

当一个人可以成功将别人骗倒了，也是会有反应的，但这种行为肯定是细微的，肯定不会如获得胜利那样高呼，更不会明显地表现出来，但也是有微行为反应的，通常的表现就是会快速地眨眼并略带着得意的笑容，或者是点点头就马上转移话题。

很多时候我们会觉得一些人的笑容不真实，多半那个人的笑容就是带有欺骗性的，所以他/她会表现出小小的得意，这种得意其实也是这个欺骗者隐藏自己的紧张或者不确定而做出的自然反应，因为在做出欺骗之前，欺骗者肯定没有100%的把握，当成功完成一次欺骗后，肯定是要舒缓一口气，至少暗暗地告诉自己："庆幸，没被发现，成功了。"

高声欢呼代表胜利

在得知自己获得胜利的时候，很多人的第一反应肯定是跳起来，高声欢呼，给自己庆祝，也和别人分享自己胜利的喜悦，其实这一连串动作是当一个人获得胜利后会直接做出来的一套固定的组合动作。在博大精深的中文里面，我们将这一连串的行为用一个四字成语表示，那就是"欢呼雀跃"。

这种情况在体育竞赛的时候是经常出现的，特别是奥运会的赛场上，我们都记得2004年刘翔获得雅典奥运会110栏的冠军后的表现，身披国旗，绕场跑了一周，一边跑一边高声欢呼，而台上的观众也是跟着他的步伐，给予了最热烈的掌声和欢呼声，这个场景就可以最好地解释我们以上的说法。

其实胜利者做出这样的行为除了可以得到别人的关注和赞美外，还有另一个好处，那就是可以调整大量的能量消耗后的呼吸状态，让自己可以从高度的激动中渐渐恢复到正常的状态，将多余的能量用有效的方法释放，平衡生理和心理状态。

失败者的表现

当失败的时候，失去的肯定不只是自己的利益，还有耗费在"战斗"上的能量。

行为学上是这么解释这样的情况的，"战斗"的失败会让人的情绪很失落，神经系统的兴奋程度大大降低，因为担心失败会带来一系列的负面刺激，所以这个时候的神经系统就进入一个压抑状态，循环系统也会做出相应的反应，就是停止提供能量到原来处于战斗的各个器官，此时整个人也会呈现出一种很失落低潮的状态，就是俗称的"蔫了"。

当一个人感觉到失败时，眼神就会变得暗淡无神。

人一旦失去能量就会在几个地方有着明显的变化：比如原本炯炯有神的眼睛，变得暗淡无神；因为缺少能量，身体就不自觉地受到重力作用的影响，身体会出现明显地下坠趋势，也不能再出现那些对抗重力作用的动作和反应，就连面部的肌肉也会出现松弛、下垂；身体的四肢也开始无法如正常情况下那样昂首向前了，头部也开始向下低头；如果是站着的话，身体会有一个重心降低的趋势，腿部的力量也开始不足，呈现出自然弯曲的状态，甚至会选择坐下来或者蹲下，整个身体开始无法自如地伸展开来，会出现收缩的状态；呼吸方面也变得困难和虚弱，整个人的反应会感觉"慢半拍"。

简而言之，当一个人感觉到失败时，身体的反应会无力去抵抗重力，这也是符合重力原理的。这也可以帮助你来判断一个人的状态，如果他出现以上讲的这些反应或者行为变化，就可以表明这是一个失败者的状态——放弃。

这种失败反应会常常被运用在审犯人身上，连续刺激一个人，使他的精神和能量流失，当他出现上述的反应时，就代表他的心理防线已经崩溃，这个时候让他说出实情就不是难事了。

失败者会长期压抑

没考好，想死！

一个人在知道自己失败了，做出放弃的行为实际上是一种心理的崩溃，呈现出对这件事已经没有任何的期望的心理状态，这种遭受失败的精神状态表现出来的特点和一个人处于悲伤状态下表现出来的反应是类似的。

有一优等生毕业在找工作时多次在面试关遭拒，他就开始觉得自己很失败，学习的东西都没有用，但又不敢把自己找不到工作的事告诉别人，更加不愿意去接触任何人，然后就开始尝试用各种各样的方式来压抑自己的苦恼和不安，他自己也知道陷入无限的苦恼，这样会让自己愈加感到挫败。

对不起，你真不适合干这份工作。

亲爱的，你该出去多认识些朋友了。

怯懦的失败者

唉，我真是怀才不遇！

怯懦在生活中是经常遇到的，但很多时候怯懦者总说自己运气不好，没有遇到好机会。好比一个人被一个心仪的大企业拒绝之后，到了一家不知名的小企业工作时，他会这么对别人说，在这个小企业工作一点都不亏，因为企业看中自己的能力，而在大企业是肯定没有用武之地的，也不合适。

其实这种人不是能力的问题，是对待自己的工作时，全凭一腔热血，但没有恒心，对于非功利性的投入总觉得不必要，觉得看不到对等的回报，更无法接受失败；一旦出现失败或者不如意的地方，这种人的内心就会充满着负面的情绪，最初的热情也很快散去，甚至会说风凉话，是世态炎凉。

老板真是偏心，我都在这帮他这么努力地工作三年…

忍住！忍住！

怯懦还有另一个表现，就是"忍"，不管在什么情况下都在忍。因为忍，失去了自己的原则；因为忍，失去了自己的人格；因为忍，最后会使得自己走上绝路。

一瞬而逝的表情

人的脸部可以传输信息，它是媒介，是信息传输器。通过"表情"，就能断定自己是不是喜欢某个人。通常人们把这归因于下意识、直觉或是"本能感觉"，但是研究人员发现：眼睛收到的信息更加丰富——微表情。

微表情是心理学名词。人们通过做一些表情把内心感受表达给对方看，在人们做的不同表情之间，或是某个表情里，脸部会"泄露"出其他的信息。"微表情"最短可持续 1/25 秒，虽然一个下意识的表情可能只持续一瞬间，但这是种烦人的特性，很容易暴露情绪。当面部在做某个表情时，这些持续时间极短的表情会突然一闪而过，而且有时表达相反的情绪。

常见微表情心理学分析：

伤心：面部特征包括眯眼，眉毛收紧，嘴角下拉，下巴抬起或收紧。

害怕：害怕时，嘴巴和眼睛张开，眉毛上扬，鼻孔张大。

愤怒：这时眉毛下垂，前额紧皱，眼睑和嘴唇紧张。

厌恶：厌恶的表情包括嗤鼻，上嘴唇上抬，眉毛下垂，眯眼。

惊讶：惊讶时，下颚下垂，嘴唇和嘴巴放松，眼睛张大，眼睑和眉毛微抬。

轻蔑：轻蔑的著名特征就是嘴角一侧抬起，作讥笑或得意笑状。

微表情是骗不了人的，而警方也常常利用微表情破案，很多设计周密的案件的突破口就是一个微小的表情。有这么一个发生在 2005 年的故事，一个名叫迈克尔·怀特的人在电视上呼吁社会帮他找回怀孕的妻子利安娜，他一边哭着，一边对着大家说一定要找到妻子。但 3 天后的怀特再一次出现在电视上，这次他没有哭，他说警方的不作为让他很失望，决定自己去找失踪的妻子，几天过后，怀特真的找到了自己的妻子，是在郊区的一处沟渠，但此时的妻子已经是一具冰冷的尸体。事情并没有因此结束，让人不解的是杀人凶手居然是怀特，他被警方指控谋杀妻子并且被判谋杀罪名成立。

这是为什么呢？这要源于当初怀特在电视上呼吁大家帮他找妻子的录像了，警方从那段录像中发现，怀特悲伤的表情在某个瞬间居然是愤怒和厌恶。警方通过大量的研究发现，人要维持一个正常的表情，是可以持续几秒钟的，但"伪装的脸"的某个时刻还是会出现真实的情感，因为大脑的指令发出是有时间差的，在这个时间差上，真实的表情就会不自觉地浮现出来。

所以微表情也是用来判断他人情绪的好方法之一，再怎么伪装，都有松懈的一刻，只要抓住了这一瞬间，真实的"他"就会出现，演技再好的演员，始终是要做自己的。

手插裤兜的人

　　2011 年有一则这样的新闻，美国的副国务卿詹姆斯·斯坦伯格在韩国的一次公开的记者会上发言，但他在发言的时候姿势一直没有动，而左手、右手都一起插在兜里，这样的行为引起了韩国民众的不满，他们认为斯坦伯格不尊重韩国，配不上这个职位。

　　但时下很多年轻人喜欢扮"酷"，一些偶像在一些场合也会做出手插裤兜的动作，年轻人就争相模仿，但模仿的年轻人却往往忽略了这个动作的潜在意思。如果一味地去追求扮"酷"，可能会给人带来错觉，觉得你不尊重别人，或者是一个不自信的人。

这样做只能代表你是个失败者

　　有时候要看一个人会不会有失败的倾向，可以从他 / 她的站姿看出，当一个人喜欢将两腿并拢紧紧靠在一起，再把自己的双手交叉置于大腿位的两侧，这样的人对人对事对物都是持完美主义的态度，这样的人凡事都要做到完美，一旦有缺陷的话他们会觉得无法忍受，往往做出的行为又是那么不可行。

　　在生活中他们又喜欢夸夸其谈，说的比做的多，缺乏实事求是的精神，做事没有耐心，容易放弃；这类人也不喜欢倾听，一个会议哪怕是短短的十分钟他们都会觉得很厌烦，甚至反感，他们觉得这样是浪费他们的时间，正因为这种心态所表现出来的行为，在现实生活中，这类人容易成为一个失败者。

　　追求"完美"是人类都有的幻想，但现实生活中这种存在的可能性很低，当你越是在完美一事上纠结，那你会越失望，因为你得到的往往会和想的大不相同；如果总是用严格挑剔的眼光去看待事物，那周围的人受不了，最后自己也会受不了。

失败者的眼神灰暗

人们常说，眼睛是心灵的窗户，你的学识、品性、趣味和情操，从眼睛里就能一览无余。一个敏锐的人，有时候还没张口，就能根据对方那瞬息万变的眼神，知道对方的心事。一般来说，一个人的眼睛应该是亮晶晶的，但是一旦遭遇突如其来的失败，就会马上由明亮转为灰暗。

一个人遭遇突如其来的失败时，眼神会变得很灰暗。

难道失败了眼神都会变吗？其实也不是的，这个是内心的状态在作祟，当一个人失败了，他肯定会心情不好，会失眠，如果这个失败者昨天一个晚上都处于失眠状态，他的眼睛里充满了血丝，还有大大的黑眼圈，他就不止没有精神这么简单了，而是眼神灰暗。

一个人遭遇了失败，会心情不好，导致失眠。

155

成功者的手舞足蹈

　　一个人获得成功的时候，他多多少少会释放自己的情感，最常见的表现就是会手舞足蹈，因为四肢的反应最明显，我们要看到一个人的心理活动是否是高兴的，很多时候都不需要去问或者看到他的表情，他的四肢就会不自觉地告诉我们了。

　　这是为什么呢？因为当一个人获得成功的时候，脑部就会发出信号给各个器官，告知成功的信号，随着信号的发出，脑部也会释放一些激素，这些是正能量的激素，但身体内充满正能量的因素时，就必须释放出来，如果单纯靠表情、眼神的释放会太慢，所以四肢的活动就会抢在其他器官前面，释放出那些喜悦的能量。

失败的人心不在焉

　　获取关键信息是成功的一大因素。我们往往发现，失败者通常在谈话过程中不甚用心，他们心不在焉，眼神飘忽不定。这不仅使谈话内容处于停滞状态，也暗示出了他们平日办事会遇到的问题——拖延症。因为心不在焉，掌握的信息不够充足，没有信心、没有勇气立刻着手将想法变为现实。

　　此外，心不在焉还有一个外在表现是记忆力降低。某些人好像在工作或者学习，但心里却考虑其他事情，一心二用结果两方面都没有解决好。还有些人不能静坐多动，不能长时间工作学习；记忆力下降，应该记的东西总记不住，不该记的东西倒记得很清楚等。这些现象很多人都遇到过，有时感到可笑，但经常为之苦恼，不仅严重地影响了工作、学习和生活，还为他们以后的工作和生活埋下失败的隐患。

　　相比之下，我们会发现，很多成功人士都是获取了别人没有注意到的信息和商机才取得成功的，他们注意力集中，精力充沛，能够抓住讲话重点。或许他们并不比一般人智商高，但他们时刻准备好接受信息的优势确实让他们超出常人取得了成功。

成功者具备的心态

要想获得成功，肯定不是靠着喊口号，说我要努力，我要成功就可以了，也不是一味靠着埋头苦干，往往有一个良好的心态就是获得成功的第一步。我们总结了一些成功者所具备的心态。

一、成就心态

获得成功的人，往往都有一个强烈的成功欲望，也正是这个欲望才会驱使他不断去努力，采取有效的行动来达成自己的目标。

二、积极心态

要想获得成功，必须具备一个积极的心态，只有这样的心态才不会被失败打败，遇到失败的时候也可以很快地振作起来。这种积极的心态往往会促使一个人从问题找到机会，找到方案。如果是带着消极心态的人是找不到好的机会的，反而会在机会里面总是看到问题。就好比两个人同时看窗外的景色，有的人选择看天上的星星，有的人选择看地上的泥土。

三、学习心态

成功的人懂得时刻都要学习，他知道如今的世界是一个飞速发展的社会，如果不时刻充实自己的内涵就会被人超越。可以这么说，你要想成功，想超过千万个甘于平庸的人，那么你就必须不断学习，充实自己。古话说"逆水行舟，不进则退"，人生也是这样的。

四、付出心态

一分耕耘一分收获，你付出多少你就会得到多少。尽管我们从小就听这种话长大，但这要落实到实处的确有难度，但成功的人往往都懂得坚持，无论在什么处境下，都要坚信你付出的越多、你得到的就越多，因为这个世界是公平的。

五、自律心态

你可以在所有的时候欺骗某些人，你也可以在某些时候欺骗所有的人，但你无法在所有的时候欺骗所有的人，成功的人必定是高度严谨自律的人，必定是以高标准要求自己的人。

六、宽容心态

成功的路上都不平坦，你可能遇到各式各样的人，但不一定每个人都是好人。不过成功的人必定是一个大肚的人。正所谓"大肚能容容天下难容之事，开口常笑笑天下可笑之人"，因为可以做到对他人的宽容就是对自己忍耐力的提升，而且也可以让你拥有越来越多的朋友，越来越少的敌人。林肯总统当年就是运用宽容的力量让自己当选美国第 16 任总统的，他的事例也是值得我们学习的。

拍打头部说明走出困境

当人们对事物有了新的认识，事态有了新动向、新发展的时候，人们会不自觉地做出拍打头部的动作。这里还要告诉大家一些细节问题，如果这个人拍打的是自己的后脑勺，可能只是说明这是一个非常敬业的人，他在暗示自己要放松下来，开拓思路，集中注意力思考。

另外，如果你身边有经常拍打前额的人，这表明他并不畏惧别人知道自己心中的想法，是个光明磊落的人。你也一定早就发现他不分场合不管到哪都是个直肠子，有一说一，从不拐弯抹角。即使会得罪人，这样的人也从不把话憋在心里，总会一吐为快。

成功者的状态

成功者在与他人谈话时，他在说话的时候都会附带一些"动作"，强调他说话的内容重点，比如是在某个词语加重了语气，或者加上手部动作，比如相互拍打掌心、摊开双手、摆动手指等，而且说话不会反反复复表达一个意思。这种人多是外向型的性格，他们做事果断、雷厉风行、自信心强，习惯于把自己在任何场合都塑造成一个"领袖"人物，经常表现出一种男子汉的气派。

成功者肯定是事业心强的人，他们时刻都是精力充沛的。他们不会错过任何的机会，由于身边的工作机会很多，为了早日实现自己的目标，他们会积极投入身边的所有事情当中，每当完成一件事情他们也不会表现出欢欣雀跃，而是会总结一下经验，继续新的工作。

还有几个有趣的生活态度，就是他们是收到账单之后就立即付款的人，这表明他们是有魄力的，凡事说到做到，拿得起放得下，当机立断，从来不拖泥带水。他们为人真诚坦率，在他的观念中，从来不希望自己欠他人的，倒是可以他人欠自己的。

失败者喜欢否认

在我们的精神生活中，往往存在着这样一种倾向，就是会自觉地和不自觉地把主体与客观现实之间所发生的种种问题，尤其是那些对自己不利的、麻烦的问题，用自己能接受的方式加以解释和处理，而这么做的目的就是为了不引起自己更大的痛苦和不安，这在心理学上称为心理防卫机制。

老师教得太差了，害我考了这么点分！

有些学生考试没考好，把责任推卸给老师。

简单地来讲，就是当人们遇到不顺利的时候，或者经历失败了，都喜欢否认或者推卸责任。这是因为每个人在处理挫折和紧张情绪时，都在自觉不自觉地运用自我防卫机制，这个防卫的机制也会因为于每个人不同的生活态度及个性特征有着很大的不同，往往是大相径庭的。

不敢面对失败是"掩耳盗铃"的表现。

总的来说，无论怎么做都是以否认为最终"表现"。会做出这样的行径的原因很简单，因为一旦对这件不顺心的、失败的事情进行否认时，最大的作用就是把已发生的痛苦的事加以"否定"，潜意识里认为这件事情根本没发生过，以躲避心理上的痛苦与挫折感。可以表现这种"否定"的成语也有很多，人们常说"眼不见为净""掩耳盗铃"等就是否认作用的例子，所以这种情况在我们现实生活中也是经常见到的。

失败的时候容易表现出退化

当人们在碰到困难、遭遇挫折的时候，常常会有这样的表现，就是心理活动退回到较早期的水平，会激发自己潜意识里较原始而幼稚的方式面对挫折、失败的情境，这么做的目的就是要获得别人的同情与照顾，使得自己可以尽可能地避免面对现实问题的痛苦，这就是退化作用。就比如大孩子在爸爸妈妈面前像个"小孩一样撒娇"，老人遇到不满时，在家里像小孩一样大哭大闹，这些都是退化的表现。

吐舌头是一种否定和拒绝的信号

我们经常会看见电视里这么演，在办公室里，有个小女孩没有按时完成工作，然后她对着主管撒一下娇，吐一吐舌头，说："不好意思啦，再给我一次机会。"这种行为就是以"退化"来逃避自己的责任的表现。

转移视线

当一个人遇到失败的时候，有可能"启动"一种防卫机制——转移。这是当人们对某一对象的情感和愿望无法实现，而自我感觉到有一种挫败感的时候，就会把这种情感转移到其他的对象上面去，这样就可以有效地减轻自己的精神负担。

这种情况在生活中也是很常见的，比如一个人在工作上没有得到领导的肯定，这天又被领导叫到办公室臭骂一顿，下班回家，他越想就越不开心，回家跟妻子吵了一架，以此来发泄自己的怨气。

妻子觉得窝火，正好儿子回家晚了，"啪"给了儿子一耳光；儿子捂着脸，看见自家的猫就给它狠狠一脚；那猫冲到外面街上，正遇上街上的一辆车，结果猫被撞死了。

爱做白日梦

有这么一种人会经常遭遇失败，是哪一种人呢？就是失败了之后还喜欢做白日梦的人。这指的是一个人遭受挫折、失败之后，就自觉不自觉地陷入一种想象的境界当中，这种想象是脱离现实生活的，然后以这种非现实的方式来降低自己的挫败感和痛苦，经常幻想出一种美好的情景，让自己在幻想中得到精神上的满足。

工作不努力的人幻想
成功，等于做白日梦。

其实适度的幻想是创造的源泉，是我们前进的动力；但如果我们过分依靠幻想，成天在白日梦中寻求满足，则会影响学习和生活，丧失对现实生活的判断力。"白日梦"并不是梦，只是一种不切合实际的幻想，是负面思维的产物，那些失败者不能够坦然面对，而是让自己的思维不断地去幻想，这样的结果是更加糟糕的，会让自己永远不能从失败中走出来，进而离成功越来越远。比如一个人工作能力特别差，自己又不去努力，总在原地踏步，但整天又幻想着自己有一天可以成功，成为大家瞩目的成功人士，你觉得他会成功吗？

爱幻想的孩子或许有
高度创造力。

隔离信息

隔离作用在心理学上指的是失败的个体总是有意无意地想把某些事实从意识境界中隔离出去，不让自己意识到，以免引起精神上的不愉快。如当一个人失败的时候，他会对某些消极的词语特别抗拒，比如"名落孙山""败北"这样的词，当他们听到这些词的时候心情就会莫名地沉重和痛苦，所以当失败的时候总有意识回避这些词语，或者回避那些会讨论成败的场合，甚至回避那些获得成功的人。他们会选择尽可能隔离掉这些会干扰到自己心情的信息，以免引起内心的痛苦。

名落孙山

这种事情我们在生活中也常见，比如在一场考试里面，有的人的成绩不如意，他那段时间可能会消失在大家的视线里，更不会与大家讨论关于这次考试的任何信息，他这么做就是要隔离掉这些不利自己心情的信息，也算是一种逃避的行为吧。

为自己开脱

我们在现实生活中经常可以看到这样的情况，一人看到自己的同事有一副热心肠，而且经常帮助那些生活有困难的同事，赢得了大家的好评，更得到了领导的赏识。而这个人没有帮助他人反而看着这个人不舒服，并且对别人说"这个人总是浪费时间、精力去帮助别人，完全是耽误自己的事，说不定还耽误工作"。他这么做的目的就是为自己的行为开脱，减弱自己的失败感与挫败感。

这样的行为常常会发生在一些个人的动机或行为不能达到自己所追求的目标的情景下，为减轻因挫折产生的心理不平衡，维护个人自尊，寻找理由安慰自己，其目的是把自己所作所为尽量有一个最合情合理的解释。

其实这种行为可以称为文饰作用，当人一旦习惯性地出现"文饰作用"时，他就是一个安于现状、不思进取的人，尽管他这么做的时候只是想让自己的心里暂时得到平静，避免精神崩溃而已。这种行为是应该被改变的，没有一个人不向往成功，向往被他人赞赏，但如果总是不思进取，遇到问题时不管情况就安慰自己的话，那成功是永远不会出现在你的身边的。

第十二章

到底是谁激怒了谁：愤怒与好斗

愤怒的表情

在人类所有的感官情绪中，愤怒比起别的所有情绪，甚至相比我们认为较为消耗能量的大哭大笑，是对能量需求最大的一种情绪。

人一旦被激怒，全身上下就会明显地协调统一起来，进入备战状态。这时候，身体中储备的能量将伴随着呼吸与血液循环的配合，开始快速地聚集与运输，让身上的每一个细胞都进入激活状态。由于所有的细胞都要激活，所以愤怒的情绪势必需要通过加深呼吸来吸入充分的氧气，用于战斗。愤怒的情绪也会同时引导带动血液循环系统，加速心脏大力收缩，进而提高血液流通的量与速度。伴随着血压的不断升高，作为当事人，会感觉到自己脉搏在强而有力地跳动。

这样的身体反应可以得出两个方面的结论。一方面，由于全身的各种协调都需要消耗大量的能量才能进入战斗状态，所以战斗反应是很难作假的。有些伪装很容易，比如哭，但是愤怒情绪的伪装在几乎所有伪装中是最难的。另一方面，愤怒的情绪一出现就会相当明显，就算尽力去掩饰，别人还是能够看出来。因而当真正愤怒的时候，别人会很容易察觉捕捉到。

人被激怒时，往往两眼会直瞪对方。

愤怒情绪点燃战斗欲望之后，会有非常明显的表现：身体向前驱，头往前伸，压低下巴，两眼发光向上翻直瞪对手，外加愤怒表情，表现为眉头紧皱，眉梢往上扬，眼睑紧绷，鼻孔张合，咀嚼肌紧绷，嘴唇向下并露齿等。这些都表明，自己已经愤怒，而且是在向对手散发出战斗的气息。

能量的充沛使全身的肌肉在神经系统的指引下快速从放松变为紧张备战状态，这些变化在脖子、手等部位都可以比较容易地观察到。

163

愤怒者的脖子会变粗

　　脖子在一定程度上可以反映出一个人的愤怒程度，当你发现一个人的颈部出现肌肉绷得紧紧的、呼吸的力度明显加大的现象，基本上就可以断定，这个人已经很愤怒了。当然，除了这些反应，还有别的一些比较明显的标志。比如，颈部两侧的血管会比平时粗大很多，从表面上看就可以看得出，此时血管里流动的血液要比平常多出很多。这种表现，用我们平时的话说，就是"脸红脖子粗"。

　　虽然人类在自然界中是最高级的，但是这种愤怒会使脖子变粗的行为并不是人类特有的，在很多生物身上也会出现这种现象。比如眼镜蛇，在它愤怒的时候，也会有和人类类似的反应。眼镜蛇的肋骨有一端是可以活动的，而且蛇的颈部肋骨是比其他部分要长出很多的。当它意识到有其他生物来侵扰自己时，它马上会做出反应，将自己身体的前半部分竖起来。这时候，它颈部的肋骨就会迅速扩张，将蛇皮撑开，使得脖子瞬间变得很粗大，这一点就和人类的反应差不多。眼镜蛇的这种反应，其实就是要表示自己十分愤怒，向敌方发出严重的警告。

双拳握紧代表愤怒

　　在电视上，我们经常会看到这样的镜头：当双方的对话谈不拢，或者一方挑衅另一方时，对方就会勃然大怒，然后就会握紧拳头冲上去，给那人重重的一拳。这种情节其实并没有太过夸张，而是人最自然的反应。

　　当一个人处于愤怒、紧张、恐惧等情绪控制下的时候，都会情不自禁地把自己的拳头握紧，这是因为当大脑意识到自己正处于危险的状况下，给身体发送指令，使得我们的身体迅速分泌出"肾上腺素"（"肾上腺素"从医学的角度讲是急救强心的药），"肾上腺素"一旦分泌，就会在体内引起变化，人的运动神经马上就会紧张起来，处于高度警备队状态，而身体里的血液会就向四肢的肌肉流去。

　　这个时候，人就会双拳紧握，甚至会不自觉地寻找手边的武器，如棍棒、石头等，好找到合适的时机去攻击其他人，这种行为的体现其实就是人类最基本的本能反应，它是人类进化过程中产生的自我保护功能。

眼神犀利也是愤怒的体现

都说眼睛是心灵的窗户，可以表达出人们最真实的情感。说到底，虽然眼睛不能像我们的四肢那样随便摆动，但是眼神也属于肢体语言的一部分。虽然眼睛不能乱动，但是它可以通过眼神的变化，向外界传达信息。除此之外，眼睛还可以跟外界交流信息，也可以通过眼神来传达内心的各种情绪变化。人的眼睛是由几个部分组成的，不仅仅包括我们比较熟悉的眼球，还应该把眉毛上眼睑和下眼睑都计算在内。别看眼睛不大，但是人类神态最直观的表现就在眼睛的这一不大的区域。当你盯着某一物体和坐在窗边发呆的时候，这两种状态下眼睛的神态是截然不同的。

处于愤怒状态下的人眼神犀利。

当一个人处于愤怒状态的时候，眼神肯定不会是和蔼的。那会是一种带着进攻性的眼神，怒目而视，犀利无比。这是因为人一旦受到了负面的刺激后，就会产生强烈的愤怒感，然后身体内部的血压也会急剧上升，瞳孔也会随之变化，非常犀利，让人感到非常害怕。很多人都会发现，自己在生气之后，眼睛会变得红红的，这也是血压上升造成的。因为眼睛里面布满了毛细血管，当毛细血管充血时，眼睛自然就会出现红肿的现象了。

愤怒的时候，人身体的能量会突然到达一个高峰值，这种也就是行为学说的较力反应，通常这种反应出现后都希望可以与他人较力，这种较力可以是任意一种来自身体的接触，通俗一点讲就是想开始战斗，可以理解为要打架了；此外还可以是非身体接触式的，这种最简单的反应就是怒视对方，也就是我们说的，带有攻击性的、怒视的眼神。

愤怒者的语言短促有力

妈的，打不死你！

被激怒的人一旦进入战斗状态，就容易冲动，这是因为，人在进入紧张状态准备战斗的时候，四肢需要大部分的血液，由于血液量是有限的，四肢占用得多了，负责高级功能的大脑自然就会缺少血液与能量，所以大脑就会反应迟钝，甚至无法思考，影响人的正常判断。同样，高级能力除了判断水准降低外，语言能力也会受到影响。

愤怒状态中的人通常都是很少说话或者干脆闭嘴不说话的。战斗一旦开始，话语多为无实际意义而且不需要通过大脑思考的表达的，比如单一的字，或者粗俗的语言（打架时大家常听到骂人的话语就是很好的例子）。因为这个时候，语言已经显得苍白无力，只有用动作才能发泄自己的怒火。

变得愤怒，呼吸也会剧烈

当我们被别人激怒的时候，总会说"被气得七窍生烟"其实这句话只是夸张的说法，人的器官是不会真的"冒烟"的，当人处于生气愤怒的状态的时候，全身的细胞也会随之变得紧张起来，这种紧张直接的后果就是缺氧。如果通过正常的呼吸无法供给足够的氧气，就要靠肺部加快呼吸，来补充氧气，这个时候，就会感觉呼吸明显加重了。

当人在努力克制的时候，就会通过调整呼吸的频率来缓和一下自己由于愤怒造成的体压上升，最明显的就是呼吸变得急促和剧烈，而且鼻子两翼有扩张，通俗一点来讲就是鼻孔"冒烟"了。所以，呼吸的变化也可以帮助我们判断一个人是否处于愤怒状态，是愤怒到了什么程度。如果这个人的鼻子的气息很重，那可以推测出他这时候的愤怒情绪很强烈，最好是对他绕道而行。

我得马上避开他一下……

话又说回来，长期处于愤怒状态，总是要靠加大呼吸来平衡自己的氧气供给，是一种得不偿失的行为，试想一下，长寿的人是怎么说的？保持心态平和最重要。所以在可以的范围内，尽量控制自己的情绪，也就是把自己的愤怒点提高，不要遇到点什么事就激动，这样对自己对他人都好。

愤怒后的挑衅姿态

德国著名诗人歌德有一次到公园散步，但是冤家路窄，他碰到了一位经常抨击自己的人。那人一看是自己的仇人歌德来了，分外眼红，马上抬起下巴，表现出一种十分傲慢的态度，站在歌德面前，一点都不打算让步："我是向来不会给蠢货让路的！"听到对方这蛮横无理、充满挑衅意味的话，歌德表现出了很好的涵养，他并没有生气，而是幽默地说："我倒是正好相反。"说完便让开了路，等那人走过后，自己才过去。

抬起下巴是一种典型的挑衅姿态。

在这个例子里，与歌德狭路相逢的这个人就摆出了一种挑衅的姿态：抬起下巴。他之所以会做出这种动作，就是因为自己的愤怒。很多人在动手打架或者跟别人吵架的时候，都会暴跳如雷，把下巴轻微抬起。这就是一种典型的挑衅姿态，大有一种"我就这么着，你能怎么样"的意味。不过通常来说，这都是在有人拉架的时候，或者自己有着明显优势的时候。如果处于劣势的人做出这个表情，肯定会引来一顿暴揍。除非是不怕挨打的人，否则一般人是不会在这样的情形下作出这种表情的。

双腿夸张地敞开也是一种挑衅姿态。

除了抬下巴，还有一种比较典型的挑衅姿势，那就是将自己的双腿夸张地敞开。在这种时候，他想要表达的是一种心理安慰的意味，想通过这种肢体的舒张来强化自己的安全感和掌控感。

没表情不等于没感情

尽管很多时候人都要装出一副"没有表情"的表情，但是其内心却是愤怒无比。就好比有的下属对于上司的言行举止看不顺眼，很不赞同，但是为了自己的工作，只能面无表情，暗暗压在心里，不敢怒也不敢言。其实这种内心的不悦和不满，并不会因为自己压抑愤怒的情感而消失。

"没有表情"的表情还有其他两个情况：极端不关心和眼神上的鄙视。但是事实上，这两种同属"没有表情"的表情，隐瞒着的反而可能是牵挂，是思念，是关怀，甚至是深深的眷恋。这种情况对于女性来讲尤其明显，女性会因为顾虑到周围的环境或者其他因素而隐瞒自己的善意或者爱心，害怕真实情感流露后带来的结果而宁愿把思绪都深埋在心里，这种伪装除了用"没有表情"之外，没有其他可以表达。

咬牙切齿的愤怒者

你为什么不爱我?

当我们感到十分生气的时候，经常会出现"咬牙切齿"的情况，还有书中这么描写：把一口银牙咬碎。这其实是很常见的，比如，爱与恨都是人之常情，在爱的时候，希望对方也能爱自己，还会担心对方不爱自己了；但是当对方真的不爱自己的时候，就会由爱生恨，会愤怒，会咬牙切齿，会大声质问："你为什么不爱我！"有时候甚至还会做出一些更为疯狂的举动。

其实，口腔也是人体和外界交流的渠道之一，口腔不但用来咀嚼，还可以表示人的悲伤、紧张等情绪。当一个人的生活中出现了紧张、愤怒等情绪的时候，面部的肌肉就会紧张，也会不自觉地咬紧牙关。还有的人因为白天比较紧张，晚上睡觉的时候甚至会磨牙，这会导致睡眠不足、精神萎靡的后果。

在紧张、愤怒的时候咬牙是每个人都会出现的一种正常现象，如果不是很频繁的话，是没什么大碍的。但是如果经常愤怒，经常咬牙，面部的咬肌就会长期处于紧张状态，牙齿组织就会被广泛损耗，面部的肌肉也会酸痛不止，甚至张嘴都成为问题。

嘴唇紧绷，表示愤怒

嘴唇的变化也和鼻子一样，没有眼神那么多，但嘴唇的变化表现出来的意思就比较明确，不是很欢乐就是很愤怒。张大嘴巴哈哈大笑，那证明这个人心情不错；当一个人紧绷着嘴唇，并且少话，那证明这个人很愤怒、下定决心要对抗到底了。从嘴唇的变化，我们就可以判断一个人心里想传达的信号，比如当一个人嘴部周围肌肉紧紧地缩起来，那可以看出这个人是希望外界不要干涉自己，担心自己上当受骗的情绪。当你发现周围有人紧紧地把自己的上唇绷住，你就可以看出他不想受到他人感情影响或者控制住自己的情感。

愤怒的时候，唇形的变化有很多，在这里重点讲两种，一种是"憋气的嘴唇"，这个唇形并不单纯，因为它带有伪装的成分。这种唇形在各种愤怒的表情中是比较常见的，但是并不是愤怒专属的唇形。有时候，其他的情绪，也会出现这种唇形。而且有时候愤怒的人因为种种外界原因，不能或者不愿表达自己的愤怒，也会用这个表情。

不能或者不愿表达自己的愤怒，也会紧绷嘴唇。

第二种是紧闭嘴唇。这个唇形比第一种要单纯很多，非常直白，就是要明白无误地告诉别人，我愤怒了。这个表情需要用到的肌肉有口轮匝肌、降口角肌和颏肌。

除了这两种表示愤怒的唇形，还有一种唇形也能起到这种效果，但是它与其说是愤怒，不如说是让人恐惧。绷紧卷曲的嘴唇，就是这种唇形。它总是让人感到盛气凌人，或者非常严厉。这种在动物身上出现得比较多，比如一个动物要向别的动物发起进攻的时候，它总是先把牙齿露出来，好威慑对方，保护自己。

两条眉毛竖起来

人们常常是通过脸部的表情来判断对方的情绪以及接收对方传递的信息，是友好的还是对立的，是认同的还是反对的，是正面的还是带着鄙视的。比如我们从小熟读的鲁迅先生的"横眉冷对千夫指"就是经典之一。横眉，是脸部表情，代表着对他人的轻蔑和漠视，同时向他人传递着一个信息：自己无所畏惧，坦荡荡赤裸裸地向对方发出警告。

由此可见，眉毛在情感传递方面是非常到位的。试想一下，这句话中的横眉如果换成"皱眉""竖眉"，是不是很不恰当？是不是无法表现出这种坚毅的大无畏的战斗情感？答案是很明显。如皱眉代表的多是矛盾，思绪的纠结，觉得为难，或者是有讨厌、厌烦的情绪。竖眉则表示被激怒的状态，气得眉毛都竖起来了。

扇动的鼻翼

鼻子也是传达内心真情实感的信号，当我们感到对方"皱起的鼻子"时，我们就会知道，那个人正在表达自己对当前事物感到厌恶；当感到对方"嗤之以鼻"，就会感觉出对方对当前事物的轻蔑。

有相关的心理学研究成果显示，一个人在与他人的交谈时，鼻子不自觉地稍微胀大时，则体现出这个人对他人有所不满，但这时候对这种不满在心中刻意压抑；当一个人的鼻头不断地冒出汗珠时，就可以看出这个人目前的内心是焦躁、紧张的，并且带有少许的不确定感，当你的交易对手表现出这样的行为时，你就可以看出他是很想马上达成协议。

狮子鼻

在五官里面，人们会通过鼻子来判断这个人的性格。比如，人们会用"雅致的鼻子"来称赞女子，而且我们的审美就是认为带有纽扣形的鼻、翘起的狮子鼻或者上翘的鼻子的女子是最美丽、娇柔的。而有人却认为小鼻子的女子是缺乏好强心或者竞争力的，只适合做一个美丽的花瓶，但这种认为也没有相应的理论根据，只是大家平时的审美而已。

肢体语言在信息交流中的重要性

一个人的言辞固然能表达某种态度，但他的肢体语言却能加深并艺术化对对方的感染。懂得了这一点，在我们讲话时，眼神、表情、动作和气质与述说的语言就应做到同步化，使自身的形象更完美，以自身的情绪去影响对方的情绪。

当人们进行面对面沟通的时候，会使用到三个主要的沟通元素——用词、声调，还有肢体语言。所谓的"7%-38%-55%定律"，指的就是这三项元素在沟通中所担任的影响比重。用词占7%，声调占38%，肢体语言占得最重，是55%。它是美国心理学家艾伯特·梅拉比安提出的。

生活中的肢体语言

"挥手道别"是我们每个人都常使用的一种肢体语言。

交通警察的手势，是一种非常丰富的肢体语言，在指挥汽车和行人上能起到很重要的作用。

在警察审问犯人的时候，对肢体语言的利用也能够起到事半功倍的效果。通过对犯罪嫌疑人身体语言的辨认，警察可以获得很多重要的信息。

卓别林是无声电影时代的杰出演员，他的无声电影之所以如此成功，靠的就是丰富多彩的肢体语言。

愤怒时眼睑也有变化

　　人们一般都会将眼睑称为眼皮，眼皮位于眼眶的前方，分为上眼皮和下眼皮。眼皮的主要组成部分是皮肤、肌肉和结膜，在眼皮的边缘，还生有睫毛。在人正常视物的情况下，人的整个瞳孔会暴露在外面，眼睑也不会完全盖住眼睛。

　　要想看出一个人是不是非常愤怒，可以通过对方的眼睑来作出判断。当一个人愤怒的时候，他的眼睑会跟正常状况下的形态有着明显的区别。而且，眼睑的变化会引起一系列的连锁反应，比如虹膜的上缘和下缘露出的部分会更多，露出的眼白也跟以往有所不同。上眼睑的这种明显的弯折，是因为双眉的下压导致的。

　　一个人上眼睑提升，下眼睑又绷得很紧，就说明这个人非常愤怒。

　　愤怒的程度和眼睛的大小成正比。如果一个人在批评别人，而且直直地逼视别人，会让对方觉得非常害怕。除了双眼在怒视，还可以双眉下压，嘴唇也紧紧闭起来，这样，愤怒就更加明显了。

　　当然，愤怒时候的表情还要看当时的情况而定。如果一个人由于当时的情境不能表达自己的愤怒，或者想掩饰自己的愤怒，那他的表情基本上是看不出什么变化的。但是，不要以为这样就看不出他的愤怒了，如果这个人上眼睑上提到露出虹膜上缘的位置，同时下眼睑紧绷；或者是虽然看不出具体的变化，但是身体因为用力地克制而紧绷，都说明他在愤怒。而且，由于需要克制，可能鼻孔会张大，而且喘气声较重。

　　在头部和眼球没有什么明显的动作的时候，如果上眼睑上提到露出虹膜上缘的位置，而且下眼睑紧绷，这时候就会让人感到这个人的目光十分凌厉，充满怒气。相反，如果上眼睑的肌肉恢复正常，下眼睑也不紧绷。就算脸上还有着双唇紧闭等明显的愤怒特征，也不算是愤怒。

松领子

在一些电影里，我们经常会看到这样的情节：剧中的一个男人看到另一个男人正在和自己心仪的女孩子有说有笑，神态亲密。这时候，如果这个男人不敢上去表达自己的不满，他就会使劲地拉自己的领子。这个动作明白无误地说明，这个人很生气。松开自己的领子，就是为了让自己多呼吸一些新鲜空气，让自己不再那么焦躁。

这种情况在工作中出现得也比较多，比如在开会的时候被领导当众批评了，或者被同事弄得当众下不来台的时候，都会出现这种情况。总的来说，这种动作就是在传递一个信号：我愤怒了。所以，如果你在生活中看到身边的人做出这样的动作，就应该想到他也许是有些愤怒、焦躁不安。

叉腰也表示愤怒

叉腰，顾名思义就是把双手叉在自己的腰间，在小说里经常用"就像两只要斗架的母鸡"来表达这个形象。而我们生活中与这个形象最接近的，就是圆规了。其实这种叉腰的动作在生活中是经常遇到的，好比两个吵得不可开交的冤家，即将上场比赛信心满满的运动员，在更衣室等待鸣锣开战的拳击手等，这些姿势直接传达给我们的是一种抗议、进攻的信息。

在文人笔下，经常用"叉腰的女人"来形容很厉害的女人，让人害怕得厉害，其实这也是女性表达内心愤怒和不满的一种姿势。这么做在表达自己的愤怒的同时，也在增加自己的信任，因为这个动作可以占据更多的空间，也可以让自己的身体看起来更加有气势，让对方觉得自己充满威慑力。

但在生活中的我们，如果不是真正生气、愤怒的时候，还是少用这个动作为好，因为生活中的我们既不是伟人，也不是 T 台上的模特，这个姿势很容易让别人误会自己，别人会以为你是火气大，或者是别人冒犯了你，不管怎么讲，这是一个让人感到不适的姿势。

愤怒也可以假装

有时候愤怒也不一定用来表达生气不满，这个情绪还会被某些人利用起来，让自己的谎言看起来真实一些。但是说谎就是说谎，尽管说谎者用愤怒来伪装，甚至会加上很多的手部动作和脸部表情，让自己看起来真的气得不得了了。但这些动作无论被表演得多好，还是有破绽的，因为这些动作是刻意"加"上去的，所以会比瞬间的表情慢半拍，而且很机械化，甚至是语气要比动作反应快，看起来很不协调。

说！咱家那20元钱是不是你偷的！

我没偷！就是没偷！

小孩子在说谎时往往会假装愤怒。

这种愤怒其实比真实的愤怒更可怕，俗话说不怕明刀明枪，最怕暗箭乱放。真正的愤怒是把问题解决了、说清楚了就没事了。伪装的愤怒通常都是带着欺骗性的，也是另有目的的。这样的情况我们就要警惕了，当我们捕捉到伪装愤怒的信号时，就应该基本判定刚才说过的话做过的事，不一定是真实的。好比有人说"把我吓死了"或"我气得冒烟了"时是带着明显的表情，或者脸色有明显的变化时，我们才能觉得这种情绪是正常的，如果这个人一边说这番话，而面部的表情却十分淡定时，那肯定他/她在说谎。

总而言之，一个人要把自己的情绪掩盖起来不容易，要将自己本来没有的情绪伪装得多么愤怒更不容易。这些伪装往往逃不过人的眼睛的。

越愤怒双臂抱得越紧

你个土包子，穿成这样，也好意思出来。

手部的动作也可以反映出一个人的情绪，通常一个人处于愤怒的时候，会将自己的双臂抱得紧紧的，这样做的目的有两个，第一个是尽量克制自己的情绪不要爆发出来，第二个是暗示他人"我很生气了"。

有这样一个故事情景可以很好地解释这个问题。一位正在超市结账的女士准备用信用卡结账，第一次收款员告诉她，输入的密码有误，请她重新输入；第二次输入，收款员还是告诉她密码有误；第三次还是如此；她有一个这样的小动作，就是每次输完密码都会将双手交叉放在胸前，每次她被提示输入的密码错误之后，她会把手臂抱得更紧，双手也抓得更紧了，最后她只能什么东西也不买愤怒地离开。这样的动作信号就是表达着她不断上升的愤怒感和尴尬。

您输入的密码有误。

双眉下压表示愤怒

在我们的生活中，有很多人都会出现愤怒的表情，而其中很大部分人的愤怒表情里，都会出现双眉有很明显下压趋势的动作。根据达尔文的调查与研究，人在生活中如果遇到有麻烦的状况，那么他的眉毛就会往下压。

比如在生活中会有很多学生，他们在为人处世的时候，如果遇到了难题，就会有这种眉毛下压的表现，但是每当他们把难题解决了之后，这种眉毛下压的情况也就跟着他们的心情愉悦从而消失不见了。而且有的时候，每当人们遇到比较难办的事情或者当他们深深地陷入沉思的时候，他们也会出现双眉下压的这个表情。

能喝多少白酒？能接受陪酒服务吗？

面试

但是，双眉下压并不是愤怒所特有的，想要表示愤怒，还有一个条件要满足，那就是要尽力将自己的眼睛睁到最大。当这两个条件同时满足的时候，才算是真的愤怒。

很明显的愤怒：怒目而视

在正常情况下，人的虹膜是不会完全暴露在外面的，虹膜的上半部分的四分之一左右，是覆盖在眼睑之下的。当然，这说的是在一般情况下，一旦人们的情绪发生了波动，比如愤怒的时候，表情也会随之变化。这个时候，虹膜会大幅度提升，虹膜上半部分的很大一部分就会露出来。虽然这个时候，这层褶皱的重叠会让上睑线因压力而变形，但是我们可以推断，要是没有眉毛下压，上睑就不会紧紧盖住虹膜的上缘，而是会越过虹膜。而且，在愤怒的时候，并不是只有上眼睑有变化，下眼睑也会有变化。在上眼睑提升的时候，因为眼轮匝肌的收缩，下眼睑也会有小幅度地提升。此时，它不但会比之前更直，而且会更加紧。有了这些表情，怒视的力量就大大增加了。

人在愤怒的时候，上下眼睑都会有变化。

当上眼睑提升到露出虹膜上缘的程度、下眼睑绷紧和双眉下压这三个条件同时满足的时候，就会出现怒目而视的表情，眼睛里好像要喷出火来。

当然，理论和现实还是有一定差距的，上面讨论的是愤怒表情的标准。但是在现实生活中，每个人愤怒的表情都各不相同，不一定非要满足这个标准。

生活中出现这种现象的原因也有很多，比如这是动态的一瞬间，但是刚好抓拍成为一帧，然而这并不是愤怒的终结状态；又比如说行为人虽然愤怒，但是他们心中还是只有一点害怕，所以对别人的进攻的欲望不是特别强。最重要的不是观察眼睛的大小或虹膜暴露的多少，而是要去注意眉毛、眼睑的形态组合。

愤怒的人鼻孔张开

在愤怒的时候，需要动用到上唇肌和上唇鼻翼提肌。但是由于鼻子和嘴唇的位置很近，所以鼻子的形态也会受到影响。这时候，鼻孔会变大，鼻翼的两侧会形成两道深深的沟。另外，受到这几块肌肉的影响，人的脸颊也会稍稍隆起。

在愤怒的时候，我们总会用一个词来形容：吹胡子瞪眼。其实这两个动作都是比较明显的。但是由于鼻孔的大小有限，不可能像眼睛一样随意睁大，所以只会有些轻微的张开，如果不仔细观察是看不出来的。

愤怒的人毛发竖直

有很多人在描述自己的恐惧的时候，都会说"寒毛都立起来了"。其实，这种表情并不是恐惧独有的，在一个人愤怒的时候，也会有这种反应。而且这也不是人类独有的，动物也会这样。比如说动物园里的猩猩，在它突然受到惊吓，比如有人突然朝它扔东西，或者有人惹它生气，或者电闪雷鸣的时候，它的毛发就会直立起来。

在一个人愤怒的时候，他的毛发就会竖立起来。那么，这是什么原因呢？之所以会出现毛发竖立的情形，是因为人身体上的立毛肌收缩。立毛肌附着在每一根毛发的毛囊里，立毛肌一收缩，毛发就竖立起来了。不过很快，这些毛发就会倒伏下去。另外，在人寒冷的时候，立毛肌也会收缩，人的皮肤上会出现鸡皮疙瘩。

厌恶的愤怒：上唇轻微离开下唇

谈到厌恶的愤怒，人们最容易想起这么一幕：美女朱唇轻启，突出一个字："滚！"

有时候，人的上唇会轻轻地抬起，不再紧紧贴着下唇。抬起的上唇和鼻翼两侧的沟纹，可以清楚地表明：我愤怒了。

通常女人对一个人极度厌恶时，会说"滚！"

还有一种愤怒就是大张着嘴巴，并提升上唇。在提升上唇的时候，发生运动的两块肌肉是上唇肌和上唇鼻翼肌。有一点需要说明，这两块肌肉是不可能脱离对方单独行动的，它们总是会同时收缩。它们的不同在于，提上唇肌的时候，有意控制的成分要多一些，而大部分时候，强烈的情绪自发控制，才会导致上唇鼻翼提肌。

大张着嘴巴，并提升上唇也表示愤怒。

但是有一点需要注意，别人虽然在表示厌恶，但是并不一定就是在厌恶你，也许他只是在厌恶他自己。也许他是觉得自己有什么无法完成的目标，或者是想起了自己的某一段伤心事。有时候，虽然对方在表示蔑视，但对象并不一定是你，不过这种情况比较少见。因为在所有的情绪里，愤怒是最容易和厌恶混淆的。而且，经过一段时间之后，厌恶可能会转化为愤怒，而愤怒也有可能会转化为厌恶。

厌恶自己也会产生愤怒情绪。

大吼发泄愤怒

在我们去动物园参观的时候，会发现，如果动物之间发生了战斗的时候，大部分时候它们都会仰天长啸，特别是老虎和狮子这种个头比较大的。这些行为发生在动物身上，其实是很容易理解的，因为它们并不像人一样，接受过教育。

但是，这种行为并不是仅仅发生在动物身上的，人在愤怒的时候，也会大吼。当然，大吼也不是愤怒的全部，虽然说是君子动口不动手，但是如果人们实在是难掩自己的愤怒，也是有可能动手的。愤怒会带来巨大的能量，如果不及时消耗掉，身体会很难获得平衡。

憋气表达愤怒

在很多电视中都会出现这样的台词：如果这口气不出，我会被憋死的！在现代社会，人们的愤怒的表现其实是会分场合的。如果一个人心情不好，在面对自己的亲人的时候，也许会一下发泄出来，比如采取大吼、摔东西之类的方式。

如果是面对自己的敌人，那么他也许就不会有那么多废话，直接就会动手。但是在大部分情况下，由于种种条件的限制，人们都不会大吼，当然也不会动手了，他会选择憋一口气。其实，在对峙的时候，憋气和怀中揣着炸弹的效果并没有太大的差别。因为明眼人一看就知道你很愤怒，而且不知道什么时候就会爆发出来。

其实，有时候有些话说出来就会好过很多，没有必要憋在心里，所谓"气大伤身"，如果能够找个人倾诉一下，放松一下心情。等事情过去了，再回头来看，其实并没有什么大不了的。

第十三章

三十六计走为上：逃避与逃离

稍稍吸气代表恐惧不安

心理学家称，内心的情绪一定会有外在表现。人们在得知意外事件的瞬间，或者在观看恐怖电影时，经常会"倒吸一口凉气"，这便是内心恐惧的情感流露。如果你观察得足够仔细，即使老谋深算、极其善于掩饰的人，也都会不自觉地稍稍吸气，即使他的动作幅度非常小。

人之所以在恐惧时会吸气，原因还要归结到人体机能。人们在产生恐惧的心理时，相应地会有身体上的一些反应：下唇被下唇肌下拉，露出下齿，而且恐惧的嘴角向两侧拉开，还会有深呼吸的配合。同时这也是大脑在受到刺激时需要更多氧气加快思维的一个表现。

恐惧时会出现眉头向中间聚拢、上扬；眼睛睁大；张开嘴等表情。

了解了吸气的原因，我们再来了解一下人在恐惧时的面部表情特征，主要有眉头向中间聚拢、上扬；眼睛睁大；张开嘴等。引起恐惧的事件已经发生，多半可以断定刺激是不利的，眉头自然皱起。眼睛睁大是因为对悲伤的结果还不确定，必须继续收集刺激源的视觉信息。我们这里主要讲到的是嘴巴张开，相比悲伤张开嘴叹气而言，恐惧时人们张开嘴则是吸气。有人吸气动作幅度很大，代表他此时并未设防，并没掩饰自己内心的恐惧情感，当然还有一种情况是事情并没有那么严重，当事人还承受得住；有人吸气动作幅度很小，代表着他可能已经在大脑中进行了高速运转，将这种恐惧迅速消化，同时控制自己面部肌肉，不使外显。同样当然有一种情况是此人承受能力较强，在别人看来是重创，在他看来只是必经的挫折。

当然，有情绪一定代表会有表情；有表情却不一定代表有情绪。一个人静静坐着稍稍吸口气并不能代表他一定就心生恐惧了。我们在通过微表情对他人心理进行判断时还要考察其他方面的因素，例如是否真的有刺激产生。可以说有刺激则会有情绪，有情绪则会有表情。掌握这些技巧的同时还要多做观察，这样才能准确把握，获取真实信息。

姿态微微调整：他很不安

如果有人交叉双腿，那就是用腿部语言告诉对方：暂时还不许你进入他的内心世界。即使他这时正说着对你多敬重、多友好之类的话，你最好也别太当真。除了人们因为感觉累了调整姿势之外，人们在表达不同意见、感觉不安的时候都会微微调整姿势，为自己表达观点、在不利的环境中寻找新的支撑和安全感。

人们常说，坐立不安。一个人在内心焦躁或者烦闷不安时，总是不能控制地走走停停，必须在座位上时便表现为不断调整坐姿。可以这样解释：心理上的不舒服会给大脑发出一个信号，大脑并不能判断区别身体和心里，便会调整身体姿势，以求达到舒服的状态。可是这并不能解决问题，所以反应在人身上便是不断地在调整。当人们想抑制这个动作时，只是会减少频率或者降低幅度，除非坐禅入定的大师，很少有人能完全做到心动身不动。

直接后退，想要逃跑

我就是要骂你怎么着！

影视剧中经常有这样的桥段，在各种各样的关系中，强势的一方言辞激烈，咄咄逼人，步步紧逼；弱势的一方眼神惶恐，被逼得步步后退。京剧中也经常会出现角色在心灰意冷、伤心失意之际，即使没有人逼迫，也步步后退，呈现出绝望和逃离的负面情感。这些桥段虽然经过了艺术化、戏剧化的处理，但是所运用的心理知识在现实生活中却是很实用、很普遍的。身体上的后退代表着心理上的逃避。

腿部是如何明确地表明我们的心理过程的呢？我们虽然是用脚走路，但身体的其他部位也是参与活动的。走路时挺起胸膛，表明我们的活力、抱负在引导我们前进。我们内心的自我要远远领先于我们的步子。

如果你的敌人在对峙中开始向后退，那你一定要抓准时机，奋力一击，那时离你成功的时刻就不远了。虽然这种心理战术不是你成功的决定因素，但是确实能帮你更快、更有力地击垮对方，以最小的损失在最短的时间内给对手最致命的打击。

恐惧时两手冰凉

　　并不是所有恐惧心理活动都会导致两手冰凉，这只发生在恐惧到了一定程度之时。手凉的程度取决于事件恐惧程度以及此人心理脆弱程度。心理恐惧表现在机体上，是会产生生理逃跑反应，血液从四肢回流到腿部做好逃跑准备，他的手部首先冰凉。这一点确实有不好辨别之处，因为有的人向来是四肢冰凉的，当然通常这类人也是易恐惧群体。我们在这里探讨的主要是正常手温突然转凉的情况。

双手互相摩擦也能起
到缓解恐惧作用。

　　人在恐惧时的这种生理反应会将自己的心理活动出卖，当然，很多时候并不方便也没有理由去碰触对方的双手，这时我们可以观察，因为两手冰凉的人会不自觉地双手摩擦做取暖状。

　　通过这点我们可以大致看出，这除了反映他此时心有不安外，还可判断出此人手部应该是手部发凉，需要热量，因此得出他心生恐惧的判断。

心理咨询师通常会给
患者一个暖手袋取暖，抚
慰恐惧的内心。

　　心理咨询师在治疗患者的过程中，遇到患者有心结、因为恐惧等各种原因不能表达自己的情况时，会给患者一个暖手袋或者其他东西让患者首先从手上得到能量，从而增强心理的正能量。所以，面对心生恐惧的朋友，去握住他的双手能很好地抚慰他恐惧的内心。通过手部的热量传递自身正能量，增加抗拒恐惧的砝码，同时宽慰他的内心。

躯干和头后仰代表想要逃离

趋利避害是人类的天性，人们对某件事物保有极大的兴趣时，会身体前倾，靠近以示好感。相反，当人们预感到不利和威胁时，便会后仰表示拒绝和逃离。就像人们在面对了一整天复杂的工作时，会想朝椅背上靠一靠，这不仅是想要获得一些背背上的轻松感，同时也表示着想要脱离眼前的工作。

再便宜点把！

您真能砍价，就当给您带一个吧。

很多销售人员、推销员都深谙此道。所以，知道了这点之后，作为客户，我们在讨价还价的过程中可以在不经意间后仰身体及头部，这样就能在心理上给对方一个下马威，通过自己的想要逃离和不感兴趣，降低对方手中的筹码，为自己赢得先机。

避开他的视线：视觉逃离

眼睛是心灵的窗户，"眼明心亮""眼疾手快"等都是在说眼睛是如何反映一个人内心活动的。在谈话过程中，说话时不是直视而是一直避开他人的视线，这是表示：感到疲倦，无意倾听，他心里想的只是"快一点结束该有多好"。遇到这个情况，你应该做的是及早地结束谈话，定一个时间，下次再好好谈。

双方在交谈时，视线难免会相遇，视线相碰的时候，直视对方，绝不避开，这种人的性格，通常是方正之士，待人以诚，绝不耍弄什么诡计，是意志坚强、自尊心强的表现。如果对方在此时连忙移开视线，聪明的你该做下面的判断。除了此人性格本身怯弱，从来不敢直视别人视线这一情况外，大概有下面两种情况：他的内心有某种苦衷，或是有意隐瞒什么；急急避开视线，表示担心你发觉到他的心事。

其实，视线斜视是"不想让别人识破本心"的心理在起作用，是一种试图掩饰的内心活动。潜意识中，当你想掩饰一些东西的时候，你就会害怕别人知道你的掩饰，与之而来的心虚和不自信就会逼迫那你的眼睛不去直视谈话人。甚至很多人认为目光转移是撒谎的信号，虽然这有些以偏概全，但这也从一方面反映了避开视线至少是在隐瞒一些心理活动。

坐姿角度扭转，准备逃跑！

每个人在坐着时都会呈现出不同的姿势，有的人喜欢跷着二郎腿，有的人喜欢双腿并拢，而有的人喜欢两脚交叠，真是各种各样，千奇百怪。不管坐姿如何，都有"稳坐江山"和"坐立不安"这两种状态，这其中的情绪变化很好地解释了"坐姿角度扭转，准备逃跑"这一点。一个"稳坐江山"的人坐姿很稳定，不会经常扭转坐姿。因为心理上占有优势的他们心态稳定，不会有什么波动或者不安需要通过调整坐姿以图找到最舒适的心理站位。

一个人不停地扭转座椅，或是坐不安稳，或是想逃跑。

一直以来，关于坐姿并没有一个统一的规矩，因为正确的坐姿取决于情景和功能的要求。不过有一点是可以肯定的：如果一个人满满当当地坐在位置上，身体能灵活运动，但又不是东摇西晃的，那么，他就会给人留下一个好的印象。谁如果老是动个不停，坐不安稳，那么，他的感觉也不会舒服——找不到自己的位置。找不到自己位置的另一面就是他想逃离！

如果你的谈话对象不时调整坐姿，可能他对你的谈话内容不感兴趣。

所以，如果你的谈话对象不时调整坐姿，可能你们的谈话内容已经让他有想要逃离的打算，如果你眼够尖发现了这一点，那你要适时对谈话内容和谈话时间做出一些调整了。不然在对方根本听不进的情况下强行灌输自己的思想也是徒劳无功的。

从脸色也可以直接读出不安与想逃

¥4.99

我们常听说"要微笑面对顾客"，因为商家的亲和在生意的促成中占有很重要的作用。很多时候不是因为产品的质量或者款式不符合心意，而是因为店家的态度没有说到消费者心坎里去。当消费者感觉得到了尊重，心理需求得到了满足，即使还有别的选择，或者产品并不是百分百满意，也很有可能爽快地达成买卖。

与此相对应，不安与想逃也可以从脸色上直接读出。当一个人不安时，面部肌肉就会僵硬，即使他有所掩饰，也不会逃过心理学家的眼睛。如果你眼神够敏锐，也会注意到其中的细微变化，因此探析对方的心理活动并非难事。

站姿角度扭转，下一步就逃跑！

每个人都有自己习惯的站立姿势，站姿是由一个人的教育、性格和人生经历及最终形成的修养所决定的。不同的站姿可以显示出一个人的性格特征。有人说："站姿是性格的一面镜子。"此话一点不假。我们只要细心观察周围的人，从他们站立的姿势语言去探知其性格心理，也许会有收益的。

双手交叉抱在胸前，这种姿势容易给人傲慢的印象。

当你在和别人交谈的时候，如果注意到对方正在慢慢地（当然也有可能是突然地）把自己的双脚朝远离你的方向挪动，你知道这是为什么吗？这说明这个人现在有事情要办，可能是想去约会，但是因为与你交谈耽误了时间，所以内心中想要赶紧走。当然，也有可能是因为他不想再听你说话，或者是你在无意中说了什么冒犯了他的话。总之，如果一个人的脚发生转向，就说明他想离开了。

站稳脚跟，就是说，双脚要紧挨地面，即跟地面贴合。和其他所有非语言身体信号一样，我们要把这些微动作置于具体的事件环境中。不排除有一些人本身就有好动的习惯，他们在站立时不能静止、不断改变站立姿态的人，性格急躁、暴烈，身心经常处于紧张的状态，而且不断改变自己的思想观念。在生活方面喜欢接受新的挑战，是一个典型的行动主义者。

恐惧的直接反应是静止

恐惧，又被称之为畏惧、恐慌、可怖、惊骇、悸惧、焦虑、憎恶、惶然、沮丧、凶示、悚然、震颤、战栗、躁动不安、撕心之痛。任何人被惊吓时都会感到毛骨悚然，任何人都会用各种各样不尽相同的词语来描述自己感受到的恐惧情绪。虽然恐惧是一种单一原始的情绪，我们却有那么多形容它的字眼，不得不说这是一种奇怪的现象。也许所有这些同义反复都是语言学的创造，也许，翻弄我们的脑袋后能够发现那种熟悉而无华的恐惧。

恐惧并不是一种单一的情感，而是一套哺乳动物用以处理威胁的复杂多变的策略。科学家们制作了一个令实验对象可以躺在功能磁共振成像扫描仪中进行的生存主题视频游戏。实验对象由一个处于迷宫中的三角形表示，并可以对之进行操纵。在某一时刻会出现一个圆环。这是一个由 AI 控制并搜寻玩家的虚拟捕食者。如果它抓住了玩家，他们的手背会遭到轻微电击。实验中，前脑网络会使大脑对外部环境的注意力更加敏锐，评估威胁，监控微妙的变化，一有风吹草动则立刻逃离。它的另外一个重要功能是保持中脑部静止，因此被捕食者一开始会以静制动，而不是直接以最快的速度逃跑。

受到他人恐吓威胁时，往往会目瞪口呆，静止不动。

经历过地震等灾难的人们，在回忆惊魂一瞬的时刻，脑海中并未出现什么场景或事件，而是一片空白，然后才是应对措施。这很好地解释了"恐惧的直接反应是静止"这一点。虽然这并不能给我们带来什么实际的帮助，但是更多更深地了解自己还是会在一定程度上有助于危机的应对和化解的。

当地震来临时，人往往会被吓得腿软走不动。

张大嘴巴吸气

有研究表明，当一个人感到非常恐惧的时候，他的上唇会提升，由于颈阔肌的作用，他的嘴角也会向两边大幅度地拉开。这时候，下唇也会做出相应的反应，它不只会随着下颚的垂落而打开，还会被降下唇肌拉长。当然，人的这种反应，并不是只有在恐惧的时候才会出现。

在现实生活中，很多人把张大嘴巴吸气当作减压的一种方式，这也是十分有效的。这个动作可以缓解人类紧张、恐惧的情绪，能够舒缓心情，调整状态，使身体机能处于最佳状态，在紧急情况或重大场面中保持时刻戒备的状态。

恐惧会使人最大限度地睁开双眼

人在恐惧的时候，整个神经系统都在应对随时可能出现的威胁，因此产生高度紧张的情绪，对周围环境变得非常敏感。高度的关注可以通过眼睛睁大的状态表现出来，当然，眼睛睁到极限的条件是刺激源足够恐怖。一切现象都是有其原理的，我们在受到刺激和惊吓后产生恐惧之时，其实大脑已经在第一时刻做出了反应，为了快速接收更多视觉信息，以判断自己是否安全，所以才会睁大双眼。

恐惧的眼部特征和惊讶、愤怒是非常相似的。同样是恐惧情绪引发的表情，眼睛睁得越大，表情看起来就越恐惧。区别在于，在不那么害怕的状态下，比如担忧和不安时，眼睛不会睁得特别大，虹膜上方的眼白不会露出。

我可不怕你啊！

另外，善于伪装的人会在恐惧时第一时间进行抑制，可能眼睛并没有睁大，但其实他的内心已经产生恐惧了。这时我们就要综合各方面因素进行考量了。在这里想告诉大家的是，眼睛睁大并不是恐惧情绪的必然外在反映，我们在对这点进行判断时，一定要擦亮眼睛，看清对方是否已经经过伪装。

发出尖叫声

在热带雨林中，生活着这样一群猴子。它们在树丛间跳来跳去，觅食和嬉戏着。忽然，负责瞭望的猴子发现了远处出现了危险情况，它张大了嘴，发出了奇怪的喊声，那撕心裂肺的声音惊动了整个猴群。猴子们在猴王的带领下焦躁不安地向着另一个方向逃去，以躲避它们的天敌……

在看《动物世界》等科普节目时，我们经常会看到两只争夺地盘的雄狮朝对方咆哮，一方面是为自己示威，另一方面是要通过声音上的震慑驱逐对方。古时作战也有击鼓以壮士气的传统。这一方面说明了尖叫声会舒缓情绪，另一方面说明尖叫时有情绪产生，而这种情绪一定是刺激性的，使人想要逃离的。惊声尖叫一方面是为了缓解内心压力的本能行为，另一方面也是进化积累下来的一种攻击手段——通过高频声音驱赶对手。

在一些战争题材的电视和电影当中，我们经常会看到这样的情节：由于某个人没有说出对方想要的情报，审讯官就会对他上刑。而且这些刑罚五花八门，既有老虎凳辣椒水，又有往手指里塞竹签。这些都是我们能看得到的刑罚，事实上，有很多时候，既看不到又摸不到的声音，也可以被用来行刑。在第二次世界大战期间，如果有间谍不幸落入敌方手里，他们的下场会很悲惨。因为他们有的人会被放到有大喇叭的房间，但是不会接受严刑拷打，而是要听一些"精心准备"的"音乐"。用不了多久，这些意志坚定的间谍就会烦躁不安，大声呻吟，甚至可能会倒在地上抽搐，还有人会因为无法忍受而想撞墙自杀。有很多接受过这种刑罚的人表示，自己宁愿被枪毙，也不愿意接受这种折磨。由此可见，以尖叫声当凶器并不是没有根据的。

人在感到恐惧后的正常反应是：肾上腺素大量释放，机体进入应急状态，心跳加快、血压上升、呼吸加深加快；肌肉（尤其是下肢肌肉）供血量增大，以供逃跑或抵抗；瞳孔扩大、眼睛大张，以接收更多光线；大脑释放多巴胺类物质，精神高度集中，以供迅速判断形势。

人在感到恐惧时常会
张大嘴巴发出尖叫声

人类及类人猿等动物感到恐惧时常会发出尖叫声。对动物的观察表明，群居动物的某一个体看到天敌而发出尖叫后，其同类能根据尖叫的示警迅速逃跑。这种群居保护机制现在依然存在于我们的体内。虽然已经不再是以前的作用了，但它和张大嘴巴吸气一样，对我们日常生活的减压、舒缓情绪方面还是有着很大帮助的。

🌐 情感是最佳的"应急机制"

我们总是在无意识中接受和探测周围的各种信号，这些信号被传递到自主神经系统之后，神经系统将解析成相应的信息传达给意识，来告诉大脑将要发生什么。

当某个信号飞速地冲向我们，就会形成触发恐惧情感的一种刺激，这种恐惧反应在身体上就会出现脉搏跳动加快、血液更多地涌向腿部肌肉等种种现象，以便及时帮助我们逃跑，如此一来，身体比头脑先感觉到了危险，所以你的身体会下意识地快速逃离危险。

当你成功地脱离危险后，你的身体恢复到正常状态所需的时间，比你的头脑意识到危险已过去的时间更长，这也就能说明，为什么危险已去，你仍然会心有余悸。

身体比头脑先感觉到危险

身体恢复到正常状态所需的时间更长

189

膝盖发软

有的人在极度恐惧的时候，会吓得走不动路，发现自己腿软了。所谓的腿软，就是膝盖发软，那么，膝盖发软说明了什么呢？这说明一个人非常恐惧，说明他的肉体或者情感上有些虚弱。这时候，身体的其他部位还可以活动，但是丧失了行动或者走路的能力，迈不开步子，这是休克的前兆。

那么，为什么我们的双腿会不受指挥呢？这是因为人的种种情绪的影响，比如不够自信，比如太过软弱，比如太过恐惧。有时候，大腿可以传递出这样的信号：这是我的任务，但是我不想干。而且，这种拒绝的情绪还可以感染身体的上半身。

躯干倾斜就是要逃离

和身体的其他部位一样，我们的躯干在感觉到危险时的第一反应就是逃离。比如，当有东西抛向我们时，我们的边缘系统会向躯干发出立刻躲避的信号。一般来说，这种反应与袭击物体的性质无关，不管是棒球，还是正在行驶中的汽车，只要我们感觉到了，我们就会赶快闪躲。

同样道理，如果一个人站在一个自己打心眼里厌恶的人身边，那他也会做出逃离的动作，比如，他的身体会倾向远离这个人的那一侧。另外，如果双方中的一方感到事情不是很顺利的时候，他会发现，对方会做出一些远离动作，当然，幅度不会太大。

女性的躯干保护行为比男性可多得多，在学校里，女生在走路的时候，总是喜欢把自己的书或者笔记本抱在胸前。特别是在大一新生刚刚入学的时候，这种反应更是明显。当她们慢慢适应这个新环境之后，动作上就会有所改变。比如说，笔记本或者书的位置会由胸前挪到身体的一侧。但是在邻近考试的时候，她们又会恢复之前的把笔记本放在胸前的位置。当然，这个遮挡物也有可能是公文包，或者是钱包。

手心潮湿的人内心恐惧

对于男性来说，唯一可以接触到陌生女子的身体的机会，就是握手。通过握手，你就可以通过对方的手来了解对方。如果对方的手心比较干爽，就说明她的性格比较开朗，当然，也有可能是她对你们的这次会面兴趣不大。如果是在相亲的时候出现这种情况，那基本上成功的概率不大。如果对方的手心比较潮湿，就说明她比较内向，也可能是她现在非常紧张或者是害怕。要想知道她到底是紧张还是害怕，可以通过她的眼睛来判断。如果她现在是躲躲闪闪的，就说明她很紧张。如果她的眼睛微闭，那就说明她很害怕。相对来说，男性在这方面的表现会稍微隐蔽一些。因为男性通常都是大大咧咧不拘小节的，对于大部分男性来说，握手就是简单的握手，他们并不会去把很多心思放在握手时对方手心的情况以及情绪上。当然，在遇到一些重要的人物，或者是在一些重要的场合的时候除外。

手心容易潮湿的人一般性格内向，与人交往时容易紧张。

当然，与别的微表情和微反应一样，手心的表现也不是特定的，需要放到特定的环境中进行具体分析。比如说约会的时候，如果你觉得她的手稍微有点潮湿，就说明她对你有点意思，但是这时候你也不要表错情，因为还有一种可能，就是她非常内向。她接触到异性的手的时候就会紧张，甚至有些恐惧。当然，如果你觉得她的手心干爽，也不要气馁，以为她对你没有意思，还有可能是她比较开朗。

在一些比较重要的场合，比如说审讯犯人，或者是在谈判的时候，也可以用这一点来审视对方的心理。如果他没有说实话，就算他的表面功夫足够到位，但是他的身体，一定会出现某些反应。比如他的手心出汗了，虽然不能就由此断定他做了坏事，但是他至少跟这件事有牵连，还是需要提高警惕。

恐惧时用手护住某个部位

在拳击比赛中，我们经常容易看到，当一方属于弱势，被另一方暴揍的时候，他经常会用手护住自己的脑袋。当一个孕妇发觉自己有危险的时候，总是会用手护住自己的腹部。当一个人感到不安或者恐惧的时候，他总会用手盖住自己的颈窝。之所以会出现这些反应，是因为他们在恐惧，所以会下意识地去护住自己身体上最弱势的部位。之所以会这样，是因为头部是最容易在袭击中受到伤害的部位，而孕妇把手放在腹部上，是为了护住自己的胎儿。

你别以为你强大，我就不信你没有弱点。

一般来说，人们在恐惧的时候，经常会不自觉地把自己身体上最脆弱的地方盖起来，这样做的目的就是为了保护这个部位。但是有时候，恰好是这样动作，却暴露了自己的弱点。比如说在两个人打架的时候，一方说："你别以为你很强大，我就不信你没有弱点。"这时候，另一方就会不自觉地用手去盖住自己的要害，而对手就可以趁机知道他的弱点在哪里。

逃避时头歪一边，用手托住头

以后再也没有机会了！

我们面对不愿意接受的残酷现实或者不想见的人、不想做的事的时候，经常会选择逃避。比如深陷单相思或者被迫接受不想要的感情，如果我们无力去控制，我们会逃避。比如不想见的人，不想谈的话题我们会尽量绕开。

逃避是一种不去接受的行为，而伴随这种心态的我们常可以看到的姿势就是用手斜托着头，往一边歪。为了避免内心的脆弱或者痛苦，他选择一种短暂又急促离开的处理方式。惯用的场面是相亲的聚会，若一方是歪着头用手托着，说明他对对方不是很满意，不想面对。

电视上对有严重心理创伤而精神崩溃的人的演绎，经常会让他们一言不发地呆坐在窗前，眼光停留在空气中的某个点，歪着头，用手托着，一动不动地像停留在另外一个世界一样。托着脸的手，给他们的是一种依靠与依赖，就像来自母亲的暖暖安慰，或者是恋人宽阔的肩膀或胸膛，托住头就是希望自己逃到了安全的地方，得到了亲人的安慰，爱人的拥抱。

逃避时按住脸颊、头、头发

书本上对地震时逃生的方法的介绍，就是感觉到地震时双手抱住头部缩成一团。飞机上的逃生手册的插图就是遇到气流，双手抱头。这些都是逃避危险的身体反映。每个人都试过突然发现忘记带钥匙或者钱包、手机等随身物品时，会条件反射的"啊"一下，很自然地用手压了下前额或者双颊，或者拍一拍，就像拍一拍就能弥补一样。相同的情况可能是我们突然想起忘记关灯了，忘记关窗了，也是会做这个动作。总之就是发现了有什么失误的时候，我们都会下意识地去用手按住头。

逃避地震可躲到桌子底下，伸出双手抱住脑袋。

行为学家研究发现，下意识地用双手用力压住双颊，或者按住头、头发，是表示希望得到所爱的人的爱抚与安慰，这个动作让自己的心理产生假象，觉得其实自己是没有忘记的，没有失误，一切都是按照原计划在进行。不管是大人小孩，男女老少，这个动作是最常见的表达希望逃避自己过错的。

下意识地用双手用力按住头，表示希望得到所爱的人的爱抚与安慰。

逃避时会自己紧握双手，或手指交扣

　　在紧张的时候我们会自己握着自己的手，或握成拳，或是交叉扣着，这个动作透露着自己紧张得想逃避的心情。这两只手一只手代表着自己，另一只手则代表心里最仰慕的人，最希望得到支持的人。在逃避心理产生的时候，这个动作同样地帮助自己逐渐平静下来。

　　伴随这个动作我们会手心冒汗，双手相交扣不停地绞着直到手指发白没有血色，或者是双手僵硬地紧握着。当不想面对发生的事情时，我们都"期待有双强而有力的手给我们安慰，给我们支持与力量"，所以都不自觉地把自己的手握紧，给自己正面的心理暗示。

逃避时头歪一边，用手托住头

　　另外一个典型的代表逃避的动作，就是用食指及拇指的指尖触摸嘴唇，当一个人处于一个缺乏安全感的生存环境下，内心对可能发生或者已经发生的事情有极度的不安，觉得接下来发生的事情可能会让自己产生害怕、恐惧，所以当他们试图想克服不安，让自己表现得淡定的时候，就会情不自禁地做指尖拨弄嘴唇这个动作，想借此让自己的心情稍微得到安定，更好地来掩盖逃避自己真实的负面情绪。

　　其实这个行为也是有先天的作用在里面，因为指头是母亲乳头的替代品，当还是婴儿时期的时候，获得安全感最好的办法就是通过吮吸母亲的乳头可以得到安定感，可以稳定大哭大闹的情绪，所以同样的为了稳定情绪让自己不要被恐惧的情绪继续笼罩，就用指头接触嘴唇。

　　孩子会长大成人，但天性是不会随着年龄的增加而消失，只是说在孩童时期，这种行为表现得更多、更明显而已。比如，一个孩子做了一些可能会被大人责备的事情时，就会咬着手指，泪眼汪汪地望着大人，除了想让父母原谅自己之外，也希望逃避被责罚的命运，因为这个动作让他们觉得平静，就像是母亲给的安慰一样。

脸色急速转变代表恐惧，急切想逃避

我们从脸色也可以看出逃避的心理，脸色的急速转变代表着承受到压力，产生了畏惧、恐惧，急切地想逃离。人们常用"脸色大变"来形容一个人情绪的变化，我们会说一个人"面无血色"，也会说脸色苍白得像一张纸，还会说"面红耳赤"。这些表达都很形象地说明了脸色传达着情绪变化，而情绪的变化又是内心感觉最主要的反应。脸色变红代表的是突然想逃避、紧张。人一旦有紧张的情绪，大脑就会本能地发出脑电波，刺激肾上腺分泌肾上腺素，这时会心跳加快，血液快速流动，脸分部着大量的毛细血管，当血液循环加速时，毛细血管就膨胀起来，脸就自然变红了。脸红的程度因人而异，有的人脸部毛细血管较少，即使激动，也不显红。

脸色变红代表的是突然想逃避、紧张。

脸红的另外一个原因还因为视觉的冲击。当心里想着的人，出现在你面前。或者亲眼看到担心的事情发生了，视网膜把眼前图像信息传达给大脑，大脑产生大量与图像有关的信息，思考、过滤不必要的信息，同样原因使腺上素分泌加速，引起心跳速度增加，血液循环增加。大脑运作速度过快，供血量也增加，脸部充血。有的人在人群中会非常不自在，害怕被别人注视，害怕大庭广众下当众出丑，或者是人多的时候不敢讲话，不敢写字，坐立不安，严重的会觉得无法呼吸一样，出现面红耳赤、出汗、心跳、心慌、震颤、呕吐、眩晕等，只有远离人群，才能让他们恢复过来。有的人害怕与人有眼神接触，当有人对视时，会出现对视恐怖，他们中有的知道自己害怕社交，而且会脸红，我们还会称他们为赤面恐怖。还有一种我们称为空间恐惧症，有的人在狭小的空间里，比如电梯，会觉得脸红，心跳加速，无法呼吸，甚至不省人事。他们害怕狭小的空间，通过身体的反映来传达恐惧、想逃离的心理。

逃避时会玩弄饰物

假如客户向你提出了一个无理的要求，你会如何巧妙应对？

在面试的时候，如果被考官问到难题，我们在思考的时候会下意识地摸下项链，摸摸衣领，或者男士会拉一拉领带，晃一晃手表然后再回答。这个动作的发生预示着问题是面试者比较没把握的，他们害怕回答出来会给面试带来负面的影响。这个也是另一种紧张状态下的逃避心理。

当审讯犯人的时候，警察会观察疑犯的小动作，来推测案情。如果疑犯是不自觉地玩弄手表，或者甚至是手铐，那么警察就会怀疑他是坦白，还是只是逃避事实为自己做掩饰。玩弄饰物是表达紧张逃避的一种身体语言。饰物是自己熟悉的东西，通过接触自己熟悉的饰物来忽略自己的紧张情绪，尽量让自己看起来平静。

空洞的眼神表明很不安

眼睛是心灵的窗户，眼神传达着内心的感觉。我们用成语"目瞪口呆"描述一个人睁大眼睛直盯着前方不动，张着嘴说不出话。用空洞无神的眼神来表达吃惊或害怕而发愣发呆的样子。

空洞的眼神就像停留在前方的某一个点上，看似已经游离于现实的状态。这是思绪的逃避，沉溺在另外的一个世界里。当所经历的，或者是眼前的情景让自己不安的时候，通过视觉的转移，造成一种假象，所经历的事情没有发生，或者没有看到不想看的人或物。这类逃避可能是短暂的，也可能是长期的。

短暂的情况比如我们说的上课开小差，老师在课堂上讲，可是学生的思绪已经飘到教室外操场上，就是"身在曹营心在汉"的一种逃避。所以老师观察学生是否有认真听讲，首先观察的就是眼神。如果是长期的情况就是受到了严重的心理打击，不想面对事实，是精神病的一种症状。

想逃离时，身体会不自觉抖动

大家都有一种体会，当看到害怕的事物时，毛孔就像突然的张开，头发像竖起来，浑身突然起鸡皮疙瘩，嘴唇发紫，伴随着尖叫，全身都莫名的笼罩着一种恐惧，然后身体会不自觉地颤抖，想要逃离这种危险。

一般女生看到蟑螂后会不由自主不分场合地尖叫，做出想逃离的姿势。

比如女生看到害怕的动物——老鼠或者蟑螂，肯定是毛孔迅速扩张伴随尖叫逃之夭夭。又或者是看恐怖片，当恐怖的音乐响起，暗示将有事情发生时，来源于未知的想象会让我们把未知等同于恐惧。一个普通的黑影心理上会去想象并出现恐惧心理，尽管实际上可能那只是一只黑猫，身体对这个猜测的反应会让我们缩成一团，或者找个安全的地方可以依靠，吓得"魂不附体"，感受到威胁。

我们还用"毛骨悚然"来概括身体对恐惧的反应。大脑通过传播生物信号，让身体起反应，表达此刻心里正在经历恐惧，而这些让人感觉到不适的生理反应都是希望逃离这种恐惧。恐惧与焦虑都是对危险的情感反映，并都伴随着生理上的感觉。对于周围预料不到的或者无法确定的因素产生的不安，无所适从的心理，是身体生理所有反映的根本原因。

当一个人害怕恐惧到了极点，身体会不由自主地发抖，不停地哆嗦，以试图安抚紧张的情绪，摆脱目前环境中的威胁现实。

电视上警匪片中遇到有绑架的案子，人质都是缩在墙角，如惊弓之鸟，草木皆兵。如果突然有人出现，他肯定是突然就像全身的细胞都准备战斗一样，恐惧到极点，或者不停地打战、抖动着，试图安抚这种紧张，或者希望逃离这种状况。

烦躁时不自觉想逃离

　　当对特定的事物感到烦躁的时候，人往往就会不自觉地选择逃离，这种情况也可以用一个成语来形容，那就是"眼不见为净"。当然这是一种消极对待问题的办法，但这种逃离是潜意识的，往往是不知不觉，甚至在过后都会反问自己一句，当时我到底是怎么了？

　　这种情景我们在职场上经常见到，当你对另一个人没有好感时，而另一个人突然"大驾光临"你的办公室时，你就觉得自己要离开，免得与这个人见面，也许你听到了他的脚步声时，内心就不禁会有各种联想，宁愿在他还没到达之前就先行离开，万一是正好两个人四目相对时，那个眼神是游离漂浮的，这也是一个眼神的回避，就是不自觉地逃离。

回忆过去与幻想未来

　　回忆是一个奇妙的东西，回忆里有着酸甜苦辣，当然，我们都希望只记住美好的那些时刻。但如果一个人总是喜欢回忆美好往事和幻想美好未来的话，都是一种逃避现实的表现。

　　那些喜欢通过回忆过去或者幻想未来的人还有几个特点，第一个就是特别念旧，总把"我以前……"摆在嘴边，生怕别人只看见他目前比较不如意的现状而忘记他以前获得过成功；第二个就是空谈理想，总告诉自己或者别人，"我以后肯定会如某某人一样成功，还要超过他"，然后再说出自己那些没有可行性的计划和目标。

　　其实逃避比面对要辛苦很多，骗别人的话，别人损失的只是对你的信任，而骗自己是让自己痛苦的源泉。有这么一句话要分享，不管生活中遇到什么，都要用一种乐观的态度去面对，不能改变命运，就请改变态度吧。

当对周遭的人失去信任时，就想逃离

众叛亲离的感觉是不好受的，但这种是被动的失去信任，而这种感觉多数时候不会选择逃离，而是选择反击和去追寻原因。但当主动对周围的人失去信任的时候，就不会选择反击了，更多时候是逃离。因为这个时候觉得自己很孤立，也没有一个人可以说得上话，但往往这些说不上话的人你又常常要遇到，甚至有着不少的互动。这种感觉是难受的，面对着那些不信任的人，又无法真正地将他们拒之千里，所以更多时候内心都会有一个声音——逃离。

电影《搜索》讲述的是一个绝症女主角不让坐的事情，被录制传上网络，从而带来疯狂人气搜索，到哪都受别人指指点点。

电影《搜索》的故事就很好诠释了这个主题。女主角因为得知自己患了绝症，所以在搭公车的时候没有给老人让座，这一幕让一个记者拍了下来并作为一条新闻放到了网上。女主角一下子也变成了"话题红人"，走到哪里大家都对她指指点点，不管青红皂白，甚至去住旅店都被老板拒之门外。

电影《搜索》中的绝症女主角因为"不让坐事件"失去了周遭所有人的信任，就试图与世隔绝。

女主角的心情本来就很沉重，而因为变成了"话题红人"之后她不堪重负，对周围的一切都失望了，不管是人还是物。她卖掉了房子车子，辞去了工作，来到了一个海边的小屋，为了远离那些纷纷扰扰，更是为了逃离那个扭曲的真实世界，她就在那个小屋度过了自己最后的时光，只留下一个小片子。

电影中的故事是一个极端的事例，而主角把逃离这件事付诸行动，现实中我们很少可以做到像她那样，更多只是在内心呢喃——我要逃离这个世界。

想逃避时，会毫无目的地狂奔

选择毫无目的地狂奔是一种想要身体上的疲劳而替代心理上的疲劳的逃避方式。之所以会选择这个方式是因为现实的压力很大，内心充满的不安、无处释放而不希望去面对。而身体疲劳就会让人无暇东顾心理上的各种状态，达到一个逃避的效果。

这样的行为我们在现实生活中也经常见到，比如你看见有人一路向着山顶或者海边狂跑，然后边跑边吼，或者高声呼喊，这些声音也没有带任何的词语，跑到累了，那个人也直接躺下，闭着眼睛，不开口也不哭笑。其实这种逃避方式还是比较不错的，尽管跑完当下很累，而就跑到停下来的时候看见的也是一些很空旷自然的景物，也许这个时候你也找到了面对的方法了。

自我封闭是为了逃避现实

自我封闭是一种环境不适的病态心理现象，在心理学上对自我封闭的定义是指将自己与外界的事情主动进行隔绝，极少或根本没有社交活动，除了必要的工作、学习、购物以外，大部分时间将自己关在家里，不与他人来往。这种人除了对现实持逃避的态度外，还是一个很孤独的人，他们害怕各种社交活动，不喜欢交朋友，甚至觉得有朋友是对自己的一种障碍。因为要逃避而自我封闭的人是一种不能适应环境的病态心理现象。

自我封闭的人也不是天生就喜欢封闭自己，大多是因为在现实的生活里受到了挫折、失败。这些现实生活通常是来源于生活不顺（家庭、婚姻、感情），事业上的挫败（失业、破产）等原因的打击后，精神上受到了强烈的压抑，渐渐对周围的环境失去了认同感和信心，并且心里也越来越敏感，任何的"风吹草动"都会让他的神经绷得紧紧的，不断地选择逃避，于是对各种社交行为出现了抗拒和回避。

既然自我封闭是一种病态的行为，那么理应去调节改善，是病就可以求医，很多的自闭症患者常常也是因为自我封闭开始的。要如何调节这种病态行为呢？最好的办法就是应该及时去医院找心理医生咨询，把自己的内心想法释放出来，医生会找出合理的方法让你摆脱逃避心理，而自己也应该进行自我心理调适。

说不出却藏不住的痛：悲伤与痛苦

悲伤源自哪里

据心理学家分析，悲伤是一种负性的基本情绪，常常由生活中的丧失、分离和失败引起，难过、沮丧、失望、消沉、孤独等情绪体验都属于悲伤的范畴。

人类的悲伤情绪常常源自于经历上的不成功或得不到，如：重要物品的失去，亲友的离去或死亡，婚姻或某种亲属朋友关系的分崩离析，失业、残疾、疾病、精神上的失去或不得，例如荣誉或名誉的失去、梦想受挫、信念崩塌等。但值得注意的是，悲伤这种生物反应又会因个人生活经验与文化背景而有所不同。例如，失去亲人往往会让人觉得悲伤，但这种悲伤程度可能会因具体情况而定，例如寿终正寝的老人去世被称为"白喜事"，这种在中国人看来顺应天命的死亡反倒是一件"喜事"，悲伤的程度自然有所减轻，而白发人送黑发人的悲伤则是痛彻心扉的。

简单来说，与意识主体的主观预期相距越远，其悲伤程度就越深。某种失去来得越突然越猛烈，意识主体就越不愿接受这种情绪，而他沉浸在悲伤之中的时间也就越久。不同程度和不同原因引起的悲伤，其程度和表现方式也不尽相同，主要可以分为哭和沉默两种，尤其是在悲伤程度较深的时候，伪装和隐藏悲伤情绪的难度较大，即便是一些深谙人际交往之道的人们无法也不愿意完全隐藏自己的悲伤情绪，在适合

失去亲人是一件令人悲伤的事。

发泄的情况和境遇之下，几乎所有人都会将自己内心的悲伤表现出来。而当意识主体沉浸在悲伤的情绪之中时间过于长久的话，很有可能导致一系列心理甚至是生理的问题，抑郁症就是典型的结果。这同样和引起悲伤的原因、意识主体的主观思想、观念和性格等多方面有关。但是无论怎样，将悲伤发泄出来，是一种减轻悲伤的伤害，排解内心抑郁的好方法。这就警示沉默的伤心人，一定要发泄出来，否则，当悲伤郁结于心，之后悲上加悲，伤而更伤。

悲伤时的眼泪可以排毒

美国生物化学家费雷认为，人在处于极度悲伤的情绪中，强忍泪水不哭，就相当于"慢性自杀"。因为那些不爱哭泣、不愿在人前哭泣的人，没有利用眼泪消除和排解消极情绪的压力，其结果是影响身体健康，甚至促使某些疾病恶化。比如结肠炎、胃溃疡等疾痛就与情绪压抑有关。

长期不哭者的男性甚至有可能引发胃溃疡病和精神分裂症。他调查发现，长期不流泪的人，其患病概率比适时流泪的人高出一倍左右。但是哭也要注意把握适度原则，过度的号哭会导致咽喉部位的不适和疲劳，抽泣时也会使呼吸变得不规律从而影响心律的速度，甚至造成心跳不规律。

悲伤的表情特征

人们在感到悲伤时，由于生理结构的要求，双眼一般都是紧紧闭起的，而且通常情况下哭泣的程度越强烈，双眼闭合的力度也就越大。哭泣时，嘴极有可能张开也有可能是闭合的，但是不论张开或是闭合，嘴角一定是向两边拉伸的。至于张嘴还是闭嘴，在于悲伤的程度和当事人自我抑制的程度。

在没有感到悲伤和痛苦时，故意做出闭眼和咧嘴的动作会显得比较刻意，而悲伤时的这种表情会更大而且显得更自然。这是由于内心情绪会使大脑向机体释放很大的能量，从而能够做出自然的生理反应，而伪装出来的表情和动作不可能模仿得一模一样，只有心理或生理真的感到痛苦才能达到自然的反应程度。

眉毛是悲伤表情的标志性特征，不论是充分的痛苦还是平静的悲伤，眉毛都会呈现出不同程度的扭曲：双眉下压，眉头皱起并微微上扬，眉毛在内侧 1/3 处形成扭曲。甚至在没有眼睛和嘴部变化的平静的面孔中，只要改变眉毛的形态就可以体现出悲伤的感觉。

痛快哭一场

在成人的世界里，痛哭是一种十分少见的情况了。而实际上，痛哭是悲伤情绪最饱满的发泄。当我们还是小孩子的时候，面对一些无法改变却又不愿接受的事情，我们总是会号啕大哭，以此来表现自己内心的不满和无奈。也就是说，我们最朴素的要求得不到满足的时候，痛哭是我们最毫无顾忌的表达。

然而随着年龄的增长，我们受到身边环境和身份地位以及形象等多方面的诸多限制，号哭成为一种奢望。除非是遇见了实在难以承受的事情，在最最亲近的人面前，我们才敢完全地释放自己，放声痛哭起来，这时候，我们常常希望身边有一个可以投入的拥抱，有人能轻轻拍着我们的肩膀，即便是事情依然没有得到解决，这样的发泄对我们来说也足够了。女性哭的次数本身就多于男性，而女性号哭时多是躲在爱人的臂弯之中，所以我们在日常生活中相对更常见女性号哭的景象，而男性的号哭则是非常绝望的表现，是生活完全失去希望的表现，例如，生意失败，一无所有……

在成人的世界里，很少有人像小孩子一样因为束手无策而痛哭，因为成人明白一个更加朴素的道理，痛哭换不来别人的同情和帮助，反而会被投来冷漠甚至是鄙夷的目光。实际上，现实生活的压力常常使得现代人痛苦不堪，这种痛哭并非有具体触发点，而是人情淡漠、信仰缺失的现代社会给予的精神上的空虚和忧虑，例如自己的梦想越来越遥远，当下的生活是自己曾经最厌恶的，生活庸庸碌碌看不到未来等。这些人生的困境在很多时候或许并不会使人哭出声来，但是在一些触发点出现的时候，很多人会难以抑制地痛哭起来，例如，一张照片或一副画面，一首歌或一部电影，一场聚会或一次醉酒，这些往往会让人思绪万千，也往往会勾起很多不堪回首的往事或回忆，在外部环境允许，如一个人在家，或是在可靠的朋友面前，痛哭就有可能爆发。

一张照片往往会勾起一些酸楚的往事，让人泪流满面，不堪回首。

婴儿痛哭的表情分析

婴儿在痛哭的时候，双眼紧闭，双眉皱起，这个表情是因为眼轮匝肌和皱眉肌共同收缩造成双眼紧闭、双眉下压的表现结果。这是因为在痛哭的过程中，剧烈呼气和吸气会使得呼吸速度发生改变，同时影响血液循环，眼眶内的毛细血管压力和眶内眼球内压也会随之增加，这就要求眼轮匝肌同时收缩，从而使眼部周围的皮肤紧缩，这样可以缓解眼睛周围肌肉的部分压力，保护眼球。哭的程度越大，肌肉的收缩力度越大。

婴儿痛哭的时候，会伴随着较大的哭声，这就要求他们哭喊的时候较大幅度地咧开嘴部，这时，提上唇肌会自然收缩，向上提升上唇，脸颊也会向上隆起，在鼻翼两侧到嘴角之间形成一道沟壑，称之为"鼻唇沟"。颈阔肌收缩会使得两侧嘴角向两侧拉伸，从而使嘴巴变宽，唇部最大幅度地拉开。同时还需要降口角肌和降下唇肌的收缩，这样才能向下拉低下唇。颏肌收缩可以使下巴肌肉拱起，将下唇中部向上顶起，嘴角向下。这几组肌肉共同作用，才能使嘴唇咧开，形成"咧嘴"的效果，使得唇部的曲线和咧开的形状类似于长方形的轮廓线。

婴儿的痛哭

不许吃XX牛奶，还有肉毒杆菌，吃了对身体不好。

痛哭在孩子的世界里仿佛更加常见，因为这是他们希望事情能够按照自己的方法得到解决而又不是妥协时唯一善用的手段。例如，一个小孩子希望自己能够多吃一些零食而不是饭食，但是这个想法遭到了母亲的反对，他在恳求无效的情况下，常常会选择痛哭来表达抗议，同时也希望博得同情。

宝宝醒了哦，妈妈来抱宝宝了。

很多时候，孩子的痛哭会被当作哭闹来看待，这样就会招致大人的烦躁，孩子的愿望则有可能完全落空。相比之下，婴儿的痛哭更容易奏效。因为婴儿没有语言表达的能力，很多意愿只能通过哭来传达。当他们的身体处在完全舒适的状态之下时，他们会乖乖地躺在襁褓之中做一些简单的伸展四肢或扭转头部的轻微动作。

宝宝饿了哦。

婴儿的号哭最常见的是饥饿的信号。因为婴儿饥饿的频率要高于成人，也无法向成人一样做到规律的一日三餐。当他们感受到饥饿，希望喝奶的时候，常常会通过号哭来告诉母亲，这时，如果母亲将自己的乳头或是奶嘴放到宝宝嘴里，这个婴儿就会立刻停止哭泣，开始大口大口地吸吮奶汁。

成人的痛哭

虽然随着年龄的增长，人的痛哭次数在逐渐减少，但是因为悲伤情绪引发的痛哭，其面部的形态与五官位置的变化与婴儿时候的痛哭几乎完全一致。悲伤的情绪能够调动和聚集全身的能量，自发地刺激面部器官尤其是嘴、眼睛等部位的肌肉，使之做出剧烈的运动，从而完成痛哭时候的表情。

与婴儿不同的是，成年人的皮肤不会像婴儿一样细嫩和光滑，因此，在面部器官出现扭曲的时候，面部的皱纹也会随之呈现出来。眼轮匝肌和皱眉肌同时收缩，造成眉毛的自觉下压，眉头间就会出现纵向的皱纹。同时，额肌中部会出现收缩以至于眉头出现轻微的向上提升，眉形的后 2/3 处则会呈现出水平的状态。这种扭曲的眉形在很多表情中都会出现，尤其是在行为主体受到负面情绪的刺激的时候，例如，悲伤、恐惧等。因为悲伤的时候，眼轮匝肌收缩幅度到达极致，因此眉毛扭曲的程度也要高于其他表情中的眉形扭曲程度。

成年人的皮肤不像婴儿一样细嫩和光滑，因此，痛哭的时候，会出现皱纹。

同时，眼轮匝肌的收缩还必定会造成眼睑的闭合，眼角内侧便会由于过度挤压而形成微小的括号型皱纹，眼角外侧的挤压形成单条深纹，也可以称之为鱼尾纹。与婴儿的痛哭表情相同，哭的程度越剧烈，眼部肌肉也会随之收缩得越紧，成人眼部出现的皱纹也就越明显，眼角外侧的鱼尾纹数量也就越多。

提上唇肌收缩使得上唇位置提升的同时，会与眼轮匝肌共同起作用，使脸颊的位置提高，隆起的脸颊与下眼睑相互挤压，造成下眼袋和明显凸起和眼睑下方的凹陷区域的形成，鼻翼两侧也会形成鼻唇沟。此外，位于颈部同时受面部神经支配的颈阔肌收缩，将嘴角向外部两侧偏下方向拉伸，使嘴的水平宽度比平常增加并达到最大极限；这样的拉伸就会使得嘴角与脸颊之间出现挤压，形成法令纹。降口角肌的收缩会使得嘴角向下拉低，同时降下唇肌收缩会将下唇整体下拉，这时，下齿会不自觉地露出。

因为悲伤情绪引起的痛哭表情调动了面部的绝大部分肌肉的收缩，因此很难伪装。伪装之下的很多表情都难以达到肌肉收缩的极限。

悲伤时压抑的痛哭

人在感到悲伤痛苦而又不想表现出来时，就会出现这样的表情，是一种自我抑制的表现。这种抑制的痛哭一般会双嘴紧闭，嘴角向两旁咧开。除了嘴部的变化，额肌也加强了收缩，眉头向上挑起，由于皱眉肌的收缩导致双眉向中间聚拢，眼轮匝肌的收缩使双眉下沉，眼睛紧闭。

人在抑制悲伤的情绪时，悲伤的情绪会要求我们张开嘴哭泣，但是人的主观意识又要求嘴唇闭紧不发出声音，结果就会导致嘴唇出现互相冲突的紧张状态，出现一种向内的压力来对抗向外和向上的力量。嘴部由于需要不断转变动作从而保持均衡状态，因此会出现轻微的抖动。

一张痛哭的嘴

在痛哭的时候，颏肌通过较大程度的收缩将下嘴唇的中部向上推起，下巴部位会随之形成表面凹凸不平的肌肉隆起；这时，下嘴唇中部向上推起的部分将原本可以露出的部分下齿遮住，但此时两侧嘴角还保持着向侧面偏下方向拉伸的状态，因此嘴角部位的下齿又显露出来了，这就造成了下嘴唇曲线呈"W"形。

人在放松的状态下，唇部曲线也是自然形成的，因为周边的肌肉没有出现明显的控制和收缩；而当人受到惊讶或惊恐的情绪刺激时，嘴巴会下意识地张开，这时，唇部可能会将牙齿遮住，尤其是下齿，几乎显现不出来；而绝大多数情况下，人的嘴唇是微微闭合着的，因为口腔只能在封闭的场合中积聚水分，长时间地张着嘴会让人出现口干舌燥的感觉。

值得注意的是，经过科学家的细致观察，在尽量大幅度地咧嘴的同时，嘴部周边几组肌肉的协同作用会在下唇靠近两侧嘴角1/4处，形成一个较为明显的转折角度，使下唇的咧开程度大于上唇，这就形成了一个近似梯形的口型。这个口型是最有利于发出尖利且气息充沛的声音。因此大声喊叫时候的口型与哭喊时的口型十分相似。同时，梯形的口型源于上唇的提升和下唇的下侧方向的拉动，嘴唇会因为拉紧而变薄。

眉毛和眼睛表露的悲伤

普通程度的哭泣与痛哭的表情相差不多，两者的差别主要在于眼睛的闭合程度和气息的剧烈程度。悲伤程度一般时，人的眼睛通常是睁开的，但是悲伤时的眼睛与平时有所区别。由于内心难过会使眉毛下压，因此上眼睑的提升会受到抑制，眼皮上会形成细微的褶皱。人在感到恐惧时眼皮上也会出现褶皱，但是与悲伤时相比要更为明显，这一点是睁着眼的恐惧和悲伤表情的主要差别。

除此之外，由于眼轮匝肌发生收缩，并且主要是下部分收缩，会导致下眼睑轻微上提。这就使虹膜被遮住的部分增多，虹膜的上下缘都被遮住了一部分。由于眼睑比平时遮住了更多的眼球，眼神就会显得比较暗淡，失去了平时的光彩，而眼睛中的警觉事情也在瞬间消失。这是由于眼睛张开的幅度减小，使得眼球的黑白对比减弱，而且眼球的反光面减少造成的。

悲伤时眉毛的形状是较为复杂的。悲伤的情绪会导致眼轮匝肌的收缩从而使双眉下沉，但是由于眼睛是睁开的，眉毛又受到向上的相反作用力的拉扯。这就使眉毛先向下压低，然后眉头向上挑起，而且向上提升的幅度要比闭着眼痛哭时更明显，这一点是区分痛苦与普通哭泣的主要标志。即是哭泣程度减弱，但是悲伤的情绪还是会使眉毛保持这种复杂的形状。额肌和皱眉肌一直在进行相反方向的角力，额肌向上提拉眉毛，而皱眉肌则将眉毛向下压。将眉毛向下压的力被额肌的收缩力所中和，从而导致眉头向上挑起，眉头之间形成的垂直皱纹显示出皱眉肌的收缩程度。而在放松状态下，眉毛不会出现这样的形状。额肌和皱眉肌的角力使眉毛呈现出不同的形状，一些人的额肌较为强势，他们的眉毛就会保持水平状态；而有些人的皱眉肌较为强势，则他的眉毛呈现出八字形，或者平时说的"囧字眉"。但相同点在于，悲伤的表情中眉毛都会显示出纠结的样子，而眉头旁边 1/3 处的扭曲程度，体现了内心悲伤的程度。这种眉毛是典型的悲伤表情，可能是由于内心的痛苦被抑制造成的纠结，使眉毛变得扭曲，从而增强了表情的感染力。

这种扭曲的眉形不仅会在痛哭时出现，还存在于任何一种悲伤程度的表情中。有时人在没有感到悲伤时也会出现这样的眉毛，例如在寒冷的冬天，恶劣的天气也会让人们不经意间皱起眉头。在这种情况下，这样的眉毛更多代表了身体上感到的痛苦，而非内心的悲伤。这是由于恶劣的天气和悲伤的情绪都会使人感到无力改变的负面情绪，所以会出现相同的表情。

平静之中隐藏的悲伤

很多时候，那些经历了重大创伤的人在经过一小段时间的调整和恢复之后，心情会稍稍平复一些，悲伤的情绪也会暂时隐藏起来，回到正常的生活和工作轨迹上来。但实际上，他并没有走出悲伤的阴影，这种表现只是暂时的平静，而真正的悲伤还深深地隐藏于表面的平静之下。如果细致观察，你会发现，他平时的表情依然是常常紧锁着眉头，嘴角紧闭，几乎没什么笑容。

如果在日常生活中，我们身边的朋友或同事出现了这种情况，那么我们不必强行地为他制造欢乐氛围，因为他几乎不可能融入其中，与其白费力气，倒不如为他留一片相对安静的个人空间，或是由与他关系亲近的一两个朋友适时陪伴在他身旁，陪他散散步，听他把自己心里的苦闷讲出来，安静地给一些安慰。

苦涩的嘴唇

人在感到悲伤难过时通常会将嘴唇紧闭，尤其是压抑地默默流泪。在这样的表情中，由于颧小肌或提上唇肌的控制下，上唇向上提升的程度减小，嘴唇显得比较平直；降口角肌使嘴唇外侧出现皱纹；颏肌使下巴变得凹凸不平。与痛哭的表情类似，嘴角也会在颈阔肌的作用下向两侧咧开，但是嘴部表情解密内心想法变化比较轻微，不像痛哭时的幅度那么明显。颈阔肌的收缩通常出现在哭泣或者将要哭泣的脸上，特别悲伤时颈阔肌的收缩程度较大，而当悲伤程度减弱时，颈阔肌的收缩力度就会变小，嘴角的拉扯也会变轻或者消失。

这样的嘴部形态是典型的悲伤反应，出现在各种不同程度的悲伤表情中。甚至在没有感到悲伤的时候也会出现这样的嘴部表情，例如人在吞咽非常苦的中药时，也会瘪起嘴来，这是由于悲伤和苦都使人感到了不适，因此这样的嘴唇被称为"苦涩的瘪嘴"。

有时，用上齿咬着下唇也是一种强忍悲伤的表现，行为人仿佛是在极力克制自己的情绪，避免哭出声来，给身边的人造成影响。而实际上，这种表情具有十分明显的指向性，身边的人看到这样的表情，就能准确地意识到行为人正沉浸在悲伤之中难以自拔。通常情况下，女性更容易做出咬下唇的动作，看上去更加柔弱凄婉，楚楚可怜；男性则表现为咬紧牙关，双唇紧闭。

面部表情主要包括3种：轻微表情、局部表情与微表情。

面部表情

轻微表情是指整个面部肌肉都轻微地、强度不大地参与到整个面部表情的构成中。每一块肌肉都形成了你表情的一部分，但是每一块肌肉的变化都不是很明显。

局部表情是指，只运用一两块肌肉来构成表情。

微表情是一种稍纵即逝但是能够很明了地表现出一个人的感情的表情。

静静的忧伤

在悲伤的程度较轻时，人也许并不会哭出来，而只是默默地表现出忧伤的表情。与痛哭相比，平静的悲伤持续的时间要更长，这是因为痛哭会消耗很大的能量，而默默地悲伤所需要的能量较小。但是这种平静的悲伤不利于消极情绪的发泄，痛哭可以发泄一下就缓解了心里的苦闷，而默默悲伤却会长时间影响人的情绪。一个大声痛哭的人止住哭泣之后，脸上紧绷的肌肉就会开始放松，最先放松的是眼部的肌肉，随后是拉扯嘴部的颈阔肌，嘴唇便不再紧绷，最后脸颊放松，下眼睑也松弛下来。程度较低的悲伤中唯一留下来的表情是痛哭扭曲的眉毛和微微噘起的嘴唇，就算嘴唇也恢复了，扭曲的眉毛还是会保留在悲伤的面孔之上。

在平静的悲伤状态下，嘴唇并没有过于明显的表现，只有颏肌和降口肌会轻微的收缩，使嘴唇看上去有些不悦。由于悲伤程度不大，呼吸没有变得很急促，所以嘴唇不会像号啕大哭时那样张开，通常情况下是通过口轮匝肌的收缩使双唇紧紧地闭合。这种紧闭双唇的动作是无意识的克制，是由于人的主观意识想要控制自己的表情，不让他人看出来自己的悲伤。在这种情况之下，口轮匝肌的收缩力度较小，并不会影响到其他部位的表情特征。

人在平静的悲伤时，眼睛表现的比较正常，并没有明显的变化，有可能微微张大，也有可能稍微闭合，总之眼睛并不是平静悲伤的重要表情标志。

一个人选择独处，多半是产生了不愉快的情绪。

现实生活中，很多人会因为微小的事情影响到情绪，从而使得自己的内心产生小小的不愉快，这种不愉快又很难找到倾诉对象，这时行为主体就会尽量掩盖这种不愉快，逃避与其他人的接触，在相对安静的环境或气氛中静静地忧伤。实际上，一个平时很喜欢热闹的人忽然间安静下来，选择独自一人的时候，多半是他的内心产生了不愉快的情绪，使他希望尽快平复下来而避免打扰的表现。

深深的忧虑

当人们为一件事情感到忧虑的时候脸上就会出现忧愁的表情，嘴唇轻微闭紧，眉毛向上提升并且轻微扭曲。闭合的嘴唇表示的是一种克制的情感，而皱眉则显示出内心的压力。在忧愁时眼睛并不会睁大，因为没有什么直接的刺激需要张大眼睛获取信息。

忧虑和悲伤看上去差不多，似乎很难分辨，因为这两种表情中的眉毛形态十分相似。但是人在感到悲伤时，眼睛里不会流露出期待的神色，而往往是暗淡无光的。在机场送别亲友的人经常露出这样的表情，他们在向自己的亲人或好友挥手时会轻皱起眉头并抿起嘴唇，这体现出对远行的人的牵挂与担忧，当然内心一定也会有由于分离而产生的悲伤。

扩大的悲伤情绪

愧疚

苦涩

勉强

不悦

悲伤这种情绪从本质上说，是对不希望发生的消极事件产生的无能为力。除了悲伤以外，还有许多情绪也会产生这样的心境，例如愧疚、苦涩、勉强和不悦等，面部表情都会产生消极的反应，因此会产生类似于悲伤的表情特征。由于这几种情绪程度较轻，因此面部表情的变化也不明显。如果只看眉毛和眼睛，几乎看不出悲伤的表现，但是瘪起的嘴唇却能暴露出内心的消极情绪。遮住脸的上半部分，只露出嘴部的话，通过瘪起的嘴唇可以很明显地看出一个人内心感受到了不适。

其实，在日常生活中，我们常常会遇见这种情况，尤其是在自己亲近的朋友或家人面前，因为没有必要强颜欢笑，所以我们对于表现悲伤情绪完全没有戒备，也会任凭悲伤的表情明显地写在脸上。因为在我们的潜意识里，我们需要身边的人的问候和安慰，也需要倾诉内心的不愉快。这种将悲伤表现出来的情况适用于在熟识的人面前。

相反如果我们处在一个相对陌生或是不值得信赖或依靠的环境中，我们会尽量隐藏自己的情绪，让自己看上去更加平静一些，这是一种现代人的自我保护方式，即避免引起他人的注意，从而减少成为目标的可能性。

为自己化解悲伤

一个真正懂得享受生活、享受生命的人往往不是在物质上对自己最优厚的人，而是乐观开朗、能够迅速化解忧愁的人。因为没有人能保证自己一生都处在快乐之中，没有人的生命之舟是一帆风顺的，只有学会善待自己的精神和内心，学会在苦难和悲伤之中寻找希望，才会让自己远离悲伤，才不会让自己生活中的悲伤逆流成河。

现代人在物欲横流、节奏飞快的社会生活中更要学会调节自己的情绪，因为没有人能保证时时刻刻陪在你身边细语安慰，对于悲伤，更不会有人感同身受。只有自己学会尽快走出悲伤，才不会影响今后的生活，也不会给身边的人造成负担。这就需要我们掌握几种重要的情绪调节方法，其中最常见的就是对自己微笑。

我们生活的环境很有可能是冷酷的，尤其是在拼搏奋斗的过程中，很可能没有人分享我们的喜悦，更不会有人和我们分享悲伤，这种情况下，对自己微笑是一种十分奏效的方法。你可以拿出一面镜子，在镜中你首先看到的一定是自己的愁眉苦脸，如果你的面部表情不改变，那么你的愁苦会在无意之中加重，因为镜子中的景象会给你造成一种消极的自我暗示。

但是如果镜子里的你在对镜子外的你微笑，那么你将会接收到一种积极的心理暗示，布满阴霾的心情也会得到些许的改善。因为微笑会传递一种快乐的信号，尽管这种快乐的信号在最初是被你假设出来的，但逐渐地，你会忘记这种假设，而将重点放在信号本身上。

此外，微笑的时候可以牵动面部多块肌肉收缩，可以扩展肺部，从而扩展增大对机体的供氧量，使得身心得到一定程度的放松。调查显示，微笑 5 分钟相当于进行了 45 分钟的有氧锻炼。同时微笑还可以传递一种年轻的信号。看着镜子里微笑的自己，你会觉得自己仿佛年轻了几岁，从而对生活又重新充满信心。这也就是我们常说的"笑一笑，十年少"。

生活就像一面镜子，你对它笑，它便对你笑。

除此之外，大声地喊叫也会将自己内心的郁结释放出来。如果你刚刚遭遇了一件令你十分压抑的事情，你可以寻找一个空旷的高台，或是找一天空闲的时间到郊外去爬山，当你独自一人站在高处放声大喊之后，内心会轻松许多。这种情况更加适合于精神受到压抑，碰到一些让人觉得窝火的事情。因为日常的工作生活常常让人觉得压力无限，而大声地喊叫则可以将这些压力和紧张以另外一种形式发泄出来。这对于精神高度紧张、常常出现内心疲劳的现代人来说十分奏效。

令人厌烦的苦瓜脸

又少了一两。

生活中常常有些人被称作"苦瓜脸"，他们总是哭丧着脸，嘴角向下耷拉着，眼神中也完全没有兴奋和激动的神色，说话时的语气也是不冷不热，总像是有人得罪了他一样，看上去怒气冲冲的。身边的人总是害怕和他打交道。实际上，"苦瓜脸"的人并不一定是真的不快乐。

而有些人则是因为情绪化太过严重，凡是总是表达在脸上，又常常因为一些鸡毛蒜皮的小事而闷闷不乐，这种"苦瓜脸"则是后天的习惯养成了。这类人常常会真正影响到他人的兴致和群体的气氛。这就是一种令人不快的"苦瓜脸"了。如果你是这样的人，那么就应该注意了。因为没有人喜欢看见这样的表情，也没有会喜欢情绪化十分明显的人。

女性的撒手锏

哭仿佛是女人的天性，女人的眼泪对男性也具有十分的杀伤力。在男性面前，当女人的某种要求得不到满足的时候，她们常常会选择哭泣来博得男性的同情，使男性的心软下来，从而向自己妥协。

然而，男性十分害怕女性的吵闹，因为那种叽叽喳喳的感觉会让他们感到十分烦躁，所以如果女性希望自己的另一半满足自己的要求，或是希望对另一半实现全方位的控制的时候，常常会使出这一招，让男性难以招架，从而缴械投降。在恋爱或是婚姻生活中，男性常常扮演息事宁人的角色，他们害怕女性向自己撒泼，更担心出现无休止地吵嚷局面，因此宁愿自己妥协，也不愿意让事态恶化到任由女性哭闹的地步。

亲爱的，别闹了好吗？我错了，行吗？

我不活了，死了算了。

好老婆，以后我的钱一定全归你管。

寻死觅活则是一种较为低劣的手段，相对于哭闹来说，受教育程度较高的女性几乎不会做出这样幼稚和肤浅的举动。寻死觅活常常是没有什么文化又泼辣难缠的女性惯用的手段，但也会让男性更加无奈，从而无条件妥协。而比较危险的一种情况是，这种极端的举动会招致男性更加的反感，从而使男女之间的关系出现彻底的决裂。

你真的会区分痛哭和大笑吗

　　人在痛苦的大哭时和开怀大笑的表情有些相似，这两种表情中的呼吸都是痉挛式的，并且伴随着声音的发出，下巴向下垂，嘴角向两旁拉伸，眼睛闭紧，脸颊肌肉绷紧并向上提升。虽然日常生活中大哭还是大笑我们一眼就能认出来，但两者之间的差别其实是由各个部位细微的差别所构成的。

大笑和痛哭的对比

　　总的来说，痛苦和大笑的表情中眼睛周围的形态不同，嘴部表情也不尽相同，这两点是最为明显的判断标准。具体的区别还有：大笑时前额的肌肉是平滑自然的，而痛哭时额部眉头中间有纵向皱纹和倒 U 形皱纹。大笑时眉毛仅受眼轮匝肌的控制，双眉降低；而痛哭时眉毛同时受到额肌、皱眉肌、眼轮匝肌的作用力，使眉毛整体较为平直，而眉头扭曲并轻微上挑。大笑时上眼睑运动不明显，下眼睑向上闭合，并且下眼睑下方会出现笑纹，眼睑的闭合还会使双眼之间鼻根处出现水平的皱纹；痛哭时上眼睑向下紧闭，而眼皮上的皮肤由于受到眉毛的影响而出现斜线皱纹。大笑时脸颊隆起，皮肤显得光滑而富有光泽；痛苦时脸颊也会隆起，但是看上去暗淡无光。大笑时上唇剧烈提升，露出大部分上齿，法令纹显得深长，嘴角向耳朵的方向咧开；痛哭时上唇提升，鼻翼两侧形成法令纹，嘴角向水平方向咧开。大笑时下唇完全伸展并拉长，嘴唇表面较光滑，露出一部分下齿；痛哭时下唇中部向上推起，使下唇呈现 W 形，只露出嘴角处的牙齿。大笑时下巴是光滑平展的，嘴角下方有沟状皱纹；痛哭时颏肌隆起，使下巴表面变得凹凸不平。

　　这些五官的表情都是自然的生理反应，需要整体调动面部器官，绝大部分肌肉都处在紧张收缩的状态之中，因此是很难刻意模仿的，这需要充分的情绪调动和渲染，否则就会显现出一种极为单调的表情，从而泄露自己伪装的本质。同时痛哭和大笑的表情需要聚集大量的能量，调动身体其他部位的肌肉和神经共同工作，也就是说，在痛哭和大笑的表情结束后，这些肌肉和神经需要一个缓慢的过程恢复到原位，并不是瞬间收拢的。因此只要我们在现实生活的交际场合中仔细研究这些表情中的细微之处，就可以很轻松地看出哪种表情是真实的，而哪种表情是伪装出来的。

抑郁成灾

遗传

　　根据群遗传流行病学的调查研究显示，有抑郁症病史的家族中，其成员患抑郁症的概率会提高，这与其他疾病的遗传机制是一致的。也就是说，与患病者血缘关系愈近，患病概率越高。

社会心理

　　生活中重大的灾难或打击，或是长时间的精神欲求得不到满足，意识主体的消极情绪得不到有效的排解和发泄，常常会引发抑郁症。

饮食习惯

　　饮食是最常见的忧郁原因，例如，饮食习惯差及常吃零食。脑中负责管理我们行为的神经冲动传导物质会受我们所吃的食物影响。

现代人如何远离抑郁症

　　常做一些户外运动，充分感受大自然的魅力，吸收新鲜的空气，会让人感受到远离城市喧嚣的美好；常去旅行可以扩展人的视野和思维，让我们看到不同文化背景和生活方式中的人们也会有不同的寻找快乐的途径。

　　多听音乐、欣赏美好的艺术品可以净化人的心灵，改善物质与金钱营造的铜臭气氛；多与喜欢的人交流，几个朋友一起做些喜欢做的事情，哪怕只是聊聊天，也会起到放松的效果；遇见不开心的事情要及时地倾诉或是转移开来，尽量避免沉浸在抑郁的气氛中，让抑郁症无懈可击。

第十四章　说出不却藏不住的痛：悲伤与痛苦

215

第十五章

居然是这样：惊讶与意外

超过 1 秒的惊奇表情是装出来的

获得本季汽车模特大赛的冠军是王思思小姐。

一般选秀节目的冠军其实都是内定的。

很多选秀节目都会出现这样的桥段，当主持人宣布最终获奖者的话音刚落，镜头上便会出现一张充满惊讶之情的面孔。他们大多眉毛高扬，眼睛睁得大大的，满眼都是不可置信的神情，嘴巴大张，有的人不禁用手捂住了嘴。这些无疑都是惊讶的表现，可是如果这些表情和动作超过一秒钟，我们就可以得意地对这电视机嘲讽，这些人真是在作秀！

我们之所以这样自信，绝对是有科学根据的。美国心理学家、面部表情研究专家保罗·艾克曼领导的研究小组就做过这样一个实验，他们对 40 名研究对象进行了无伤害的、意外的刺激，并暗中对实验对象的表现进行了录像。之后，研究小组使用 PAL 制式视频对这些录像片段进行了分析，他们选择实验者面部器官改变程度最大、肌肉收缩最明显的状态来计算实验者的惊讶持续时间。他们惊讶地发现，在标准 PAL 制式的视频为 25 帧 / 秒的情况下，40 名实验者的真正惊讶持续时间仅平均占了 6 帧。

也就是说，当我们收到外界信息源的刺激时，神经系统接收到这一信息开始运作，而面部肌肉也立即开始收缩配合。面部肌肉从一开始收缩至收缩到其最大程度这一段时间极其短暂，仅持续 1/4 秒！当面部肌肉不再收缩时，我们内心的"惊讶"也就随之而去。这也意味着，正常情况下，人们真正能感受到的"惊讶"只有 1/4 秒！可通常，我们"惊讶"的面部表情保持时间却并没有这么短暂，这是因为，这一微妙变化的过程中还有一个最高指挥官——大脑在发挥作用，大脑指挥着我们的面部表情，对外界突如其来的变化做出反馈，把自己的惊讶情绪充分的向外界表达。这也就是我们之所以能在电视上看到那么长时间"惊讶"的原因啦！如果在生活中遇到这样的人，虽然他们可能是个天生的好演员，可是还是要奉劝大家，警惕他们吧！

惊讶时额肌充分收缩

饱满的惊讶表情形态的出现，往往是因为受到了较强烈的外界刺激，面部五官也因此呈现出这些变化：双眉高抬却不挣狞，相对依旧保持原状；眼睛突然大睁，眼白部分也露出较多；嘴巴会随之张开，但嘴唇表皮不会产生变化。

这些典型面部表情的出现，主要是由于人受到外界刺激的瞬间，面部肌肉会迅速收缩来配合内心惊讶的情绪出现。当肌肉收缩到最大限度，惊讶情绪也会随即消除。因而，面部的五官变化都与相关的肌肉收缩有关。

真正吃惊的表情不到 1 秒钟

在日常生活中，我们经常能从对方的脸上看到这样一种表情：头微微抬高、眉毛上抬、眼睛骤然睁大等。虽然程度有所不同，但通常，我们都将这类表情称为惊讶。不管对方愿不愿意让我们看到，但不可否认的是，一旦他们的脸上出现了这些反应动作，我们便可以判断，这突如其来的外界刺激必然是他所关心的，却也是没预料到的，这刺激了他的大脑反应神经，瞬间做出了一系列惊讶的表情。

家里养过宠物的朋友肯定有切身的体会，不论是猫还是狗，它们对外界的任何变化都表现得非常敏感。突如其来的声响他们往往会出现与人类相似的惊讶反应，它们的头会突然抬高，眼睛睁圆，盯着刺激源的方向，它们的耳朵也会突然竖起，对周围环境警惕戒备。而这个过程却非常短暂，可以说是稍纵即逝，尤其是物竞天择的自然界，这短短 1 秒钟的思考判断有时却是生死的抉择。

人类与动物一样，在接受外界某种刺激的情况下（通常都是当事人所关注的人、事、物出现了某种意外），我们的大脑可以在短时间内做出反应，但也绝对不会超过 1 秒钟！神经系统能够调动所有感觉器官，于是面部肌肉群也立刻配合，相应的表情便出现在了我们的脸上。在这瞬间的过程中，神经元及整个神经系统消耗很大，因而身体的其他部位也就相对静止不动，满足大脑的高速运转和精密的计算和判断，以便于指导我们接下来的行动。

惊讶时的眉毛会大幅上扬

　　人们在表现惊讶情绪时，面部五官便会出现相应的细微变化，呈现特有的状态特征。眉毛大幅上扬就是其中的一种表现，多出现于饱满的惊讶情绪表达中。这主要是由于人脑在应对外界刺激时，面部肌肉群随之进行了收缩，使得五官因此产生了或细微或明显的变化。眉毛大幅上扬的出现与额肌与上睑提肌的收缩都有一定的关系。

　　前面提到，额肌的充分收缩，使得眉毛可以大幅度的提高，这在人们收到较刺激的外界信息时，表现得尤为明显。在额肌收缩时，面部肌群还有一块重要的肌肉也在运动，这就是上睑提肌。上睑提肌与额肌一起接收到信息，共同进行收缩运动，这就使得眼部也发生了变化，上眼皮在二者相互的作用下与下眼皮距离瞬间有所增大，也因此，调动了额肌的收缩，使得眉毛有了大幅度的抬高。在某种程度上来说，眉毛的抬升是睁眼睛的一种伴随反应，但若没有眉毛的抬升，上眼皮也只能有限提升，无法完成睁眼睛的动作。

与饱满的惊讶表情相比，一般的惊讶表情面部五官的变化并不十分明显。

　　当然，还有另外一种情况，即一般的惊讶表情，通常是由于人们刻意控制隐藏和外界刺激不够有冲击的情况下产生的。在一般的惊讶表情中，只有部分面部肌肉群被调动或未被充分调动，与饱满的惊讶表情相比，面部五官的变化并不十分明显，有时候甚至很难察觉到它们微妙的变化。有时，较轻微的惊讶表情不会令眉毛有大幅的上扬，但与松弛状态下相比较，我们又可以看出眉毛还是有所抬高的。这一点我们必须要说明，大家在平时判断的时候一定要注意细心的观察。

年纪大的人惊讶时前额会产生水平皱纹

细心的你可能会发现，我们的长辈或者年长的上司，一不小心在我们面前流露出惊讶表情时，他们的前额通常会出现几条或隐或现的水平皱纹。有的是本身就有，面露惊讶之色时便加深其纹路，有的平时看不出来，一旦将惊讶表露在脸上便隐隐约约地被我们的眼睛捕捉到了。而相对地，我们的同龄人或者年轻人就很少有这种情况，这是什么原因呢？

首先，随着年龄的增长，新陈代谢不再旺盛，皮肤自身的修护再生功能逐渐退化，基底层新生细胞的生产数量也日益减少。也因此，皮肤表面由死亡细胞组成的角质层也开始变薄，致使皮肤难以抵御电脑辐射、空气中的有害物质、紫外线等侵害，皱纹也因此悄悄地爬上了你的额头。

年轻时　　　　年老时

其次，年轻人的皮肤中蕴含了大量的骨胶原纤维，骨胶原纤维中蕴含了大量的水分，对皮肤起着支撑作用，使皮肤富有弹性又光洁。但这些骨胶原纤维却并非一直保持这样的活性和数量，随着岁月的流逝，它们会逐渐衰减并渐渐丧失活力，我们的皮肤也不会再像年轻时那般水嫩光亮，皮肤渐渐就会变得干枯褶皱了。这也是近来骨胶原美容产品卖得如此好的原因了。

最后，也是与面部表情变化有关的，我们都知道，在我们内心感到惊讶情绪时，面部肌肉群便会进行收缩，当收缩到最大程度时，惊讶情绪即刻便会消失。因此，当我们的额肌充分的收缩，其结缔组织的弹性纤维随之拉伸，重复的次数多了，也会造成所谓的表情皱纹。加之年长的人士往往皮肤干燥缺水或本身已经有一些额前皱纹，当他们惊讶情绪产生时，额前出现一些水平皱纹也就不足为奇了。

嘴巴不自觉张开，配合一次快速吸气

惊讶情绪出现时，面部肌群的收缩运动不单单涉及额肌和上睑提肌，五官的变化也不只是眉毛的提升和眼睛的睁大。嘴巴也是面部五官重要的一部分，在人们感到惊讶时，嘴巴也有着自己的反应。

饱满的惊讶表情。

我们还是先来看饱满惊讶程度的面部表情，这对于我们初步学习分析微表情是十分必要的。在饱满的惊讶表情状态下，人们的嘴巴会不自觉地张开，并且，嘴唇表皮也不会有收缩变化，这种状态能保持一段时间。嘴部这一系列的动作还伴随着一个很难被他人察觉的行为——一次快速吸气！

从这一系列的反应来看，嘴部的变化都是"有意为之"的结果，目的则是为了这微妙的"吸气"。人类这种高等动物，在几亿年的进化过程中，早已创造了一套身体调节机制，来应对外界环境突如其来的变化。这种伴随惊讶情绪出现的快速吸气，就是这样一例。快速吸气主要有两个作用：

第一，在惊讶情绪出现时，大脑也要进行精密的运转，对周围环境和后续行为做出某种考量，因此快速吸气可以迅速提供氧气供大脑运行，加速脑部的血液循环。

第二，为后续行动储备能量。人受到外界刺激，产生惊讶情绪时，大脑同时也在分析和考量周围的环境对人是否有威胁，并对下一步行动作出判断和准备。这时，快速地吸一口气不仅对大脑的运转有好处，同时，也为身体提供了必要的能量储备。惊讶情绪过后，可能面对很多情况，人们需要为自己储存必要的能量进行接下来的行动。不管接下来要面对的是惊喜抑或是悲伤，要抗争或是要逃跑，都要耗费一定的体力。所以，这种快速呼吸是十分必要的，也是自我保护的一种手段。

受到刺激时嘴巴向下轻微张开

在我们的面部表情变化中，嘴唇的作用其实是很大的。我们往往过分关注眉眼对于表情变化的作用，而常常忽视了嘴是如何表达情感的。通常嘴部周围肌肉的收缩，与我们刻意的抵制情绪有关，是一种对外界变化的警惕、防备的生理反应。嘴唇微开，表示我们对这件事有怀疑、疑问、惊讶；嘴巴大张，表示惊恐；嘴角上扬，表达喜悦之情；嘴角下垂，则为忧伤的反应。

但我们受到外界突如其来的刺激，产生惊讶情绪时，嘴巴会向下轻微张开，特别是在饱满的惊讶表情中呈现得十分明显。嘴部的动作具体一点来说，是在大脑的指挥下，下颚带动下唇向下与上唇分离，并且，嘴角不会向两侧有所拉伸。

瞳孔微微放大：他有些惊恐

在我们感到惊讶时，往往会有一瞬间的静止状态，我们称之为冻结反应。这其实是大脑接收到了外界刺激，并向全身各个部位发出的警示信号。大脑利用这一瞬间要对外界环境进行精密的分析，继而指挥全身做出相应的反应行为。

在恐怖电影中，随着怪物的逼近，女主角也一步一步地向着房屋的角落退去，脸上写满了恐惧！仔细观察我们还能发现，这时人的眼睛上眼睑不再上扬，而有一种倾斜下拉的趋势，如果你注意到他的瞳孔，你会发现，他的瞳孔居然在微微放大。

你别靠近我啊！

瞳孔是我们眼球虹膜中心的一个黑色小圆孔，是眼睛吸收外界光源的主要渠道。

瞳孔可以根据光的强弱控制改变自己的大小，那又是什么在控制着瞳孔的大小呢？原来我们的虹膜中有两组细微的肌肉，瞳孔括约肌和瞳孔开大肌，其中，瞳孔开大肌受交感神经支配。在剧烈的外来刺激下，会促使交感神经瞬间活跃兴奋，支配瞳孔开大肌放大瞳孔。因而，当人们受到意外的、负面刺激时，可能瞬间从惊讶转而恐惧的情绪，而这时，人的瞳孔也就会微微扩大了。

惊讶的人会深吸一口气

　　有时，我们受到外界刺激比较强烈，促使我们的肌肉剧烈收缩，面部呈现饱满的惊讶情绪，同时，往往伴随着深吸一口气，并有瞬间屏息的状态，这其实是一种自我保护的本能，也是一种隐晦的冻结反应，也就是我们常说的"倒抽一口气"！

　　自然界万事万物都遵循着能量守恒规律，我们的身体也一样。我们的每一次呼吸，虽然看起来没有什么特别，却都是在给我们的身体增加"养分"，好让我们的身体系统能够正常运行，我们每一次思考、行动，都与呼吸息息相关。而人们某种情绪的产生，其实是一种能量消耗的过程，因此，在情绪结束后，需要对身体的能量有所补充，呼吸就是其中的一种方式。

　　美国哥伦比亚大学行为心理研究中心为我们证实，在受到外界刺激后，若准备有所行动，呼吸的幅度和频率便会加剧，为身体储存能量，并且二者呈正比例增加。如果外界刺激比较强烈，需要进行剧烈的后续反应，则呼吸的幅度便会增大，也就是我们常说的要深吸一口气。

深吸一口气，可将惊讶的情绪平复下来。

　　因而，在我们出现惊讶情绪时，深吸一口气就是这样一种能量补充的生理反应，目的是进行自我保护，对之后的种种情况做准备。在饱满惊讶表情中经常看到的嘴巴张开，也是为了快速地进行呼吸，但并不是所有的刺激源都会使人产生饱满的惊讶表情，有时人们在惊讶情绪产生之时，并不会张开嘴，即使在这种情况下，人们也会利用鼻子进行吸气，只不过这样便会促使喉部附近的肌肉进行收缩，不如直接张开嘴吸气便利。这虽然是人们可以掩盖自己情绪的一种表现，但无论如何隐藏自己的惊讶，也不会忘了深深地"吸上一口"！

惊讶时下巴会微微抬高

在很多时候，我们受到的外界刺激并不是很强烈。只是轻微的刺激，而我们也只是会感到有些意外而已。这时候，面部的表情也不会变化很明显。就会有些尴尬，也只是一点，甚至会基本无表情。在这样的情况下，我们不需要大量的能量，也就不需要明显急促地快速呼吸。因而，嘴部的运动也会有所放松。这个时候，人们为了不让别人看出自己的惊讶，总是会强装镇定，向别人强调"我很正常"。但是，这句话其实是此地无银三百两。这样的反应，其实恰好反映了他们内心的情绪。

我很正常。

一般而言，下巴抬高是一种带侵略性的、挑逗意味的动作，也是一种自恃身份不同与常人，蔑视他人的一种行为。在惊讶情绪后出现的下巴微微高抬的行为，很明显是一种掩饰自己内心情绪的行为。

受到惊吓，不自觉提高声音

好，我们继续总结！！！

公司年终总结大会上，总经理正兴致盎然地对过去一年的成绩教训做总结报告，突然，平日里老好人一样的销售部经理突然从座位上起身，在所有人的目光之中走出会场，愤怒地摔门而去。总经理的发言并没有因此而间断，只是讲话的声音稍稍有一些提高。这位领导者良好的心理素质和风度值得学习，不过，他的声音却出卖了他，他还是被销售部经理的行为吓了一跳！

人在受到刺激、产生惊讶情绪时，往往会有这种反应：当时正在说话，突然受到有效刺激，其他动作还来不及做，声音却有所提高。人在说话时受到了刺激，特别是受到负面刺激时，会产生惊恐、恐惧等情绪，伴随着肌肉收缩，声带也会受到影响，振动频率也会有所增加，声音变大也是很正常的事。

昨天我们已经学习了第一课！！今天我们接着学习第二课！！

听说公司被查封了。

真的吗？

第二种情况，正常状态下的人，突然遭受到意外刺激，可能会用怀疑的语气提高声调进行反问，例如"什么？""真的吗？"等短语。这种行为一方面是为自己之后的反应争取时间，同时也是渴望得到外界变化具体信息的一种表现。但不管是哪一种提高声音的行为，都与人们内心惊讶的感觉有着密切的关系。

身体语言的重要性超过言辞

"一个人的体语更能准确地反映内心。"有时候肢体语言一旦和有声语言相结合，能准确传达话语者内心思想和情感的不是有声语言，而是体语。

一个人的肢体语言，比如一些细微的动作，不易察觉的变化，往往最能反映他的真实想法。

从福尔摩斯到卓别林，我们一再提及一个词——身体语言。而我们总是过分重视口头内容表达，而忽略了身体语言的能量之大。

在信息交流的过程中，一些非语言信息常常被人们所忽视，如果能抓住这些信息，就能抓住对方的心思。

要想真正了解交谈对象的话语意思，在认真倾听其述说的同时，还必须认真解读对方的体语。

尖叫是被严重吓到了

　　人在极度恐惧之下，会发出阵阵尖叫。在遇到意外的负面刺激时，若一个人突然发出了尖叫，那么表明他已经产生了恐惧感，并且是极度恐惧。女孩子似乎特别容易尖叫，特别是在受到惊吓时。几个女孩子在看恐怖电影时，阵阵刺耳的尖叫和抱成一团轻微颤抖的场面是少不了的。

女孩子在看恐怖电影
时往往会吓得尖叫起来。

　　文静害羞的女孩子，碰到小虫子时也会吓得尖叫。这种尖叫现象，其实是我们身体在应对外来刺激时的一种附属性条件反射行为，并非惊讶情绪产生后典型的行为特征。人们在受到外界刺激时，惊讶情绪瞬间产生。而尖叫却可以缓解因肾上腺素激增而带来的巨大压力，使他们的心理负担得以释放，人们的情绪也能有所平复，达到一种相对正常、平和的状态。

女孩子碰到小虫子
时往往也会害怕地尖叫。

惊讶的人有时会面部仰天

头部的动作是我们意见表达的渠道之一。我们同意时会"点头"，不同意时会"摇头"，这在我们儿童时期会表现得更加明显。随着年龄的增长，这些头部动作的幅度会相应地减小，小孩子对于不喜欢的东西会使劲摇头，表达自己的强烈不满，而成年人则不会把头摆动得如此明显。但无论如何，相应的头部动作可以强化我们的意见倾向，增强他人对我们的信赖。

面部朝天的动作也是我们经常看到的头部动作。这个动作也具有价值判断和意见表达的意义，而不同国家的文化中有着不同的象征。在新西兰北部的一些地区，仰头表示的是一种肯定的意见，而在希腊、土耳其等国家，面部朝天则是一种否定的意见表达。不管仰头究竟代表什么意义，必须肯定的是，它是一种思考判断的伴随性动作。因而，我们在受到意外刺激时，必然会进行对外界的分析和思考，该如何应对新的变化。于是，面部朝天的头部动作就伴随着这短暂的思考出现了。

歪过头去注意令人惊讶的事

我们的眼睛总为身体提供信息，捕捉情报。在我们受到外界刺激时，大脑会将我们的身体"冻结"，在这个短短的时间内，大脑必须完成一系列的分析、判断等行为，好对我们的身体发出指令，来应对外界的变化。大脑在这段时间内需要能量的支持，同时也需要更多的信息来协助分析及做出应对反应，而这就需要眼睛的配合。

歪过头去注意刺激源的反应，可能是发生了程度较大的意外刺激，并且这种刺激很可能是当事人感兴趣的事件；还有可能是遭受了强烈的负面刺激的影响。通常会伴随着全身僵直，不能动弹的状态，在不清楚周围世界对自己是否有威胁时，我们的身体是不敢轻易运动的，一来是减少能量的耗损，二来期望尽量减少自己的动作以达到保障自己安全的目的。特别是面对强烈的刺激源，更是如此。

刺激越是强烈，我们所受到的威胁可能越大，大脑就需要更多的信息区判断我们当下的情况。在这种情形下，我们就需要眼睛的配合了。头歪过去注意刺激源，实际上是眼睛去注意刺激源，试图吸收更多的光源，收集到更多有用的信息提供给大脑，配合大脑的需要。也是我们的身体在情况不明朗的困境下，一种本能的反应与自我保护的行为。

惊讶刺激使人流泪

我们经常能够在一些小说中看到这样的文字："听到这个消息之后，他怔住了……然后激动地流下了泪水。"这句话看起来好像有些夸张，但是在现实生活中，这种情况也是会出现的。为了了解这个问题，我们需要分析流泪和流泪的原因。

我们可将流泪分为两种，反射性的流泪及情感性的流泪。反射性的流泪出现得比较多，比如有的人的眼睛比较敏感，甚至在被风吹到的时候都会流泪。这是由个人体质决定的，当然，同样的刺激物对不同的人会有不同的影响，不同的刺激物对同一个人也会有不同的影响。而情感性流泪是由于人受到外界信息刺激，内心产生了某种情绪而导致的流泪。

俄罗斯家庭心理学家纳吉日达·舒尔曼经研究证明，眼泪可以缓解精神负担，并且是效果最好的天然良方。此外，眼泪还有帮助人体排毒的功能。人体内信息传递靠神经，而神经元之间的传递则依靠中枢递质。一旦受到外界的强烈刺激，中枢递质就会增多，当相应的分解酶无法完全分解时，它们就会沉积于体内，久而久之可能引发肠炎、溃疡等病症。而眼泪却可以将这些有害物质带出体外。并且，经科学研究证明，眼泪中还有能改变人体情绪的蛋白质，特别是在因动情而流泪的泪水中，这种蛋白质含量极高。

一些人因为激动或是欣喜，会流下眼泪。

在一些惊讶情绪之后，少数人会流下眼泪，或是激动或是欣喜，也有可能是因为过于悲痛。其实这些都是我们的身体在做自我调节的措施。外界强烈的刺激，特别是负面刺激，对人心理会有巨大的冲击，会产生对身心十分不利的负面情绪，同时这种刺激还会造成人体内中枢神经递质过多，神经异常兴奋等问题，会危害人的身体健康。惊讶过后的泪水对我们的身体而言其实相当于一剂止痛药，是一种对心理的安抚以及对身心的调整。

有时候惊讶会使人停住所有动作

　　惊讶情绪产生的瞬间虽然极其短暂，但却是非常复杂的过程。当我们突然受到外界意外刺激时，大脑会首先接到信息，神经系统立即开始工作，促使面部肌肉群开始进行收缩运动，直到这种状态达到极限，这期间，人的内心便会产生惊讶的情绪。大脑在这整个过程中一直在高速工作，一方面，周遭情况的突然变化使人自然地产生一种不安全感，促使人调用各种感官尽量去收集有用的信息，例如眼睛睁大，眼球暴露部分增加；另一方面，大脑还要对之后的情况进行预测和分析，并要在极端的时间里为之后的行动做出决定。

　　简单地说，就是人在惊讶情绪时，可能会停下所有的动作，直到这种情绪结束。全身其他部位暂时不动，实际上就是将能量全部转移到了大脑，使大脑供血充足，有助于大脑的有效思考和判断。因而，感到惊讶时全身不动的情况是有的，但还是要视外界刺激源的程度而定。

皱眉：严重关注令人惊奇的大事

　　眉毛是我们五官中的一部分，在微表情的研究中也是重要的分析对象。通常我们都将眉毛和眼睛放在一起进行分析和讨论，但在实际生活中，眉毛的一些细小的变化也能对我们研究人的内心情绪给予明确的提示。

　　一般来说，人们皱眉有两种情况：一种是遭遇外界刺激时，如强光直射、强烈的负面刺激、意外袭击等，本能的躲避性行为，具体来说就是保护我们的眼睛免遭伤害，这当然还需要眼睛的协调配合；另一种情况为有抵抗意识的防御性行为，看上去是带有侵略性的，但实际上还是以自我保护为主，通常会产生反感、厌恶等情绪。

　　如果身边突然发生了令人惊奇的大事，我们身体的第一反应还是本能的选择躲避，尽量收缩自己的肢体，减少能量的消耗；同时，鉴于对刺激源信息的匮乏，眼睛就成为收集情报的首选，肩负着重任，不得不睁眼为大脑搜集信息。但是因为外界的刺激源比较剧烈，眼睛会在搜集信息的同时保护自己，比如会皱眉。这种皱眉行为就是眼睛在接受程度较大的外界刺激时的一种逃避性反应。因而，当我们周边人出现这种皱眉的反应时，那可能他的身边突然发生了令他感到惊讶的大事！

控制呼吸的深度和频率

　　我们的身体是一部高智能运转的机体，可以根据外界对我们不同的程度、不同方面的刺激来进行自我调节。呼吸与身体的能量有着密切的联系，不同情绪的产生会对能量有所消耗，而呼吸却正能够在其中起到调节者的作用，在我们遭受外界刺激时，通过控制呼吸的深度和频率，令身体始终保持一种平衡的状态。

当我们受到外界意外信息刺激时，会出现如眼睛睁大，眉毛抬高，身体动作停滞等惊讶表情。

　　当我们受到外界意外信息刺激时，会促使肌肉收缩，产生惊讶的情绪，随之出现典型的惊讶表情形态及动作反应，如眼睛睁大，眉毛抬高，嘴巴张开，身体动作停滞等。同时，当人们感觉到惊讶时，几乎是本能的会快速的吸入一口气，目的在于自我保护，对变化后的环境进行重新审视，决定该采取何种方式进行下一步的行动。这其实就是一种能量的储备和生理本能的补给。

　　而当外界的刺激突如其来或极其猛烈时，往往会令人们产生负面情绪，我们将这类刺激源称之为负面刺激。人在遭遇到有效的负面刺激时，一般都会产生不同程度的恐惧、惊恐、害怕等情绪，也会产生多种多样的微表情、微行为。而通常，人们第一反应是进行自我保护，这也就涉及了对呼吸的控制。与遭遇意外刺激不同，负面刺激的刺激源对人影响更加强烈，产生的情绪也多是负面的，自我保护意识也更强烈，逃避的潜意识也被调动了起来。

　　因此，不同于惊讶的快速呼吸，人们在害怕时，通常会减缓自己的呼吸频率和幅度，甚至会屏息以保证自己的安全。因此，我们分析微表情时，可以将人的呼吸频率、幅度作为辅助材料来进行有效的判断。

屏住呼吸：太震惊了

之前我们已经提到呼吸与情绪的能量守恒规律，惊讶情绪会消耗掉一部分的能量，这种情况的出现，通常是因为我们产生了恐惧的情绪，特别是周遭环境无法令我们进行所期望的行动，被迫维持原状态的情况下。这种"大气也不敢出"的状态，其实是人的一种本能，就是为了保护自己。

动物在躲避天敌或猎人追捕时往往会减小呼吸幅度或屏息逃过劫难，若呼吸剧烈，很可能会暴露自己的藏身之处，付出生命的代价。我们在恐怖电影中也经常看到这种镜头，主人公在逃避怪物追踪时慌忙躲入暗处，尽量使自己屏息，不被怪物发现。

惊讶让人变得严肃？

即便是遭受到了同样的刺激，不同的人也会有不同的反应。为什么有些人在惊讶时会五官狰狞、花容失色，而有些人看上去却成熟稳重、表情严肃，还能微微感受到霸气的王者风范？而那些看上去严肃镇定的人，是不是真的没受到负面刺激的影响？

眉毛高抬、眼睛睁大、嘴部大张等，都是惊讶表情的典型表情形态。通常是发生在出现了极其强烈的刺激之后，在人们的心里产生了强烈的惊讶情绪，表现在面部则是上述的这些饱满惊讶表情。

如果真的出现了值得关注的大事，人们在受到惊吓时还会有皱眉的反应，眼睛在瞪大的同时也会注视着刺激源，嘴部依旧可以维持不动。这些表情组合起来，确实能让人感到严肃的气氛。加之，在遭受外界刺激的瞬间，本身就有极短的冻结状态，全身的动作都会相对减少。只要掩饰得好，这些确实很容易被许多人误认为是严肃、镇定的表现。

你的听众正在不断敲着他的饭盒

敲击在人的行为中有多重含义，可能表示尊敬，可能是厌烦，可能是在思考，也可能是受到惊吓时的一种反应。在茶楼里，在别人为你倒茶后用手轻敲桌面数声，就是一种表示感谢和尊重的举动。

对谈话内容感兴趣，
有人会敲击饭盒。

如果你和你的朋友在吃饭时闲谈，你正在说话，你的朋友却正在不断地敲着他的饭盒，这代表了什么意思？首先，这可能是他对谈话内容厌烦的表现。听众不断敲击饭盒并且越来越快，可能是想给你一个信息：他已经对谈话的内容感到了厌倦，希望通过敲击声提醒你。并且连续不断的敲击声也会给说话者一个刺激，使其不能将注意力完全放在谈话内容上。如果这时你换一个话题，听众可能就不再这样连续敲击了。还有一种可能，听众对你的谈话内容很感兴趣，并且已经开始让他有所想法，可能是听众正在思考的表现，而此时的击打声往往比较有节奏，这时你最好不要去打断他。还有第三种可能，就是你说的内容刚好是他关心的，并且与他预期中的出现了不同，也就是说，你说的话使他产生了惊讶的情绪。这时的敲击一般会快速而连续，这是听众在受到外界刺激时舒缓压力的一种表现，借敲击饭盒对心理的冲击进行补偿。

当然具体哪种情况还是要根据实际情况具体分析。比如听众的面部表情、手部动作、敲击声是短促还是连贯，是有节奏还是杂乱的，这些都是判断听众情绪的重要标志。如果想要听众接受你的谈话，就要在交谈过程中时刻注意观察，分析听众的情绪，决定是否要换个话题或者继续深入。

五指并拢盖住嘴唇，平复受惊情绪

不知您还记不记得"9·11"事件的新闻报道，整个美国都被震惊了，其他城市中的新闻墙24小时滚动播放事件处理的最新情况。不少美国人都全身僵直地站在马路上，一动不动地盯着电视墙，很多人还用自己的五指并拢盖住嘴唇，有些人的眼睛里还含着眼泪。这种五指并拢盖住嘴唇的动作，其实是发生在惊讶情绪之后的，是一种平复人们受惊情绪的安抚性动作。

如果遭受了外界的负面刺激，特别是较强的负面刺激，人们通常都会进行一次快速有效的呼吸，因而，嘴部的反应也比较明显。而五指并拢掩盖住嘴唇的行为明显会阻碍吸气，因而，这个动作的发生一般都是在惊讶情绪过后，也就是快速呼吸过后才有的反应。将嘴盖住的直接后果就是只能依靠鼻子呼吸，这种呼吸就是我们经常说的深呼吸。它可以有效地缓解紧张、焦虑、恐惧的心情，也为全身的肌肉运动提供了充足的能量和氧气，让我们的身体和心灵都能相对放松。

受惊，双手盖住脸

在很多时候，人突然间受到了外界的刺激，会不自觉地用双手将自己的脸盖住，似乎不想再去面对刺激源。这种现象十分普遍，看恐怖电影时就经常发生，影片中突如其来的杀戮、怪兽都给我们毫无防备的重重的一击，慌忙用手把脸捂上，不敢再看屏幕。

有时突如其来的惊喜也会出现类似的反应，如现场抽中大奖，毫无预兆的浪漫求婚等，当事人都会有这一下意识的举动——将双手盖住脸。

嫁给我吧。

心理学家们经过研究发现，双手盖住脸是一种寻求安慰的表现。因而，在人们感到惊讶时，不管刺激源是积极的还是负面的，在惊讶情绪产生的一瞬间，人的情绪都产生了巨大的波动，需要某种安慰。这个手势就是像其他人发出了"求安抚"的信号。

本来托腮的手突然张开了手指，太惊讶了

手托腮的举动似乎很常见，尤其是在年轻群体中体现得尤为明显。很多人都说青春期的女孩子爱托腮，其实这并非是少女的专利。一般做出这个姿势的人通常都在自己的世界中神游，或者有心事正在发呆，又或者在想自己的梦中情人。心理学家发现，双手托腮的动作也是一种替代性安慰行为。人们把自己的手假想成他人的手对自己进行安慰，让自己继续沉溺于非现实的世界，以弥补内心的空虚和创伤。

人一般在幻想时总会不自觉地做出双手托腮的动作。

本来在幻想中的人一旦受到外界刺激，反应会很明显，即使刺激并不强烈，也会对其情绪产生很大影响。表现在动作上即托腮的手突然间张开了手指，也意味着假想中的手消失了。张开的手指也是一种企图掌握的手势，也透露了试图对幻想世界的不舍之情。再者，这种五指张开的手势也是一种自我防护的本能，在遭遇外界刺激时为自己的脸建起了一道屏障，尽量避免自己的脸受到伤害。

在幻想中的人一旦受到外界刺激，托腮的手突然间就会放下来。

233

受到负面刺激，做出防御姿态

当我们受到意外的负面刺激后，从惊讶逐渐转为愤怒，与此同时，我们的身体动作也会发生相应的改变。原本僵直的身体会更加紧绷，下垂的双手会暗暗握拳，似乎有攻击的架势，但实际上还是在自我防卫。双手握拳也是愤怒的典型表现。

又如，有些人在受到惊吓之后，眉头紧皱，双臂交叉抱于胸前，这也是典型的愤怒中的防御姿势。同时，这种姿势也透露出了对刺激源的反感和厌恶。有的人在双臂交叉时还攥紧了拳头，更加具有攻击性，但一般也不会主动进行攻击，还是以防御为先。

小孩子的两只手放在脑袋两侧，五指全部张开

人的头部倾斜，是一种寻找安全感的征兆。据科学研究表明，人这种行为是从婴儿时期养成的习惯，他们总是试图寻找母亲的手臂，渴望被母亲搂在怀中，枕在母亲的手臂中安静的进入梦乡。于是，小孩子总是习惯性地用头寻找那两条象征安全和温暖的手臂，其实是在寻找安全感。

小孩子经常把两只手放在脑袋两侧的行为也是一种假想性的安抚行为，他们幻想着母亲的手臂，并把自己的手臂当作是母亲的双臂。很多小孩子在自己单独睡觉时会经常做出这样的举动，并保持这种姿势进入梦乡。小孩子平时想要寻找安全感时也多用这种行为表达他们的内心。

而当他们突然受到外界的刺激时，这种对于安全的幻想便会被打破，他们幻想出的安全的臂膀也就随之消失，这种对于手臂的依恋也就不复存在，也就不需要再用自己的手臂去充当"安全的港湾"。放弃的标志就是五指全部张开，瞬间肌肉紧绷，并做出防御的姿势。并拢或者松弛状态下的手，突然间五指全部张开，通常是受到惊吓后的反应，我们在研究微行为时，要做到观察到细微之处，手指的变化也不能忽略。

谁在仰视着谁：服从与合作

服从于高高在上的人

在日常生活中，我们总是喜欢对那些"高高在上"的人表示出服从。所谓高高在上的人，生活中可能是指我们的父母，工作中则是上司、客户等。

在与下属沟通的时候，作为上司容易犯的毛病就是高高在上。

社会心理学家认为作为自然人的个体之所以会有服从行为，其主要原因有两个：一个是自然个体对于合法权利的服从。在我们约定俗成的观念下，特定的情境，社会会赋予某些社会角色更大的权力，因此导致了另外的一些社会角色有服从于他们的义务。比方说，在学校里，学生应该服从于教师；在医院里，病人应该服从医生等。第二个是个人都希望自己身上的责任得到转移。一般情况下，我们对于自己的行为都有自己的责任意识，如果我们不希望造成某种行为的责任落到自己身上，我们主观地认为该行为的主导者不在自己，而在我们所服从的人。因为，我们一旦服从了别人，便会在心理上营造出因执行指挥者的命令而产生该种行为的意识，因此，我们就不需要对这个行为负责，于是服从者的身上便发生了责任转移，使得人们不考虑自己的行为后果。

影响服从的因素很多，概括起来主要有三个方面：第一是命令发出者。命令发出者的权威性高低，他对服从者是否关心、爱护，他是否会对命令执行的过程负责等，都会影响到我们的服从程度。第二是命令的执行者。命令的执行者就是一般意义上的服从者。服从者的执行水平、人格特征以及文化背景等也都会影响到他对命令的服从。第三是环境因素的影响。比如执行过程中是否有人支持自己的拒绝服从行为，周围人的榜样行为怎样，服从者一旦拒绝或执行命令的行为反馈情况如何等，也会影响到服从者的服从行为。

有些被服从的人会骄傲

我都知道了，你不用说了。

这事本应这么办，你再好好想想。

在现代职场上，有很多上司非常自负，总是不耐心听完下属的话、说话时总是听几句就凭感觉下结论，还会用"我都知道了，不用说了"这种话来打断双方谈话等。在这样的前提下，即使他们的下属提出了多好的新构想，上司也会以"他不这么认为"为由对这些好建议视若无睹。这种骄傲型的上司堪称是扼杀创意的好手。

骄傲的人总是喜欢在各种情况下挑剔和教训其他人，缺少对自己情况的客观考虑，但是，骄傲的人由于缺乏对自身的客观评价，也容不下别人对自己评头论足，因此很容易堕进骄傲所设下的陷阱。

习惯放下

我宁愿放弃生命，也不会咽下这些东西。

汶川大地震之后，有的人被埋了几天几夜仍旧能生存下来，并且活得好好的，因为他们会啃书本、喝自己的尿液来维持生命。相反，有的人在地震发生的那一刻起，就已经抱着放弃的念头。事后，有些没有亲身经历过这次灾难的人说："我宁愿放弃生命，也不会咽下这些东西。"其实，绝境说不定什么时候就会到来，也说不定会持续多久。如果想要活下去，就要自然而然地适应环境。

这样的道理，在现实生活也是一样的。在职场上，企业管理过程中存在的传统"自我意识""推卸责任""踢皮球""利益驱使""职场政治"等本质意识在很多方面还没有根本改变。面对这样的情况，职工永远捉摸不透领导层的游戏规则，因为这里面还有政治。

不能怪咱们，要怪就怪养殖业和检疫部门。

我当家，钱要交给我！

你管得太严，我要离婚！

在生活上，面子对一个男人来说，其重要性是难以取代的，有人说，男人什么都可以丢，就是不能丢了面子，也有人说男人的面子是女人给的，所以女人要学会在各种场合给足男人面子。两个人单独在一起的时候，说什么、做什么都可以，但是在外面，女人一定要学会控制好自己的脾气，不管是在长辈、朋友还是丈夫同事、上司的面前，都要给自己的男人留足面子。

达西的傲慢

达西是英国著名作家简·奥斯汀的小说《傲慢与偏见》中的男主人公，他的性格因自身的家庭条件及门第观念造成自视甚高、目中无人、傲慢无礼。但是却初次求爱不成，进而深刻检讨自己，最终改正自己傲慢的态度，成为大家理想的人物形象。达西的性格总的说来有三个层面，即外在的傲慢与内在的爱心以及知错能改的决心。

但在现实社会中，也会存在不少和达西一样，需要我们耐心理解和发现的人物。生活中人们相互之间同样存在着交流的障碍，是我们正确对待自己、处理事物上的绊脚石。因为人和人之间的相处总会有一些小小的摩擦，而这些摩擦，往往就是我们自己内心中所潜藏的弱点或毛病，要和别人能够更愉快地生活，就必须先了解到自己的缺点，并凭借自己的努力消灭这些已知的缺陷；其次就是了解别人的内心，最后再互相深入了解彼此，如此一来，你会发现到社会上每一件人、事、物都是如此美好、光明，更进一步激发出你内心深处的感动，发挥出

《傲慢与偏见》男主人公达西。

自己的专长去替这个社会、这个国家、这个世界服务，毕竟我们是万物之长，如果人们不再用心去关怀身边的人，不再去付出自己的一臂之力，那么还有谁要去完成这个任务呢？人类的情感缺陷很多。我们如果想要在人生中创造一番事业，就需要与知识层面、涵养教养、爱情恋人、事业发展等多方面做斗争，这些都需要我们和自己心灵中的种种肤浅想法努力抗衡。在人生中，我们的思维经过了各种误解和长时间的反复认识的过程，才能慢慢地从心灵的内在克服自身生理心理上的各种弱点和毛病，从而使我们自己更加进步、潇洒和自由。归根到底，无论我们是外在傲慢的人，还是真心真诚善待别人的人，只要我们人品正直，追求美德，秉承一颗向往善良的心灵，不私欲、不贪图一时之利欲，追求两心之和谐、相应，运用彼此的智慧，克服心灵上的缺点，就会如愿以偿的。所以从现在开始，我们就应该努力改掉自身的缺点，积极进取，善待他人，打造一个全新的自我，为崭新的将来打拼。

想要合作的诚意

当然是我，你看下面那位穿着外套的老人，我打赌可以比你更快地使他把外套脱下来。

温和友善永远比激烈狂暴更有效。

在伊索寓言中有这样一则《太阳和风》的故事：有一天，太阳和风在争论谁更有力量。风说："当然是我，你看下面那位穿着外套的老人，我打赌可以比你更快地使他把外套脱下来。"说着，风开始用力对着老人吹，希望把老人的外套吹下来。但是它越是用劲吹，老人越是把外套裹得更紧。最后，风吹得实在太累了，这时，太阳便从云彩后面走出来，暖洋洋地照在老人身上。没多久，老人就开始擦汗，汗越流越多，于是老人把外套脱了下来。这时，太阳对风说："温和友善永远比激烈狂暴更有效。"

衣服上加上文字"X企业"

衣服上加上文字"订货客户"

正如寓言阐明的道理一样，与激烈的较劲相比，真诚地对待更有利于解决问题。因此，在双方合作时，表现出我们的诚意，是达成合作的最佳捷径。"小型企业靠人治，中型企业靠制度管理，大型企业靠文化管理。"很多企业在管理的过程中，都把这句话当成座右铭。这句名言的本质是，所有的健康文化，都必须建立在"真诚"的基础上。诚信，无疑是合作共赢的必然要求。

谁服从于谁

领导，技术上的事你先别急，我马上可以办好。

一是当下属敢于和上司一同承担责任时，下属具备服从上司的特质。上司也会有上司的难处，他们也会碰到很多始料不及的事情，如果在上司如此需要你的关键时刻，你能够主动站出来，服从上司的安排，为上司解燃眉之急，无疑是你服从上司的最好表现。

二是在服从的过程中彰显自身的才华。并不代表说服从便一定是同化性的，服从的过程中也能抓住机会彰显自己的特色和优势。很多专业技巧性很强的人才及下属会受到上司的特殊礼遇。如果你是一位有专业才能的人才，也想在工作中发挥自己的才华，就更加应该学会认真执行上司交代的任务，不管任务的大小繁简，都以服从并认真的心态去完成，这样，会使你更快地成为上司心目中不可或缺的倚重的对象。

王总，我做了这么久，您也知道我做得咋样了，你也可以出去问问其他同事，看我是否完成能够胜任这份工作。

还不够啊，到技术部门继续实习吧。

三是不盲目地服从。服从不等于盲从。当我们发现上司的决策有偏差或者可圈可点的时候，应该积极地把自己对决策的想法和建议告诉自己的上司，及时纠正纰漏，忠直进言是必须的。作为下属，不能只是刻板地执行上司的命令，而是要在短时间内对决策的各种执行可能性及预期效果做出考虑，考虑怎样做才能更好地维护公司的利益和自己的利益。

从拍照站位中找出领导者

要从拍照站位中找出领导者，我们可以首先从了解合照排位的基本原则开始。有座位式的合影安排，第一排一般为座位，第二排及以后各排为站位。第一排领导同志的人数不管是单数还是双数，均按单主位原则排位，排名第一位的领导同志的位置居中，其他领导同志按排名顺序分别安排在其左右两边。安排以站位形式合影的，为表示友好，主人与主宾共同居中，按礼宾次序，以主人居右，主宾居左，主客双方间隔排列，两边位主方人员把边。

照相时第一排居中的位置一般是重要领导。

如果换到实际操作上，给领导拍照，要注意的地方也很多。首先，在选择拍摄角度方面，我们要选好拍摄角度、拍摄位置，占据最有利的位置。事先要有思想准备，了解清楚哪些领导来，走什么线路，会去什么地方，会出现在什么位置上，而拍摄者又应该在什么位置上才能拍到领导与别人的交流，事先都要有个预案。其次是，选择拍照位置上，如何安排主、次位置的问题。除了要照顾拍摄过程中所牵涉的方方面面，更重要的是要安排好主次位置，如果是只有一个上级领导来，其他领导都可以不多考虑，将来的领导放在照片第一排中央的主位置上就好，其他的领导都可以放到次要地位或暂时不考虑。但是一旦遇上是多位主要领导同来的情况，就要事先考虑好。遇上情境比较特别难拍的，或者拍摄的人的位置不好的话，又或者靠近相机的人影像会特别大等情况。在这种情况下要懂得取舍，通过取景，把周围一些次要人物都给去掉。先把重要的突出出来，只突出中间的一个人或两个人，然后再拍一张全一点的合影。

还有一种很特殊的情况，就是领导不在中心方位，这时候就要把握好"新闻点"，把想要表现的人物放到这四个交点上或附近，用以突出照片的趣味性。这样，领导虽不是主体位置，但是在趣味点上，同样是照片的主要反映对象。胆子要大，多与领导交流。要尊重领导，但不要怕领导，在不影响领导办事的前提下，适当的时候该开口的要开口。例如领导站的位置不合适，就要"提醒"一下他拍照站位。

低头处世，昂首做人

很疼吧？你知道吗？这是你今天最大的收获。一个人要想洞察世事，练达人情，就必须时刻住低头。

就是这个滋味。

你感到什么滋味？

嗯！

富兰克林年轻的时候，一位老前辈请他到一座低矮的小茅屋中见面。富兰克林到了，他挺起胸膛，大步迈进茅屋，可是一进门，"砰"的一声，富兰克林的额头撞在门框上，没想到，老前辈非但没有安慰他，反而大笑，叫他以后时刻记住低头。事后，富兰克林记住了老前辈的教导。

有个公司招聘员工，每个应聘者都会遭受主考官一记耳光，自然，那些哭着跑出来的人都不能得到聘用机会，因为他们是真正低头的人。后来，有个年轻人进去了，同样遭到了主考官劈来的一记耳光。主考官问他："你感到什么滋味？"年轻人定了定神，马上还给主考官一记同样的耳光，说："就是这个滋味。"让人们意想不到的是，这个年轻人被录用了。

真假拥抱

想要真正了解一个人，其实很简单，可以从他的言语举止看出来。据心理学家介绍，人与人之间的拥抱姿势与双方关系的体现有很大的关系。然而，不同的文化背景又产生了不同的礼貌和礼仪。比如说，在西方许多发达国家，两个女生见面时拥抱在一起是很常见的现象，夫妻久别重逢时拥抱亲吻也非常自然。

但对于阿拉伯、俄国、法国、东欧、地中海沿岸和有些拉丁美洲国家的人，两个男人之间也会拥抱及亲吻双额。阿拉伯人甚至不停地嗅着对方身上散发出的气息。拥抱亲吻的这些差异充分体现了不同民族、不同国家之间不同文化的特色和浓厚的社会文化意义，也是不同民族文化之间深层的差异在身体语言研究这个表层上的具体表现。

那么，面对拥抱，我们到底应该如何区别？以男女拥抱为例，在家庭生活中，男性和女性处于被服从和服从的关系上，那么男性和女性之间的拥抱会有何差别，其拥抱又体现何等关系呢？喜欢从背面环拥女人的男人，一般比较理性，他更注重与爱人之间有精神上的交流，所以女人不用过分期待这样的男人会把"我爱你"这种甜言蜜语经常挂在嘴边，因为这种男人是典型的行动派。

真正的合作建立在尊重与互惠上

合作双方的信任是相互的，只有信任他人才能换来他人的信任，不信任只能导致不被信任。那么，就是说，真正的合作建立在尊重和互惠的基础上。首先，我们要明白，什么是"尊重"。尊重对方的表现有很多。第一要在心理上尊重别人。人的地位虽有高低之分，但人格上却并无贵贱之别。因此在与别人交际、寻求合作的时候，我们要在心理上有尊重别人的想法，才可能做出尊重别人的行动。第二要在态度上尊重别人。在交际过程中要谦虚待人，礼貌待人，注意倾听别人的谈话。在讨论时，对对方提出的要求和方案预设，要实事求是、对事不对人的评论，这也是尊重别人的表现。第三要在礼仪上尊重别人。在社交场合，男方将女方的手捏得太紧，时间过长是对女方的不尊重。参加朋友的宴会而蓬头垢面，不修边幅，是对朋友和宴会不尊重的表现，会让朋友反感，甚至疏远自己。站着与别人交谈而脚不停地颤抖，会使人产生对彼此谈话不耐烦的联想。与上司、长辈或新朋友坐着交谈时不要求正襟危坐，但是也不能跷"二郎腿"，甚至上下摆动。因为这也是一种外在傲慢，是不尊重对方的表现。

其次，什么是"互惠"？互惠，就是处理事情公平合理，不偏袒任何一个人，也不偏袒任何一方，对参与合作的每一个人，都分配出其个人应承担的责任，并保证每一个参与者都可以得到自己应得的利益。这种以公平为基础的合作，能使人们各自的积极性和创造性得到应有的发挥。

商场合作上，经常都会以"互惠心理"来促成一致，比方说，合作一方得到了另一方的恩惠，就会产生做点什么来回报对方的心理。好比生活中，一个人帮了我们的忙，我们也会帮他的忙，或者送他礼品、请他吃饭以示回报。如果你想从某人那里得到回报，不妨先付出，让对方产生互惠心理，不得不有所行动。俗话说："吃人家的嘴短、拿人家的手软。"一个人，一旦接受了别人的好处，占了别人的便宜，再面对别人的请求，就不好拒绝了。所以如果我们有求于人，不妨先给对方好处，让对方先占你的便宜，让他欠你的人情，然后再提出请求。

永远不用强迫来换取别人的"臣服"

每当与人交谈，只要对某个问题的看法有不同意见时，有人总是会想尽量说服别人，希望别人能接受自己的观点。而且不分场合、不分对象，还不注意方法。这实在不是一种值得保留的品性。人与人之间是平等的，看法不管对错（实际上没有对错）也是平等的，把自己的观点强加给别人的做法是对人的不尊重和不礼貌。

世界上没有人喜欢接受别人洋洋洒洒的推销，或者是被强迫去做一件自己不认同的事，我们都喜欢按照自己的喜好意愿去做我们想做的事情，因此，永远不要强迫别人做别人不喜欢的事。

善意谎言比真话更吸引他人注意

前辈们都主张我们要实话实说，但是现今社会上，过分实话实说绝对不是处世为人的唯一规则。很多时候，谎言和真话，我们要分场合、分对象、区别用意来说。作为一个自然人，每个人都会有虚荣心，所以，我们有时候宁可在不伤害自己的前提下，听取别人对我们的赞美，来满足一下自己的虚荣心。

恶意的谎言是为说谎者谋取利益，以强烈的利欲、薄弱的理性，把他人仅作为手段，不惜伤害他人的行为。在某种状态下，本身善良的人"被逼"说出的谎言是善意的，对主体来说，这种谎言是一种友善，一种关心。而心术不正的人，不管如何伪装，如何花言巧语，如何绞尽脑汁为自己恶意的谎言冠上善意的高帽，其所说的谎言都带有恶意目的性。

因此，对于一些非原则性的事情，善意的谎言比起真实的真话更能拉近彼此的距离，善意的谎言也许更能让一个人感受到你对他的温暖和关注。基本上没有人会因为承蒙虚假的赞美而感到不愉快，或者对对方产生反感，抑或对说出善意谎言的人持有敌意。

给予别人高度的重视

美国人际关系学者莱恩博士在他所著的《精神领域》一书中有这样两段话：一是，"别人的想法和我的想法是一样的。你认为他很重要，他也会认为自己很重要。我们对他人的感情和看法，往往会被他人看得很重。我们所接受的人是有自我调节能力和自我决定能力的肉体组织，不是机器人或机器，因此我们的人际关系也绝不能是冷酷无情和利己的。"二是，"从另一方面来说，人类的精神生活有其特殊的本质，单独一个人无法处理时间和空间，也不能认识人的潜在的能动的本质。个人总是希望得到关心和器重。每个人的思想和行为也是朝着这个方面努力的。我们要互相关心、理解，并努力去改善相互之间的关系。这里不厌其烦地谈论这个问题，其原因，读者自能体会。"

在这个世界上，人们之间的依存关系是不能忽略的，并且，再也没有什么比人更为重要、更为值得尊崇的了。所以，在人际交往中，我们要时刻把别人的重要性牢记在心。如果你能时时记住别人的重要性，即使你不去刻意地讨他人欢心，别人也会渐渐地喜欢你，这是使你获得良好人际关系的基础。相反，如果没有需要给予别人重视的这个心态，即使我们再拼命有意地讨好、奉承别人也是没用。

让座，应以相互理解为原则

20 世纪 90 年代，曾经有个妇女致电可口可乐公司，说自己在可口可乐瓶子中发现了一枚别针。当时可乐公司高层马上成立专案小组，到妇女居住点附近的生产工厂巡视，却发现生产工厂一丝不苟，根本没有在瓶中落下别针的可能性。但是高层还是决定高度重视妇女的"不可能的投诉"，亲自到妇女家向妇女道歉，送上一万元美金的精神补偿费，并且诚意要求专车接送，希望妇女到生产工厂进行考察，以保安心。在高层的诚意打动下，妇女去了可口可乐公司的生产工厂考察，结果大为满意，最后，妇女非常诚恳地接受了公司的道歉，并且继续光顾信赖可口可乐。

这次别针事件的完美解决，主要是由于公司高层对妇女反映意见的高度重视。因为，每个人都会自然而然地希望自己和自己的意见得到别人的接纳，起码不被别人所忽略和无视，哪怕只是一个很小的意见和感受，如果对方对自己的感受无动于衷，这样无疑是对当事人的一个大打击。

控制局面，让别人从心理上仰望自己

一般来说，两个人在交际沟通的时候，掌控主动权的人会控制住整个局面，而唯有成为控制着局面的人才能让整个交流过程或者谈判过程朝着自己希望的方向发展。因此，无论你是任何职位，哪怕只是一位业务员，都应该学会如何掌控局面。

人的相处过程中，必然强弱有别，有主有次，谁能掌控住局面，谁就能成为事件上的主动方。尤其对于被服从着而言，如果我们想要被仰望，首先要做的，不是急着想别人炫耀自己的长处或者优势，而是学会从自己的气息出发，调节好自身的气场和谈吐，以实际的气质和实力，攻克别人的心理疑虑。如此，自然能够使自己受到别人的重视。

设身处地为别人思考，是一种心理服从

换位思考是设身处地为他人着想，即想别人所想、理解至上的一种处理人际关系的思考方式。人与人之间要相互理解、信任，并且要学会换位思考，这是人与人之间交往的基础。无论生活中，还是工作上，都要学会互相宽容、理解，多去站在别人的角度上思考。

同时，换位思考是人对人的一种心理体验过程。将心比心，设身处地，是达成理解必不可少的心理机制。从客观上来说，它要求我们把自己的内心世界，比如自己的情感体验和思维方式等。跟对方联系起来，换位思考，从而与对方在情感上得到沟通，为增进理解奠定基础。

值得一提的是，设身处地、换位思考只宜律己，不宜律他。也就是说，如果我们作为要求的一方，我们应该考虑对方被要求的心态和情境，而不能单纯地认为对方应该站在我们的角度上，乐于接受我们的要求。同样，如果我们作为被要求的一方，应该设身处地地想想到底为何上司会提出这样的要求，而不是总是抱着期望，期望上司能够设身处地地为自己着想，放弃原本的工作要求。

利用"留面子效应"指引别人的顺从性

"留面子效应"也称互惠让步技术，是社会心理学上的一个概念，是指要求者在使用这个技术时，先在开始提出一个几乎总是会被拒绝的极端要求，接着退回到一个更加温和的要求，这个要求是要求者从一开始就预先设计的。通过这种从极端要求到温和请求的程序，可以激发被要求对象做出一个互惠的让步，从最初的较大的要求的拒绝转移到接受较小的要求。要求就是利用人们通常的一个心理，在拒绝了一个较大的要求之后，会通过接受一个较小的要求来作为拒绝的补偿，以让让人感到没有被完全拒绝。

设想一下，如果你想向别人借钱，是不是可以采用"留面子效应"：想借100元钱。如果你这样问："嗨，老朋友，借100块钱花花吧？"得到的回答很可能是："借钱干什么，我还缺钱呢！"可是，如果这样说："老同学，我最近手头很紧，借1000块钱给我救急，行吗？""什么？我哪有那么多，我也正用钱，最多只能借你100块！"目的是不是就达到了。

"留面子效应"不一定是放之四海皆准的，它是否会发生作用，关键在于双方关系的亲密程度以及你的需求和合理程度。如果既无责任，又无义务，双方素昧平生，却想别人答应一些损对方利益的事情，这时候"先大后小"也是没有用的。

下面是一个利用留面子效应进行市场开拓的案例。一家工厂原来是广东某地的服装生产企业，后来自己创立了一个品牌，准备打开内地市场，奈何产品推出后经销商反应平淡，产品积压。后来一个员工出了个主意：趁当地举办一场全国性服装展览会的时机，邀请了全国一百多家经销商来参展，所有的路费住宿等费用全包。没想到，果然客商纷至沓来。

客户到后，先安排他们参观展览会，然后用两天时间游玩当地的风景名胜。到第四天，把他们集中到厂里召开一个内部交流会。会上B厂老总提了一个要求：请大家协助我们在当地开一家品牌的专卖店，并把开店的费用逐项列了出来，大概要十几万元。这下所有的客商都不敢吭声了。B厂老总见时机已到，马上按计划提出第二个条件：如果大家觉得开专卖店有困难，那就下一步再说，但现在还是先请大家带点货回去试销一下，如果销量好，大家对我们的品牌有信心，我们再谈专卖店的事。在经销商当中早已经安排好的托儿马上表态支持B厂的决定，要求订货。这下就把现场气氛带动起来了，众人纷纷响应，一百多万元的服装很快就定完了。这个例子运用的就是给面子效应，开专卖店只不过是个幌子，老总知道没有人会投十几万元冒这个险，所以他随后又把要求降低以给客商一个台阶下。留面子效应在商店销售中也很常见，当一个顾客走进商店，热情的服务员很周到，那个顾客本不想买，但感动于他的热诚，最后还是随便挑了一件价值可能不高的商品。

拥抱对手使自己站在主导位置

从前有两家商店开在各自的对面，经常对着干，大家都互相看不惯对方，双方打价格战打得连顾客都怕。其中一位店主的朋友前来探访，店主非常苦恼地向朋友解释双方争持不下的原因，在于两家店所卖的东西几乎一样，价格一样，连两个店主的性格都一样。朋友笑了笑，让店主每天早上当众拥抱自己的对手。店主马上骂自己的朋友神经病。朋友说："尽管大方地把你的祝福送给你的对手，有他存在，你才有动力去进步；你的拥抱，是你成功的第一步。"

店主不知道该不该信他，第二天真的当着所有街坊的面，拥抱对手。对方措手不及，不知所以然。接下来的时间，店主也是这样，天天给对方一个拥抱。久而久之，店主这家店的生意好了很多，尽管后来，对方开始还以拥抱，但是为时已晚。因为，街坊们知道，两家店的东西无论是质量还是价格都是相同的，唯一不同的是，首先踏出第一步拥抱对手的店主，他待人宽厚，有一颗善良的心，大气大度，于是街坊们便冲着这个都来光顾这家店了。

从众心理对促成合作很有效

对于市场经济而言，适当运用良性的从众心理，可以较好地带动产业发展，获取商机，促成行业内调整和合作。例如，在销售人员推销过程中，销售人员应该使用"事先承诺"这条诱因，先是通过鼓励和引导，让顾客对产品做出积极评价，这样顾客听从别人建议的可能性就会大大降低，销售业绩也会提升。

对于户外广告设计，应该更多地使用群体规模和地位规则诱发从众心理，如广告中应该出现大量的目标人群，具有说服性的权威人物等。又比如，现在流行的绿色环保用品发展，就是一个很好的例子。绿色环保和节能都是现在的世界时尚潮流，很多人都会争相购买。正因如此，在合作双方促成协议谈判过程中，亦可以适当地引进商家的从众心理，吸纳所有从众投资的可能性。

但是，有一些不正确、不客观的从众心理，我们必须要从自身意识和认知开始杜绝。比如说炒房热。现在中国炒房子的人多不胜数，大量的民众投入炒楼行业之中，容易衍生出全国各地的地产泡沫，如此一来，便不是正确的使用从众心理了。

低调做人，是服从的表现

《道德经》中称："唯其不争，故天下莫能与之争。"不争，并非是一种消极逃避，百事退让；不争其实是一种低调的"争"，是一种"善胜"的"争"，是"天下莫能与之争"的符合天道的"争"。低调是谦卑，学会在适当的时候保持适当的低姿态，绝不是懦弱的表现；而是一种智慧。更加不是低人一等，不是一味地忍让，是一种以退为进的攻伐之术，是一种不争而获的谋略。

在领导面前要谨言慎行，放低姿态，这是自我保护的良方。

首先，在处世姿态上要低调。凡事要平和待人留余地，用平和的心态去对待任何人和事，时机未成熟时，要学会忍耐，懂得分清轻重缓急，大小远近，该舍的就得忍痛割爱，该忍的就得忍，从长计议，从而实现理想，成就大事，创建大业。羽翼未丰时，要懂得让步，低调做人，往往是赢取对手怜惜、不断走向自身强大、为自己争取伸展势力空间，最后反过来使对手屈服的一条有用的妙计。

其次，在心态上要真正地低调。在功成名就时更要保持平常心，以一种责任感，一种办事气魄，一种精益求精的风格和一种执着追求的精神，完成好手头上巨细无遗的所有任务，不论事情大小，不论是多细小的事、单调的事，也要表现自己的最高水平，体现自己的最好风格，这才是心态上低调、做事上高调的最好表现。最后，在言辞上要更加低调、低调、再低调。永远不要揭别人的伤疤，戳比人的痛处，不能拿朋友的缺点开玩笑。不要以为你很熟悉对方，就随意取笑对方的缺点，揭人伤疤。那样就会伤及对方的人格、尊严，违背开玩笑的初衷。说话时，更加要放低说话的姿态，面对别人的赞许恭贺，应谦和有礼、虚心，这样才能显示出自己的君子风度，淡化别人对你的嫉妒心理，维持和谐良好的人际关系。同时，说话时切忌不可伤害他人自尊。

在当今社会与人相处的过程中，凡事处理得稍有不当，就会招致很多麻烦，轻则工作生活不愉快，重则影响职业生涯、家庭幸福。因此无论做人还是做事关键在于把握好度，说白了就是一句话，做人要低调，做事要中庸。遇事遇人，都要从实际出发，从自己所处的境地出发，从日常生活的琐事出发，实事求是，并见机行事。

身处劣势时，示弱能激起他人的怜悯之心

根据目前各部门人力资源情况，定 10 人只是我的一个初步估算。由于自己对工艺流程、生产安排及订单具体情况了解不到位，就不发表意见了，希望听听各位的意见，一定为各部门做好支持。

目前还招多少人可以满足咱们公司规模的生产。

10 人

为什么要 10 人。

在我们的实际工作或生活中，经常会有一些强者专门欺负弱者，即恃强凌弱。因此，在不影响自身发展的前提下，尤其是当我们处于劣势的时候，适当示弱也许能让对方摸不清你的虚实，降低了对方攻击的有效性。例如，当遇到确实不知事实真相时，我们可以示弱。

我还真不知道有这么回事。

　　既然通过示弱，可以获得生存的空间，我们是不是总是以弱示人呢？其实不然。你不是要永远示弱，而是要佯装愚笨，然后后发制人，其目的在于迷惑和扰乱对方，使对方放松戒备，使对方轻视你，一旦机会成熟，便暗中谋算。因此，你不要吸引别人的关注，当别人注意力放在你身上的时候，你就扮起被可怜者的角色，让对方对你松懈。

适度进取，不要永远低头

可以说公司 95% 的利润都是我一个人创造出来的……

　　一般情况下，现在职场上的人际环境由上级、同级、下级、关联部门、客户关系等几个部分组成，在职场上首先要表现出合群性，学会跟随主流思想，不能个性张扬、独树一帜。真诚待人，保持中立立场，不介入任何团派，尤其不能锋芒毕露、居功自傲，要恭俭尽职，不争权夺势。

呸！马屁精！

　　但同时也要掌握适当的度，愚忠反而有副作用，一是老板会看扁你，把你当成他的奴仆一样呼来喝去；二是同事们讨厌你有拍马屁之嫌。一旦老板失势，你也将随之完结。因此，凡事不卑不亢，坚持实力至上，有尊严地工作，是最适当的尺度。

老总，我一定跟您好好干。

　　同时，我们惊人的忍耐力也是忠诚不可或缺的组成元素。一旦认定了事业发展方向、选择跟随这位老板，那么想想他的压力和难处，想想自己哪里做得不够，学会对环境和遭遇忍耐，不要一味想着自身的委屈。因为，上级也有上级的委屈，世界不存在完全自由自在不受拘束的人，你目前所受的委屈，上级也许正以另一种形式的压力承受着，因此，要学会忍耐。

把功劳留给大家分享

所谓树大招风，在这个竞争激烈的社会，没有一个上司喜欢自己的下属锋芒毕露，甚至功高盖主。所以，当个安稳的服从者，就必须戒除居功自傲的非分之想。这样才能在合作的机制下，寻求良好的生存环境。

清朝的年羹尧便是一个活生生的例子。他早期仕途一帆风顺，入朝当官，升官非常快，不到十年已经成为朝廷重臣。但是，他在平定西藏乱事的过程中表现非凡，甚至呼声很高，有点喧宾夺主。本来，以他和雍正皇帝的关系，他还是可以平步青云的。但是随着他个人的功绩越来越多，开始变得目中无人，一次他回京的路上，京城内的王公大臣纷纷迎接他，可是他却对那些人视而不见，不屑一顾，引发群臣众议。此后他对雍正皇帝也开始不恭敬，在军中接到雍正的诏令，他没有摆上香案跪下接令，只是随便接一个圣旨就算了。这使雍正非常生气，渐渐开始对他暗中谋算，忍无可忍。

最终，年羹尧在雍正的谕令下被迫自杀。

其实啊，功劳是让出来的，尤其在中国，一要讲君臣之道，主次有别；二要讲集体主义。从主次有别的角度上讲，作为下级，我们要多尊重上级的面子和尊严，不要过分强调自身的能力和实干，要学会将功劳让给带领我们的上司，这样是生存下去，不被打压，望得有朝一日能成为领导者，接受下级功劳的首要条件。其次，从集体主义的角度上讲，中国素来讲究儒家思想，讲的是我们不要过分强调个人，而要多强调集体协作，尤其在这个团队合作精神如此重要的年头。当一个广告文案被客户接纳和赞扬的时候，你要学会说这不是你一个人的功劳，是公司团队合作出来的功劳，让功劳给大家分享，这样才能更好地在办公室生存下来，和谐同事之间的关系，也处理好和上司争功的嫌疑。

作为职场人士，有功劳懂得与大家一起分享是一种智慧。

嘴上卖乖哄人欢喜是一种保全权术

呸，马屁精！

哟哟，经理，这套装穿在您身上，简直就是为您量身打造的嘛，这小翻领配您的脸型，真是再合适不过了，这色彩搭配让您显得年轻起码十岁，这绝对错不了。

环顾我们的身边，谁都碰到过那种对领导阿谀奉承、溜须拍马的同事，如果将"拍马屁"等嘴上卖乖哄人的行为，定义为以语言、表情及动作取悦于别人的行为的话，在社会生活中人们或多或少都有"拍别人马屁"或"被别人拍马屁"的经历，因为在现今社会，嘴上卖乖会拍马屁基本上成了一种职场生活上的权术。

你这条领带和西装搭配得太棒了！

其实，拍马屁或者嘴皮上卖乖，更多的是人们为了给别人面子，获得人情的一种人际交往策略，在职场上这也是一种能力。在职场中摸爬滚打的现代人，几乎每个人都拍过别人马屁，也几乎每个人都被拍过马屁。诸如"你不当领导简直是公司的损失！""你这条领带和西装搭配得太棒了！"等等，这些话我们几乎每天都会听到，只要有人、有利益就有拍马屁。

"苦肉计"，能助你制伏疑心大的上司

周瑜打黄盖

苦肉计，早在战争中便运用于兵法之中，提起苦肉计，相信大多数人大脑中马上会闪过一条成语：周瑜打黄盖——一个愿打，一个愿挨。赤壁之战时，为了让曹操上当，周瑜决定使用苦肉计。黄盖奋勇当先，于是在军事会议上，黄盖假装与周瑜意见不合，甚至出言甚有轻视之意。于是周瑜下令将黄盖斩首，因为黄盖是有功的老臣，因此诸将苦苦求情，周瑜将处罚改为笞刑，将黄盖打得卧床不起。这正是做给诈降吴营的蔡中蔡和看的，于是阚泽为黄盖献诈降书，蔡中蔡和又恰好将这一假情报传回了曹营，曹操便深信不疑，以至于后来赤壁惨败。

我的性格不适合销售这个岗位……

某主管部门

其实，苦肉计现在还广泛地见于社会生活的各个领域。在现代职场上利用人们一般揭自己之短的心理，适当揭自己无碍大局的短处，更能树立自己的良好形象，就更能取信于别人，为下一步的发展埋下伏笔，所以说，这是非常可取之计。

根据你在工作中的突出表现，我们会考虑给你加薪的。

我们都在职场的夹缝中生存成长，为了生存，逐渐找到了一些类似"苦肉计"一类的微妙途径，一方面，我们要积极表现自己出众的才华，争取机会得到上级领导的认可赏识。

小动作出卖你的"秘密"：性格信号

注视背后的秘密

目光的凝视常常会包含很多内容，对某一具体事物或人物的注视可以证明他对他们感到好奇或感兴趣，也可以表示对他们的关注。当然，这种关注既包括积极的，也包括消极的，例如一个人直视另一个人时，我们可以把这种注视理解为一方对另一方的威胁与管制，甚至是憎恨。相爱的人之间也常常会彼此注视，这种注视通常是表现一种亲昵的关系，亲人之间也会这样，例如在母亲与孩子之间。

有另一种可能性，当人们在谈话时，一方将视线移开并向远方注视时，说明他在独立思考另一些事情，而此时，他不希望受到对方的干扰和影响。但是，从另一方的角度来讲，这样的行为又有些不够礼貌，对方的行为会让他觉得受到了漠视和拒绝。

其实，在交谈过程中，一方将视线移向别处，仅仅是将思路集中，争取语言流畅表达的潜意识动作，并非真正的不尊重对方。这时，移开视线、注视远方的那一方，边缘大脑没有意识到来自对方的任何消极信号，从而不会在意对方的这种感受。

因此，如果我们在与人交谈的过程中遇到这样的情况，大可不必在意，因为仅凭他注视远方这一点，我们不能断定他是在漠视你的观点。

而在人们交谈的过程中，占据支配地位的人能够更自由地注视任何地方。因为，从常理出发，支配者常常不会在意被支配者的情感和想法，而受支配的人又常常不敢肆意移动目光，以避免造成不必要的麻烦。换句话说，地位较高或拥有一定权力的人可以漠视一切，因此注视的目光可以不受限制。

处于被动地位的人也可以通过不断注视的目光唤起他人的注意，从而在取得关注的情况下获得表现自我的优势和机会。

在课堂上，学生想要回答问题或表达想法，但又没有足够的勇气举手示意，就会不断地注视老师，以引起老师的注意。相反地，如果学生不愿回答问题，则会将头深深地低下不敢去看扫视全班同学的老师的目光。

只有男性会出现"管状视野"

你这个流氓!

管状视野是一个医学上的名词，是眼部出现青光眼等疾病时的一种症状，主要是视神经慢慢萎缩，视野慢慢缩小。在一些较为轻松的社交场合，如聚会、酒宴等，当男性与女性近距离接触时，男性有可能出现管状视野，即用眼睛上下扫视对方的身体，目光在对方身上来回移动，动作十分明显。

男性的管状视野常常为自己带来困扰，与女性距离较近从而出现管状视野的男性常常被误会甚至被责骂，而男性随之表现出来的无辜原本出自内心，但却会增加对方的气愤，导致二者无法继续交流。然而男性的管状视野是由其不同于女性的生理机能和结构决定的，并不能强制改变，只能通过意识有效控制。

读懂"唇语"

嘴唇厚的人通常被认为是乐观开朗的，这是因为口轮匝肌影响着嘴部的形状，而嘴唇丰满就是因为口轮匝肌经常处于放松的状态。而这种放松就是为人开朗、性格随和、善于与人交往的表现之一。

而薄嘴唇或者紧绷的嘴唇则代表着为人严谨或者固执，这样的嘴唇是因为经常绷紧口轮匝肌造成的。

除了嘴唇的形状之外，唇部的动作能更好地体现出一个人的心理变化。嘴唇并拢表明心理的平静安宁、和谐自然。嘴唇张开可能表达了疑问和惊讶，嘴唇大张则是大吃一惊或者受到惊吓的表现。撅着嘴唇，一般是表示生气或者不满，也有可能是小孩或者情侣之间撒娇的表现。嘴唇紧绷多半是愤怒的表现，或者准备对抗和攻击。

嘴唇张开表示惊讶

女人微笑的次数比男人多很多

美国波士顿大学的心理学教授做过一个调查，在社交场合中，女性微笑的频率要远高于男性。不苟言笑的、严肃的男性在很多时候都更像个决策者或政治家，而经常微笑的女性则常常给人以柔美的、温和的印象，不会让人想起冷酷的政治和权力，因此男性的社会地位通常要高于女性，这也从一方面促成男女社会性别差异导致社会地位不平等的问题。据说早在婴儿出生 8 周的时候，女婴笑的次数就远远多于男婴。或许正是因此，女性在抚育儿童时需要一种柔美的、毫无压力的方式，而非男性的刚烈的、令人生畏的角色。

笑容能为女性的容貌加分，增添女性的魅力。

加州大学的一位社会心理学教授做过一个实验，她要求两百多名参与者看 15 张不同表情的女性照片，并对这 15 个表情分别做出不同程度的魅力评判，这些表情均是表现人们日常生活中遇到的最常见的情景的反映，如欢乐、悲伤、忧愁、哭泣、严肃、面无表情等。

实验结果显示，只有微笑的表情被认为是最具有魅力的，愁苦和哭泣都会使看照片的人产生不愉快的感觉，因此他们会迅速转移开视线。相反的，实验的参与者会将视线停留在带有笑容的照片上，并很可能无意识地随着他所看到的照片中的笑容一起露出笑容。而其余的表情都会被视为是不开心的表现，即使是面无表情。而当男性的面部没有明显的表情时，则会被理解为理性的、慎重的，甚至是有身份的。

因此，女性需要根据不同的环境和场合有意识地控制和判断自己的微笑次数和笑容，在与具有一定权力地位的男性交往或自己处于领导地位在向下属发号施令时，女性可以将自己的微笑次数减少，以此来增加自己的身份感和权威性。而平时，则完全不必要收敛笑容，因为笑容可以为你的美丽加分。

不同微笑，不同秘密

女性有时为了表现矜持和优雅，会选择在微笑时用手轻轻捂嘴，或是用外物做出遮住嘴巴的动作，这样的女性大多性格比较温柔内向、十分注重场合和自己的形象，同时对外界的戒备心理相对较强，不愿意过分显露自己的性格。

抿嘴微笑的人则带有更为明显的戒备心理，他们在微笑时，将双唇紧闭，嘴角向后拉伸，颊肌有控制地绷紧，使唇部形成一条直线。在排除微笑者因自己的牙齿或嘴型不够好看的情况，带有这种微笑的人实际上很难接触，对所有的新鲜事物和陌生人都会慎重斟酌。

奇怪的微笑

歪着脸微笑

人们在歪着脸微笑时，一般是由于尴尬、难以抉择、为难、害怕等情境造成的。在这种情况下，人们意识到自己的表情应该受到控制来配合对方，另一方面自己又十分为难，另一侧脸则会忠实于主题内心的感受，因此两侧面部表情不够协调。

斜着眼睛微笑

斜着眼睛微笑时，则会被认为是一种有意图的隐藏了秘密的笑。男性斜眼微笑多用在挑逗异性时，而女性的斜眼微笑则平添了几分天真和俏皮，同时还有一些腼腆和娇羞，常常会使被注视的男性爆发出蓬勃的保护欲和勇气。

假微笑

而当我们内心毫无欢乐喜悦之感，却因受到环境和场合的影响不得不笑时，常常会采用皮笑肉不笑敷衍一下，这种笑容也被称为"假微笑"。假微笑时，只有嘴角微微上翘，眼神则暗淡无光，还会有几分疲惫之感，保持的时间也十分短暂。

🌀 笑能传播

他能对着你微笑，也表明他想和你拉近距离。所以有人说，微笑是能"传染"的。

无论我们是否意识到，大脑的"模仿神经"都会引导我们不由自主地去模仿我们所看到的他人的各种面部表情。

图片上的人做出的是哭的表情，他们要做出笑的表情则是非常困难的。

如果他对对手微笑，对手也会相应地对他报以微笑。

由此，我们也可理解那些有丰富谈判经验的专家在"剑拔弩张"的谈判桌上，为什么总会在谈判前对对手笑口常开，因为他们都知道微笑能相互传播。

如此一来，双方便能给彼此一个好的印象，距离自然也拉近了，弥漫在彼此间的紧张气氛也会随之大大缓和，这就有利于双方谈判的成功。

同样的咂嘴，不同的含义

在日常交往中，常常会出现这样的情况，同样的肢体语言和同样的态势语在不同的语境中可以表现完全相反的含义。咂嘴这个动作在日常生活中就十分常见，它可以根据不同的语言环境表达多种含义和感情。

最常见的咂嘴应该是在品尝到美味的时候，这是舌头上的味蕾受到某种味道的刺激而出现的，这时咂嘴多半是对食物味道的肯定和赞叹，证明刚入口的东西给自己的身心带来了享受。

好酒，好酒。

饮酒的人，尤其是喝到了高品质的酒时，常常会先咂嘴，然后对酒大肆赞叹："好酒！好酒！"

当我们看见某件精美的、珍稀的或是令人愉悦的物品时，也会咂咂嘴巴，以示感叹和惊讶，这就是人们常说的"啧啧称奇"。

然而，咂嘴有时可以表现完全相反的含义，例如厌倦、烦躁、不满意等。在生活中，当有人在你面前口若悬河地讲个不停，既影响思路，又耽误大家的时间，这让你忍无可忍时，你会向那个人投以不耐烦的目光，同时咂嘴，这样，他就会明白你的意思是要他立即停止。当你面对一项很复杂的任务，不知该如何下手时，也不自觉地咂一下嘴巴，这时，咂嘴是在表示烦躁不安。

当你将辛苦多日或是熬夜完成的策划递到老板面前时，经过一段可怕的沉默，你可能听不见任何话语，而只能听见老板咂嘴的声音，这时你就需要通过老板的眼神、表情等判断他是否满意。如果是边咂嘴边点头，眼睛睁得很大，那么恭喜你，你的方案一定能通过；如果老板在咂嘴时皱了眉头，眼神中有困惑，你就要想好应对措施了，老板对你的策划可能不够满意哦。不过不用担心，他并没有完全否决，否则他早就暴跳如雷了。

天真的托腮

小孩

在电视屏幕或是平面广告上，我们经常看到这样的图片或画面，一个小女孩，双手托腮，面带笑容，眼神灵动，像是在思考着什么，又像是在冲着面前的人撒娇，样子充满童趣，十分可爱。

成人

托腮的动作并不仅仅只有小女孩才会做，成年人在陷入沉思的时候，也会用双手撑住头部，做出托腮的动作。

性感的下巴

抬高下巴

通常看来，说话时将下巴抬高，并且随着话语的内容和语气的变化不断调整高度的人大多较为开朗，为人直率。但是这样的人不擅长阿谀奉承，自己有属于自己的骄傲，不会因为对方态度强硬或地位显赫就随便低头。

有的人说话的时候会把下巴压得很低并尽量靠内，这种人常常有些自闭或自卑，对外界有着较强的戒备心理，控制局面的能力很差，也十分害怕被别人瞧不起，否则就会变得十分急躁，很容易愤怒。

压低下巴

调整下巴

有的人说话的时候会把下巴压得很低并尽量靠内，这种人常常有些自闭或自卑，对外界有着较强的戒备心理，控制局面的能力很差，也十分害怕被别人瞧不起，否则就会变得十分急躁，很容易愤怒。

手臂动作的情感体现

　　手臂动作的幅度可以真实反映一个人的心态和情绪。根据心情的积极与消极主要体现为活跃型的手臂动作和压抑型的手臂动作。当人心情愉悦、心满意足时，手臂动作的幅度就较大，动作舒展自由，不受限制。当人内心高兴时，手臂就容易摆脱重力的束缚。小孩子们在尽情玩耍时手臂总是非常灵活的，做出各种各样的动作。而足球运动员在射门得分后往往也会将双臂高高举起，自由挥舞充分表现自己的喜悦和兴奋。在遇见久别重逢的老友时我们会张开双臂，父母见到儿女向自己跑来也会张开双臂，这样热情、积极、完全开放的手臂动作表现出一种非常喜悦、积极的感情。

当人心情愉快时，手臂就会向两边舒展开来。

　　消极的情绪之下手臂动作就会受到不自觉地限制，畏畏缩缩。比如一个人犯了错误，他的手臂和肩膀都会明显地下垂，这是大脑对消极事件的反应。而劳累了一天的人回到家中时，双手一般都无精打采地耷拉着，肩膀也跟着下沉，可以看出他一天的辛苦操劳。

　　消极的情绪会使人收回手臂，比如受到伤害、威胁，或者感到焦虑时，手臂就会垂在身体两侧或者紧抱在胸前。这是一种自我防护的动作，例如在争执中双方都会不自觉地收回手臂，这是为了抑制自己的身体，以免引起冲突，使自己受到伤害。在身体某部位受伤或疼痛时人们也会收回手臂，使手臂缩到感到难受的部位，例如胃痛时我们的手臂就会收到腹部去安慰那里的疼痛。在儿童受到虐待时，常常会出现手臂冻结的现象，儿童认为自己的动作越多，越容易引起注意，就越有可能受到伤害。因此他们会有意地限制手臂，从而起到自我保护的作用。与儿童的这种心理相似，扒手在偷窃时一般也会控制自己的手臂，尽量减少手臂的动作以避免引起更多的注意。

手势表露自信程度

最常见的自信手势就是尖塔式手势，这个动作双手手指分开，十指轻靠在一起，但手掌不接触，手的形状就像教堂的塔尖，所以叫作"尖塔式手势"。做出尖塔式手势的人一般对自己的想法或地位十分自信，职位较高的人习惯于做这个动作。

竖起拇指也是高度自信的体现。这种动作还与一个人的地位高低有关，一些地位高的人，例如总统、律师、教授、医生等人通常会在把手插进口袋里或整理衣领的时候把拇指露在外面。拇指高高竖起的人说明他们对自己的评价较高，或者对自己的现状感到自信和满意，表达着积极的情感。

手臂的信号

双臂交叉，紧紧地抓着手臂双臂交叉挽在胸前是一种最常见的手臂姿势，人们在公共场合排队等候或交谈时，常常会将自己的双臂这样放在胸前，做这一动作，通常可以窥视此人的心理状态和对处境的态度，例如：坚持、拒绝、不愿介入或插手、防御、淡漠等。

如果双臂交叉后，双手没有自然地伏在手臂上，而是紧紧地抓着手臂，将自己环抱起来，则可以说明此人特别需要安慰和保护，希望有人能够从精神和处境上帮助他、安抚他。科学上称这种双臂交叉姿势为自我拥抱式，就说明此刻，此人需要拥抱而不得，只能自己将自己紧紧抱住。

如果对方交叉双臂后，双手握紧拳头藏于腋下，就表明他不仅在防御，而且对对方怀有一定的怨恨，因而带有几分明显的敌意，即将与对方发生争执，因此这个姿势带有较强的攻击意味。

叼烟的方式

据一项调查数据显示，在社交场合吸烟的人，只有 20% 的时间是在做短暂的吸烟动作，而用余下的 80% 的时间来展示一系列的肢体语言和手势。人们可以通过吸烟的方式来了解吸烟者的性格和心理状态。

有一类人会在吸烟时，把香烟叼在嘴唇的右边。这类人一般具有较强的判断力和执行力，行动和决策较为果断，思路敏捷，手疾眼快，对于认准的事情，他们会勇往直前，奋不顾身，十分果决，交往之中，会让人觉得十分热情果敢，大大咧咧。

而如果是吸烟者将香烟叼在嘴的左边，则可以断定，这类人行为谨慎、思维缜密，具有很强的计划性和预见力，在没有把握的时候不会轻举妄动，喜欢在做事之前，将事情在心里盘算清楚之后再行动，他们通常被看作是城府较深的人。

如果把烟叼在嘴中间，使烟头微微向上翘着，则说明吸烟者平时有较强的虚荣心，比较好面子，凡事总是喜欢争上游，还喜欢控制别人，尝试自己本来难以驾驭的事情，摆出一副盛气凌人的强者模样，然而实际上并没有足够的能力，会给人留下轻率、傲气的印象，容易遭到鄙视。

好面子的人一般会把
烟叼在嘴中。

相反地，有的人会把烟叼在嘴中间，用上唇压着烟头，使之朝下。这样的人通常比较理性，善于思考，沉着稳重，凡事都会量力而行，从来不会强人所难。他们在做事之前也会冷静思考，不强求速度和表面，能够认真地计划，从而很好地完成预定目标。

如果吸烟者嘴里叼着烟，双手的动作却不受到干扰，通常可以判定，这类人对自己所做的事情能够做到得心应手，对自己也很有信心，同时心态较为良好，对生活和工作的现状和未来都充满肯定和希望，对工作和生活本身也能够做到游刃有余。

还有一类人，吸烟时喜欢咬着烟头。据心理学的调查显示，这类人性格中依然残留着不成熟的幼儿习性，在现实生活中十分缺乏安全感，容易紧张不安，需要借助某些东西来寻找婴儿时期母亲乳头作为替代来寻找安全感。

持烟的方式

大部分吸烟者喜欢用食指和中指的指尖将烟夹住。这样的人性情随和，做事沉稳踏实，不容易慌乱和急躁，会让人觉得十分好接触，没有什么杀伤力，给人以亲切自然的感觉。但同时，这样的人也会因为太过随和而缺乏一定的判断力，在强压之下不会奋力坚持某一立场可能会随波逐流。

而将香烟夹在食指和中指的指缝间的人则恰好相反，他们夹香烟的位置要比刚才提到的那种更靠下一些。这类人为人刚硬，不善进言，有着较强的自我意识，不太擅长协调人际关系，做事也喜欢独断专行，甚至有时会有些横行霸道。因此，常常引起他人的误解和不满。

吐烟也看性格

向前吐烟

如果吸烟者总是把烟吐向面前，则可以判定这类人十分自我，不善于为他人着想，常常无视周围人的存在，具有自大、傲慢、不善于体谅的性格缺点，这些情况都是在吸烟者无意如此但却由此养成习惯的前提下成立的。

向上吐烟

喜欢向上吐烟的吸烟者常常为人乐观、自信，有着旁人难以企及的优越感，无心表示傲慢却给身边的人留下傲慢自大的印象，这种情况通常出现在较为高层次的社交场合，所以，抽雪茄的人往往喜欢向上吐烟。

向下吐烟

向下吐烟通常是有心事的表现，证明此人此刻正在经历较为艰难的抉择或是生活或事业的低谷。如果吸烟者一直是用这种方式吐烟，则大致可以判定，此类人平时往往缺乏信心，意志消沉，性格也相对闭塞，害怕与人产生争端，甚至不愿与人交往。这是一种猜疑、悲观的表现。

站姿显露性格特征

每个人的站立姿势都不尽相同，不同的站姿可以体现出一个人不同的性格特点。经心理学家的研究分析，总结出以下几种明显的特点：

首先，站立时双手插在裤子口袋里的人一般城府较深，不喜欢表露自己的情绪，性格内向保守。做事时非常警觉，不会轻易相信他人。

而站立时双手放在臀部的人则比较自主，做事认真负责，绝不会敷衍了事，拥有驾驭一切的能力。但他们同时也有过于主观、顽固不化的缺点。

站立时双手叠放身前的人，一般性格坚强。

如果站立时双手叠放于身前，那么这样的人性格坚强不屈，不向困难和压力轻易低头。但是这种人过分注重个人得失，与人交往时往往摆出自我防护的姿态，对人冷漠提防，让他人觉得难以接近。

站立时两手在背后相握的人一般有极强的责任感，尊重权威，遵纪守法。他们还很有耐性，并且较容易接受新观点和新思想。但这种人有时候情绪会出现不稳定，给别人一种难以把握的感觉。

站立时把一只手放在裤袋里，而另一只手放在一旁的人，则性格复杂而且多变，有的时候亲切友善，乐于与人相处，对他人甚至推心置腹；但有的时候却为人冷漠，处处提防他人，拒人于千里之外。身边的朋友和亲人都把握不住他们的性格，觉得他们莫名其妙。

站立时交叉放于胸前的人表现出的状态为胸有成竹，对自己做的事情充满了成就感，有着十足的信心，对未来也踌躇满志。

站立时双脚合拢，手垂在身体两侧的人比较诚实可靠，比较循规蹈矩，这种人往往个性坚毅，不轻易向困难低头。

站立时不能保持一个姿势，而是不停变换站姿的人一般内心焦躁不安，性格暴躁，心理状态比较紧张。这种人通常思想观念非常活跃，喜欢接受各种新鲜的思想，乐于迎接新的挑战，是典型的行动派。

落座体现心理状态

跨在椅子上面向椅背坐的人一般有着较强的自我意识，有些唯我独尊。这种坐姿还有可能是一个人面临言语威胁或对谈话内容厌倦时所采取的坐姿。喜欢与别人面对面坐的人一般比较容易相处，因为这种坐姿表现出他们愿意与对方亲近，想要有更好的沟通和互动，并希望能被对方理解。

坐下时斜靠在椅子上的人一般比周围的人在心理上有更多的优越感，或者比周围的人地位要高，他才会随意采用这种随意的坐姿。如果一个人坐下时腰背是挺直的，要根据不同的情况作具体的分析，有可能是他对交谈的对方非常尊重，或者被对方的谈话打动了，又或者想要向对方表现心理优势。

坐姿表露性格

羞怯型

膝盖并拢，小腿分成"八"字形状，两手合掌，放在两膝之间。这种人极易害羞，害怕交际。他们是保守的代表，观点一成不变，容易因循守旧。爱情观非常传统，易受家庭和社会观念的影响。

放荡型

两腿分开较远，手随意摆放。这种人喜欢新奇事物，不满足做普通人，喜欢标新立异。在人际关系方面，他们亲切随和，人缘很好。但有时他们轻浮的举止会给周围的亲人朋友带来一定的困扰。

悠闲型

半躺在椅子上，双手抱在头后。这种人看上去就给人一种悠闲自得的感觉，他们一般性格随和，善于与各种人相处。这类人适应能力很强，有很强的毅力，在职业上较易获得成功。但他们视金钱如粪土，喜欢挥霍钱财。

日久生"隐情"：习惯信号

见到强势的异性往往会顺从

　　人与人的相处方法各异，有的人喜欢顺从他人的指挥，有的人却喜欢领导着别人做事。特别是面对着异性，每个人的表现更是不同，往往会与遇到同性时表现大相径庭。

　　有这样一类人，就是他遇到个性强势的异性时，往往表现出无限地顺从他的行动和指挥。这种人在人际交往中更倾向于去讨好和顺从异性，因为他们对强势的异性有着一定的敬畏感，觉得看见他的时候就有一种想被领导的状态，而这样的人不是过于没有自信就是习惯性"被"做决定。

　　随着社会的进步，女人地位日益提高，大有阴盛阳衰之势。对于这样的家庭，同样可以用"妇唱夫随"来形容。

　　如果在婚姻生活中出现一方顺从着另一方的情况，那家里就很可能有一方在家里说话是占绝对地位。多数的夫妻还是"夫唱妇随"的多，那些"妇唱夫随"的情况大家就会觉得这位丈夫太没用、太软弱。

　　弯着腰握手，代表着顺从。一个人的握手姿势经常可以反映出"统治"或者"服从"的姿态。当一个人是在生活中就习惯用这种方式的话，除了代表这个人经常处于被动之外，性格上也比较软弱，容易因为别人的建议改变自己的看法，愿意受对方支配；但他们的优点就是为人比较谦和、平易近人，不会固执偏激。

听人发言往往直视对方的人自我感觉良好

你说得太精彩了。

　　当有两个人在交流，其中一个人发言，另一个人直视着对方，这种时候就可以看出直视发言者的人是处于一个自我感觉良好的状态，为什么会自我感觉良好呢？因为直视着对方就代表感觉双方的对话是安全的，这时候互相没有形成一个攻击性的状态，所以很放松。

　　而且在自我感觉良好的状态下，这个人除了会直视对方之外，还会在对方发言结束后给予赞同的声音或者是胸有成竹地提出自己的理论，总的来讲这是一个自信的表现。

每当落座时都整理仪容：自我感觉良好

　　在落座的时候会自觉地整理自己仪容仪表的人，是一个自我感觉良好的人。这种人对自己的形象是很注重的，因为他们觉得良好的仪容仪表可以为自己的整体形象加分，锦上添花。

　　我们经常看见一位气质优雅的女性出席宴会，当她坐下之前会整理一下自己的裙摆或者是衣角，坐下之后还会整理一下自己的头发，放好随身带的包等，以展示自己最佳的形象。

呵呵，你又自我感觉良好了。

有吗？

　　这种情景我们并不常见，但较少地从这样的情景中看出这个人的内心活动，有时候做出这个动作的人都不觉得自己是自我感觉良好，觉得这只是自己一贯的动作而已，从这样的信息中也传达出了这样一个信号，当一个人感觉自我良好的时候都是觉得理所当然的，并不是刻意去完成这些动作。

从写字的习惯看人

字体扁形的人内心坚定，毅力顽强，外界环境无法轻易地影响他们，他们这种坚定有时候会变成固执，甚至是钻牛角尖。这种人对工作认真负责，条理清楚按照计划行事，但有时太追求计划而变得不灵活，死板僵化，缺乏弹性。

字体比较小的人（常常在 4 ~ 5 毫米）通常是比较低调的不受别人关注的，谦虚朴素，带着点点羞怯与恭顺，甚至唯唯诺诺，可是对细节很敏感。

字体细小（大小在 2 ~ 4 毫米）的人心思缜密，有较强的观察力和专注力，办事认真但警戒心很强，也容易被环境影响而改变，太过于在意别人的看法而每一件事情都是小心翼翼的。

字迹细小且越写越往上的人注意力比别人容易集中。字迹细小但越写越往下的人，比较容易摇摆，性格软弱。

字体垂直的人的指引是实践才能出真知，他们特立独行、理智、逻辑思维强，可以很清楚地根据形势来分析判断决定，而且一旦做出决定后就会贯彻下去，绝不轻易改变。他们很清楚自己的目的，自我控制力强，行事谨慎有节制，对工作都认真尽职，有始有终，可以托付信任，而且对情绪控制得很好。

字体向右倾的人是很积极向上的人，有强烈的主观能动性，不会被困难打倒，独立自主，思想进步，对未来都充满信心，注重精神层面多于物质层面，并渴望自己能在精神领域里有所领悟。很多心理学家、咨询师都是这种人。如果字体向右倾斜并行行向下倾斜，那么他是一个常常自我反省的人，意志比较薄弱，容易被他人掌控。

字体向左倾的人多属于小心谨慎好做自我批评的，他们会很关注自己的需求，自力更生，独立自主。但是对周围环境反应不强烈，他们会压抑自己的情感不流露出来，不容易冲动，不易与人有正面冲突。这类人有敏锐的洞察力，可以帮助别人发现一些细微的东西，是个很好的倾诉对象。

字体中等的人是在什么环境下都能生存的人，能快速地适应改变了的外界环境，同样奉行实践重于理论的宗旨，待人处事都从理性的现实的前提下出发，而且人缘不错，基本都可以与同事相处友好。

字体是圆形的人风格如其字，性格温顺，心地善良，通情达理，情感至上，体贴包容。他们的性格坚韧，对社会上很多东西都觉得可以接受，适应性强，对待朋友采取中庸之道，不会固守己见而与人产生正面冲突，在受质疑的情况下仍可以控制自己的情感与冲动，行事审慎，考虑周全。

列席会议时抬头倾听：认真顺从的人

从今天起，她被晋升为市场部经理，以后就由她来管理你们。

开会是每个人都不可避免的，在一场会议上，假设你是主持者或者领导，就下个月的销售策略提出建议与要求。列席的有的是埋头苦记，有的是眼神呆滞地望着某处，而有另外一个一直抬着头望着你认真地倾听，你会觉得这第3个人是你最容易掌控的人，他在传达的是愿意顺从你的信息。

行为学家在对列席人员的举止形态的研究也表明，参加会议时会抬头倾听的人是顺从的人。他们觉得开会是展现自己的一个机会，也许有的领导平时很少有机会可以见到，而开会时抬着头倾听领导讲话，可以向领导表达自己的忠诚与服从，而这样，可以直接影响自己的职场竞争力。

列席会议时，低头倾听代表没有安全感

参加会议时总是低头倾听的人。他们入会场时，不敢坐在前排，情愿躲在后面角落，即使是坐在第一排，他们也是尽量地低头倾听的。这些是羞涩、胆怯和自卑的行为，带着极度的不安全感。这个情况我们经常可以在新人刚入职参加会议时候观察到。

对于刚入职场的新人来说，这是一个陌生的开会环境，摸清开会的门道很重要，由于不了解公司的情况与氛围，所以开会的时候大多数是低头倾听的，也从不发表自己的意见，新人会担心自己的想法不够成熟，需要再思考，怕得罪人，想尽量保持中立。

另外一个情况是谈判的时候，弱势的一方也多数会低头倾听，他们对形势十分清楚，自己是处于下风的，他们对自己的情况坐立不安，感觉到了危机或者威胁，所以选择了低头这一身体语言。看到这样的身体语言的时候，你就可以判断对方要么就是缺乏自信，要么就是已经感觉到了危机，你可以根据自己的需要用其他的身体语言来对应或者化解。

拍打头部的后悔心情

拍打头部在绝大多数的情况下是在向他人表示很懊悔和自我谴责。

　　有这么一个动作我们经常可以看到，一个人当错过了什么事情或者忘记要做某件事，总会情不自禁地拍打自己的头部，再说"哎，忘记了，太对不起了"之类的话。没错，拍打头部这个动作在绝大多数的情况下想表达的意思，就是在向他人表示很懊悔和自我谴责，因为忘记别人交代给他的事情了，没有完成好。当你问他"我的事情你办好了吗？"如果他还没开口之前就做了这个拍打自己头部的动作，那你也不用继续问下去了，肯定是他忘记了你之前交代给他去做的事情了。

　　拍打头部表示后悔的心情，但拍打前额和后脑勺又分别代表着不同人的性格。

　　如果一个人在表示后悔懊恼时是拍打自己前额的人，这种人的性格都是坦率、真诚的，他们心直口快、富有同情心。你从来没必要担心这种人会玩"耍心眼"的伎俩，就算你教他他也不会。因此，如果你想了解一个人的某些小八卦、小秘密时，找这种人准没错。当然，他这种性格不代表他是一个不值得信赖的朋友，相反他们是会为朋友两肋插刀的人，时刻想着朋友。你要记住一点，万一这种人有什么地方得罪你的话，一定要原谅他，因为他绝对不是有意的。

　　如果一个人在表示后悔懊恼时拍打自己的后脑勺，那么，我们可以很确定的告诉你，这种人是一个不太注重感情的人并且待人苛刻，如果你想选择这样的人当你的朋友的话，你要知道，你身上有某个方面可以供他利用的，不然他也不会当你是朋友。当然，这种人也有很多地方值得你去交往和认识，这种人对事业孜孜追求和勇于开拓的精神是值得大家打心眼里佩服的，而且这种人对新生事物的学习能力特别强。

站立时，靠在门廊上的人自我评价很高并且野心勃勃

我们从小就被长辈们灌输了这样一个概念，人要"坐有坐相，站有站相"，而在现实中我们可以看到各种形态的"站相"的理解都是不一样的，现实生活中大多数人的"站相"都是形态各异的，但这些各异的姿势也可以让我们从中一窥他／她心里的奥秘。

当一个人站立的时候喜欢靠着门或门廊而站的话，他是一个自我感觉很好的人，并有着坚强的毅力和强大的野心。这样的人多为领导型的人物，他／她宁愿用一个硬物来给自己当支撑都不愿意靠着别人或者坐下来，证明他是一个可以统揽全局，并且给别人派发任务和指令。

嘴形所透露的喜悦和无奈

嘴唇紧闭

嘴唇紧闭表示和谐宁静、端庄自然。比如司乘人员、空姐，迎宾礼仪人员一般就是嘴唇紧闭，笑不露齿，给人大方端庄的感觉。

嘴唇半开或微微全开

嘴唇半开或微微全开则是表示疑问、奇怪、有点惊讶。比如我们看到一些让我们意外的新闻时，会微微张开嘴。

嘴角上扬

嘴角微微上扬，这是善意、礼貌、喜悦的表现。会让对方感觉到我们的真诚和善意。如果你需要营造和谐的沟通氛围，比如记者招待会、见面会，或者希望交易能成功，嘴角微微上扬。

嘴唇撅着

嘴唇撅着，一般都是表示生气、不满意。比如小朋友想吃糖没获得批准，经常就嘟起嘴巴。比如男女朋友间吵架了，女方一般会嘟着嘴表示不满。注意这种表情一般不要在正式的场合出现，这是对对方不尊重、不礼貌的表现。

眉毛的"动作"所透露的心理信号

当你想起眉毛的作用，你第一个会想起什么？过去的人认为眉毛的主要功用只是防止流下的雨水和汗水滴到眼睛里面去，其实这只是眉毛最基本的生理功能而已。眉毛在人的脸部是一个很神奇的部位，看起来它就是定在那里，其实它的"动作"是很多的。它对于我们表情有一个辅助的作用，那就是可以更加充分地展现人内心深处的情绪变化，传递人内心的真实想法。

所以，每当我们的情绪发生改变，眉毛的形状也会随之发生改变，这种变化我们也称为"眉毛的动作"。眉毛的动作所传达的信号内容是各异的，我们简单介绍几种重要的信号。

（一）低眉

这种眉形是一种带有防护性的动作，想表达的意思就是要保护眼睛免遭外界的伤害。这种情况一般会发生在当人们感觉到正在受到侵略的时候。

眉毛上扬的人，表示在怀疑对方。

（二）皱眉

皱眉可以表达的情绪就有很多，包括惊奇、诧异、错愕、快乐、否定、怀疑、傲慢、无知、希望、疑惑、不了解、恐惧和愤怒等。

很多人对皱眉的第一印象就是凶猛。其实不是的，当一个人皱眉的时候其实表示他第一感觉就是要自卫，而真正凶猛、带有侵略性的脸是一张无所畏惧的脸，他们会表现出瞪眼直视、毫不皱缩的眉；而一个眉头深皱的人，通常都是忧郁的，他们内心的想法是想逃离目前的生活境遇，但又因为某些原因无法做到逃离；一个在大笑的时候同时皱眉的人，则表示这个人的内心有着轻微的惊恐和焦虑，他们想通过笑来掩饰自己的行动，但无论对着什么笑他的内心都是有困扰的，因为他很想退缩。

（三）眉毛一条降低、一条上扬

当眉毛两边的形态不一样，一条降低而另一条上扬时，就表达着这个人一边脸显得激越、另一边脸显得很恐惧。当一个人的眉毛斜挑时，这时他肯定是一个怀疑的状态，那条扬起的眉毛就代表一个问号。

（四）打结的眉毛

什么是打结的眉毛呢？一般是指两条眉毛同时处于上扬的状态，并相互趋近。这种眉形想传达的就是这个人有着严重的忧郁，而且目前的烦恼让他觉得无所适从。一些有慢性疼痛的人就会经常表现出这样的眉形。当急性剧痛的人表现的眉形却不是这样，他们表现出来的是低眉而面孔扭曲的反应。

歪着脑袋倾听表示聚精会神

有的人在倾听的时候脑袋永远放不正，肯定要歪着脑袋听才觉得舒服。其实这是一种聚精会神倾听的姿态的表现，听得特别入神。这种情况经常出现在听先进事迹报告的现场里，当英雄人物在汇报事迹的时候，说到激动人心的部分，人们就会听得入神。

动物在精神集中的时候也会有相同的表现。就比如一只三个月的小狗每当看到或听到那些可以吸引它注意力的新鲜的事情（如看见新的狗屋）的时候，它的头就会不自觉地歪向一边，这个时候就表示它对某种事物产生了极大的兴趣，正集中精神欣赏着、关注着。

交谈时抹头发的人问心无愧

有这么一种人，当他与别人面对面交流的时候，总要时不时地抹一抹头发，其实这种人不仅是在交谈时会这么做，平时生活中他也不曾忘记这个动作。就算是他独自一个人在家看连续剧，他的手也会隔三岔五地"检查"自己的头发，生怕头发上沾了什么不好的东西。

这种人的这个小习惯或许你看了会觉得有点不舒服，但有这个习惯的人通常是一个性格鲜明、个性突出的人，他们疾恶如仇，爱憎分明，敢爱敢恨。对他们来说，人生就必须做到问心无愧。当他在公共汽车上遇到小偷，他肯定会上去喝止小偷的行为，如果身体允许的话，会把这个小偷痛打一顿，以表示正义。

这种人的生活也是充满新鲜感和挑战的，对他们来说，生活的喜悦来自于对事业追求的过程。会不会觉得这句话听起来有点绕，难道他们就要过程不要结果吗？的确是的，喜欢拼搏和冒险的人是不在乎事情结果的。成功了，他会说："真开心，要的就是这种刺激的过程。"而当面对失败，他会自我安慰："我问心无愧，因为我已经做了。"

指尖相碰的姿势所透露的心理信号

"指尖相碰"这个姿势属于自信、有优势感，驾驭能力强，很少使用身体语言的一类人。他们相信这个姿势是表达自己自信的最好方式。

从上下级的相互关系中，我们都可以观察到这个有趣的姿势。它是比较孤立的、简练的姿势，表达一种对局势与环境的把握，自信而且无所不知。领导给下属下达任务时，经理给部下发号施令时，这个姿势很常见。而在一些职业比如会计师、律师、经理之类的人群中尤为常见。

指尖相碰可分为两类：高举姿势和放低姿势。谈话总结和发表意见时通常采取的是高举姿势。而倾听讲话或命令时自然采取放低姿势。尼伦伯格和卡列罗指出，女性一般都采取放低姿势。如果是头往后仰，采取高举姿势时则显示出一种洋洋得意或骄傲自满的样子。

虽然指尖相碰的姿势被认为是传达积极的姿势，但它如果与其他姿势一起结合的话既可以用于积极的方面，也可能用于消极的方面，甚至可能造成误解。例如，推销员向顾客推销产品时，竞选者在演讲时，都可能做出一系列积极的姿势，包括：手掌张开、身体微倾向前、抬头等等。但是推销结＋束时或演讲结束时，顾客／听众可能采取一种指尖相碰的姿势。

这个时候他们指尖相碰的姿势前有其他的一些积极的姿势，则说明推销员成功的出售了产品也解决了顾客的问题，获得订单。或者是竞选者成功的赢得选民的信任获得职位。另一种情况，如果在指尖相碰前有一些消极的带拒绝态度的姿势（如双臂交叉、双腿交叉、目光转向别处以及许多手碰脸的动作），那就相反的，这位顾客认为产品并不符合他的内心期望与现实需求，销售员没有解决他的问题。或者是竞选者没有成功地在选民中赢得支持。虽然这两种情况下，指尖相碰的姿势都意味着信心。但对推销员或竞选者来说，一个是积极的，一个是消极的。对方在指尖相碰以前的动作是最关键的线索，决定着最后的结果。

律师一般爱做出
指尖相碰的姿势。

搓手的心理信号

老板，接下了一笔大单子了！

售楼处

我恰好有一处房产符合你的条件。

我们都习惯搓手，这是传达内心有期待、表达美好愿景的信号。很多场合我们都可以看到这个身体语言。如电视中我们经常会看到手舞足蹈的推销员跑进销售经理的办公室，搓着手掌说："老板，接下了一笔大单子了！"

当一个人跟你说话时急速地搓动手掌，他想跟你说，他可以满足你所期待的结果。比如你打算买房子，房产经纪人听到你描述说后可能会急速地搓着手掌说："我恰好有一处房产符合你的条件。"经纪人言下之意就是他期望你满意这个结果。

双手攥在一起的心理信号

双手紧紧攥在一起似乎是给人信心满满的感觉，因为人们采取这个姿势时，往往笑容满面看来心情愉悦。但是这是误解，这是一个表示失望或者敌对的姿势。比如当推销员在做产品介绍的时候，边说话边攥着双手直至手指开始变白，仿佛被焊接在了一起，结果人家觉得他很紧张这笔生意没有谈成。

心理学家尼伦伯格和卡列罗对攥手姿势进行研究后，得出的结论也是一样：这是一种消极失望的姿势。在自己的面前攥手；把攥起的手放在桌子上；如果是坐着，把手放在膝盖上，如果是站着，把手放在大腿前。这些都是属于消极的姿势，与上面推销员的例子所表达的不谋而合。

还有研究进一步表明，手举得越高的人越难对付，好像他心里所筑的墙一样，现在没心情没耐心跟你沟通。想反地，手举得不太高的相对比较好说话，心情相对比较轻松。就是说手举起的高度和他此刻心情好坏有一定的联系。与其他负面姿势一样，如果要继续有效沟通，那么要想办法递递东西之类的使他松开手指，露出手掌，改变敌对的状况。

第十九章

服饰会说话：服饰信号

从服装颜色看个性心理

喜欢灰色系的人，比较常为他人考虑，也会压抑自己。

每个人喜欢的颜色都不同，为自己选择服装颜色时也会依据自己喜欢的颜色不同而有所偏好。而从人们这些对不同服饰的颜色的偏好上面，也可以看出一个人的个性特点。

喜欢红色的人是热情奔放的人，他/她性格外向、活泼、感情丰富、精力充沛、凡事积极向上。他们说话和做事都很快，而且基本上都是不假思索的。

喜欢黄色的人是单纯健康的人，他/她是一个乐天派，做事潇洒，不玩弄心机。黄色给人的感觉就是明亮、健康的。

喜欢绿色的人是成熟稳重的人，向往安稳、舒适的生活。他/她的性情是平和的，但对这个世界充满了希望和信心，就如绿叶一样，代表着春天和希望。绿色是春天万物复苏时候的颜色，充满了生机和活力。但是由于他们不喜欢太露锋芒，所以虽然干劲十足，成果也不错，却很容易被上级忽视掉。

喜欢蓝色的人是严肃、谨慎的人，这样的人冷静，分析力强，蓝色本身就是一种容易让人遐想的色彩。这种人也有一个缺点，就是在交际能力上有所欠缺，这会影响他们获得更多的知心朋友。

喜欢紫色的人比较多愁善感，有点缺乏自信心，而且容易焦虑。紫色是寒色系，是一种有贵族意味的色彩，这种颜色也象征着权力。在个人感情方面，他们不太珍惜自己的感情，总觉得自己能够驾驭得了，所以有时会选择放纵。

喜欢灰色的人比较保守，心情比较压抑。他们不喜欢对别人展露自己的感情，而是喜欢把它隐藏起来，这样，别人就无法看出他们心里到底想的是什么。在和人们交往的时候，他们不会太过亲近，总会保持一些距离，所以不会太交心。

喜欢白色的人是一个单纯、有进取心的人，白色是所有颜色中最纯净的色，象征着朴素、纯真。喜欢这种颜色的人也像白纸一样纯净，不会有害人之心，做事比较坦荡。

喜欢黑色的人是一个压抑、消极的人，这种人行事小心，会把自己的真情实感隐藏在心理，但黑色也代表着高贵，可以将任何缺点隐藏起来。

衣着讲究与否也能识人

有的人衣着非常讲究，几乎每次在不同的场合看到他，都能看到他正穿着得体的衣服。上班的时候他会穿得比较正式，运动的时候比较休闲，聚会的时候又比较优雅，反正不管什么场合，什么环境，他都会有对应的服装。这说明这个人在生活上比较严谨，对自己的要求较为严格，是一个完美主义者。他有着很强的自主性和独立性，见解独到，判断精确。

还有的人看起来就很邋遢，有时候他要是懒惰了，路过他身边的时候还能闻到一股股味道，不由得想让人绕道而行。一般来说，这种人的逻辑性不强，做事不够严密，但是实力不容小觑。他们做事比较负责，对别人也很热情。但是这种人就是讨厌别人指出自己的缺点，如果被当众指出了缺点，很可能会翻脸，甚至耿耿于怀，要当心他报复你。

从内衣看女人

紧身尼龙内衣

这类女人性格是开放的，喜欢展示自己曼妙的身体，更喜欢心上人对自己迷人的身段神魂颠倒；这种女人性格直率，对待性爱也是比较开放的，想做的会立马去执行，也喜欢爱人对自己坦诚相待，讨厌欺骗的感觉。

黑色内衣

这类女人也许在白天她可以表现得和小猫一样温顺，但到了晚上肯定会把自己狂野的一面展现出来。她们随心所欲，对情人毫不隐瞒，将最性感和迷人的一面直接地表现出来，并借此积极主动地寻找情感伴侣。

白色内衣

这类女人多是守身如玉型的。她们相当保守和纯洁，哪怕是自己有强烈的性欲也不会表达出来，对此也不太有追求，单纯、恪守妇道就是她们最好的代名词。

过分追求服饰打扮的人可能很极端

有的人追求用夸张的造型来哗众取宠，这种极端的造型其实也比较常见。在音乐界，这种人的典型代表莫过于 Lady gaga 了，每次她出场都是以奇装异服示人，时而是外星人，时而是米奇老鼠的头发造型，真是让人目不暇接。不得不说，她的这种风格的确是成功地吸引了全世界的目光，让她永远暴露在闪光灯下。

Lady gaga

但是这种喜欢在服饰上追求极端打扮的人，一般来说性格上也是极端冷漠的。这种人生活里面的精力会最大限度地花在打扮自己和挑选服饰上，而且他们还有两种极端的性格，第一种是想最大限度地表现自己，想着用夸张来引起大家的关注，但他们内心又是十分不自信的，生怕自己一旦不够靓丽就会被人遗弃和忽略，所以每次都要极尽妖艳之能事；还有一种就是这种人自我认识有点欠缺，情绪也不稳定，特别是一些人到中年的妇女，极力打扮自己就是为了想获得"青春"，却让人觉得十分吓人，其实这种就是情绪不稳定的表现。

中年女性穿着暴露、浓妆艳抹只能起到反作用，会让人觉得看着不舒服。

服装不讲究的人可能是自我表现型

> 去你的，不知道就不要瞎讲。

> 你这个图纸貌似设计得不合理。

有的人对自己的穿着打扮极端的讲究，但生活中也有另一种人，那就是对穿着打扮特别不讲究的人。比如有的人，身上穿着名牌西装，脚上穿着名牌皮鞋，却系着一条非常粗俗的腰带，实在是大煞风景。这种人通常并会对自己的兴趣爱好投入了所有精力，不会花太多的时间去选择服饰，也不会理会别人的眼光。

一般来说，这种人的特性有点与众不同，对工作比较热情，一旦下定决心要做某一项工作，就会全心全意投入进去，而且这种热情并不是心血来潮式的，而是能做到有始有终。在和这种人接触的时候，一定得注意保持距离，因为这些人在听到任何跟自己不和的言语的时候都会恼羞成怒，甚至出口辱骂。

从包内的摆放看人的性格

摆放得杂乱无章

如果一个人在找提包内的东西时，需要把全部东西都倒出来才可以找到，那么我们可以判断出这个人生活的杂乱无章，因为他的手提包里的东西也没有按规则摆放的，这个人的做事原则是"无所谓，方便就好"。这类人的性格就是比较马虎，做事不够谨慎，目的也不够明确，但他们对人是亲切、热情的，很容易接触。

摆放得井然有序

一个人的提包内的各种东西都被层次分明地摆放着，一旦要用到，他马上可以找出来。证明这种人原则性很强，办事认真可靠，组织能力比较强，经常是活动的召集人。此外，他们还比较自信，但他们的缺点是太有条理性导致看起来严肃、呆板，有时候会对生活某些细节斤斤计较。

> 你的包呢？

> 我出门从不带包。

习惯不带包

还有一种人是不带包出门，因为他们觉得出门带包是一个负担，而他们又不喜欢负责任，所以不带包就是最好的选择。这种人的性格比较懒散，所以把工作交给这类人是比较不放心的。

穿着朴素的人比较沉着

根据不同的穿衣风格与喜好，我们可以大概了解一个人的性格与行事方式。大多数情况下，习惯穿着简朴素雅的人，性格偏向于稳重、坦然、淡定、沉着。不会浮夸，不会冲动地追求一时意气，待人接物力求真诚热情。这种人会很踏实务实，愿意一步一个脚印地做好每一件事情，不浮躁不急着邀功。无论是工作、学习还是生活，都是勤勤恳恳，谦虚好学。不仅如此，还能够理智客观地分析解决问题。但是如果朴素太过的话就容易缺乏主见，失去主观能动性，软弱地轻易屈服于别人。

银行职员也许是由于职业的关系，大部分都喜欢穿比较朴素的衣服。

如果一个人喜欢穿单色的衣服，或者爱用单色的物品，就说明他有很强的自我意识，性格也比较坚强，任何困难都不会放在心上。一旦遇到问题也不会慌乱，而是善于抓住重点，圆满完成各项任务。简言之，就是这种人在任何行业中都能成为佼佼者，出类拔萃。

例如，一个人经常穿灰色斜纹布衣服，这种衣服从外表看起来就像树木的剖面，是一种自然本色。这个人在穿着这种衣服的时候看起来就比较平静、随和，不会动机不纯，也不会野心勃勃。但是这也表明他并不是一个甘于平庸的人，而是有着深刻的意图和强烈的自信心。

因为这种颜色是本色的，它能说明这个人沉稳、独立、不虚荣的性格，让人觉得他非常质朴。有了这些特点的人就比较容易获得别人的信任，也会容易被重用，独掌大权。因为这种本色与色调鲜明的颜色不同，它可以起到掩饰作用，但是无法掩饰主人强大的内心欲望。

任何事物都有两面性，人也不例外，这种沉稳的人的缺点就是不善交际，没有更深层次的友情，他的成就，完全来自于自己的拼搏。

因为他一心忙于拼搏，对上流社会没什么兴趣，如果让他跟别人有相同的嗜好，他只会觉得会失去自我的本质。因此，这种人心中总是怀有这种不安的因素。如果这些人在工作或者学习或者游玩中遇到了一些事情，不管这些事情有多么小，他都喜欢以自我为中心，不顾及别人的感受，最终总会招致别人的指责，虽然他可能是无心的。

穿衣追求合体的人往往是智慧型

空姐

办公室文员

餐厅服务员

从一个人的穿着打扮上，我们很容易就可以看出这个人的品位和性格。一个懂得合体穿着的人，肯定是一个思维方式敏捷、周详的人，他也是一个会冷静思考问题的人，所以当他在购买衣服的时候，会把衣服是否合身、是否能够表现出自己的气质等因素考虑进去。

其实这样的人是聪明人，他懂得运用服饰来给自己的形象加分，比如工作时间你要穿职业装，但不同的职业对不同的职业装定义也是不同的，所以在选择职业装的时候应该把自己从事的行业特点考虑进去，加以自己的搭配，才能给人一种大方高雅的感觉。

购买衣服先考虑价格的人比较经济

这很多新款的衣服打折，我们去看看。

有的人最喜欢追逐时尚，有什么新品一上市就会马上把它买下，等着享受别人那艳羡的目光。也有的人虽然也比较喜欢那些新款式，却不急于买下，而是喜欢在专柜打折的时候去淘货，买那些性价比最高的东西。

一般来说，选择衣服会把价格、性价比当作一个重要条件的人是一个"经济实惠"的人，这种人不会跟风潮流，也不大会买奢侈品，因为他们觉得生活应该选择性价比最高的东西，浮夸的生活一点都不"合算"。

真贵，还是等以后打折了再来买吧。

甲店 丙店 乙店

从消费的角度讲，这样的人是理性的消费者，毕竟同样的东西，在打折的时候甚至只需要花原价的一半甚至更低的钱买下，实在是很划算。但这样的人往往是比较抠门的，总是要货比三家、看了又看才决定，在一些情况下，在金钱上过分讲究也会让人觉得反感。

从手提包发出的信号

从选择手提包的样式也可以看出一个人的性格和偏好，当你遇到一个陌生人，可以先看看他的包，这样有助于你对他的性格有一个最初的判断。

1. 大众化的提包

选择这种包的人多是一个个性不太强的人，他们很多时候会随波逐流，大众选择什么他们就会选择什么，"个性化"很少出现在他的"字典里"，这种人的目光和思想都比较狭窄，人生也不会有太大的发展和成就。

2. 提有个性的提包

选择这种提包的人一般是想表达自己的人，但他的性格也可以分为两种：第一种是个性特别强，喜欢用自己独特的视觉和思路去看问题，这种人我行我素，很少因为别人而改变自己，爱冒险，具有一定的胆识；另一种人不是真正有个性的人，只是想通过这种特别来赢得更多人的关注，有点哗众取宠的感觉，这种人通常是虚荣心也比较强。

3. 公文包

选择公文包的人，除了是工作需要外，也可以看出这个人性格谨慎小心，平时他们很少露出笑容，就算是在说笑的时候也是带着严肃的，而这些人对自己的要求也是相当高的。

4. 小巧精致、不实用的包

会选择这种包的人通常是年轻人，而且涉世不深的居多，如果是一个非常成熟的人还喜欢选择这种包的话，就说明这个人性格是乐观积极的，对未来也是充满期待的。

5. 具民族风情、地方特色的包

选择这种包的人是一个个人主义的人，个性强，往往会有与众不同的思维方式，但这样带来的负面结果就是会与周围的人格格不入，这不利于发展人际关系。

6. 口袋多的包

选择有很多口袋手提包的人，多是一个生活有规律的人，他对每天的安排都是在计划内的，不会轻易改变自己的计划或者冲动做事。

喜欢流行服饰的人

打扮前　　　打扮后

俗话说：人要衣装，佛要金装。还有人说：三分长相，七分打扮。文化名人郭沫若也说过："衣服是文化的表征，衣服是思想的形象。"通过穿着打扮来建立自己的形象，向外界展示自己的魅力。

社会一直在进步发展，人们有了更多自由选择的空间和权利来展现自我而不用受大众眼光与潮流的束缚，不用拘泥于形式与框架，不需追随主观不认可的潮流，因此人们所选择的衣着服饰更加体现了个人的喜好与风格。

从穿的 T 恤观察对方

简单白色 T 恤

喜欢穿简单白色 T 恤的人，多是个性独立，不会轻易向世俗观念低头的人，虽然骨子里带着叛逆，但还不会把自己的个性明显地表现出来。

幽默的文字 T 恤

喜欢在 T 恤上印上一些幽默的文字的人，多是一位具有幽默感的人，也是一个表现欲望强的人，希望别人可以关注自己。

明星图像 T 恤

喜欢将喜欢的明星图像印在自己 T 恤的人，多是追星族，对这位明星十分崇拜，并希望自己可以和这位明星一样出色。

风景图案 T 恤

喜欢穿印有风景图案的 T 恤的人，多是喜欢旅游冒险的人，具有冒险精神，表现欲望也比较强，很想告诉别人自己的想法。这样的人对旅游总是情有独钟的。

对时尚的态度反映个人性格

时尚是一个测量仪，可以很准确地测量出一个人的性格特点。换句话说，对于时尚的不同态度，能够反映出一个人的心理性格特征。

追逐流行 ← 时尚 → 冷眼旁观

这类人在团体中大多是顺应型，总是把自己埋没于多数人中，才能获得安全感。他们个性随和，很容易融入一个团体之中，并和周围的人融洽相处。

热衷于流行时尚的人，在心底里常有一种孤独感，害怕被孤立，害怕和别人不一样，因此通过追逐流行来融入大众，获得认同感。

这类人凡事不容易受他人意见的左右，他们非常清楚自己需要什么、适合什么，对自己的决定和判断充满自信，一旦制定了自己的目标，就努力完成，不达目的绝不罢休。

这类人也有过于自我的一面，常常听不见别人的意见，总是以自我为中心，喜欢特立独行、标新立异。在人际交往方面，个性不够随和，不容易和别人打成一片。

由手表识对方

时间观念与性格有关，而想了解一个人如何看待时间，我们可以观察其所选戴的手表。这两者关系密切。

有款新电子表，时间是否显示可以通过按键随意控制。戴此款手表的人比较出众。他们独立不受束缚，只做自己愿意做的事情。不轻易流露真实情感，不易接近。他们神秘并享受着别人给予的猜不透的眼光。

戴液晶显示手表的人生活节俭精打细算。喜欢简捷思想单纯，缺乏空间想象力，但待人接物非常真诚。

戴有闹钟功能手表的人基本都严于律己，平时神经紧绷，虽不是守旧派但却习惯按部就班，通过直接且计划性强的策略取得成功。他们有时会有意地培养自己的责任感，相当有担当，组织领导能力也较强。

戴多时区手表的人多带点不现实。空有聪明的想法却不会付诸实际。逃避责任，做事好高骛远而非持之以恒。

戴经典款式金表的多为注重长远利益的人，看中发展前途而非短期利益。他们会放眼全局，有智慧有高度的统筹规划，往往预见力强，有一定气度与忍耐力，蓄势待发。这种人重义气，重亲情，同甘共苦意志坚强，不轻易低头或者被打倒。

戴怀表的人有较强
的时间观念。

戴怀表的时间观念较强，懂得安排掌控时间，工作休闲合理分配两不误。自制力适应力也很强，懂得调整自己的心态。喜欢怀旧与历史，言谈高雅，注重文化修养。这种人有浪漫情怀，会制造小惊喜，处世耐心重友情。

戴上发条的表的人多较独立，自给自足，亲力亲为。追求快速见效的感觉，比如体力活。在意自己战胜某种挑战后的成就感而且不需要别人过多的关心宠爱。

戴没有数字的表的人抽象化概念较强，表达上比较泛而广，看重观念。喜欢考验别人的智力，不想把事情说透彻。聪明睿智，喜欢益智游戏，不在乎实际事物。

戴礼帽的人很绅士

喜欢戴礼帽的人自认为是绅士，希望别人眼中的他成熟稳重有风度。在别人面前会表现出自己热爱传统的一面，比如喜欢古典音乐、欣赏芭蕾舞、看歌剧等，自诩与流行音乐绝缘。

不止大体，在细节上他也会吹毛求疵，比如皮鞋必须是擦得锃亮的，亮得能当镜子照的。袜子必须是厚实的传统面料，即使是夏天也不会换上透气面料的袜子，更不用说凉鞋和拖鞋了，是绝对不会穿的。

由戒指识对方

结婚戒指

对于结婚戒指来说，越大越华丽代表的自我表现欲越强，但如果是紧套在手指上的表示他比较忠诚，反之亦然。

小巧的戒指

小巧的戒指多代表想象力与创造力。佩戴的人会天马行空地想些不切生活实际的东西，会迫切地跟别人分享自己的感受，生活乐观积极，懂得把握场合表现自己。

镶有钻石的戒指

镶有钻石的戒指经常会被用来吸引别人的注意，佩戴的人常常带点骄傲自满，陶醉在自己的成就中沾沾自喜。

爱戴旅游帽的人

旅游帽

旅游帽既不防寒保暖也没有遮阳阻挡紫外线的功能，除了装扮美观外没实际用途。喜欢戴旅游帽的人大多是想透过这种细节装扮来带出某种形象或气质，又或者是通过帽子来掩盖一些他觉得不完美的甚至是有缺陷的东西，属于另有所图，掩饰自己。

从这些特点看，喜欢戴旅游帽的人代表不真实表达自己的人，他们不会选择诚实地回应别人，善于心计算计，对自己有利的东西投机钻营，说话两边倒有时候前后矛盾。因此这种人朋友也不多，真正看得透他的人少之又少，大家基本认识到他很表面的，希望被大家看到的东西而非真实的本意与自我。这种人自恃聪明自以为掌控全局天衣无缝，玩弄别人于股掌，却不知道别人都知道他左右逢源的一套，很明显他高估了自己的智商。别人一早就看出他是不可深交的人，即使面和心也不和，不会与他交心有真正的友情。有时候他也能意识到自己的缺点，知道自己不受欢迎，不被人接受。但是潜意识中自视过高的本性让他无力去改变这种状况。也许在职场上，在有空子可以投机取巧的前提下，这种面面俱到的手段有时候会给他带来不错的效果。但是从长远来说，每次都是同一招，同事与上司迟早会看穿，黔驴技穷时，也就是他山穷水尽的时候了。

小王说得不对，我心里还是认同您的看法。

小王，你说得对。

喜欢戴旅游帽的人富于心机，说话两边倒。

爱戴彩色帽的人

一个人好寂寞啊。

有的人喜欢鲜艳颜色的搭配。在不同的场合，他会用不同颜色的衣服配不同颜色的帽子。天生就是对色彩比较敏感的人也是色彩搭配的高手，给人感觉衣服配饰搭配新潮入时。他喜欢流行元素，走在潮流的尖端，对于新潮的东西，都迫不及待地去尝试。

同时，这种人很怕寂寞，很怕独自一个人。因为他总是精力充沛不甘寂寞，所以他的圈子很多，经常与朋友相邀聚会，尽情享受着一起分享一起相处的乐趣。但是一旦繁华落尽曲终人散各自归家时，无边的失落与空虚就会充斥他的内心。

戴鸭舌帽的人办事稳妥

这位是张先生。

鸭舌帽一般是有点年龄的非年轻人的选择。它代表处事稳重，办事稳妥。一般戴鸭舌帽的男人，自己会觉得自己待人接物很客观，从不浮夸，从不根据一时的喜恶判断。这种人处理问题的时候，往往着眼于大局，对于无关紧要的不影响全局的关键性成败的小细节不会放在心上，直接忽略。

我没事，我很好。

他会筑起厚厚的心墙来保护自己，不愿让人轻易走进他的内心世界。这种人防守意识很强但是也不是攻击型的人，他们自我保护，小心翼翼地守护着自己的内心，不会流露出内心的脆弱，不容许别人伤害他，但也基本很少去伤害别人。

咱们现在是创业阶段，要节约点花。

就点这几个菜啊。

勤俭节约，很会聚财，相信一分耕耘一分收获，汗水一定会带来硕果。这种人多为白手起家，艰苦创业者，尊重劳动的意义与力量，珍惜自己的劳动回报与财富，都是有计划的消费，从不乱花一分钱。

从随身携带的笔一窥其心

出门带一支笔其实是一个好习惯，但出门带什么笔也可以看出一个人的性格。

1. 带自来水笔

这是一个传统的人，一个深藏不露的人，他看待任何事物都有自己的标准，也是一个会玩心计的人。

2. 带黑色圆珠笔

这是一个细心的人，他在工作上可以把各个细节都关照得很好，但有时候会因为过于细心将简单的问题复杂化。如果他是一个下属，肯定会深得领导喜欢，因为他面面俱到，会留意到别人忽略的地方；如果他是一个领导，下属肯定内心窃窃私语，因为这个领导有时候会因为想"细心"而多此一举。

带自来水笔的人一般很传统。

3. 带廉价圆珠笔

这是一个实在的人，他讲究的是实用而不是外在的美丽。他认为生活应该过得实在，可以做想做的事情，不应该被任何条条框框束缚；他没有把得失看得很重，也没有为未来做一个大计划，只讲究活在当下。

4. 带支铅笔

这是一个相对孤僻的人，他不信任别人，交友不多，而且常常因为自己的孤僻失去朋友。

5. 带名贵笔

这是一个具有强烈虚荣心的人，也是一个严重自卑的人。他带名贵的笔只是想告诉别人，自己有钱、有社会地位。有时候他也不喜欢这支笔，只是大家都说。

带铅笔的人不太合群。

从领带的颜色认识男人

绿色领带

绿色代表着生命和活力，喜欢绿色领带的男人代表他是积极向上的人，对事业也充满信心。

红色领带

红色代表着热情奔放，积极主动，所以喜欢红色领带的人充满了热情，喜欢成为大家关注的焦点。

黑色领带

这是一个喜欢黑白分明的人，他们人生观和价值观都是明确的，对自己的追求也是明确的，不会因为诱惑而改变自己。

从领带打法看男人性格

领带结正合适的人

一个男人可以找到适合自己的领带，证明他是一个自我认识充分的人，这种男人在交际中十分注意自己的表现，会把自己最好的一面展示出来。

领带结又大又松的人

这种男人是富有艺术气息的男人，他把男人的风度翻翻表现得淋漓尽致，但又不会显得矫揉造作，这是他真情流露的表现。

领带结又小又紧的人

这种男人对金钱有着强烈的追求，却又对金钱吝啬，有点"守财奴"；他的气量也狭小，性格较为孤僻，疑心重；生活中他们因为很谨慎，所以话也很少；因为个性的缺点，他的朋友不多，很多时候都是"一个人在战斗"。

我上个月的工资怎么这么快就没了，是不是都把钱给了前男友。

你领带结打得太紧，但也不要拿我当出气简啊。

第二十章

众口难调的美味：用餐信号

食物改变性格

　　是不是很难想象通过食物的调整也可以改变性格？其实这是有可能的。美国心理学家夏乌斯博士在《饮食·犯罪·不正当行为》一书中就提到这样一个通过食物改变性格的例子，怪癖少年杰利从小好动，难以管教，9岁时就被管教所管教过一段时间，11岁时还因为涉嫌犯罪遭到法庭的传讯。后来专家认为不能让这样一个小孩就变坏了，可以通过糖类食物的控制使其的性格有所改善，果然，通过一阵子的控制，杰利的性格有着明显改善。

容易生气的人应多吃橙子、牛奶、海带、带鱼等含钙丰富的食物。

　　所以，当我们发现一个人某一方面的性格不太好，想帮他改善时，我们可以巧妙地调节食物的营养组成，使之可以有所转变。

　　性格不稳定者：很可能是因为缺钙造成的心神不定，那补钙的步骤就不可缺少了，富含钙质的食物有：牛奶、大豆、苋菜、海带、炒南瓜子、紫菜、木耳、田螺、河蟹、虾米、橙子等。

　　容易发怒者：当一个人遇到不顺利的事情就容易激动，甚至暴跳如雷的话，那很可能是缺钙和维生素B，那就应该多吃牛奶、海产品补钙，多吃橙子等水果补充维生素，但要尽量减少盐分及糖分的摄取。

　　喋喋不休者：一个人整天爱唠叨很可能是他的大脑中缺少维生素B，那么多吃粗粮，或牛奶加蜂蜜，这是方便又好的方法了。

　　怕事者：主要是缺少维生素A、B、C，宜多吃辣椒、笋干、鱼干等。当然也可能因为食酸性食物过量，应多吃瓜果蔬菜。

　　不善人际交往者：如果一个人属于神经质兼冷漠的话，那他的人际交往肯定是一团糟，建议多饮用蜂蜜加果汁，还可以摄入少量的酒以改善。

　　焦虑不安者：当觉得整天都处于焦虑状态，但又没有具体的焦虑内容，很可能是缺少钙质和维生素B，可多吃一些动物性蛋白质进行补充。

爱吃甜食的人往往热情

上海男人真爱计较。

大姐，你那秤没放好，让我再来复秤一遍。

　　喜欢吃甜食的人性格往往比较温和，在性格上多属于"黏液质"型。他们为人谨慎，在处世上比较保守，遇事会先深思熟虑，然后再做决定，不愿意冒险。他们吃软不吃硬，爱挑别人的毛病。

　　在地域上，上海、江浙地区的人比较嗜好甜食。一说"上海男人"，大家对这四个字所代表的含义都了然于心，顾家、性格温和、顺从、不霸气、会斤斤计较地在市场讨价还价，鸡蛋里挑骨头。这样的"上海好男人"就是甜食滋养出来的。

坚强的人偏好冷食

　　很多人对比如凉拌青瓜、凉拌土豆丝、雪糕、凉菜等冷食情有独钟，一般来说，这样人的性格特点都比较坚强有毅力。由于他们太过坚强，就会让人不太敢靠近，有一堵墙围着的感觉。他们也往往觉得自己足够坚强，不需要被别人了解，所以也不会刻意去表现自己，保持彼此距离对他们来讲比较舒服。

　　四川人就比较喜好凉菜，川菜中凉拌菜是比较重要的一部分。四川人比较有个性，这些都与坚强的人偏好冷食的特征不谋而合。

　　还有东北人也一样，东北菜系中也有很多冷食，我们会称东北人为"东北汉子"。他们性格很烈，很刚毅，不造作，坦坦荡荡。电视上经常看到的镜头描述东北的会经常看到一个很彪悍的大汉，有一座小木屋，守着成片的山林，然后吃着凉拌菜，喝着小酒，哼着小调，虽然看起来有点儿清冷，可是他就像很享受的感觉一样。

从冰激凌的口味看性格

喜好不同的冰激凌口味代表着不同的个性特点。对各种类型，在择偶上也是很有规律可循的。

1.爱香草味的人生活丰富多彩，并不像香草这种植物那样平凡和普通。但是与香草一样，很百搭，喜欢交朋友也有很多朋友。他们时不时地会有一些奇奇怪怪的想法，善于表达，爱冒险爱新奇，带点小冲动，是个很浪漫的人。所以他们适合找香草口味的人做伴侣，因为两个人都同样追求浪漫而且善于分享，一定是理想伴侣。如果是爱冒险的，不喜欢生活单一平凡的人应该选可以激发并帮助自己坚定地完成目标的人做伴侣。

2.爱双层巧克力味的人视社交如生命，无法忍受独居，他们喜欢受人瞩目，永远希望成为大众关注的焦点。演员大多是这种人，生活在聚光灯下毫无压力，活泼、可爱、外向，有着非常戏剧化的夸张气质。如果需要稳定生活的话，你们的最佳伴侣就是能让你有安全感的。

3.爱草莓加奶油的人，生性腼腆害羞，他们通常对生活感到不知所措，情感强烈而且情绪容易不稳。由于对自己寄予很高的期望，但是自身的想法行为却有着消极的倾向，这种矛盾的性格产生的后果就是对自己的失误责怪不已。他们适合跟选巧克力脆皮的人搭配，因为一个有远大理想和高要求，一个有轻松的生活态度但缺乏目标，肯定会一拍即合。

4.爱香蕉奶油派的人对身边的人很随和，是个善于倾听的对象，给人轻松、愉快的感觉，所以他们大多人缘很好，招人喜欢。由于他们天生容易相处的性格，几乎所有的人都能成为他们合适的伴侣。

5.爱巧克力脆皮性格的人心怀远大的理想，他们的字典里没有"失败"和"损失"这两个词，总有着追求与获取的愿望，具有与生俱来的竞争意识。他们适合与能证明自己志向，或者是欣赏他们迷人的天性的人一起生活。

6.爱核桃味的人对细节很挑剔，不管是对自己还是对别人，都有很高的要求。他们的每分每秒都必须过得有意义不能浪费，待人接物偏执、刻板和严厉。他们不是善于表达自己的人，但是守规矩讲道理，公私分明，务实也讲求效率。他们需要的最佳伴侣就是自己的同类，惺惺相惜，欣赏彼此不俗的品位的人。

喜油炸食物的人喜欢冒险

常吃油炸食品对健康不利，以后要少吃炸薯条。

说到油炸食物，肯德基、麦当劳肯定会第一个浮现在你的脑海中，这两个品牌是美国人最得意扬扬的饮食发明了，看来，美国人刺激冒险的性格，是和他们的饮食习惯密不可分的。世界上最热衷于各种刺激的户外运动，探险的也是非美国人莫属。

不过，还是建议喜欢吃油炸食物的人少吃为好，虽然油炸食物口感好，营养价值却低，对身体的益处很少。

喜欢吃辣的人脾气火暴

当我们在形容辣椒的时候总会说"火红的辣椒"，没错，喜欢吃辣的人也如辣椒一样，性格就是一个"火"字，他们做事风风火火、轰轰烈烈，为人热情似火、豪爽讲义气，脾气也是火暴、泼辣，整体上来讲，他们的性格就是属于"多血质"型。

所以你发现你有朋友好吃辣，那你千万不要去招惹他，当他生气的时候会吓到你的，他们会像长老了的朝天椒一般，拿一个放在嘴里嚼嚼时，耳朵都会辣得嗡嗡作响那般对你"轰炸"，直到你害怕认输为止。我国四川地区的人都好吃辣，我们也爱说四川的女人泼辣，总可以管住自己的男人，使他们成为一个"耙耳朵"，其实这也和他们好吃辣有关。

把工资卡交出来。

老婆大人现在就给你。

哎，真不该娶四川女人做老婆。

辣椒能除寒湿

此外，重庆、湖南、贵州、云南这几个地方的人们性格也相对要火暴一些，他们也是好吃辣。这些地方的人们吃辣还有另一个原因，就是因为气候，在那种潮湿寒冷的地方多吃辣可以提高自己御寒的能力，也可以预防风湿疾病。

付款方式看性格

我们日常生活中衣食住行都跟付钱有关系。行为学家就人们不同付款的方式，对他们的性格进行了小分类，这个也算是生活中我们识人知人、把握人际关系如何处理的小窍门之一。

习惯只用现金付款吃饭的人是保守传统派系，他们不擅长接受新鲜的事物，只有传统的付款方式才能让他们放心，觉得安全。他们即使了解到有其他的方式也不会去尝试，只会偏重于循规蹈矩，困守着旧方式，缺乏冒险的精神。这种人天生缺乏安全感，并觉得自己总是做得不够好，自卑感强烈但又渴望得到别人的认同和肯定。他们无论做任何事情都必须亲自参与，亲力亲为才觉得事情能完成，心里踏实。

喜欢拖欠饭钱的人就是小肚鸡肠的人，喜欢占人家的小便宜，总想着能不能吃饭不给钱。他们觉得别人天生都亏欠他们，合理让他们占便宜，心里缺乏公平的观念，总计算着自己少付出甚至不付出就能尽可能地得到回报。如果他们主动关心别人、帮助别人，代表他们对对方是有所求的。一般的情况下，他们虽不算冷淡，但是也谈不上热情真诚。

有的人吃饭从不拖欠饭钱，账单一到就马上付款。他们代表做事有魄力的一类人，说话算话，干脆果断，拿得起放得下，工作生活中都是说一不二，绝不拖泥带水。

另外有一类人就是喜欢蹭饭的人，总等着别人给自己结账。这类人通常是容易摇摆型，无自己的原则和立场，习惯性地服从和听命于别人，属于被领导的人群。他们责任心不强，可以推就推，不会主动去完成任务，万一遇到问题首要反应就是找理由和借口为自己开脱，在挫折和困难面前，逃得最快、胆怯、退缩。

喜欢蹭饭的人很招人嫌。

还有一类人会选择新型非现金支付方式，比如卡类支付、电话支付和网上支付等。他们很容易就能接受和尝试新鲜事物，但是他们依赖性也很强，需要依赖别人或者某一种事物，所以他们也常常会陷入丧失自己的主动权，甚至受制于他人的境地。

酒后吐真言

酒后倒头就睡

一声不吭倒头就睡型的人非常理智，深知酒后会胡言的后果，自我约束力强，言行都很规矩。

我爸比李刚还牛！

酒后夸夸其谈

酒后夸夸其谈的人不是举止轻浮的就是性格懦弱的。平时怀才不遇，长期被压迫，借着酒精的力量把心里的郁闷都释放出来，免得把自己憋坏。

借酒闹事

借酒闹事，比如言语挑逗甚至动手打架的人自我调节能力极差，好像随时都在临界点，只要轻微的刺激就会爆发一样。他们愤世嫉俗，觉得自己命途坎坷，所有人都亏欠他们许多。

胖瘦与食量

希望可以吃胖点。

怎么吃都不胖

胖的人会很羡慕那些怎么吃都不胖的人，而瘦子却希望可以吃胖一点，不要被人总说"是不是在减肥啊？不要太省了，要多吃点"之类的话。其实，食量的多少只是影响一个人胖瘦的一小部分而已，更多是身体的吸收能力决定胖瘦的，当然你暴饮暴食的话，发胖的概率就比其他人高了。

莫名其妙地发胖

如果一个胖人经常抱怨："人要肥是喝水都会发胖的。"其实这类人还挺惨的，平时吃得并不多，但就是莫名其妙地发胖，其实这种人是值得交朋友的，因为他们大多是心胸开朗大方，也不拘小节，他们讲究生活的质量，对于他们来说生活质量高低远比事业上的成就更有吸引力，所以他们把钱看得很淡，相当淡泊名利，追求精神上的富裕。

哎，喝水都胖

干吃不胖

也有一类人，就是干吃不胖，也就是我们常说的"白吃"，尽管对于很多人来说，吃不胖的体质是多好的一个事情，但吃不胖的人是一个个性强势、心思比较杂乱的人，尽管他有着很强的语言表达能力，但经常因语言得罪人，造成与他人结怨，人际交往上不是很好。因为挂心很多的事，但很会使用权谋、工于心计，所以也能拥有事业和财富。

从吃饭的坐姿看出一个人的性格

坐姿可以看出一个人的性格，而且从在吃饭时的坐姿看性格更加精确，因为如果单纯坐着，他还可以伪装，但加上吃饭了，一心要做两件事，当然会暴露出自己潜意识的习惯和姿态。

1. 双脚并拢，外倾于一个固定方向

这种人是对自己充满自信的，无论是对待爱情还是工作，都有一套严格的标准来要求自己。对于工作他是全力以赴的，做得比别人好是他的原则；对待爱情，他要求对方要有高雅的言谈举止，要有卓尔不群的品性，要有大方得体的仪表，对于那些泛泛之辈他是看不入眼的。但这种人往往会因为对自己要求太高而活得太累，在爱情上也毫无收获。

2. 跷着二郎腿最常见

吃饭时常跷着二郎腿而坐的男人，平时则是一个孤芳自赏却严于律己的人，而且在实际工作中的确成就显著，能力出众。

如果是一个跷右脚型的人，属于比较内向保守的人，防备心理也比较重，任何事情他都必须通过周全的考虑才会下决定。对爱情有着强烈的渴望，就是缺少抓住爱情的勇气，总是希望有异性主动追求，才有可能堕入爱河。这种坐姿的女性是一个典型的传统女性，端庄贤淑，中规中矩。

反之，如果是个跷左脚型的人，则是一个富有冒险精神的人，勇敢自信，对待工作也是认真勤奋，敢于创新；对待爱情是积极大胆，深得异性的喜欢。

3. 膝盖靠拢，膝盖以下则叉开

有这个坐姿大部分是女性，而且是一个率性而没有心机的女性，心里想什么嘴上就会说什么，整体给人不成熟的感觉。对于爱情更是似懂非懂，也不大留意异性，也许要等待有心人的"开发"吧。

4. 坐时常将脚尖相互交叉

这种坐姿的人是一个相当拘谨含蓄的人，人际交往能力不强，经常在社交场合中出现目瞪口呆、手足无措的窘态。而且这种人安于现状，没有强烈的事业心，只要生活平淡如水就好了。对于爱情，也不是一个会主动争取的人，如果是女性的话，基本就是一个夫唱妇随的本分女子了。

边吃边看书的人爱思考

吃饭时不要看书，对胃不好。

如果一个人喜好一边看书一边思考的话，就代表这个人是一个怀揣着梦想和计划的人。每当他思考的时候他就要不断补充食物，其一，他不想浪费吃饭的时间；其二，吃饭的时候可以带来更多的灵感。这样的人考虑问题总是把经济效益放在第一位的，所以会为了节省时间和精力常常好几件事情同时做。

尽管这样的人是一个有计划的人，但千万别忘了，吃饭可不能三心二意，这样是在增加胃的负担，别因小失大，到时候身体垮了更实现不了梦想。记住：身体是革命的本钱。

边煮边吃的人恋家

一边做饭一边吃饭的人，我们最熟悉的肯定是母亲。她们都是奉献型的、无私的。电视剧中总有妈妈在厨房张罗着为家里人做满满一桌饭菜的情景。她会让其他人先吃，然后自己继续在厨房忙碌着下一道菜，如果儿女或者丈夫喊她一起吃饭，她会走到饭桌旁边吃一两口，然后又起身去看火。

她们很少有机会跟家人一起开始用餐，因为她们需要看着正在做的菜，如果桌子上缺什么，也是她们去拿，一般都是儿女或者丈夫吃饱之后，她们才能安下心来吃饭。母亲们会承担起照顾家里人的责任，做牛做马任劳任怨。

这个汤还要一把勺子，我去拿。

实际上，不止母亲、家庭主妇等女性会做这些，有的男性也会如此，他们也愿意为家里人牺牲自己。所以，一边煮饭一边吃饭的人都很顾家，对他们来说，没有什么比家更重要。不管他们所服侍的人是否心存感恩，他们都无怨无悔，甘之如饴，他们是无私奉献类型的。

从吃法可了解是否在意别人言行

每个人有每个人的吃法，尽管不同的吃法对身体的影响也不大，好像也不会影响菜肴的美味，但不同吃法的人有不同的性格，也会影响着别人对他的看法。

如果一个明明自己点了一份简餐，但又看着别人的简餐觉得很不错，很想去吃别人的那一份，这种人是一个善变而且没有自信的人，经常做了很多努力，但总觉得自己还是没有满足感，而且很在意别人的一举一动。这种人一旦看见别人比自己优秀的时候就会很自卑，尽管在外人面前还是表现出开朗活泼的一面，但他一旦落单了就很不开心，想不开了。

如果喜欢将好几盘菜从最边缘开始按照顺序，一道一道开吃的人，是一个一旦确定目标就会勇往直前、埋头苦干的人，他不会在意周围人看他的眼光，只求把眼前的工作完成好，一件事没有做完，就绝不会心有旁骛。这样的人适合一个人孤军奋战，因为这样可以发挥他高超的集中力，他不适合同时开展很多项工作了，因为他就是一个一本正经而且固执的人。如果你想让他以广阔的视野看问题，然后做出权衡的判断是比较困难的。

哎，他们吃得真慢。

只顾自己不顾他人的吃法，是自私和缺乏礼貌的表现。

当一个人在吃饭的时候不管三七二十一，马上把自己眼前的吃完，也不管别人的感受和进度的话，这种人就是一个非常自私而且急性子的人，他以自我为中心，没有想过配合别人的节奏，尽管他对待工作上是积极、灵活的，但经常因为过于自我往往造成了别人的困扰。不过这种人也是一个很坚定的人，一旦他下定了决定，就会认真地去执行，而且任何事都不可能动摇他的，他会以一个强硬的态度，去面对那些流言蜚语和批评。

细嚼慢咽的人好享受

咱们现在是好朋友了。

从小我们就听长辈们这么说：男孩子吃饭，狼吞虎咽；女孩子吃饭，细嚼慢咽。长辈们的初衷是好的，想把男孩子都培养成一个干脆利落的男子汉，把女孩子培养成温柔、贤淑的大家闺秀。事实上，不一定是女孩子才会细嚼慢咽，只要是一个喜欢享受生活的人都喜欢细嚼慢咽。

细嚼慢咽不但可以享受食物给自己带来的齿颊留香的感觉，还对身体有益。他们有一个特点，就是不随便答应别人一起用餐，而当他答应你一起用餐时，也代表着与你成交了。因为他们喜欢不慌不忙地咀嚼每一口食物，尽情享受着美食的味道，享受着欢乐的时光，所以他们也不会和很多人分享他们这种喜悦。当他们真正把你当成是他们的朋友，你才能享受到这样的待遇。

吃饭速度快的人性子急

看啥？再看你那份也干掉！

吃饭速度快的人是一个急性子的人，也是一个豪爽刚烈的人。吃饭快只是他急性子的表现之一，其实他是无论遇到什么事情都想很快解决，很快把它做完。

这种类型的人肯定是一个精力旺盛的工作狂，当他决定"开工"的时候，肯定是风风火火，不管发生什么事情都是无法阻止他的，而且不喜欢听一大堆理由和原因来解释问题，只求达到目标，不喜欢过程有多么惊天动地。

这顿饭大家不用平摊了，我请大家吃！

这种人的喜怒哀乐都会表现在脸上，天生就大大咧咧，不喜欢拖泥带水、直来直去、不喜欢拐弯抹角，所以有很多不错的朋友，深得朋友们的爱戴和拥护，而且他们对待朋友也豪爽，朋友有事肯定是两肋插刀，在所不辞的。

咸甜还是苦涩：流泪信号

流泪是一种高度进化行为

哭，是人的本能，是人类的一种情绪表达，也是一种自我保护。

对于我们来说，哭泣似乎是一种本能。从我们呱呱坠地的第一声强劲的啼哭开始，哭泣和流泪似乎跟我们结下了不解之缘，会追随我们一生。一般来说，哭泣会作为一段小插曲，时不时地在我们日常生活中上演。我们痛苦时会哭，疼痛时会哭，激动时会哭，悲伤时会哭，羞愧时会哭，感动时会哭，甚至连喜悦时也会哭，似乎我们的所有情绪都可以被泪水洗礼。在微行为的研究中，流眼泪究竟是我们的本能反应还是一种后天习得的本领呢？流泪的行为本身，对于我们来说，意味着什么？我们究竟为什么会哭？

在关于流泪的研究中，专家们见仁见智，争论不休，但是至少在一个问题上达到了统一，即与众多智人复杂的行为一样，哭泣流泪的行为也是一种遗传变异的结果。这种遗传变异和"非洲夏娃"的线粒体变异一样，虽然是一种"意外"，但也是自然选择的结果。也就是说，哭泣与流泪的生理机制在某种程度上可以增加人类生存的可能性，为我们提供了更多的选择和机会。一直以进化论作为学术武器的达尔文，早年间曾经对哭泣流泪的行为进行了大胆的推测，在他看来，流泪是某种进化的遗迹。而美国人类学家蒙塔格则认为：流泪是适者生存的结果。对于这个问题，以色列特拉维夫大学进化生物学家厄伦·哈桑也发表了自己的观点，他认为：流泪是一种高度进化行为。这种观点的提出，无疑已经走在了相关研究的前端。

流泪是一种自我保护

求求你就饶了我吧。

优胜劣汰的自然法则促使人们不断地致力于完善自身的各种机能，在这一过程中，人们的某些行为就带有自我保护的象征意义。阿莫茨·扎哈维在经过一系列实验之后得出结论，流泪是一种特殊行为，泪水会模糊人的视线，从而降低人的防卫水平。

泪水又是一种"软弱"的表现，这种身体语言又向他人传递着"屈从""求饶""畏惧"等不为人所知的信息，并以此降低他人对自己可能存在的攻击。因而，哭泣也成为人与人之间高级的非语言交流艺术，通过流泪传递着信息。

流泪的三种形式

习惯性流泪

习惯性流泪似乎是最常见的，往往随着我们眨眼睛便会溢出一些泪水，这种泪水的功能就是清洗我们的眼球，是我们身体需要的自然反应，不需要特别的刺激。

反射性流泪

而反射性的泪水则不同，一般是受到了外界刺激才会产生泪水，是眼球应对外界刺激的一种措施。又如我们在切洋葱时经常会边切边流泪，就是典型的反射性流泪。

情感性流泪

而情感性流泪似乎有点不同，主要是由于人受到强烈外界信息刺激，内心产生了某种情绪而导致了流泪。这种因情绪产生的流泪行为在一定程度上可以被看作是身体的一种自我调节与舒缓。

流泪可以平复情绪

美国斯坦福大学的詹姆斯·格罗斯带领其研究小组对人类流泪行为做了一系列研究，他们发现流泪确实有令人平复情绪的作用，哭泣是为了让我们尽快镇定下来。根据被调查者的反馈，这种镇定感居然还"男女有别"，有85%左右的女性在哭过之后，会觉得变得轻松了，而只有70%的男性认为自己激动的情绪有所缓解。但无论如何，通过流泪来缓解情绪对大部分人来讲都是有效的。人们在情绪激动时总会伴随一些紧张的情绪在其中，并会释放一种叫儿茶酚胺的物质。一旦这种因紧张焦虑而产生的化学物质积累到一定程度，会对我们的动脉血管有较大的损伤。因而，随着人类的进化与发展，我们的祖先在面对十分强烈的外界刺激时，逐渐学会了用哭泣来镇定我们的情绪，避免了因为情绪激动而造成的脑血管、血栓等突发性心血管疾病的出现。因而，想哭就哭，用不着忍耐，这也是我们在安慰人时常说的"难过就哭出来吧！"这句话的科学依据。据专家研究称，女性的寿命普遍比男性的寿命长，究其原因，除了生理激素、心理调节、社会压力等多种原因之外，女性天生爱哭流泪也是其中重要的一点，可以及时通过泪水排除体内毒素，释放压力，减轻情绪的强度。

难过就哭出来吧！

股 股股 Z Z Z

哭，是人的本能，是人类的一种情绪表达，也是一种自我保护。

当然，这种用泪水释放情绪的行为也应适时采用，因为哭泣毕竟是一种对强烈外界刺激的应急反应，过度使用此项特权，不仅不会舒缓压力，反而会适得其反。并且，人的肠胃也是不能吸收过多的负面情绪，过度的哭泣和悲伤，会令胃部的运动失调，胃液分泌混乱，如调节不当，可能会出现一系列的胃部疾病。因而，流泪不仅完善了人类身体的调节机制，也维系了人类后代繁衍优化，不得不说是一种高等进化行为。

哭泣的效力因素：旁边站着谁

往往在经历同一件令人痛苦的事时，你会泪如雨下，泣不成声，或是强忍泪水，平复情绪，很多时候是取决于你身旁的人是谁。一场升学考试结束以后，考生议论纷纷，有些同学甚至会沉不住气就抽噎了起来。

有趣的是，如果在抽噎阶段，面对的是执教老师时，同学很有可能会控制住自己的情绪，迅速抹去含在眼眶中的泪花。这就是因为学生与学生之间是平等的关系，而老师则通常都是威严的象征，难受的情绪被对权威的恐惧替代了。

眼泪可以升华友谊

朋友之间难免有些小摩擦，特别是同住一个宿舍的舍友。舍友之间因为一件小事儿闹得不可开交似乎是常有的事。这种情况下，宿舍的气氛通常会非常压抑，如果有一方受不了，突然哭了，大家也就相当于找到了一个机会坐下来，好好说说话，事情就变得很好解决了。

除了自己独处，在其他场合，我们很难面对真实的自己。但在面对朋友时，我们却能够敞开心扉，彼此吐露自己的真实想法。当工作中遇到挫折时，会与朋友抱怨发泄情绪。

当我们失恋时，也会向朋友寻求安慰。就在这样一次又一次的相互倾诉中，两个人的友谊便会得到升华。这其中，也少不了眼泪的点缀。

流泪代表降低防卫水平

一般而言，人在遭受了强烈的感情冲击时才会流泪，并以此来宣泄自己的情绪。所以假流泪比较少，通常都是真情流露的一种表现，即使是在一定场合要装哭，也要诱发自己心中某种情绪才行。而我们都明白，在对手面前暴露自己情绪的行为是极不明智的，一旦情绪失控流泪，则意味着身心都不能负荷强烈的情绪，身体在迫不得已的情况下已经开始自动调整体内平衡，忽视了外界的异动，自然对外来刺激的防备也会相对减弱。所以，人们在哭泣时，身体会处于一种消耗和排出的状态，不能有效地调动身体的各个部位应对外界的变化，自身的防御能力就会有所下降。这就好比粮草不足的部队，即使有个神勇睿智的将军，也很难组织饥肠辘辘的士兵进行一场有效的防御战。

流泪也因此成为身体防御水平的标志。泪水的决堤意味着情绪的崩溃，也标志着整个身体开始被迫接受外界的胁迫，对外界刺激的抵抗也有所减弱了。这种情况在恋爱初期的情侣之间多有表现。两人因为还处于磨合期，对双方的脾气和秉性还没有完全摸清楚，难免会有争吵，而这种争吵却往往会相当激烈，你一句我一句，双方都不肯放下自尊相互妥协而进行强硬的对峙。其实，这种充满火药味的语言攻击也很容易结束。如果这时男生突然说了句很伤人的话，彻底伤了女朋友的心，令女朋友大为伤心，情绪失控，完全沉浸在自己的悲伤里，便放弃了与男朋友的争吵，放声大哭起来。

在吵架过程中，情侣间的对抗集中在话语上，虽然在情绪上都比较激动，但还没有到情绪崩溃的地步，双方都能针对对方攻击性的说辞进行回击，说话也是经过一定程度的思考的。但两人心理承受能力是不同的，当这种负面的刺激过多，必然会先有一个人不能承受这种负面情绪的影响，触动了与泪腺相连的神经元，眼泪便这样出现了。

由于一方要先处理自己的情绪问题，也就无暇再接应对方的话语攻击，随着哭泣的开始，也就撤销了刚才的言语防卫，激烈的吵架场面也就戛然而止了。这种情况在极度沮丧的人身上也表现得非常明显。眼泪似乎是这类人的必需品，他们一方面在利用眼泪释放他们的悲观情绪，减轻自己的压力和不适，调节身体各方面的平衡。另一方面，他们也在表达他们的无力感，对其所面对的问题已经束手无策、没有解决的途径，只能用这种逃避的方式来应对，整个身体已经处于消极懈怠状态。从上述这些例子中我们都能看出流泪的一种象征意义，它代表了我们身体防御水平的降低。

哭泣的等级

失声痛哭、正常哭、啜泣、默默地流泪等。而每种悲伤的表情也有所不同。以饱满的悲伤状态下哭的表情形态最为典型，但这并不常见，一般都是发生了与之相关的重大的悲剧之后才可能有的，如亲人离世、与爱侣天人两隔、国破家亡等。

我们通常见到的哭泣多是抑制性的哭泣，像闭着嘴抽泣、默默地流泪等都属于这种情况。这种刻意控制自己悲恸的哭看起来却更令人心痛，从他们轻轻颤抖的身躯中透露出浓浓的悲凉气氛，这种脆弱中甚至透露些许委屈，连哭也不能痛快哭，这是何等的残忍！

求救性流泪：请帮帮我

在电影中，我们经常能看到这样的镜头：歹徒将少女绑架，并将其嘴捂住，少女会发出呜咽的哭声，泪水布满脸颊。其实，这时候的哭泣和流泪都是为了引起他人的注意，希望得到别人的帮助，包含着迫切改变自己现状的信息。

儿童是这方面的专家，如一些家长会忍不住想要教训一下淘气的小孩子，可是经常是手还没碰到小孩的身体，孩子便"哇"的一声大哭起来。老人们听见之后便急急赶来，斥责家长，并把小孩护在一边。小孩子的这种哭泣是典型的求救信号，并且，这种求救是有明确目标的，他们知道谁会来帮助自己，也知道该用什么方法吸引他们的注意，以达到自己从危险中迅速脱身的目的。

在一些情境下，当我们遇到困难时，并不知道谁能帮助我们，也不知道该用什么方式去寻求帮助，自身又没有能力使自己脱离困境。本能地会产生一种无力的沮丧感、悲凉感。这时，我们通常会用哭来表达自己此时无奈绝望的情绪。同时，泪水也在向周围的人传递一个信息：我需要帮助！

适当流泪增进朋友间的感情

我们生活在这多元的社会中，面对着纷繁复杂的各色人等，处理着琐碎凌乱的各种事物，也承受着莫名的压力和多变的情绪，一人全部承担和消化总是一件令人无法负荷的事。即使工作再忙的人或职位再高的人也需要一份友情的慰藉。我们时不时会约上三五好友相聚小酌，或相伴郊游踏青远足，抑或是两人相互倾诉彼此的彷徨与焦虑。往往是这种时候，眼泪便能起到一种神奇的催化作用，适当的流泪会让朋友间的感情更加牢固，人与人的关系更加紧密。

科学研究表明，哭泣是人与人之间进行情感交流的重要手段，而眼泪则在这种交流中充当了极其重要的角色，对我们日常生活中多种多样的交流手段起到了补充性的作用。一般而言，我们最常运用到的交流方式即语言交流，这也是人与人之间最普遍、最便捷的交流方式。在现代社会，社会关系的复杂决定了我们必须使用多种交流手段来处理纷乱的社会关系，这也就促使语言必须同表情、肢体等相互配合，才能充分发挥其交际功能。并且，我们的情感表达也主要在于依赖于面部表情的变化，我们发达的面部表情肌肉群为我们的情感表达提供了强大的支撑，内心不同情绪的产生就会引起面部五官相应的改变。这也就是人们常说的，能"读出"对方的心情的缘由。

但有时这种情感表达不一定是真实的、准确的，人们的自我保护意识会刻意控制面部五官的变化，呈现出与实际内心情感不一致的表情；或者那些善于掩饰自己情绪的人会特意利用这种能力，欺骗他人的感情。情感性流泪也是一种情感表达方式，与一般的面部表情的情感表达不同，眼中流下的眼泪本身就是一种强烈情感刺激的产物，这也就蕴含了强烈的情感信息，是我们内心某种强烈情感的迸发。究其原因，主要是泪腺与大脑中控制情感的边缘系统之间产生了神经元，二者之间的连接也将眼泪和我们的内在情绪紧密地联系在了一起。但也并非每种情绪的产生都能触动泪腺分泌泪水，这与外界刺激及人的承受能力也有诸多联系。

总之，流泪的行为是对我们内心难以抑制的某种感情的特殊表达，是一般的语言表达及肢体表达不能替代的。

令人信任的脆弱

但是我爱福临太深太深。

《孝庄秘史》中大玉儿这一哭便让多尔衮把整个大清江山做礼物交付到了她的手中。

从古至今，哭泣常常被认为是脆弱的象征，就有了"男儿有泪不轻弹"，也有了"流血流汗不流泪"。而女人就不一样，她们一直被认为是"水做的骨肉"，流泪好像是天经地义的事情，甚至在某个朝代某个时期，美女的形象就要求清泪两行，多少英雄过不了美人关，又有多少英雄，醉倒在这"情人泪"中，揉碎了心肠。

一说到哭，很多人便会想到林黛玉。黛玉的哭是门艺术，她可以哭得人肝肠寸断，可以哭得看客悲从中来，和她一起感伤。垂泪中的她娇躯轻颤，啜泣之声却丝丝扣人人心，令人顿生怜意。古往今来，再挑剔的文人也没怀疑过黛玉的哭是否真情流露，是否虚伪做作，可见这眼泪的说服力。

婴儿哭泣表示烦闷

其实，哭的行为更多是我们情绪的伴随物，眼泪的释放与内心的情感直接相关，这在婴儿的哭泣中也是适用的。婴儿也会有情绪，也会因为情绪不佳而哭泣。他们的哭声也很有特点，一开始通常是几声较长的呜咽声，较为缓慢，后来声音会逐渐增加，目的当然是吸引父母注意，希望父母放下手中的工作来抱抱他们，陪他们玩耍、给他们讲故事。

对婴儿的关爱不能只表现在物质基础上，对他们的照顾也不能只局限于吃穿用方面的照顾，家长必须关注他们的精神世界，关注他们的情感。婴儿躺在床上无人理睬，又没有有趣的东西吸引他，当然会感到寂寞无聊，于是希望借助哭泣来吸引父母的注意。而有些父母对这种哭并不买账，经常感到厌烦。

哭什么哭，烦死了，我正忙着呢。

宝宝别哭哦，宝宝别哭。

所以，年轻的家长还是需要提高自己对儿童行为心理的学习，在生活中要时刻关注孩子的情绪，正确对待婴儿的哭泣，多做一些让婴儿感觉自己是被关注，被关爱的举动，如轻轻地拍，时常抱一抱宝贝，温柔地抚摸等，让宝宝感到自己在精神世界上的富足。

阻碍他人的攻击

我们在流泪过程中确实会耗损体内一部分能量，并且，泪水还会模糊我们的视线，在遭受意外刺激时眼睛不能有效地吸收外界信息，从而降低我们的防御水平，我们很可能会为此付出代价。但在这一过程中，眼泪也会向对方传递着自我保护的信号。

其实，这种例子在我们日常生活中经常能够遇到：

流泪可以阻碍他人针对自己的言语攻击。

在一家外贸公司，一位女业务员在工作中出现了一些失误，失掉了一单生意，以致影响了团队整体业绩。主管知道了这件事，当着整个团队成员的面斥责了这位女业务员。这位主管平时有点大男子主义，做事雷厉风行，对下属也相当严格。估计是情绪有点激动，难以控制，于是越说越严厉，甚至有些挖苦讽刺。大家都看到这位业务员的脸越来越红，头也越来越低，终于，一滴眼泪流了出来。主管刚好看到了这位业务员落泪，突然就止住了嘴，怔怔地看了一下这位业务员。连忙让大家都散了，并小心地对业务员道歉。

在这个案例中，女业务员成功地用自己的泪水打动了这位高高在上的主管，使自己避免了更多的批评和抨击，为自己创造了安全的环境。对这位主管来说，女业务员的眼泪在向他传达着非语言所能道明的情感，让他意识到自己的行为可能对他人会造成什么影响，他在短时间内便会思考这种训导的方式对下属是不是合适，会不会让他们产生过多的消极情绪而影响工作效率，或者刚才自己是不是太冲动了一点儿，要不要换个说话方式等问题。在这里，眼泪就成为避免情感性伤害的防御工具。

类似这样的案例还有很多，我们在惊叹流泪之余，不免进行新的思考。眼泪是一种情感交流的辅助性工具，它在一些情境下可以代替语言向对方传达信息，表达自己难以言说的情绪，使得人与人之间的情感交流上升到一个更高的层面。也正因如此，我们才能在危急时刻用眼泪向对方表露我们的要求，在自身状态低迷时也有可能反转，阻止对方的进攻，让自己转危为安。

不轻弹的男儿泪

刘备

将军既不相弃，愿效犬马之劳。

先生不出，如苍生何？

女人泪能动人心肠，男人泪的影响也不能小觑，哭上几回便也能换来良臣猛将，哭过几次也能换来江山王朝。俗语有言，刘备的江山——哭出来的！我国四大名著之一的《三国演义》中，刘备这一响当当的男子汉大丈夫却特别爱哭，全书中写到刘备的"哭"不下三十次，甚为精彩。

最经典的三顾茅庐，劝诸葛亮出山的桥段，刘备也不忘施展自己的哭技，成功博取了诸葛亮的同情，《三国演义》第三十八回，"三顾茅庐"中写道："玄德泣曰：'先生不出，如苍生何？'言毕，泪沾袍袖，衣襟尽湿。"一代奇才终于同意出山，归入刘备麾下。于是，刘备就这样用自己的泪水换来了一代名相。

博得同情的泪水

他肯来，我已经很开心了。

张柏芝在《星愿》的哭戏惹人同情。

女人的眼泪

女人的眼泪在文学作品或影视剧中往往会得到经典的诠释。如张柏芝在《星愿》中的表现，梨花带雨，惹人同情。

都是你惯的。

小孩的啼哭

小孩子的眼泪常常与个人成长的家庭环境有关。有些父母的态度过于严厉，大人太凶，一点小事就对孩子疾言厉色，吓坏了孩子，使得孩子成了好哭的"小媳妇"，以博取同情。妈妈抱一抱，就会使他雨转晴而高兴起来。

我那不孝的儿啊。

老人的眼泪

老人的眼泪则无论何时都让人心酸而怜悯，每当看到养老院孤苦无依的老爷爷、老奶奶一把鼻涕一把泪地数落自己的孩子将自己弃置在这里的时候，我们都会禁不住予以同情，甚至也在心里咒骂居然有这么狠心不管爹妈的。

对你有意思：表白信号

对方在体现灵活有力的肩膀

　　人体的肩部的构造非常神奇，在不同的情境下，肩膀也会不自觉地做出一些符合当时心情的细微动作。例如，你见过一个人心情很沮丧，脸色阴沉，明显很不开心，但是肩膀还在不停地晃动或者抖动的情况吗？你见过一个人兴高采烈的时候，肩膀是自然下垂，整个身体呈现出很垮的姿势吗？没有吧。我相信，大家在日常生活中都没有见过这么表达自己情绪的人，这也就是肩膀可以暗示情绪的奇特功能。

两人在一起聊天时，可留意一下对方的肩部动作。

　　两人在一起聊天时，如果对方在交谈时总会时不时地扭动肩膀、耸肩或是做一些很轻松又略带撒娇意味的小动作，那么他／她很有可能是很喜欢也很享受这段时间的谈话或是相处的。如果对方是异性的话，也许还会对你有意思哦！

　　不知道大家有没有发现，其实一个人的肩膀是否可以自在的活动，可以透露出这个人现在的精神状态是否处在一个比较紧张的状态，如果心情太拘谨的话，身体语言也是会不自觉地受到限制，肩膀自然也不会自然地摆动了。所以，肩膀是个可以"说话"的神奇结构，有时候，如果你能够掌握好肩膀的动态，就有可能会掌握住自己的幸福哦！

　　因此，在约会的时候，女性如果想表明自己对对方的好感又不好意思开口直说的话，可以穿一些小露肩膀的衣服，比如无袖上衣或者是无袖连衣裙，这样不但可以充分地展现灵活的肩部动作，还可以展示自己雪白光滑的肌肤，为自己的形象加分。另外，不要以为只有女性的肩部可以说话哦，男性也是一样的，所以男性在日常健身时，不要只注意锻炼手臂与腹肌的部分，还要多多加强对肩部肌肉的锻炼，让你的肩膀也更加吸引别人的注意！

昵称的内涵

"猪头""小白""傻子"，你最近是不是经常为这种来历莫名其妙的称呼感到困窘呢？答案很简单，就是在他喜欢你的时候。他希望自己可以与别人有所区别，就算只是称呼这件小事他也是很在乎的。而且叫你不同的昵称，不但可以把自己与别人区别开来，还会被其他人当作是一种亲昵的行为，让别人以为你们俩之间好像发生过什么故事一样。

所以，当你被一个人叫着各式各样摸不着头脑的称呼时，要清楚地知道他这样做的原因，如果你对他没有那方面心思的话，或许直接告诉他你不喜欢这样被称呼会更好。但如果你也很享受这种过程，并且对他也有好感的话，不如也尝试着给他起一个小昵称试试，看看对方在被你这样称呼的时候是什么反应，这样也好更加确定对方的心意。

喜欢他就模仿他

在约会的时候，尤其是吃饭时，如果你发现你吃一口什么，他就跟着吃一口什么；你看看窗外，他也看看窗外；你拿起杯子准备喝口水，他也跟着拿起杯子准备喝口水……那很有可能就是他要向你表白的前兆或是预示哦。其实这种行为并不难理解，当他模仿你的一言一行的时候，就会在潜意识中把自己当成是你，好像这样你就会更加容易在你们之间找到共同点，也就更容易让你对他产生那种熟悉的亲切感。

事实上，不只是将要表白或是对你有好感的人会有意无意地模仿你的行为，就算是已经成为情侣的人，也总是会模仿对方的思想或是行为，两个人在一起的时候是这样，两个人没在一起的时候，其中一个可能会回想起俩人在一起的场景并不断模仿，还会发出会心的微笑。

情侣装就是一个很好的例子，两个人穿着相似或是一样的服装穿梭在人群中，仿佛这样就可以缩短两个人心灵之间的差距，让人感觉更加亲密。而且情侣装还有一个效果，就是告诉别人：我身边这个人有主了，不要对他/她有什么想法，这样也能给自己和爱人减少一些麻烦。

与你在一起时总表示心情愉悦

在你的身边，有没有那么一个人，好像他在你面前从来都没有伤心、失望、难过的时候？好像他从来都是开开心心的？好像他从来都不会觉得疲惫，从来都不会抱怨？时间久了，久到你以为可能他天生就是个乐天派的时候，突然有一天你发现他心情郁闷地抽着一根烟，或是表情沮丧，或者是郁郁寡欢，你的心里就会有一个疑问：他也会不开心？

是的，他会不开心，每个人都会不开心，之前他也有过不开心，只是你没有发现，而你之所以没有发现，是因为对方不想让你发现。他只想让你看到他永远笑容满面的样子，看到他精力充沛的样子。这么做的原因有很多：可能他不想让你因为他的不开心或是疲惫担心，可能他想保持在你心目中永远阳光帅气的形象，可能他想在你的生命中一直以一个正面的形象出现……这么多的可能，可能都是出于一个原因，那就是他喜欢你。而且如果他真的喜欢你的话，和你交谈也许是他这一天中最开心的事情，那他心情愉悦也就自然是应该的了。也有可能你遇到他的时候正是他心情不好的时候，而你的突然出现就像一道亮光一样划破了他的阴霾，那种负面的情绪都会因为你的一句"在干吗"或是"待会去吃饭啊"给完全销毁，不要质疑，被暗恋的你就是有这种神奇的魔力，从这点就可以看出你在他心目中的重要地位。

如果对方经常请你吃夜宵，可能是对你有意思。

其实仔细想想，这种心情愉悦对于你来说，何尝不是一种温馨的存在。可能你自己并不知道，你在每次看见他这么开心地跟你在一起时，你的心情也会不知不觉地开心起来。可能本来痛苦的加班会因为他的夜宵和他的乐天而有种另类的美好，你甚至已经不再痛恨加班，而是对它有了些隐隐的期许。所以如果你发现一个人在跟你相处时，总是很开心，心情总是很愉悦，那么很可能过不了多久，你就要收到一份表白。

莫名的醋意

没什么，就是有点累，不想说话了。

莫名其妙。

怎么啦，刚才还跟我有说有笑的。

生活中总会有各种莫名其妙的事情发生，本来你和他在路上说说笑笑地走着，交流、聊天好像都很愉快，这时对面或是身后突然一个异性朋友叫住了你，然后你们停下来笑嘻嘻地说了几句话，话的内容不重要，关键是你们两个的交谈看似很开心。

之后你们再告别，回到了各自的位置上，你突然发现，身边那个刚刚还给你讲冷笑话的人突然之间变得只字不语，莫名其妙地沉默起来了，这是为什么呢？他对你有意思！他的莫名其妙是因为他在吃醋！

凝视对方可以增进感情

在一些电影里，为了表示两个人的愤怒，经常用非常夸张的表现手法，比如在两个人的眼神之间弄出一道"电流"，还冒着火星子。当然，这只是夸张手法，不过在有感情的异性之间，眼神的交汇确实可以产生一种电流，让男女双方都陷入一场混乱的电场中。在这种"电场"中，眼中的对方会比平时看着更有吸引力、更迷人，这就是眼神的力量，古人说"含情脉脉"，就是这个意思了。

所以说凝视可以增进你们之间的感情是完全有可能的，而且在眼神凝视的时候，人们通常都会很容易幻想到与对方在一起时的美好画面，仿佛在对方的棕色的瞳孔中可以看到自己的未来一样，眼神和眼神的交流在某种程度上就是心与心之间的交流。而且通常人们总会喜欢在对方的眼神中寻找诚实与认真，如果你可以将你内心的真实想法透过凝视时的眼神传递出去，绝对会有意想不到的效果。

如果你发现身边有一个人喜欢用眼神注视你，那么很有可能他喜欢你，你要做的就是进一步的确认，当你发现他又在盯着你看的时候，你可以小幅度地瞥他一眼，辨认出他是用哪种眼神注视你的，如果是很深情，或是看着你眼神好像有点幻想什么的那种，那他很有可能就是对你有意思了！而且对方在凝视你的时候，心里肯定也是希望你是有所回应的，所以如果你的心中真的也有他，那你完全可以大胆地直视对方，让对方知道你对他也是有好感的，双方就可以为这段感情的开始做些准备了。

看她的时候她会羞涩

一般来说，男人的神经比较大条，有时候你盯着他看他也没什么反应。而女人就比较细腻，很容易会发现有人在看自己。所以羞涩这种情况发生在女生身上的可能性比较大，但对于一些性格比较内向或是腼腆的男性来说，也是有可能发生的。

在人与人工作交流的日常生活中，眼神的交流是必不可少的，有的时候眼神交流的作用还会远远地大于说话与肢体语言的作用。比如古代那些宫女太监什么的，主子一个眼神，他们就知道主子的意思。而现在，眼神也可以很明白地表露对方的意思。如果你身边有一位女性，在跟你说话的时候很少或者是基本上从不看着你，甚至有时候会刻意躲避你的眼神，这时你可能会以为她对人没有基本的礼貌，更或者你可能会怀疑：难道她讨厌我吗？

性格比较内向或是腼腆的男性，发现有人看他也会羞涩。

如果这样想，你可是大大地冤枉她了呢。因为你会发现，她跟别人在一起的时候总是谈笑自若，好像只有在和你交流的时候才会出现刚才那种情况：拘谨、不自在，而跟别人相处时会自然得多，轻松得多。所以她并不是不懂眼神交流的基本礼貌，那是为什么呢？很大一部分原因是因为她喜欢你哦！男人和女人的思维运转模式是不一样的，当一个男生遇到自己心仪的女生时，大多都会比较主动地采取措施，而女生则会由于天生的腼腆而习惯性地处于被动的状态，这个时候害羞肯定是难免的。而且女生在害羞时的脸红也会特别的可爱，特别容易让男人动心，其实现在性格还这么腼腆的女生已经很少见了，如果遇到了还是应该好好珍惜吧，既然看到你会不好意思，会脸红，就证明你在她心里是很重要的存在。

所以如果你发现哪个女生跟你说话的时候不看着你，而是四处张望或是低头不语，而当你们的眼神有交集的时候，她又会迅速地转移目光，好像慌慌张张地在找什么一样，那八九不离十，她就是看上你了！又由于性格腼腆，不好意思说明，才会使自己处在一个比较尴尬的处境，而且往往这种女生都是没有什么恋爱经验的女生，在对你的喜欢之中大多还有些崇拜的成分，所以不要再木头脑袋地把人家的真心当成是讨厌了，这种羞涩其实是很容易看出来的，当然前提是在你足够细心的情况下。

关心你的家人

在你给家人打电话的时候，身边的那个他突然插了一嘴："叔叔阿姨好！我是××的好朋友，我有时间就去看看你们啊。"你难免会觉得奇怪，干吗突然对我爹妈那么积极啊，没什么事去看他们干吗？如果你真的这么问的话，他肯定会说"这样不是有礼貌嘛"，也就是说你问了也等于白问，这种问题仔细想想就会明白了。

突然向你父母打招呼是因为想要让他们两位老人家知道有他这么一号人，在他们心中先留下一个有礼貌的好形象，而且现在的父母都为自己儿女的终身大事日日夜夜地担忧，这么做不仅仅可以在你父母面前保持一个良好的印象，还可以在下次跟你见面的时候又多了一个可以聊的话题，比如"最近你爸妈怎么样啊？身体还健康吗？"等。

爱屋及乌是一种爱

所谓爱其屋，及其屋上之乌，在爱一个人的时候，他的全部，他的好、他的坏、与他有关的任何东西，都会不由自主地通通接受，这就是爱的神奇力量。比如，一次不期而遇让你看见你心仪的他正在带着他的宠物小狗散步，你就总是会忍不住走上前去，做出很喜欢、很关心那只小狗的样子，甚至让人觉得那就是你的狗，或许在路人看来，那只小宠物就是你们这对小情侣一起养的一样，这就会给你的心理带来很大的满足感。

再比如他最近很迷一部影视作品，你就也会像发了疯一样地喜欢上这部作品，然后从这部电影或电视剧中边看边品尝着他的喜好，而且他下次再兴奋地谈起时，你就可以一同加入激烈的讨论了，就好像在周围的人看来，你们俩有很多相似的地方，总是有很多话可以聊一样。

所以如果你发现你身边有这么一个人，好像很喜欢你的书、你的包、你的狗，很喜欢你喜欢的一切，并且总能跟你找到你喜欢的话题，就好像他把你的生活当成自己的生活一样，一般人在这个时候都会觉得有个这么相似或者是志趣相投的朋友真好，我喜欢什么他都喜欢，但除了这点，你是不是也应该想到其实他是对你有意思的呢？而他之所以会对你喜欢的有兴趣或者了如指掌，都是他爱屋及乌的表现。

正所谓 "同性相斥，异性相吸"，当两个异性互相接近时，其身体都会发生一系列的生理变化。心理学家阿伯特·谢夫伦的试验也证明了这一点。人类学家通过研究发现，人类的求爱过程可以大致分为5个阶段。一般来说，当一个人遇见自己心仪的对象时，都会经历这5个阶段。

第一阶段：眼神交流

当一位女士在某个场合中发现了一个令自己心动的男士后，她会做出一些动作来吸引对方注意自己。一般来说，她会寻找机会和他对视5秒钟左右，然后迅速把头扭向一边，期待该男士发现自己在注意他。

第二阶段：微笑

当一位女士和自己心仪的男士进行眼神交流之后，她会向他报以一个或是数个快速的微笑。这是一种并不完整的微笑，其目的是为了给他开 "绿灯"，暗示他可以上前与她攀谈，以便双方可以进一步了解对方。

第三阶段：整理和打扮自己

她会玩弄自己的头发长达6秒钟——就好像是在为自己中意的男人梳妆打扮。此外，她还可能做出舔拭嘴唇、轻弹头发、摆弄首饰等动作。男士则会站得笔直，挺胸收腹。当然，他也可能会做出整理衣服、抚摸头发，以及把大拇指塞进裤兜里等动作。他们双方都会把脚和整个身体指向对方。

第四阶段：交谈

在双方进行眼神交流、微笑，以及整理打扮后，他就会大胆、主动地向她走去，以便双方进一步交谈。一般来说，他会使用这些老掉牙的开场白："你真漂亮""我一定在什么地方见过你""你真像我的一个朋友"，等等。

"你好，你也去xx地啊？"

第五阶段：触碰

当她和他交流后，如果很欣赏对方，她就会寻找一些机会来轻轻触碰对方，可能是 "不小心" 碰到，也可能是其他情况。无论是哪种情况，其最终目的是向对方示爱。轻轻地掸拂或者触碰男性的肩膀会让他觉得该女性是在关心他的健康和外表。握手则是一种进入触碰阶段的快捷方法。

因爱而恨也是一种爱

　　每个人表达"喜欢"的方式都不一样，所以世界上才会有千千万万种表白的方法。在你的生活中有没有这种人，跟别人的关系都特别好，说说笑笑，显得特别容易相处、特别开朗，但是只有在面对你的时候，总是会找你的茬、挑你的刺，就好像跟你天生八字不合，看你什么都不顺眼一样。这个时候，你会想，这个家伙是不是脑子进水了，为什么时时、事事都要针对我？真是一朵奇葩，不过，你不妨再多想想他为什么要这么做。

有时候，对方说讨厌你，也许就是喜欢你。

　　换做那个人是你，在什么情况下，你会把对一个人的讨厌表现得那么明显，恨不得对方比谁都知道自己对他的反感？答案就是在你需要对方知道你讨厌他的时候，但你为什么希望他知道呢？因为你想让他关注你的一言一行，那你为什么想要他关注你呢？因为你对他有意思，你很关注他，所以你也希望他可以关注你，而且讨厌、嫌弃、挑刺都有个巨大的前提，就是了解，如果你总是可以挑出他的毛病，那就说明你已经对他有着很充分的了解了，而这种了解的动力就是因为你喜欢上他了。

　　所以，如果你的身边真的出现一个跟上面描述很符合的人，请先不要武断地判断他讨厌你、看不上你，所以才会事事针对你。仔细想一想，一个人可以挑出你那么多毛病也是一个大工程，挺不容易的事，如果不是因为看上你，又何必费那么大的力气找你的不是呢，你们之间又不存在什么利益纠纷冲突之类的事情。而且人类的通性就是对与自己意见不合的人特别关注，所以你可能也不难发现，在你纠结为什么他讨厌你的同时，你的目光也已经渐渐地被他吸引过去了，所以有的时候因爱生恨不失为是一个表达爱意的好办法。

想要一起旅行或度假

马上放假了，和我一起去海边玩吧。

如果有人邀请你和他一起去旅行或者是度假的话，多半就是他对你有意思，不然好好想一想，如果一个人看到另一个人就来气，恨不得除之而后除之而后快，又怎么会跟他一起出去玩呢。

所以，如果有人提议想要和你一起旅行的话，可能他不只是把你当作一个单纯的好朋友，可能他是想要更多地了解你，也想让你更多地了解他，增加你们单独相处的机会，让你可以慢慢地发现他的好，喜欢上他。

试探性的表演

这人怎么会突然变成这样呢？

身边一个平时玩得很好的朋友，你以为你对他已经了解得够充分了，他好像就是那种老实、踏实、朴实的人，但是不知道最近到底这个人是怎么了，明明是一个很简单的人，可是却在和其他的女人搞暧昧，而且好像还总是在眉来眼去的时候朝你瞟那么几眼，搞得你浑身不舒服，他到底是怎么想的啊，怎么会突然变成这样呢？

于是你去向你们俩共同的朋友询问他最近的情况，可是好像其他人都不知道他的这回事，都没有听说过的样子，"没有啊，他怎么会像你说的那样呢""是你想多了吧"……其他人全部都是类似的回答，难道真的是自己的幻觉吗？

没有啊，他怎么会像你说的那样呢

原来她还是在意我的。

当然不是的，既然看见了就应该相信自己的眼睛，虽然自己的眼睛有的时候也会欺骗你，但是在这么简单且明显的事情上还是不需要有那么多疑惑的——他喜欢你，这件事可能你是最后一个知道的吧。可是他喜欢你为什么还要在你面前和别的女人纠缠不清呢？那是因为他希望知道你对他的感觉，他想要看看在他与其他女人有情况的时候你是什么反应，会不会在意、会不会吃醋、会不会转头就走或是狠狠地瞪他一眼……所以你才会在他搞暧昧的时候看见他向你投来的飘忽不定的眼神，因为那才是他这些行为的真正目的。

第二十二章 对你有意思：表白信号

317

在你面前哭泣

俗话说"男儿有泪不轻弹"，不知道是因为雄激素的原因还是人类自古流传下来的文化，现实生活中的男性朋友们真的很少掉眼泪，至少在别人面前很少，谁知道在家里四处无人的时候情感会不会通过眼泪得到宣泄呢？但是有一点是可以确定的，那就是，如果一个男人在你面前掉眼泪，就说明在他心里你占有很重要的分量，是一个很值得信任的人，试想一下，如果一个异性充分得到你的信赖，在你的心中占有很重要的地位，那么你对他的感觉也肯定不一般。

如果一个男人在你面前哭了，你要做的就是尽你所能安慰他。

一个男人在你面前哭的时候，就代表他对你卸下了内心的防备，在他的思想观念里，你就是他的"圈子"里的一部分，他信任你，他相信你不会因为他的哭泣而嘲笑他、看不起他或是对他产生什么消极的印象。如果一个在你看来是个普通朋友的异性，有一天突然在你面前放声大哭或是小声抽泣的时候，不要用惊讶的眼神看着他，这样会让他更加受伤，你要做的就是尽你所能安慰他，毕竟他不是见到每个人都可以卸下防备吐露真心的。这个时候如果你对他也有感觉的话，不妨把安慰当成是一个机会，一个可以让你们俩更加了解，关系更加亲密的机会。

如果你的另一半选择在你面前哭泣，就说明在他心中你们俩的关系可能已经不仅仅是情侣那么简单了，这个时候的爱情也不再是单纯的爱情，而是正在向亲情转化，他希望有一天你可以成为他的后盾，他在外面拼搏后的港湾，他内心的支柱。也许这种微妙的转变已经在他的心中酝酿很久了，也许他已经把你当成老婆的最佳人选了，你们的美好未来也即将到来了，随时做好迎接幸福的准备吧。

邀请参加婚礼

一个人在向你提出和他一起参加婚礼的时候，也是带着这种心情与期待的。有男女朋友的人看见别人喜结连理的时候，难免自己的心中也会有所悸动，觉得"其实有个爱人，结个婚也挺好的"，有这种想法的人基本上都到了适婚年龄，这个时候就是既有对的时间又有对的感觉，唯一缺少的就是一个对的人，这个时候陪在身旁的你就当然会被考虑在内了。

所以，邀请喜欢的人一起参加婚礼是一个比较聪明的办法，有时可能根本都不需要你做什么，在参加婚礼的过程中对方的心里自然而然就会产生这种想法，另外，在参加婚礼的时候，肯定是要向别人做介绍的，如果对方不反对，你大可以说："这是我的朋友。"至于到底是什么样的朋友，大家看到你带来参加婚礼了，自然也是心知肚明。

频繁的短信

有的人喜欢发短信，有的人却嫌麻烦，有什么事打个电话，一句话就能说清楚了。其实，发条短信与直接打个电话的感觉还是不一样的，似乎短信总会比电话多那么几丝暧昧的信息，而且在打电话的时候，有的人一紧张就会出现口吃的情况，但是换作是发短信就会大大地减少尴尬与紧张感。

"干吗呢？""刚刚看见一只小狗狗，好可爱哦""今天天气可真冷啊"……如果你经常收到这样的短信，而且总是出自一个人之手的话，你就该想到，可能他当时的感觉就不只是无聊那么简单。他给你发的短信看似是完全没内容的，但实际上是对他这一天生活的简单剪影，比如吃饭啊、学习啊、工作啊，他希望通过这些短信可以让你更加了解他，更加关注他，并从他向你描述的内容中找到自己感兴趣的东西，从而对他也产生兴趣。

所以经常给你发一些可有可无的短信，并不是说明这个人很无聊，也许更多的是因为他不论在干什么的时候都能想到你，什么都想要在第一时间找你倾诉。所以当你再收到这种短信的时候，不要只回一个"哦"或者是"呵呵"之类的话，这样可能会伤害到他的感情，最起码他并不是想打扰你的生活，只是在默默表达自己爱意的一种方式。

喝醉后的电话

　　每个人在喝醉了之后的表现都会不一样，有的会大笑，有的会大哭，有的还会惹是生非，但除了这些以外，还有一类人在醉酒的时候思绪会比平时更加清晰明朗，而且对某个人的思念也会表现得更加明显，一般这个时候他会鼓起勇气，拿起电话，拨起早就背得滚瓜烂熟却一直没有勇气拨出去的那个号码，然后乱七八糟说着自己都不知道是什么的东西，再匆匆地挂掉，留下电话那头的一片茫然。

醉酒后打电话给对方，很可能是喜欢对方。

　　从醉酒后的巨变看穿他的真实性格其实这种电话几乎每个人都打过，在意识介于清醒与不清醒的状态的时候，尽管身边有着朋友的陪伴，但是内心还是会感觉到孤单、无助，这个时候你就会特别希望得到自己心里面那个他或是她的关心。而且"酒壮怂人胆"这句话并不是没有道理的，在爱情面前，每个人都会变成痴痴傻傻的"人"，尤其是在喝醉酒的时候，你会在潜意识里允许自己的行为脱线一次，然后，电话就拨通了。

　　但是你所有的勇气都会在电话接听，听到对方的一声"喂"之后就瞬间灰飞烟灭，于是你便又恢复了平时的紧张、结巴、语无伦次、前言不搭后语……你会觉得自己的表现实在是太糟糕了，如果不是电话还通着，可能你早就已经钻到地缝里去了。相信这种感觉所有的人都会理解，但是一旦你变成了接到电话的那一方时，你的思维就好像总是会打了个结，怎么都不会往他是因为喜欢你的这方面考虑，所以如果下次你再接到这种听着乱七八糟，而且明显像是有点喝醉了的电话时，也许你就应该认识到，在他的心目中，你的关心比什么都重要。

无处不在的巧遇

当你和某位男士，总是不期而遇，一天中频率在三次以上的时候，那么你就要小心了，因为要么是他喜欢上你了，要么就是你已经变成了他的猎物。要怎么来区分这两者的区别，这个问题说简单可以很简单，但是因为需要综合考虑的因素很多，所以又比较复杂。

首先，要判断这个男人是出于什么目的。现在有些男人深谙女人爱浪漫这件事，制造偶遇不过是想泡你。一个值得去爱的好男人应该身家清白，与前女友泾渭分明，不与女同事暧昧不清，不寻花问柳。如果一个老实男人，肯为了你，制造这些不期而遇的小浪漫，那还等什么呢？

分享喜悦

幼儿园里的小男孩如果喜欢上了一个小女孩，就会把自己的糖果和玩具与她分享，享受跟她一起玩的美好感觉。经历了成长的岁月，男孩变成男人，他们以为自己长大了，但是在他们心里，这个习惯其实一直都没有变。

比如说他可能喜欢收集玩具模型，可能喜欢吃甜品，就像小时候一样。但是社会要求男人要成熟，有担当，在众人面前他就不得不收起自己的这一面。但是在心爱的女人面前，他会希望你喜欢他的那些不为人知的小爱好，所以，他会表现出自己幼稚的一面。

原始社会虽然已经过去了，男人这个物种完成了一步步的进化，但相比于女人，终究还是一种简单直接的动物，会用最简单的方法表达他对你的爱意。他自以为已经做得很明显了，但是女人还在想，他怎么还不主动点来表白，要让我等多久？其实女人不妨主动一点，新时代的女性就要敢爱敢恨。

小惊喜、小礼物

以前生活水平比较低的时候，能够填饱肚子就很不错了，所以一年之中好像只有过年的时候才会像模像样地过，别的都是马马虎虎。而今生活水平提高了，我们每年有数不尽的节日，不管是西方的，还是东方的，似乎人们总是不肯放过任何可以庆祝、可以给生活放松压力的机会。过节了，小礼物总是必不可少的。那么，你有没有经常收到一个人的小礼物呢？就是好像不管是什么节日他都会找到机会、找到借口把给你准备的礼物送出去。如果你身边是真的有这样的一个人，那么恭喜你，他是对你有意思了！

这是谁弄的呢？

杯子的谐音是"一辈子"，一杯子就意味着一辈子。

不同的礼物可以代表不同的含义，比如一个杯子就可以代表"一辈子"，一条围巾就可以表示"温暖"或者是"我想绑住你"等等，这种小礼物看似不起眼，但可都是经过买礼物的人精挑细选才选中的呢，所以不要轻易地觉得一个礼物没意思。身边有没有一个人好像从没问过你想要什么礼物，只是会在过节的当天给你一个电话，问你在哪里，直接把准备好的东西拿给你，有的时候还没来得及等你说"谢谢"他就已经离开了，就好像送你礼物与你无关一样，就像那句话说的："我喜欢你，与你无关。"

如果是这样的方式，那他的性格可能比较腼腆，但是在面对你的时候，他没法以正常的语气说出他想要说的话，可能在送你礼物之前就已经想好了千言万语，只是由于不好意思表达，也许他把他想要说的话都蕴含在了这一份份小小的礼物里。

平安夜时会有一个苹果，圣诞节时会有一个小礼物，新年、元旦、情人节……都会有收不完的小礼物，有的甚至连重阳节都不想放过，他好像总是会有说不完的理由，让你根本无法拒绝他的礼物。对方希望你每次看到礼物的时候都会想到他，都会念着他的好，希望有一天你可以看出他的心意，然后在下一次接受礼物时说的不只是"谢谢"。

不经意的触碰

你这件衣服很好看。

这种微行为通常是女人用来表达爱意的方式，如果一个男人也用这种触碰的方式向对方表明好感的话，可能会在浪漫歌的爱情故事还没有发生之前就把对方吓着了，毕竟男人的这种肢体主动总会给女人留下不太靠谱的印象。

女人这种不经意触碰的行为并不是很明显的，只有在你很细心的时候才能发现。若你没有表现，女人通常就会给你一种你应该有所行动的信号，这时她会装作有意无意地触碰你，比如轻轻地打你一下、摸一下你的头发……很多这种小动作其实就是她向你传递的情感的信号，她想和你的关系可以更近一步。

在一起的小玩笑

说啥呢，我们可是好朋友，呵呵。

哈哈，你们又在一起谈情说爱。

已经当了很多年的好朋友了，不管遇到什么事都会有想要分享的心情，最初别人都会误会你们两个的关系非同寻常，或是把你们俩当成很般配的一对，但时间久了，大家也就都习惯了——你们俩真就是好朋友。

哎，要是你实在嫁不出去，我就只好英勇就义了，其实我也不错哦！

你已经不知道从什么时候开始，他总会跟你开一些小玩笑，比如，"哎，要是你实在嫁不出去，我就只好英勇就义了，其实我也不错哦！"或者是"要是到30岁我们都没找到合适的人，那我就跟你凑合凑合吧"。

就这么说定了啊。

要是到30岁我们都没找到合适的人，那我就跟你凑合凑合吧。

好啊！

实他所谓的"小玩笑"真的并不是只是玩笑话那么简单，他的每句玩笑话都带着几分认真。而且这种小玩笑也是一种试探，想知道你对这种"以后"的看法是怎样的。所以如果你也有勇气把这份马拉松式的友情转化为另一种幸福的爱情，那不如就把这个人列入你的考虑范围之内吧。

第二十三章

爱情渐升温：浪漫信号

吻恋人的耳朵：俘虏你的心

耳朵，在我们寻常的观念之中只有"听"这个作用，似乎与接吻并没多大的关系。其实不然，耳朵作为头部的一个重要组织，事实上却是非常敏感的。我们的耳朵是离着我们的大脑最近的地方，在恋人耳边私语，会让对方觉得十分地甜蜜。一方面是因为对方温柔的甜言蜜语，而另一方面也与耳朵上分布的神经有一定的关系。轻轻吻恋人的耳朵，就像是咬一块心爱的小东西，在你的恋人耳边低语，这样的举动，都会令双方的感情瞬间升温。

女性的耳朵总是显得小巧玲珑的，而且也多喜欢在自己的耳朵上装饰一些好看的饰品，由此可见，女性对于耳朵也是非常关注的。当你抚摸她的小耳朵的时候，她的心里已经非常开心，一方面是因为你的关爱，而另一方面也是对自己耳朵形状的一种自信。所以，女人总是喜欢恋人去亲吻自己耳朵的，这不但满足了她的心理需求，还刺激了她的生理反应。

从女生的心理看来，当一个男人亲吻她的耳朵的时候，往往是对她的重视。

大多数人的耳朵总是一个很敏感的器官，当被温润的嘴巴吻住的时候，这种温暖舒适的感觉，更会刺激一个人的心理产生对面前这个人的依赖。轻咬、温柔地舔舐都不失为绝妙的方法，耳朵本就是女性身体的敏感区域，在这种高超的技巧的刺激下，对方必将成为你的俘虏。另外，如果女生想俘获对方的心，可以在耳后喷一些香水，注意气味不要太浓，若有若无就可以，这样一定会让对方为你着迷。

专注吻对方

你刷牙了吗？

你是不是喜欢上别的女生了？

接吻的时候最怕什么？男生最怕女生会突然问东问西，本来营造得好好的气氛，一下子被打破了，两个人再也没有接吻的欲望了。因为在男生看来，这不但中断了气氛，而且接吻的时候，女生一点都不专心，将他的热情置于何地了？

而女生又是非常敏感的，如果她感觉接吻的时候，男生没有专心，她也势必会将这个情绪上升到形而上的问题上去。你是不是喜欢上别的女生了？你为什么敷衍我？女生总是爱胡思乱想，这些是永远都存在的问题，同样也是困扰男生的永远存在的问题。

接吻前先擦去唇膏：表示珍惜

大部分的男同胞都经历过这种情况，本来满怀着激情去与女友亲密一番，结果却吃到了很多的唇膏、唇油，满嘴的化妆品味道。相信大部分的女性朋友也经历过以下这种情况，本来想打扮得美美的，好让男友以欣赏的眼光赞美自己在脸上的艺术杰作，但是从男友的反映来看，他好像并不怎么开心。

男人有的时候也会吹毛求疵，会因为接吻的不舒服而丧失了一天的好心情，更会因为一嘴的化妆品的味道而不舒服。聪明的女人也知道化学产品的味道，所以她们在与自己的恋人接吻之前，总是避免涂抹唇膏，或是擦拭干净，而让对方感受到的是自己唇部所散发出来的热情。

你每次这样做，有意思吗？！

我先擦掉唇膏，你先等一下。

但是很多女性涂抹唇膏保护自己的嘴唇已经成了习惯，而接吻时间或是地点总是不在她们的意料之中的。也不可能每次在接吻之前的前几秒从包里掏出一张纸，对男友说道，我先擦掉唇膏，你先等一下。一次、两次还好，经常这样的话，估计男友都会觉得无趣了。在面对这种情况的时候，你应该如何巧妙的避免呢？撒娇永远是女人最强有力的武器，特别是当一位男士想要对你表达爱意的时候，你的撒娇在他眼里，是可爱、可贵的。

"斜"眼瞟人不一定是无视

在西方的观念之中，两个人交流的时候，要目光接触，才可以体现两个人的内心坦然，在东方传统的文化观念里，在谈话过程之中的直接接触反倒显得不礼貌了。而东方人在久而久之相处、交往、交际的过程之中，练就了十足的隐藏自己眼神的功力，也可以称之为含蓄。

在一个公共的空间里，来了一位十分漂亮的女士，所有人的目光都被这个女士吸引了，有的人投去了欣赏的目光，有的人投去了嫉妒的目光，但是有的年轻的男士却对这位女士视若无睹，并且很快将自己的目光移到了别处。其实，在我们交往的过程之中，如果一个人对一个人产生了兴趣，一般并不会把自己的目光放在那个人身上太久。他会很快地转移自己的目光，让人以为自己没有非分的想法。其实，恰恰是这种反常的举动，把他们内心的真实想法出卖了。

男士当面对年轻漂亮的女性的时候，通常会偷偷斜视女方。

当面对年轻漂亮的女性的时候，很多男人对于这些欣赏性的事物总是有着很大的兴趣的，但是为了避免让自己的形象遭到别人的非议，他反倒会极力地压抑自己的情绪，进而做出反常的举动。但是如果对她有着很大的兴趣，有的时候会采取偷偷斜视的办法的。

当我们看到这种行为的时候，难免会觉得好笑，甚至会觉得这些男人是有些孩子气的。其实，这些都是情有可原的，出于内心的一种好奇心，但是又要受到社会道德的制约，这就让这些男士难免会竭力地采取一种措施，可以满足自己对对方样貌的好奇心。所以，斜视成为他们的不二之选。

这样的做法，在女性之中也是经常可以遇见的。女性相对男性来说，要受到更大的道德观念的压抑，所以她们面对自己感兴趣的人，总是要受到这样或是那样想法的牵绊。从女性心里来说，直视一名陌生的男人，是需要一定勇气的，何况是面对自己感兴趣的异性呢？所以，当一个人露出这种反常的举动的时候，不要觉得他或是她做事情鬼鬼祟祟的，任何人都会遇到这种情况。一旦你遇到这种事情的时候，你就能够感同身受了。

眼睛不自觉睁大

嗨，美女。

在电影中通常有这种镜头，一位备受追捧的漂亮女生，身边围了很多的追求者，但是她的眼神却是没精打采的，眼睑也是微微合着，似乎是不想看到眼前的事物一样。此刻，她心爱的男士出现了，她的眼睛不自觉地睁大了，眼睛里也有了光彩，就在这一刻，她开始热情地和身边的男士交谈，但是眼神却不自觉地瞟向她所喜欢的男士。

女性多是情感性主导的群体，所以以喜怒总是喜欢露于色，这样也让她们的心思变得外露，而且动作、表情也是非常丰富多彩。所以，面对喜欢的事物的时候，也会让人一眼就看出了她的心思。而对于聪明的男士来讲，他们看到女性的这些变化，便可以洞晓一个女人对自己的心思，从而选择是进，还是退，以免落入一个麻烦圈子里。

眉毛会说话

杨经理，这是我的名片。

见到你是多么高兴的一件事情啊！

高兴、兴奋的时候，眉毛会高扬，这其中既表现了自己积极、欢乐，更像是对对方的一种赞美："见到你是多么高兴的一件事情啊！"任何人遇到这种发自内心的赞美，都会有种受宠若惊的舒适感。

而眉毛不自觉地紧绷，可以想见，此时这个人的心情不好，心头一定有些棘手的事情困扰着他。如果你有事情有求于他的话，一定会遭到敷衍或是拒绝，更甚者会让人扫地出门。所以此时此刻，选择换一个时间、场合来说自己的请求，会让自己事半功倍的。

我现在没时间看这个文件，改天吧。

杨经理，请签个字吧。

亲爱的，别急，我会说服我爸妈同意我俩在一起的。

男女双方求爱的过程之中也要注意眉毛的语言。对于一位爱女朋友的男性来讲，他心里非常在乎她，所以有时候一些自己心里的不愉快反倒不好言说。此时此刻，作为一位善解人意的女人来说，一定要善于察言观色，尽力为男朋友排忧解难。

魅惑的目光

生活中有这样的一群女性，她们不用费尽口舌就可以获得异性的青睐，她们被别人称为"妖孽"，被很多的女人羡慕着、嫉妒着。那么她们究竟是靠什么获得这么多追求者的目光呢？

仔细观察的人会发现，这些拥有很多追求者的人，有的时候并非都是美若天仙，或是在人堆里数一数二的美人儿。但是她们却拥有同一个特点，就是拥有一双魅惑的眼睛，即是我们平时所说的电眼。在和异性谈话的时候，只需要这种无声的语言，就可以把自己的感情表现出来，这当然要比露骨的语言更让男人受用。

回过头来想想，为什么你的身边没有一只蝴蝶？为什么你身边那个其貌不扬的女人却每天都有男人发来暧昧的短信。或许你会对这种情景嗤之以鼻，但是同样身为女人，你难道不想展露自己女人的能力和魅力吗？相信大多数的女人都希望自己会成为别人眼中的焦点。毕竟女人只有被人欣赏，才会越来越美的。

男人对拥有一双魅惑眼睛的女人总会非常着迷。

沉默的女人总是给人以别样的风韵，而沉默却不断流露出女性感觉的女人，才是男人心中真正渴求的梦中人。这便是所谓的此时无声胜有声。她的眼睛会微笑，会对你表达出她对你有意思，会对男人表示认同与认可。而且，当一位异性对你眨眼睛或是时不时地看你一眼的时候，你就可以判断出，她或是他对你产生兴趣了，这便是一种无声的暗示。

这就是一种眼神的交流，在恋爱的过程中，语言有的时候在感情面前便会显得很苍白。就像千篇一律的"我爱你"，已经被很多的人视为一种没有新鲜感的表达爱意的方式，而且在这种空洞的语言里，男人或是女人总是没有办法从对方那里得到充分的爱意。

在这个时候，何不采取一种无声的方式，用一种魅惑的眼神，将自己的爱意充分集中在这一双眼睛里，含情脉脉地注视着自己的爱人。相信无论是男人或是女人，都会陶醉在这双充满爱意的眼睛里而不可自拔的。

暗恋者的目光

我在你面前觉得很不好意思，在你面前我会很害羞。

为什么她依靠的不是我的肩膀……

当一位女性暗恋一位男性的时候，她总是会努力表现出自己无所谓的姿态。比如，在与对方交谈的过程之中，她偶尔会表现出一副"傲慢"的姿态，比如看了你一眼之后，便装作把自己的目光移向了别处，眼神游移又没有固定的目标，其实这里边的语言就是"我在你面前觉得很不好意思，在你面前我会很害羞"。

大多数时候，我们对自己喜欢的异性总是保持着期待的心情。相反地这种期待也让一个人小心、谨慎，怕自己稍不留意泄漏了自己的感情，而让对方远离自己。所以总是谨小慎微地让自己的动作"保守"，这也让很多被暗恋的人无从察觉。有的时候甚至会让一段感情远去，却是让人唏嘘不已。

手部的邀请姿势

在我们日常生活的交流之中，我们经常会运用到我们的手部姿势，有的时候，还可以用我们的手代替千言万语。在一个心爱的人面前，一个彼此默契的手势会让两人一整天都很幸福，一个简单的手部动作，可以让人知道你内心的爱意。聋哑人就是通过他们的手势，表达了他们的生活，展现了他们的喜怒哀乐，同时也让我们看到了另一个温暖的世界。

在大多数的情况下，人们的手总是在意识的支配下做出一些不被人所注意的一些手势。它会无意识地进行一些心理语言的描述，比如，她想邀请你去她家里去坐一下，但是又由于羞涩而讷于开口。这时候，如果你看到了她有些不舍的表情，再稍微留意一下她手部的细微的动作变化，可以发现，其实，她是很想邀请你去做客的。

难道你不想请我坐一会儿吗？

作为一个男士，如果此时你主动提出，"难道你不想请我去坐一会儿吗？"既不失风雅，又避免自己被拒绝处于一种尴尬的局面。在这种聪明的"领悟"之中，你们的关系或许可以更上一层楼了。所以，恋爱的机会总是为那些聪明的人所准备的。

站姿有点儿慵懒

恋爱的过程之中，很多女生或是男生对于自己恋人慵懒的站姿很是反感，于是就会采取一些过激的言辞，以至于让对方的内心非常灰心，以为对方对自己的一些放松下自然的心态难以接受。这种事情在恋爱中，可以说是屡见不鲜。

小 A 和小 B 是大学里的一对恋人。小 A 是一个性格很随和的女孩子，这个性格也是当初吸引小 B 的优点。但是随着两个人交往时间久了，小 A 对男友小 B 的依赖也越来越强，而且她的心理也慢慢地松懈了下来，一直认为她随和的性格才是吸引小 B 的所在。

看你穿的啥，站也没站相。

很多男生对于自己恋人慵懒的站姿很是反感。

所以，在两人约会的时候，小 A 的装束开始不再精挑细选，不再在出门之前的两个小时就在考虑要穿什么衣服。而她的身体站姿也因为性格的原因，显得有些随意、放松了下来。刚开始小 B 对小 A 的这种变化有所发现，也偶尔提醒她要注意一下自己的站姿，要挺拔、精神起来。但是小 A 却没有在意，久而久之，小 B 对小 A 发火了。这件事情，对小 A 的打击非常大。

其实，在处理这件事情的时候，小 B 确实对于这件事情过于苛责，或许他应该从另一个方面来看待这件事情。对于不同的女生来说，并非只是女为悦己者容才是一种真心喜欢，对于一些性格的女生来说，面对一个自己爱的人，她的心理防线会放松下来，或许会体现在她的站姿、服饰装扮开始生活化，与你相处的时候也慢慢地放松。

当面对这种情况的时候，不要一味地从单方面去看待这个事情，或许，你应该认识到，这个才是你喜欢的本相，而这一点也才是恋人真正吸引你的地方。不要因为自己的妄自揣测而失去了自己最爱的人。

我们在日常生活中的习惯性动作，都是长时间积累下来的个性语言。所以，当对方的站姿显示得有些慵懒的时候，他或许是累了，她或许是心理防线没有了，这其实都是爱的语言。有些时候，不要过分地苛责，用多一些欣赏的、理解的眼光去看待自己的爱人，你会发现自己的苛责所造成的伤害是多么无知。

张开双臂拥抱

分别一段时间的恋人，再次相见的时候，会不自觉地张开自己的双臂拥抱恋人，恋爱的时候，吵架在所难免，这个时候，话说的越多、解释的越多反倒会让对方情绪更加不稳定，这个时候，一个简单的拥抱，就可以让你的恋人情绪暂时镇定下来，同时也会让她感受到你的爱意。

拥抱对于人类来说，不单是一种社交行为，在日常的生活之中，拥抱充当着更加有意义的传递爱意的工具。人在某些情景之下，由于情绪而引起的身体的恐慌，在言语的安慰下倒不会显示出多大的作用，反倒一个简单的拥抱会让对方的身体镇定下来。

裸露双足

《倚天屠龙记》里，相识之初，张无忌因为看到赵敏的双足而害羞，同时赵敏也因为自己的双足被张无忌握住，本来大大咧咧的性格的她也脸红心跳了。要知道，这样的情节不是单单出现在电视银屏上的，在日常的生活之中，女性的双足在一个封闭的空间被异性看到或是握住，都会产生紧张感，脸红、心跳，甚至会因此而对对方产生好感。

可见，双足对于恋爱中的男女也是极具暗示性的。甚至于一些极具喜剧效果的挑逗场景，也是缘于女人的一双足。在电影中，一位性感十足的女杀手为了要达到自己的一些目的，而在餐桌下边，将自己的一双脚裸露出来，在男人的腿部摩挲。这位男士于是心领神会，对这位女士的暗示也受用。

这不单单是可以用在电影中的，对于日常生活中的恋爱男女来说，也完全可以利用这种技巧来增加生活的情趣。女人的足部对于男性来讲，也是一个性感部位。而作为女性来讲，要学会利用这种优势，不要被害羞所束缚，要学会绽放自己身为女人自我的魅力。女人可以在男人的眼中更富魅力，而男人也会由此看到了自己恋人的性感的另一面，对女人更是关爱倍加。施展一下这种对生活百益而无一害的小情趣，何乐而不为呢？

身体方向的偏向

　　行为心理学上对于人的肢体语言有很多的研究，其中，一个关于身体整体语言也有一段很精彩的理解："当一个人对你有很浓厚的兴趣的时候，他的身体会不由自主地靠近你。这种现象就跟蜜蜂会在花朵的吸引下，去停靠在花朵上一样。"顾名思义，蜜蜂对于花蜜有着生理上的追求性，同样，一位男士对于心爱的女士，也会如飞蛾扑火般奋勇追击。但是当一切还处在模糊的状态的时候，他的身体也会不自觉地偏向自己的目标。

　　原始的男性特征让男人仍然保留了发现目标、主动出击、捕获狩猎的习性，而在文明的时代里，男性把这种品性也带到了自己的恋爱生活之中。在这个"捕获"的过程之中，男人一旦决定了目标，会不自觉地将自己的身体朝向着那个方向，密切地关注着她的一举一动，并且对"猎物"的变化，也会做出自己相应的调整变化。

　　身体不自觉偏向，这个习惯性的动作行为是我们日常生活不断积累而形成的，是在经历了各种人情世故之后形成的一种身体语言，比如当你不喜欢一个人的时候，即便你不得不和这个人有所交集，但是你的潜意识已经指引着你的身体偏离了这个人所在的方向，会不自觉地产生想要离开的身体行走意识。

　　然而当一个人对你有兴趣的时候，她也会不自觉地向着你的方向移动身体，从这里也可以发现，为什么恋爱中的人在聚会的时候，总爱腻在一起，这是意识中主导的身体的爱好倾向，也让恋爱中的人身体总是倾向于朝向自己的恋人。

相互偎依在一起的人都是熟悉或是对对方心仪的人。

　　在一个陌生的环境里，一群人在聊天，突然一声巨响，所有的人都受到了惊吓。时间定格在这一个瞬间，你可以看到所有人惊慌失措的表情，当然，在这个时候，有的人采取自卫的手势，有的人依偎在了一起，这时候，你可以观察那些依偎在一起的人。在这个场景之中，相互偎依在一起的人都是熟悉或是对对方心仪的人，由此我们也可以发现，当遇到危险的情况的时候，我们的潜意识总是带领着我们的身体到达一个自己所认为的安全地带。

交叉腿缠绕方向

女性的双腿开始缠绕，这是女性所特有的一种姿势，而且这种姿势是男性很难做到的一种姿势。两条腿缠绕交叉在一起，是一种非常自爱的标志，同时也是女性非常自信的一种表现方法。让女性的曲线美更加完美地展示在别人的面前，同时，也增添了女性身上的一种妩媚的性感。

而对于男性来讲，当他的一只脚的踝关节放在另一条腿的膝盖上的时候，可以看出，此时的他是在向女性表达一种男人味，这是男性的一种原始的被追捧的需求。这时候的女性不要对这个动作产生反感的情绪，此时的默然在男性的眼中看来是一种认可的态度，或许就是从这一刻，让男性觉得，你真是一个善解人意、温柔的好姑娘。

抚摸皮肤

恋爱中,恋人之间的相互抚摸无疑是表达爱意最重要的一种方式。其中，抚摸腿部的肌肤就是一种很明显的暗示，也是最为常见的一种方法。在谈话的过程之中，对方似乎是心不在焉地抚摸着自己的腿部，而这其中她所要表示的语言就是：我对你抱有很大的兴趣，在我眼里，你是一个很有魅力的人。

其次，很多女性总是喜欢在交谈的过程之中抚摸自己胳膊周围的皮肤。这是一种很常见的现象，以至于所有的人认为这只是一种习惯性的动作而已，其实不然。当一个人的手不知不觉地放到自己的另一只胳膊上的时候，这是一种防护性的潜意识行动，表示她此刻在心理仍对你有一种陌生感。

再者，恋爱中的人，假如她把手搭在了另一只手上，却说明了她对你是怀有兴趣的，希望能与你有手部的接触。此时的你，假如霸道一点拉住她的手，岂不是成全了她做小女人的心思吗？这个动作所带给她的安全感会让这段关系更加和谐。

指尖摩挲头发

当恋人手穿过你的头发的时候，你会作何反应？很多人都会说，有一种被宠爱的感觉。这是什么原因呢？我们的头皮组织有很多的神经组织，而这里也是靠近大脑最近的地方。当恋人轻轻抚摸你的头发的时候，身体的感觉会告诉人，这是一种表达爱意的方式。而且女人素来对自己的头发很是在意，在头发上所下的功夫也是非常多，比如烫发、染色等等，这些都是爱美、吸引注意力的一种方式。古埃及时期，上流社会的女性时兴佩戴巨大的假发，而且上边还有很多的装饰，这种发饰就是在宣示着一位女性独特的存在。

对于男性而言，女性的头发也是非常具有吸引力的，同时也是男性表达自己爱意之时最想要抚摸的地方。当一个男人有权利去抚摸一个女人的头发的时候，这也宣示了他的一种所独有的特权。在这种爱抚之中，同时也会让男人的心理在这个过程之中慢慢地发生变化。况且，男人对于自己手掌的力量很是自信，这对于任何男人来说都是需要被认可的。所以，当他用他的手来宣示这种所有权的时候，更会激发内心的一种原始男人的战斗力，在这种作用之下，他保护女人的欲望会更加强烈。

当一个男人抚摸一个女人的头发的时候，会让女性有种"受宠若惊"的喜悦之情。

而对于女性来说，头发是一种心理层面的性感带，当被抚摸的时候，即便在有所洞晓的情况下，仍旧会有一种猝不及防的感觉，反倒让女性有种"受宠若惊"的喜悦之情。这种感觉会让女性在两人交流的过程中，由心理产生一种舒适感。所以，对于一些敏感的女性来说，被自己的男友抚摸头发就会感到男友的宠溺之情。

同样地，男人的头部有的时候也是需要女人的抚摸的。随着社会压力的增大，男人肩头所担负的责任也越来越多。而对童年时候母亲的疼爱就会更加怀念，所以，通常他的爱人就填补了这个角色。大多数的男人总会喜欢自己心爱之人抚摸自己的头部，这在男人看来，是一种充满了爱意的举动。很多女人都表示，每当自己抚摸自己爱人的头部的时候，他总是表现得更加热情，脾气也更加温柔了，这便是他的心理得到满足后的最诚挚的表现。

胸部语言

有的女人走起路来昂首阔步、挺胸抬头，走在路上，似乎想要将所有的目光都收到自己的身上来。这样气场十足的女人毋庸置疑，是一些个性十足、内心十分自信的女人，她们对于自己女性部位的关爱，总是倾注了很多的心血，所以，对于自己的身材，也是引以为傲的。而这类群体，也多以新时代的女性为主，追求个性独立，追求自己的生活理念，大胆而前卫。

但是有的女人走起路来，却显得不那么自信。对于这类的女性来说，她们是一些思想保守，或是一些害羞的女人。对于这类群体来说，在社会交往之中，往往处于被动的一种地位，不会积极主动地去争取，这类人的性格也往往是多愁善感的，总是认为等待就是最好的选择。

男人摸自己的脖子

人们总是认为当一个人无意识地抚摸自己的脖子的时候，是因为说人引起的紧张、恐慌，抚摸脖子这个动作是为了降低心理的紧张情绪。所以对于恋爱中的男女来说，当一个女人看到自己的男友跟自己交流的时候，无意识地抚摸了自己的脖子，便理所当然地认为对方在欺骗自己。其实，这是一个很大的误区，甚至会因此对于一段恋爱产生阴影。

大多数的时候，对于一个男人来讲，他完全不可能像一个女人一样，让自己的肢体语言非常灵活，当他产生紧张情绪的时候，通常手就是他缓解紧张情绪的唯一途径。一、这个动作幅度不张扬；二、在缓解紧张的同时，还让人不易察觉。而紧张情绪的起因，并不是只有对你说谎才引起的，对于一个男人来说，当一个对于他很重要的事情发生的时候，才会让他产生不能自已的紧张感。

小美，其实我喜欢你很久了……

今晚的月真圆啊。

在这个时候，即便他意识中很渴望去抑制这种紧张感，但是身体语言往往却很难控制。一个男人暗恋一个女孩很长时间，终于鼓足了勇气要对这个女孩表达，内心非常紧张，但是自己紧张的情绪还是不能够自制，他会不自觉地抚摸自己的耳垂或脖子。女孩看到男孩子这样窘迫的状态的时候，也大概得知了面前这个男孩的心思了。

女人低头的心理暗示

在中国传统文化的熏染下，主张女性的三从四德，这种文化思想主导之下，加之几千年的封建家庭的思想打压，使得女性在心理上就处于一种服从的弱势，而在男女性关系的地位之中，也是处于一种被动的地位。所以一旦想要采取主动态度的时候，就沿袭下来了一种含蓄的请求。

久而久之，对于中国的男人来说，在内心中，也有对含蓄女人的一种需求。所以，为了市场应运而生的女人含蓄技巧，开始被女人运用得炉火纯青。什么时候需要一个女人保持什么样的含蓄态度，而含蓄态度如何表现的自然而不矫揉造作，都是这些聪明女人的必备技巧。低头颔首，不但会给人一种谦虚、含蓄的美，而且从这种姿态之中，更能让女人的眼神动作表达得淋漓尽致，彰显出一种女性所特有的韵味美。

恋爱中的男女，经过长时间的接触彼此都很熟悉了，而女人的心态也慢慢地放松下来，不像初相识时候的害羞、不好意思了。但是对于聪明的女人来说，她们深谙，处于任何阶段的男人，都还是喜欢在自己面前害羞的女人，这一方面可以体现自己的阳刚之气，而另一方面，也可以看到自己的女人害羞的一面，同时更增添了女人的娇媚之气。

女人面对喜欢的男人时，会不自觉地低头。

对于任何一个女人来说，当面对自己喜欢的异性的时候，她总会有些含羞的动作，而不自觉的低头就是一个很明显的标志。这种文化传统对于女性来说，是表达自己心有所属的一种肢体语言，同时，也认为这是对男人表示歆慕、表现自己魅力的一种小手段。

所以，善于利用自己身体的女人总是聪明的，而含羞、迎合男人的心理需求的女人则生活的会更加幸福。而对于那些大大咧咧的女性来说，有些则会获得幸福，有些则没有。从这里我们可以得知，那些拥有属于自己的幸福的性格大大咧咧的女人来说，她们就能够不用付出地获得这些吗？答案当然是否定的。对于这些聪明的女人，其实，她们也是善于运用自己小心思的"含羞"女人。

多说甜言蜜语

> 我漂亮吗？

> 你真性感。

很多人都会感觉，恋爱的时候说太多的甜言蜜语会让人"腻"得不行，所以能不说的时候就尽量不说，特别是对男性朋友而言。说甜言蜜语在他们看来，真的是一种很让人为难的事情，殊不知，对于女性来说，耳朵里听到的对她们的感情会起到很大的推动作用。

但是在两个人浓情蜜意的时候，男性喜欢说一些赞美对方的话。这反倒让女性觉得男性非常过分，认为他们是为了进一步的行动才信口雌黄或是欺骗她的。其实，在两人身体接触的过程之中，男性说一些诸如"你真性感""你怎么这么漂亮"的话，是发自内心的一种期待，同时也希望女性能够对自己的赞美做出身体上的一些反应。

闻香识得女人心

电影《闻香识女人》剧照

电影《闻香识女人》相信大家再熟悉不过了。聪明的男人从一个女人所使用的香水就可以判断这是什么性格的女人，然后再根据所使用的香水的牌子、价格推测她所居住的地方。当然，这是电影夸大一个人聪明所需要的手段，在我们日常的生活之中，这种人才还是少之又少的。

但是作为一位合格的男朋友来讲，或许，你真该注意女朋友身上今天所换的香水的味道了。不同的香水味道，代表了一个女人不同的心情，正如她今天的衣服一样。花香型女人温和、可爱，果木型女人善良、沉稳，当然这其中还可以根据气味的淡雅分辨她所属的薪资阶级。如果说衣服可以掩盖一个女性的消费水平的话，那么香水往往会将她的价码标识清楚。

> 好香啊，我一点也不觉得她胖。

但是即便如此，大多数女性对于香水的痴恋还是一如既往。这其中缘由一方面是因为爱美的天性，而另一方面是为了吸引异性。女性的香水味道在男性的嗅觉之间发生作用的时候，一种身高、体型的错觉就会在男性的感觉神经器官产生，从而对女性的体重认知也相应产生误差。对于这个误差来讲，女性可以视为福利了，因为，花香型的香水对于男性来说，会自觉将女性的体重"减少"12磅。

第二十四章

我们结婚吧：求婚信号

当电话的内容深入家庭生活时

热恋期的男女爱打电话。

亲爱的，我换个姿势，接着聊。

热恋中的男女都爱煲"电话粥"，但过了热恋期，打电话的频率就会下降，这种除了有事、平时的例行问候的电话外，走入平淡期的情侣就不大喜欢"煲粥"了。但事情总会在特定的阶段发生转机，比如，其中有一方想步入婚姻生活了。

这句话应该怎么理解呢？当有一方想步入婚姻生活时，就很想与自己的恋人分享生活中的琐事，包括自己的家庭里的事，一旦有什么事情要做选择时，会立马打电话给自己的恋人。比如会问起自己的恋人"今天应该如何给父母安排一个郊游""家里要换家具，应该挑选什么款式好？"而且这种电话的频率会很高，毕竟家庭琐事是做不完的，这也是双方互相依赖的表现，这种打电话的内容和时机就和热恋时的"电话粥"差别很大了，也许可能一通电话就很久，但内容绝对不是互相赞美，口头表达"爱你爱我"，而是更多的讨论实际的家庭生活内容。

对于女生来说，当你的恋人开始和你打电话讨论家里的事情，那证明他把你已经融入他的家庭生活了，你成为他生活的一部分，也许很快他就会向你求婚了。

家里要换家具，应该挑选什么款式好？

当恋人之间经常打电话讨论家里的事，表明离结婚不远了。

频繁地想安定下来

他也许很喜欢玩，喜欢跟不同的朋友一起聚会，参加不同的派对，每天生活都安排得满满的，和三五个好友看球赛、旅游，这些活动有很多都是属于单身生活的。如果他突然带你参与了这些活动，可能是突然发现单身生活变得无趣。

他不想每晚回家看到一个空空无人的房间。他希望每天回到家你帮他开门，家里有温暖的饭菜，有个等他吃饭的人。所以当感觉到他频繁地想安定下来的状态时，他可能很快就跟你提议，我们结婚吧，这样才可以共同生活一辈子。

把他的一切都告诉你，还在哥们面前提起你

男人最怕的是什么？没有面子！所以作为情侣，男人肯定会表现出自己最完美的一面给恋人看，甚至连"放屁"都要等恋人不在的时候才放。

当一个男人可以把自己的一切与你分享，不管是高兴的事，还是丢人的事，并且不怕在你的面前出糗的时候，而且当你听了他的分享之后，给他一些建议，有时候是赞赏有加，有时候会是一些忠言逆耳，他都一并听了下去，并且调整自己。这个时刻作为女方的你就可以确定一件事了，这个男人是深爱你的，并把你当成亲人一般，完全不介意在你眼中变得不完美，因为不完美的他才是最真实的他，他要让你知道他的一切，好与坏。

此外，当他敢在自己的哥们面前大方地提起你，把你介绍给他们认识，并且聚会的时候也带上你，证明他也希望你在接受他的同时，接受他的好朋友。因为有这么一个道理：人以群分，物以类聚。他也希望你多了解他与朋友们的那些志同道合，这样才可以让你们以后的生活更加美满。毋庸置疑，已经想到以后的生活了，求婚的时间就不再遥远。

生活细节上更乐意提供帮助

　　热恋中的人不管多甜蜜，家务上总是分工很清楚，一般都是各顾各的，生活习惯可以不一致。但是如果他突然在你做饭的时候打打下手，洗洗菜，吃完饭后开始帮你收拾碗筷，洗碗，或者帮你晾衣服，开始参与你生活的琐碎，这是他在向你证明他可以做一个好丈夫，可以分担家头细务，更可以承担起一个家庭的责任。

　　当一个平时工作很忙的男人突然去帮他的女朋友做家务，比如洗菜、洗碗等，表明他是想向女方证明他是一个热爱家庭的好男人。

　　如果她平时不做家务，然后去你家突然帮你叠衣服，收拾房间，扫地倒垃圾，说明她在向你证明她生活上可以照顾你，已经准备好了与你共同生活。双方都试图在向彼此的生活习惯靠近，希望通过一些小的生活改变，来传达出希望关系更稳定的信息。家庭的生活就是锅碗瓢盆、柴米油盐、彼此的理解与体谅。这些是双方开始把生活细节也作为平时沟通的一部分的迹象。

　　婚姻生活与恋爱有着天差地别。恋爱时，不想洗碗就上饭馆，不想洗杯子就选择一次性餐具。但婚姻是经营的过程，没有那么多可以选择一次性的，更多的时候是面对生活琐事，如果可以在生活习惯上融合成一体，这样才可能促成一段美满的婚姻。

　　一个平时很懒的女人，突然去帮她的男朋友做一些叠衣服等生活琐事，则是想向男方证明她是一个居家过日子的好女人。

开始挑选戒指

逛首饰店是很多男人讨厌的事情，因为他们受不了那么多款式的首饰，看起来很像，其实细看又很不一样。很多时候他们觉得逛戒指是一件让人头疼的事情。但凡事总有例外的情况，当一个男人突然间去逛首饰店，不仅悉心地比较每一款戒指，从款式到尺寸再到品牌。

一想就明白，没有一个男人没事会去买戒指，莫非要给自己戴着玩？当然他是要去求婚用的。作为女生，当你的男朋友不断问你："你戒指戴多大的尺寸呀？""你喜欢什么品牌的戒指呀？"这个时候你就大概可以知道他想要干吗了，他肯定不是心血来潮问一问而已，他下一步的行动就是想和你求婚了。

他的表现就像你们刚开始约会那样殷勤

如果你们爱情长跑了很多年，彼此已经习惯了彼此，熟悉得就像左手握右手，感情生活也归于平淡。吃饭都是挑经济实惠的，看电影也是看特价场或者是在家看家庭影院，生日、情人节，这些特殊的日子也没有花心思去庆祝。

然而这几个星期他表现出异乎寻常的殷勤，就像刚开始恋爱一样：带你去刚开始约会时去过的高级餐厅吃烛光晚餐，给你送花，吃完饭到海边散步看星星，种种和你浪漫的约会，制造小小惊喜，只因他想让你感受到他对你的爱随着时光流逝有增无减，你们甜蜜依然。这些安排是他们求婚前的预演，带着小小的兴奋，花点小心思，耍点甜蜜的手段，让你感觉到浓情蜜意，然后求婚就水到渠成了。

有这么一句话，爱情是需要保温的，需要花心思经营的，尽管生活和工作的压力会让人有时候无暇东顾去制造各种爱情的浪漫，但当一个男人想结婚的时候，他肯定是充满激情和爱意的，甚至会超越刚追求你的时候。换个角度讲，哪个女人不希望自己的男朋友给自己制造一次浪漫的求婚呢？

不会主动打探你的过去

真正爱你的男人不会在意你的过去。

　　有看过一对即将踏入婚姻殿堂的情侣，给人感觉比别人更加稳重与有默契，但又不知道为什么，后来在交谈中了解到他们都有过一段不愉快的婚姻生活，但是彼此认识的时候都不知道对方有着这样的过往，只是单身的两个人相互吸引、了解，到最后走到一起。当双方确定恋爱关系的时候，双方都主动坦白自己的过去，没有一丝隐瞒，但是他们从没想过要去打探对方，要去查对方的底细，止步于彼此的坦诚，对他们来说对彼此的这种尊重与信任让他们的感情更加的稳固，对彼此有绝对的信任，关注现在。一个想要和你结婚的人不会过问你过去的情况，更不会私下四处打探你的隐私，你的现在与未来对他来讲才是最重要的。不管你的过去是怎样，是美好的还是悲伤的，他都想当一个视你如宝贝的男人，为你遮风挡雨，不再让你受委屈。他选择和你在一起，就不介意你什么样的过去，也觉得没有必要打探求证。他也在跟你证明他可以容忍你的小脾气、体贴你，他可以照顾你、溺爱你，就像你是他的小宠物一样，他给你一个窝，让你以后都不必担心受怕，即使有偶尔的坏情绪他都可以帮你赶走，他对你来讲是特别的，不一样的，让你有永远的安全感。

　　有时候不禁会感慨，什么时候会遇到这么一个人，如果遇到了肯定会毫不犹豫地嫁了，这种想法是没有错，当一个男人如此待你，他肯定会想你成为他最美丽、最幸福的新娘。

突然很关心某个细节

求婚的日子常是有迹可循的，如果是选择在某个地方求婚，他会很紧张你们是否能如时到达那里，即使那个地方你们已经去过千百次了。如果吃饭时他坚持要你点小蛋糕做甜点，说不定戒指就在小蛋糕里呢。

又或者他不止一次地跟你确定行程，周末是否有安排，即使周末你们向来都是一起度过。所以当他表现有点反常，但是又只是在小环节上特别地上心，那么可能这个小环节关系到他的计划能否顺利进行。

和你谈论别人的未来

聪明的、会选的男人都喜欢有主见、诚实、善良、用心的女孩，他们想结婚是因为觉得伴侣能让自己成为一个成熟的男人，所以结婚最大的意义是组成一个新的家庭，也使他们变得更好。

一个成熟的男人会想告诉自己的恋人，现在、未来的计划，也会希望双方可以给彼此的生命带来蜕变，将自己的所有给到彼此。也许婚姻生活要学习的是自我牺牲与妥协的真正含义。但这些话题如果要两个人面对面直接讨论，如果女方完全没有心理准备的情况下，说不定会把女方吓跑。

但是如果讨论同一个朋友圈里共同认识的情侣的未来，就会让话题变得比较轻松，彼此也会聊得开，也可以适时地暗示表达自己希望成为更好的男人，并且暗示你就是那个可以促使这种蜕变的人。

他想要和你共度节假日

两人共渡二人世界
能增进彼此的情感。

如果他突然改变生活节奏，放弃平时与朋友聊天聚会的假期突然约你共渡二人世界，或者从孩童时代就养成的周末打球的习惯突然变成陪你同朋友聚会，甚至是重要家庭团聚的传统节日，愿意陪你和你家人喝早茶消遣；就连平时最看重的长假，也选择是跟你一同外出旅游。他花越来越多的时间跟你在一起，就连时间表都开始变得跟过去大大地不同，这些都意味着他希望用每一个今天为未来创造回忆，希望和你共同建立新的习惯、新的生活方式，他希望回忆里有你们两个人共同的身影。

照片能引起夫妻之
间的浪漫回忆。

那些结婚好多年的夫妻，每年都有旅游计划，并且有一张夫妻的合影，等到金婚的时候，一张张照片也串成一个浪漫的爱情故事。当你看到这里，是不是会打心眼里羡慕，如果你的回答是肯定的，那么就把自己的节假日都留给他吧，不管去到哪里，记得要留下你们甜蜜的笑容，等到老去再拿出来，那时候就是该别人羡慕你的时候了。

不再提以前的罗曼史

现代的爱情故事里，要与初恋结婚的故事并不多了，更多是曾经经历过感情生活的两个人走到了一起，进入婚姻。当两个人相处的初期，难免会遇到摩擦，甚至会把现在的恋人与前任做比较。

但一对可以走入婚姻的情侣是不会再提起以前的各种恋爱史的，包括以往感情里的人和事，因为过去的就是过去了，也只有彻底地忘记过去的美好与伤痛，才可能建筑美好的婚姻生活。

单膝下跪求婚

当一个男人做出这样的动作，他的意思是非常明确的，就是向你求婚。为什么单膝下跪就是代表着一个男人向心爱的女人求婚呢？

这个动作起源于西方，这与西方人天生好决斗的性格有关，在古代往往要争夺一个女人，是要经历一场决斗的，胜利的那个男人在杀死自己的情敌后，右手把剑尖触地驻起，右膝单腿跪在地面，再将自己的左手按在左膝盖上，深情地向心爱的女人说："我赢了，你归我了。"这时候女人就会充满甜蜜的笑容投入到这个男人的怀中。

尽管当代的求婚不再需要决斗，但单膝下跪的行为一直延续下来，很多男士会选择这个动作向心爱的女人表达自己的爱意，同时求婚的时候还会带上鲜花和戒指。要说求爱的信号，没有哪一个比这个更加直接了，如果自己的男朋友向自己下跪求婚的时候，千万不要被吓到，还要想清楚自己是不是要嫁给他，应该给他一个明确的答复。

提出共同养一只宠物

如果他是一个平时不太喜欢猫猫狗狗的人，而你却对猫狗情有独钟，在恋爱的时候他甚至不大喜欢你总是把喜欢小宠物的话题摆在嘴边。

男人一般不喜欢养宠物，而女人喜欢。

但如果某天他突然提出共同养一只小狗，甚至是突然带着一只可爱的小狗出现在你面前，给你一个大大的惊喜，这个行为就表明在他的潜意识里是觉得你们该成立一个家庭了，他希望有共同属于你们的东西，而选择你喜欢的宠物就是美好生活的一个开始。通过养宠物来建立彼此更紧密的联系，通过共同喂养宠物，看着这只宠物一天天长大，带着它去体检，带着它去郊游，你们的生活因为宠物而有了更多的同步，有了共同承担的责任与牵挂。当你发现他的这个改变，从一个侧面也正在向你说明，也许彼此有不同的兴趣，可是他正在努力的向你靠近，你感兴趣的他也在学习了解其中的乐趣，你喜欢的他也在寻找感觉。很快你们之间的联系就不止一只小猫小狗，而是彼此组成一个家庭，家庭生活也会让你们两个人有更多的共同话题和兴趣爱好。

宠物（猫或狗）能拉近恋人之间的距离。

邀请你参加他家庭的重要事件

明天是我妈的生日，你跟我一起去吧。

爸、妈，这是我女朋友。

伯父、伯母好。

如果当另一半会不断邀请你参加他家里的家庭节日，比如是他／她家里人的生日，那么证明他／她想让你在他们的"全家福"中占上一席位置，因为如果一个人不想把对方看成是以后结婚的对象，是不会轻易让自己的恋人认识自己的家人或是朋友的。

如果你要参加自己恋人的家庭聚会，也只需要表现出自然、大方的一面即可，因为做好自己最重要，就算你装得再好，也有一天要暴露。不如就把自己的真实一面展示给大家看，这样大家才可以对你有一个最正确的认识。

突然关心在意你的喜好

结婚前的生活总是有很多的选择，彼此有不同的喜好（比如你喜欢吃汉堡包，而对方却喜欢吃拉面。）选择迁就或者不迁就。丰富多彩的选择本身就是生活的调味品。当他突然关心你的喜好，甚至是把自己的喜好退居二线时，他心里已经开始有声音在告诉他，生活可以有其他的选择，虽然这可能意味着长久的妥协，但是他愿意为你去改变。

最完美的生活就是要有品质地活着，在长眠地下之前好好地去享受一切，而另一半带给你的是全新的生活和想法。也许本来你喜欢的是刺激的户外运动，攀岩、漂流，可是对方却喜欢比较安静的林中散步、河边垂钓。

亲爱的，加油。

本来是完全没有交集的兴趣爱好，但当对方提出要陪你去运动，或者是观战、加油助威的时候，就意味着他开始对自己和你的生活有了权衡，他想成为你生活的一部分而且用实际行动告诉你，他可以妥协，即使是需要花费更多的金钱或者时间他都愿意，因为他想与你共度一生，所以他知道自己要如何选择。

与你生活在一起

对于一个男人来说，没有什么事情比让他承诺放弃多年的小窝更可以表达对自己恋人的爱意了。这种"承诺"代表着他已经想要组成另一个家了。证明他们已经成熟了，已经可以不再依赖那个小窝而活，可以真正承担起作为一个男人、一个丈夫要做的事情，不再是在父母的庇护下生活。

> 爸、妈，我们走了，你们要多注意身体。

男女朋友相处了，就会决定搬出去两个人生活在一起。

对于大多数男人来说，同居可以算得上是结婚的彩排，如果他已经把结婚提上议事日程的话，那么作为一个懂得男人心的女人，也要明白是时候给他一点红利了。

婚前同居的现象现在很普遍。

此外，当一个男人乐意和你一起分享自己的私密空间，他一定觉得你有做一个好妻子的潜质，而且你是一个可以与他共度一生的人，因为他愿意把自己的喜怒哀乐与你分享，并且与你渡过每一个日出日落。

不过有的男人在表达自己的情感时很含蓄，作为恋人的你要分清楚他的用意，千万不要把他想一起生活，当成是他抠门，想分担房租而已。

极力邀请你听音乐会或者舞会

我们天生对响亮的声音敏感，因为我们的听觉不由自主地会对其产生警觉。音乐会联系人的思维，让我们不自觉地想要随着节奏运动。所以，热恋的情侣听音乐会，会觉得心灵相通，在音乐里找到彼此。我们常用"高山流水遇知音"这个千古绝唱来诠释这个共鸣。

如果他带你参加舞会，他希望借着翩翩起舞这些瞬息万变的肢体动作跟你表达他的爱意。这种表现自己的行为是由潜意识引导的，我们在音乐中起舞，尽情地摇晃脑袋、触摸别人的身体、抱住喜欢的人转圈，这些表现自己的行为公鸡是一样的。这是典型的求爱信号。

突然改变穿衣习惯，在你面前打扮入时

平时的他都是朴素的Ｔ恤牛仔裤，如果最近你们约会他都开始选择鲜艳色彩、款式潮流的衣服，那他可能正在计划一场求婚，衣着风格的改变是想让你更容易被他吸引。我们会很自然地被风格新奇、着装艳丽的人吸引。

在灯红酒绿的酒吧中，男人女人都会尽量的打扮自己，吸引异性的眼光，性感的网状黑丝、超短裙，夸张的搭配，全身上下色彩斑斓。事实证明特别绚丽的彩色更刺激，因为那些明亮的颜色会让人下意识地想要去触碰。

比如我们看到金黄色的向日葵，我们会不由自主情绪高涨、开心。所以打扮鲜艳入时是求爱的一个信号，就像孔雀开屏一样，七彩的羽毛就像一把艳丽的扇子，就是求偶的信号。讲究的衣着就像动作一样，向对方传达自己很特别的信息。

经常借物传情

借物传情通常是无意识的，是两个人空间对接的纽带。

他送你越来越多小东西，几乎都遍布你的房间了。从椅子、抱枕、坐垫，到牙刷、水杯、相框、手机架、挂饰，甚至是雨伞、钥匙扣、衣服，首饰……他用这些小物件来入侵到你的私人空间，或许还会"故意偶然地"把他的东西留在你的空间里。这些没有生命的对象在这个空间里就是代表他，代表他心中渴望的小使者，被他派到对方的空间，希望吸引你的注意。他送你的纪念品、信件、花卉、礼物，是他的象征。他想把他的一部分跟你一起待在房间里，即使他还没有到过你家，进去过你的房间，但是他的照片被放在你卧室的床头。

这就意味着他想通过借物表达他自己的情感，暗示你跟他有关系。如果他把东西"不小心遗落"在你家，是在表达他并不愿意离去，还想再来，为日后回来提供了一个很好的借口。

在恋爱上，行动往往比话语来得真诚。

如果一个男人把他的大衣披在他的女人身上，帮她御寒，送她回家并"故意"忘记拿回大衣，那就是象征在精神上表明彼此有着某种密切的关系。你私人空间里与他有关的小对象越多，他希望与你的纽带更多，他送你的礼物可能会越来越贵，最后会把钻戒送到你手中，直接跟你宣誓想拥有你。我们经常可以看到这样的情景，女孩子经常会把自己男朋友送的礼物拍照，然后发到网上与他人分享，每每这个时候女孩子都会特别地高兴。这样的事不仅男生会觉得开心，女生也会乐意接受，所以这样的方式来表达爱情是不错的，不仅仅是求婚的时候才用到。

对你的外表的肯定

婚前

婚后

哎，脸上都长斑了。

即使你没有靓丽的外表，但是你就是我要找的人。我可能也会秃顶，啤酒肚，双下巴。说不定时我们更般配。

恋爱中的女人总是脸色红润，神采飞扬，更加注重自己的打扮和形象。可是彼此的关系从热恋期到结婚，再到习惯彼此，然后到激情磨灭在柴米油盐中，抚养儿女，经营一份感情一个家庭，10 年、20 年、40 年，再靓丽的容颜都会老去，皱纹迟早会爬上鬓角，曾经的丽人也会在岁月的车轮里蹉跎。

女人都担心如果有一天自己容颜不再，身边的那一位是否仍然不离不弃。如果他总暗示你说："即使你没有靓丽的外表，但是你就是我要找的人。"那么他已经决定了要同你一起慢慢地老去，即使衰老了，但身边有你的陪伴，就已经足够。

慢慢地从男朋友的角色转换成老公的角色

费用一人一半。

双方从认识、了解、暗恋、表白到开始约会、热恋，再到谈婚论嫁，心里的定位与行为都是在逐渐变化的。当你观察到男友的行为正在慢慢地进入老公的角色的时候，那么应该他有计划要跟你结婚了。比如刚开始恋爱时，你们是 AA，或者都是很经济实惠的拍拖。

不用了，我来付。

但是慢慢地，他在交往的时候不会让你花一分钱，不会再跟你 AA，而是开始让你觉得他在经济上是可以满足你的，而且他也已经开始进入一起生活的状态。又比如也许刚认识的时候，他只是约会的时候接送你，可是现在他会希望每天接送你上下班，也绝对不会让你一个人独自回家，独自走夜路。

宝贝，手机电没电了，你也早点睡吧，晚安。

又或许刚开始你们只是打个电话发个短信，现在他越来越黏人，跟你有说不完的话，每天都会时不时跟你打个电话发个短信，或者一起午饭，见面没说完的话，回家还要在电话里聊到手机没电，然后道晚安、睡觉。你们生活交叠的时间和空间越来越多，就像是很快要同步了一样。观察到这些点点滴滴的转变，你就可以做好心理准备，他很快就会迫不及待地向你求婚了。

第二十五章

群体的反应差异：性别信号

她戴着戒指：对爱情的态度

戒指戴在不同手指的意义是不一样的。

一般我们都认为，戒指是爱情、婚姻的象征，它虽然只是小小的一个物件，却代表着无限的情谊。但你知道吗？现在戒指饰品受到很多女孩的喜爱，女孩们常将戒指戴在不同的手指上，以表达她们对爱情的不同态度。

我们大家都清楚，戴在女孩左手无名指上的戒指代表已经结婚了，它在暗示其他的男性，这个女孩已经名花有主了，请你敬而远之吧！

戴在大拇指上的戒指就像古代帝王手上戴的扳指，是权力的象征，代表至高无上的王权。现代的女孩将戒指戴在这个手指上当然不是为了象征权力，而是表现她们的女权主义。这样的女孩一般比较个性，有主见，她们不希望受到爱情的禁锢，而是希望在爱情中起主导作用，由自己来主宰自己的未来。

戴在食指上的戒指则表示这个女孩目前还是单身，同样单身的男性可以勇敢追求哦。将戒指戴在食指的女孩是希望自己能获得异性的青睐，她们渴望爱情，可是还没有遇到生命中的真命天子，她们是爱情的守望者。

戴在中指的戒指则是订婚的意思。中指与无名指紧紧相挨，订婚也只与结婚有一字之差。中指上带着戒指的女孩已经站在了婚姻的门槛，她们一边享受着爱情的美好，一边憧憬着婚姻的幸福。

戴在小指的戒指则是女权主义者的象征。这样的女孩独立自主，她们可能需要爱情的滋润，但暂时还不需要一个异性来依靠。她们可以自己活得很好，爱情也只是她们日常生活中的调剂品。即使她爱着你，你也不可能说服她和你一起走进婚姻殿堂。追求这样的女孩，你需要考虑清楚，她可能不会轻易与你结婚。

当然，我们也经常看到许多女孩手上戴着不止一个戒指。她们将手指装饰得满满当当，其实只是在掩饰她们内心的不安全感。

知道了戒指戴在不同手上的含义，你就可以通过戴戒指的方式来了解一个女孩的爱情观了。在追求一个女孩之前，一定要看清楚她的爱情观哦！

她有外遇了：一眼就能看出来

你出去，孩子谁看？

你是干什么的？什么事都要我做……

回来了，快过来吃饭吧。

在公司吃过了。

细心的男人们其实完全可以从女人日常生活的蛛丝马迹中找到她们是否外遇的信息。当女人突然变得爱发脾气，动不动就抱怨丈夫，对家庭、孩子也不再像以前热心，这时候你就得小心了，她可能找到知己了。

妻子从外面回来，你说："回来了，快过来吃饭吧。"可是她却只是懒懒地说一句："在公司吃过了。"一次是这样，两次是这样，每次都是这样，你也发现有问题了吧？没错，你再看她的眼神，是不是神采飞扬？再看她的嘴角，是不是总含着笑意？现在你还能说服自己相信她真的只是在公司吃了一顿饭吗？

女孩在你面前怎么搭车

柔弱型

大哥，可以载我一程吗？我家太远了，现在又打不到车。

上车吧。

男人都有大男子主义，他们天生愿意保护弱小。在无人的街道，一个柔弱的女孩拦住你的车，用可怜兮兮的声音问："大哥，可以载我一程吗？我家太远了，现在又打不到车。"甚至还流着眼泪看着你，你怎么办？只好让她上车喽！这样的女孩一般是深谙男人内心的，她们虽然外表柔弱，但却能以柔克刚，达到自己的目的。

妩媚型

这招也可以称为美人计，既然称为美人计当然不是所有人都能用的，这是美女的专利。这个方法虽然几乎百战百胜，但也经常会有遭到搭讪的风险。用这招的女孩可是相当自信的，她们善于利用自己的外貌优势，能认清现实，但也很容易为自己带来不必要的麻烦，需要谨慎使用。

嗨，帅哥，我的鞋太高，走不动了，带我一程嘛。

理所当然型

快点开门啊，让我进去，咋这么磨叽。

她搭你的车却像你搭她的车一样，还不给你好脸色看。她与上面的那种女孩还不一样，她的性格很多人不能接受。这种女孩不是强势，只是让人觉得天生就欠了她的，你为她做什么都是应该的，你不要指望能获得一句感谢。

看透女人的性格：吸烟的姿势

别说吸烟是男人的专利，吸烟的女人同样具有魅力。

别说吸烟是男人的专利，吸烟的女人同样具有魅力。你可能不知道，女人的吸烟姿势其实反映了她们为人处世的态度。看女人用什么样的姿势抽烟，就可以知道她们的性格。

吸烟姿势，是他鲜明个性的表现喜欢将香烟叼在嘴角，烟头微微向上的类型。这类女性通常对自己正在从事的某项工作成竹在胸。她们认为自己是有能力的，即使前面的路上布满荆棘，她们都不会害怕，不会退缩，面对挑战就是她们对待生活的态度。可是，她们却容易自我，不太在意他人想法，有时候得罪别人在所难免，所以她们不那么善于处理人际关系，在其他人眼中她们比较清高，独来独往和自由自在是她们的追求，不喜欢受到拘束。

夹烟时喜欢将小指扬起的类型。她们敏感，有些神经质，但她们却爱憎分明，性格柔弱，很有女人的韵味。她们大都是完美主义者，也因此而缺乏自信。这类女性还容易发怒，不太能控制自己的情绪。

喜欢将手夹在离烟头位置较近的人。她们也是敏感类型的，但她们又很细腻、注意细节，比较在意他人的想法。这类女性做事稳重，虽然有些内向，但谨慎、考虑周全。同时，她们还有比较高的艺术品位。

喜欢将手夹在烟中央位置的人。这类女性能随遇而安，适应各种环境的变化，且她们待人亲切，总给人安全的感觉。但她们又太随和，不轻易提出自己的意见，即使对什么不满意她们也不会讲出来，很慎重。

抽烟时身体会无意识做些小动作的人。这类总是动个不停的女性，一般具有广泛的爱好，不太注重他人的观点，她们喜欢挑战各种生活，不喜欢一成不变，一潭死水的生活会把她们逼疯的。

女性怎么吸烟也许是个人的爱好，但气质、优雅是体现在举手投足间的，即使是在吸烟时，也可以从中窥见一个女人的性格与内涵，只要你愿意细心去观察。

女友和陌生人的搭话显示其忠诚度

如果你的女友在大街上问路时，很豪迈地拍着别的男人肩膀，就算你在身边，她还是亲热地问："大哥，请问××地怎么走呀？"问完还不忘抛个媚眼，走了几步再回头摆个手告别。这时候你可要重视起来啦！可这往往就是你的女友对你发出不忠的信号。

但是还有这样一种女人，她搭讪时对你表现得也是相当热情，她们也会叫陌生男子"大哥"，但她们绝不会有任何亲昵的动作。这样的女孩，你完全不用担心她的忠诚度。因为她们对别人好和对你的好定义是不一样的，有礼貌地对待别人是她们从小就受到的教育，但你对她来说绝对是独一无二的。

女人怎样选择伴侣

女人在不同阶段选择伴侣的标准大不相同。当女人还处在女孩阶段时，她们比较容易冲动，她们倾向于跟着自己的感觉走。这时候她们选择伴侣不会过多考虑他的家庭、工作，以及未来的生活问题，而是出于对美好爱情的追求，不顾一切顺从自己的情感。

等女人成熟后，她们选择伴侣就会现实得多。虽然她们也会尊重自己的感情，但她们会考虑双方的性格是否合适，对方的家庭背景、工资水平等也是她们会考虑的重要条件。这时候她们对伴侣的要求会相当严格、苛刻，并且经济方面会成为择偶的主要因素，而她们的爱情等条件就退居第二位了。

女性择偶时会偏向于选择经济实力比自己强的男性，因为她们会比男性更先考虑结婚后的生活。女性一般都不想结婚后生活得太累，她们不想靠自己去获得一家子的生活需求。所以，选择就成了她们的不二选择。

他情人节送的礼物

对于女孩来讲，情人节送的礼物有无档次不重要，重要的是心意和诚意。

　　每个女孩都期待着能从爱人那里收到一份称心如意的情人节礼物，但并不是每个男孩送的礼物都能讨得女孩欢心的。送什么样的礼物给女孩子，除了男孩子的心意外，还与他们的性格有关。

　　有些女孩子总是抱怨她们的男朋友，送的东西都没有价值，只能用两次就不知道扔到哪个角落了。就像我一个女性朋友收到男朋友送给她的情人节礼物是一个精美的发卡，虽然花了不少钱，但朋友是个素雅的姑娘，从不戴这些花花绿绿的东西。于是她只是为了安慰男朋友戴了几次，然后就不得不藏在首饰盒深处了。

　　女孩子都是喜欢浪漫的动物，她们不需要男朋友送的东西有多实用，只要这件礼物能体现你的心意、你的爱，对她们来说，就是最好的礼物了。这就是为什么女孩们宁愿要一朵很快就凋萎的花，也不要你送一双保暖的拖鞋。

　　但是那些务实的男孩子们是无法了解女孩这些想法的。他们只想在情人节送给他们亲爱的姑娘一件贴心的礼物，手套也行，围巾也行。在他们眼里，送一束花还不如给女孩买一堆零食来得实在。这样的男生虽然不浪漫，但绝对可靠，他一切都以恋人的实际需要为目的，绝不会让恋人受伤，他是个好男人。

　　当然也有些爱情高手，他们总能讨得女孩的开心。他们情人节带女孩去看雪，去逛街，即使一分钱不花，也能让女孩子开心不已。女孩子一般对这些招特别没有抵抗力。但这样的男孩子，女孩子还是要当心点儿，不是说他们不好，只是这样的男孩子不一定能够脚踏实地，给女孩子真正的幸福。但也有很多浪漫的男孩子也是务实肯干的，所以还是要区别对待。

　　他在情人节送了你什么礼物不重要，重要的是他对你的心意和诚意，以及他心中能够带给你幸福的责任感。

男人是不是真的喜欢买单

男人买单的态度会随着他与约会的女性的感情状态发生变化。如果男人正在追求一个女性，那么他在她面前埋单时会表现得非常慷慨，甚至连账单都不看一眼。而当他与这个女人的感情已经稳定发展后，他就会露出真面目，显出世俗的一面来。这时他会抱怨账单的收费，并且吝啬于那一点小费。

女人没有更好的办法来评价男人，她们就只能从男人是否愿意为她花钱来判断男人对她的感情。因此，男人与女人出去约会绝对不能太小气。虽然恋爱是两个人在精神上的爱慕，但没有哪段感情是离得开物质的，所以男人在这时候一定要主动买单。可能这只是小事，但在女孩眼里，这却能反映一个男人的品行和对她的在意程度。

大男子主义

对待父母

在父母面前，男人总是会被当成孩子，不管他已经长成几岁，能力有多强。但这时候男人往往想承担起一家之主的责任，让辛劳了一辈子的老人安享晚年。可做了一辈子家长的老人难免还是要为孩子操心，于是他们就大男子主义爆发，为家里的大事做决定，不允许自己的父母再管东管西。他们的这种独断专行是出于责任和爱。

对待情人或妻子

对待情人或妻子，男人们最容易表现出大男子主义来。他们会因为爱，而限制爱人做很多事，还会强迫她们接受一些他们本不喜欢的。不管这样的目的是什么，他们的爱人往往会不愿意接受这种充满禁锢的爱。这时候的大男子主义并不可取，再亲密的两个人都需要有独立的空间，男人不能用大男子主义来系住自己的爱人。

对待孩子

在孩子面前，没有几个父亲是不表现出大男子主义的。孩子是个全新的生命，他们对一切还都充满敬畏。父亲们这时也特别希望在他们面前树立高大威猛的形象，让自己的孩子尊敬崇拜。父亲特别重视自己在孩子心目中的地位，因此在孩子面前表现出大男子主义几乎是每个父亲都做过的事。

357

他的穿衣颜色暴露了性格

正式场合，男士一般以黑色西服为主。

虽然男人的衣橱里不会像女人一样，永远缺一件衣服。但男人的穿衣品味却能体现他们的性格特点。

那些在公共场合总是穿着黑色衣服的人，要么是性格比较酷的男人，否则就会给人以不善于交际的感觉，或者是用黑色来掩饰自己内心的不安和恐惧。但一般出席比较严肃的正式场合时，男士们多以黑色西服为主，这是因为黑色也代表了隐忍、坚强和独立，正式场合穿黑色就会显得理性、稳重。

而我们平时经常见到一些高层喜欢着深蓝色服装，这也是有原因的。优秀的决策者需要时刻保持着清醒，而深蓝色就能让大家时刻保持清醒，有助于思维缜密。穿深色服饰的人同样会让感觉比较沉静、理智。但他们一般也比较自负，不易接受他人的意见。

常穿白色衣服的人也都有点洁癖，他们也都是追求完美的人。爱穿白衣服的男人其实很害怕寂寞，很需要被爱，但他们却害怕受伤，所以有时候他们是胆怯的。他们特别希望成为众人眼中的焦点，但不喜欢没有理由的客套。

一个常穿绿色衣服的人，则个性谦虚平实，不爱与人争论，很受朋友的欢迎。这类人最大的特色就是和善、可亲，而且他们对于自己不喜欢的人也不会刻意地排斥或疏远。他们有强烈的道德感，个性爽直，平时话不多，可是一旦遇到投缘的对象，他们又有点"人来疯"的样子，他们非常喜欢与别人聊天，这类人是优秀的教育人才。他们常常会给自己设定标准，但很多时候却不能完成，不过他们从不介意，他们的人生准则就是不给自己太多压力。

常把紫色衣服穿在身上的人，观察力和领悟力都很高。不错的文化素质和涵养是他们的特点，但他们又有些自视清高，对于不属于同一领域或和他不是一个档次的人或事情，往往会表现出不屑的态度，容易让周围的人觉得他们矫揉造作，对他们的行为感到不自在，所幸他们并不容易被外界所影响。

爱穿粉色衣服的男生很自恋，因为对自己很有信心的人才会在大众之下表现自己的与众不同。这样的男生一般也会比较阳光，善于照顾别人，内心柔软。他们比较关心周围的人，重感情，对感情全心投入。

从喝酒看男人的人品

喝啤酒的男人

喜欢喝啤酒的男人是个具有大众气质的人，他可以成为任何人的朋友，也容易让他的朋友获得快乐。他们具有服务精神，朋友们都对他充满好感。他是热情、快乐的，与他交往的人很容易受到感染。

喝鸡尾酒的男人

喜欢鸡尾酒的男人是新新人类。他们玩乐心比较重，善于创造快乐或者伤感的氛围。如果他们并不太重视鸡尾酒的名字，那么他们很可能比较怀旧，感情容易受伤，也容易被环境影响，是个没有主见和不会照顾人的男人。

喝葡萄酒的男人

喜欢葡萄酒的男人是追求时尚的人，他们走在时代的前列，乐于接受新新事物。喜欢葡萄酒的男人一般都比较有情调、有品位，约会时他们会像绅士一样为女士拉开椅子。这样的男人见识广泛，并且懂得享受生活。

从口红颜色看她的生活

爱情美满的女人

一般爱情美满的女人比较热衷于淡粉色、珊瑚红色、亮泽色等比较明朗的颜色，这与她们的生活状态是相同的。她们的生活每天充满积极向上的力量，每天的生活都温暖而快乐，当然需要这些温馨的颜色来告诉别人了。

自信的女人

而事业成功的女人比较钟爱一些大气的亮色，像紫红色、亮红色或裸唇等。她们的生活虽然也称心如意，但不是沉浸在爱情里的那种小幸福。她们的快乐来自于自身努力后的收获，来自于对自己的认可。自信的女人最漂亮，所以她们有时候只用裸唇就可以表现出自信、大方、快乐的感觉。

性感的女人

性感的女人钟情于暗红色、紫红色，还有桃红色的口红。这些口红充满诱惑的味道，口红在女人的唇上招摇，也就在男人的心里招摇，烈焰红唇，说的就是这个。性感的女人对自己的外在条件很自信，所以她们敢于去大胆地表现自己，让自己的美尽情绽放。

她用什么声音对你说话

女人若说话时喜欢歪嘴，则说明喜欢夸大其词，言不符实。

人的说话声音往往能反映他在交谈对象面前的情绪和心态，所以想知道女人在面前扮演什么角色，就看她用什么语气对你说话吧。

如果女人面对你说话时吞吞吐吐，欲说还休，那就要分两种情况了：一种就是她有事情隐瞒你，或者对你比较愧疚，因此在言语中不知该如何表达，所以才会吞吞吐吐。而另一种情况则是她暗恋你，面对你紧张不安，又害怕你从她的话语中发现蛛丝马迹，所以愈发的紧张。

如果女人面对你说话时喜欢时常歪着嘴角，那么她现在对你说的话可能有夸大成分，且这样的女人通常爱慕虚荣，比较做作，她们与你谈话只是倾诉的需要，并不真正是要与你交谈，你这时可以完全保持缄默。

而那些说话声音比较小的女性则比较内向，为人谨慎，比较内敛。如果语调不平稳，还反映出她们内心的胆怯。这时可能是你给了她们太大的压力，她们在你面前比较自卑。这样的人一般境遇不会太好，对生活也比较悲观。

你的女朋友在对你说话时声音则会轻柔而甜腻，还有些撒娇的意味。这种声音也是轻的，但与内心的轻声不同，这种声音发自内心，充满爱意，而不是压迫感。

你的女领导在面对你时说话就沉稳有力，且语速适中。这是因为她在你面前是充满自信和控制欲的，富有勇气。她很容易就会给你留下成熟稳健自信的形象，有利于她在你的心目中树立起威信来。

而与你有嫌隙的人对你说起话来肯定尖利刺耳。面对你时她们的心情自然好不到哪里去，说话的语气自然就不能四平八稳。如果只是一般朋友这样说话，那么这个人就会性格古怪，不能很好把握自己的言行举止，难以给别人留下好印象。

如果女性的声音听起来像男声，那么这个女性的性格一般也会男性化，直率豪爽。这样的女性一般比较讨女孩子喜欢，因为她们自主独立，很照顾自己的朋友。

声音是人与人交往的重要途径，充满感情的声音会让人感受到你想传达的信息，所以，你想留下好的印象，就好好控制你与别人说话的声音吧。

在你的镜头下她的拍照姿势

在她对你充满信任时，在镜头下的姿势就会非常放松，经常会在嘴角自然而然露出舒心的笑容，身体的摆放也比较轻松，手自然下垂或做出各种姿势，而不会做出像双手抱胸、微握拳等防御性强的动作。

但是你看到镜头下的女孩子是将头偏向一边，笑容僵硬，那你就要注意了，这个女孩在你面前已经感觉到尴尬了。可能她觉得跟你的关系并没有那么好，可你却要求为她拍照，她不好意思拒绝，才无奈做了你镜头下的模特。这时候你就该反思一下，是不是你的要求唐突了，或者你的要求让她面临了什么尴尬境地。

还有很多女孩子，你一要求为她拍照，她就赶快找个东西在身边倚靠着才肯拍，这个倚靠物可以是一扇门，一棵树，也可以是一个人。这样的女孩子缺乏自信，让她自己置身在镜头中，她会感到心慌。还有可能是她对你不够信任，找个东西作为倚靠才可以带给她足够的安全感，其实潜意识里也是为自己找好退路。

她的笑容意义非凡

| 笑容爽朗 | 抿着嘴笑 | 捂着嘴笑 |

笑容爽朗的女孩一般我们都认为她性格比较豪放，但在尴尬的场合下，这样的笑会让别人觉得意图不轨，让当事人紧张。这时如果不是真心的笑的话，她的笑声会终止的很不自然，并且笑完后脸上很难会留下残留的笑意，反而会有一丝尴尬。

抿着嘴笑的女孩子一般会让人认为她比较自我，有着凌驾于他人的优越感。她们不太注重他人的感受，而且还把这种不在乎表现出来了。她们的笑容会给人做作、不舒服的感觉。

那些经常捂着嘴笑的女孩儿性格比较内向，她们非常注意自己的形象，在异性面前表现得很矜持。她们并不是爱笑的人，如果没有真的值得笑的事，她们会很矜持，又怎么会去装作好笑呢？

接电话与爱情观

很多正在憧憬爱情，或者即将迈入婚姻殿堂的人，都不知道自己的另一半到底怎么看待爱情的。其实，有个很简单的方法就可以帮助你知道另一半的爱情观，那就是观察他／她接电话的方式。

双手握住话筒。这种人比较敏感，容易胡思乱想，做事难以集中精力，不能果断做出决定。在爱情中，他们也不够坚定，容易受到另一半的影响，遇到事情就总会担心另一半对自己不够真心。对这种人需要给予安全感，让他感受到一直被爱着。

单手握话筒，另一只手玩电话线。这个类型的另一半是个比较浪漫的人，他们有着丰富的内心世界，也容易沉浸在自己的世界里，对他的爱人依赖性很强，害怕孤独寂寞。他的情人需要经常在他的身边，听他倾诉。他们受不了自己的爱人一整天都没有任何音讯，就算你不在他们身边，也要打个电话安慰他们容易孤单的心。

握住电话下部。这样的恋人属于敢作敢为型的，他们做事干脆，喜欢挑战，对待爱情也拿得起放得下。他们喜欢上一个人就会勇敢追求，如果两个人不合适，他们也会果断放弃。因此谈恋爱的时候，他们会表现得有点独断，这也正是他们爱你的表现，当然想要改变这点也不是件容易的事。

握住话筒中间。这类型的人比较理性，性格温顺，对爱人和感情都不会强求，会一味迁就他的爱人，是一个好伴侣。即使你们之间遇到不和，他也会静下心来，想办法去解决，不会让爱人受伤，也不会自怨自艾。在恋爱中，他们大多数时候都肯迁就伴侣，不会咄咄逼人，女性偏向小鸟依人类型，男性则偏向书生型。

喜欢用颈肩夹住话筒的人，一般工作都很忙。

喜欢用肩或头夹住话筒。这类型的人一般比较忙碌，他们不习惯停下来，凡事亲力亲为已经成为他的原则。在恋爱中也一样，他们喜欢始终占据主导，让对方对自己服从，与他交往不能太较真才行。

他在对你说谎吗

　　大多数人说谎的时候，会本能地把自己置身事外，用更多的强调来证明自己的清白。如出差的妻子问昨晚宿醉的丈夫是不是又喝酒了，丈夫肯定会反反复复强调没有，他不是说"没有"，而是说"怎么会呢？我肯定不会去喝酒的呀。老婆你放心，我肯定不会去喝酒"。说完还掩饰地笑几声。

　　你问一个朋友借钱，如果他只是抱歉地告诉你最近手头有点紧，那他八成就是没钱借给你；而他如果说完没钱，又一再解释他前阵子花了很多钱，现在吃饭都快没钱了，工资又不发等等，如果他不是真的这么爱抱怨，那他就是不想借给你。所以要判断他有没有在对你说谎，就看看他的表现是不是反常，保证一击就中。

从眼神中读懂你

初次见面

　　人的眼神活动方式也反映了人的内心活动。初次见面时，双方都会对对方打量一番，一般先移开眼神的那个人，在以后的交往中都显示出来比较弱势。当我们心里有愧，或者有所隐瞒时，眼神也会不敢长时间对视。

对待异性

　　而在对待异性这件事上，如果面对异性，只望上一眼，便故意将眼神移开，这样的人一般都是对对方比较感兴趣。特别是女性，她如果这样看一个男性，那么她对这个男性肯定有好感，觉得他值得尊敬。

对待陌生人

　　我们都喜欢与自己熟悉的人有眼神交谈，但如果在大街上遇到陌生人，我们绝不会将眼神投向别人。就像我们等车或排队时，总是眼睛四处瞟，而不会定在某一个人的身上。我们这样做是为了避免同不认识的人在眼神上相交。

动作和语言

看似漫不经心的一句谎言，想要做到滴水不漏不被人怀疑，其实是一件需要动员全身器官共同参与的庞大工程。

在这种情况下，我们难以控制的无意识信号，即动作和姿势，往往才是真情实感的表达。

无论一个人的口才多么好、说谎技术如何高明，他的肢体都会"出卖"他。

人们在说话时，实际上同时在意识和无意识两种层面上进行交流，说谎者把精力集中在编造谎言、如何应答上面，因而很难控制自己的身体语言。

"你在说谎，因为你的语言和行动不一致。"

由于人们在交流中同时传递这两种信息，因此说谎能否成功，关键就在于对意识和无意识两种信息表达的控制。

讲真话的人，意识表达和无意识表达总会保持一致。

当动作和语言自相矛盾时，所说的话就很有可能是假的。

而一旦语言和动作之间出现不一致，我们就有理由表示怀疑。

握手方式与男人性格

握手已经成为同事朋友见面寒暄的方式。

握手这种礼仪由西方传入中国，已经成为同事朋友见面寒暄的方式。每个人的握手方式都不尽相同，而用什么方式握手与这个人的性格密切相关。你是用哪种方式握手的人？

不少男士都觉得握手就是项可有可无的礼仪，他们就不认真对待，在与人握手的时候就蜻蜓点水似的，轻轻一握，给人以慵懒的感觉。这往往会让女士们觉得他缺少热情，待人也不够热情。当然，还有一种握手方式也是力度很轻，但他却是认真对待，这样的男人一般会认为他比较谦和、洒脱。

还有些男士力气很大，生怕自己的热情无法传达给对方，于是他们握手的时候力气就很大，紧紧抓住对方的手，与他握手的人只能忍着不喊痛。这样的男人往往对自己比较自信，且精力充沛。他比较适合做一个领导者，但有时候再独断专行也要考虑一下对方的意见。

握手的时候，双手并用的男人会给对方留下真诚亲切的感觉。这种男人一般心地比较善良，待人真诚，爱憎分明。他们对待朋友热忱温厚，不计得失，往往能得到朋友们的拥戴。在工作中，虽然他不会用威信来压制下属，但下属会真心地追随他。

你是不是也遇到过这种人？你热情地伸出手，他却犹犹豫豫不情愿似的伸出他的手。这个类型的男人不愿意与别人握手，因为他们内向、保守、胆怯，不敢轻易对别人表达好感。但他们一旦付出感情就会一心一意，绝不背叛，是个对感情要求极高的男人。

与双手并用的人不同，有的男人握手时并不与对方手指有过多接触，他们只是轻轻捏住对方掌心。这样的男人心思比较细腻，容易激动，敏感多情，但他们也并没有坏心思，只是有些多疑的性格让别人觉得无法信赖，但他们富有同情心，算是弥补了不足。

男人为了表示对对方的热情和好感，握手时往往会抓住对方的手久久不放开，但这招可不能对女性朋友使用，否则可能会被别人误会为图谋不轨。但这类男性一般感情丰富，喜欢与人交流，对待友谊忠贞不渝。

而乐观的男人在与人握手时依然显得活泼快乐，他们喜欢上下摇摆的握手方式。他们对人热情，对生活充满信心，乐观开朗，很容易获得其他人的好感。

让人着迷的女性气质

我怎么知道啊？！

姑娘，人民路怎么走。

想要拥有良好的气质，首先自己要能接受自己，要能接受自己的外貌，自己的家庭，自己的出生等，一个连自己都不能接受的人怎么能做到对待别人淡定从容呢？接受自己只是第一步，如果对别人漠不关心，那也只是个自我的女人，并不能赢得他人的喜爱。要知道，懂得关心、体谅他人的女性才是美丽的。

真正的气质不是斤斤计较，也不会自视清高，她们落落大方，待人亲和，总会给人如沐春风的感觉。她们也不会自作聪明，她们非常谦和，自尊自信，敢于表现自己，但绝不夸大自己。她们虽然注重内在的修养，但也不会忽视外表，她们会在不同场合穿得体的衣服，做合适的打扮。

女人逛街带着什么

带着MP3机

逛街时一定要带着MP3机的女人，是害怕寂寞的人。逛街期间免不了等候的时间，这短短的时间她们也不能忍受，必须要有一样东西来供她们消遣时光，MP3就是最好的选择。等候的时候，戴上耳机听个歌，就可以免除不少寂寞。

带本书

逛街时总是不忘带本书的女人，是文化气息比较浓厚的女人。她们总觉得时间不能被浪费，吃饭的时候翻一翻书本，心也会很快就安静下来了，在书中她们可以暂时安放一下心灵。这样的女人也是一个注重精神和内在的人，有知识、有智慧。

带手机

手机现在已经是女人的逛街必备品了。可是有的女人就算走在大街上，也一直低着头摆弄着手机，很多男人不理解她们这样逛街的意义在哪里。女人也是重感情的生物，没有人与她一同分享逛街时的感受，对她们来说非常痛苦，而通过手机这个便携设备，她可以随时与人分享。

地面无声的言语：走姿信号

昂首挺胸彰显气势的走姿

走路时要昂首挺胸显得自信有底气。

有的人走路的时候会抬头挺胸，雄赳赳气昂昂，迈开大步向前走，他们觉得这个姿势是自己气魄和力量的表现，只有自信骄傲，昂首阔步，才能彰显出自己的气场有多么强大，自有一股威仪压人的模样。当然，凡事有利必有弊，这种姿势也无可避免地会带给旁人一种高高在上的感觉。

另外，这种人凡事都以自我为中心，好妄自尊大，清高孤傲，不屑跟别人交往，别人自然也不会想用热脸来贴冷屁股，所以这种人的人情比较淡漠。他们也很有自知之明，凡事只相信自己，无法接受别人的意见，不会轻易向别人伸出援手，也不会轻易地寻求别人的支持帮助，即使是对他自己完全无法解决的事情也是一样，他们宁愿选择孤军奋战。他们反应快、思绪敏捷，逻辑思维清晰，做事有条有理，而且比较全面，组织能力强，对目标明确，以统御力见称。

在仪容仪表方面，他们对自己的要求非常高，务必时刻让自己保持最完美的形象，从整体搭配到细节都力求做到完美无缺、无懈可击。弱点方面，他们大都有点羞怯懦弱，缺少坚强的毅力。很多时候，他们都有着宏伟的目标，但是由于不够坚强，很有可能在遇到困难的时候半途而废，所以很少能够成功。

走路昂首挺胸的人一般都很注重形象。

锋芒太露摇摆不定的走姿

这个我跟你讲就行了，我比你更了解……

有的人走路的时候习惯左右摇摆，而不是一直往前走。一般来说，这种人都很高调，喜欢成为人群中的焦点，时时都想要表示出自己比其他人优越，希望大家都来关注他、仰视他，并且非常享受那种高高在上的感觉。

想要展示自己好的一面本来也无可厚非，但是由于他（她）们太过高调或者锋芒太露，有时候光顾着展示自己，却忽略了别人的感受，甚至为了凸显自己而抢了别人的风头，这往往会招致对方的厌烦。就算对方没有直接表现出来，但是心里也是有所忌讳的。

看似放荡的走姿

我这有感冒药，给。

看她平时走起路来就扭屁股，没想到人还真不错。

哇！好美啊！

一般来说，放荡的走姿大多会出现在女性身上，人们对那些扭着屁股走路、招摇的女性往往第一印象并不好，觉得她们行为比较随便、不够端庄，甚至会因此产生很多不好的联想，比如觉得她们很轻浮、生活作风不正派等，其实，这只是人们的偏见而已。

如果能够有深入的接触，人们就会发现，其实有这种走姿的人待人待事一般都非常坦荡，不会遮遮掩掩，装神秘摆架子，也不会扭捏作态。一般来说，这种人都很无私、热情、诚恳，容易相处，本性善良，心无城府。她们往往不喜欢算计，也追求人与人之间比较真实简单的相处。

还有一种女人走起路来总是扭动着腰肢，看起来花枝招展，婀娜多姿。对于男人来说，这样的女人看起来是性感迷人、风情万种让男人不自觉会为其着迷，想要与她们接近。的确，这样的女人大多是社交高手，她们热情似火，对人善良随和，所以她的朋友圈也很广而且很多。

走路时将脚抬得很高的人自视过高

如果一个人走路的姿势是把脚抬得很高，一副神气十足的样子，那我们可以用一个成语来形容他——趾高气扬。通常这样的人都是一个自视过高、骄傲自满、傲视别人的人。任何时候他们都表现得得意忘形，而觉得别人总是不如自己。

走路时脚抬得很高的人通常会给人留下自视过高、骄傲自满的印象。

而"趾高气扬"这个成语是出自《左传·桓公十三年》："楚屈瑕伐罗，斗伯比送之，还，谓其御曰：'莫敖必败，举趾高，心不固矣。'"《史记·管晏列传》也载："拥大盖，策驷马，意气扬扬，甚自得也。"翻译过来的意思大概是这样，在公元前701年春，楚国掌管军政的莫敖屈瑕率军到郧国的城邑，与郧、随、蓼等诸侯国的联军作战。但因为对方的盟国很多，无论从实力上还是气势上都压住了楚国，在他准备增派军队时将军斗廉告诉他，虽然地方有很多盟国，但他们人心不齐，只要打败郧国，整个盟国就会分崩离析。屈瑕听从了斗廉的建议，果然获得了战争的胜利，这也是历史上有名的"蒲骚之战"。

之后，屈瑕就开始骄傲自满起来，把别人的功劳都算在自己的身上，以常胜将军自居，从此也不把任何敌人放眼里。后来他再一次奔赴战场，送行的大夫斗伯比返回时对驭手说："屈瑕这次出征要吃败仗的，你看他那副趾高气扬的样子，肯定不能冷静地、正确地指挥作战了。"果不其然，当敌人整军待发的时候，屈瑕居然不做任何准备，结果当然是吃了败仗了。

这个典故很好地解释了这个成语，也把有这种走姿的人用了一个最贴合实际的解释。所以这种走路"趾高气扬"的人，不是一个好相处的人，更不是一个会成功的人。

走路时嘴里喜欢含着食物的人好动

有的人走路嘴里必须一边吃东西，要不就觉得浑身不自在。这些人都比较好动，坐不住。要不就是性格比较叛逆的，或者是泼辣的。比如我们经常看到一边走路一边嚼着口香糖的年轻人，他们用这种方式来表示自己很有活力，内心不希望被束缚，特别是叛逆期的青少年，走在路上不是嚼着口香糖，就是一边喝着汽水，甚至是咬着香烟。

还有一种人喜欢一边走路一边吃东西，就是我们西南的川妹子，都喜欢手捧瓜子，边走边嗑。她们大大咧咧的，泼辣、豪放，实际上性子也是很少有静得下来的。

走路说话的人爱唠叨

排骨真贵。

是啊，可我家儿媳妇刚生完孩子，就爱吃排骨。

明天要加班，明天要加班，哎……

哎，鸡蛋也涨价了……

我们常常可以在一些连续剧里面看到这样的镜头，大妈上菜市场的时候碰到熟人，两个人一边走一边说，从油盐酱醋到婆媳关系，再到生儿育女，常常是走过头了还不知道。

当然，我们现实生活中也常常可以遇到这样的人，不只是大妈喜欢边走边说，年轻人也有。而不管什么年纪，喜欢边走边说的人通常都是一个唠叨的人。一个简单的问题，他们可以反反复复和你讲，更可以从不同角度、用不同方式。每当听到他们的唠叨，旁人都是受不了的，恨不得马上逃离或者将他的嘴封上。

唠叨是他们这种人的个性，所以他们做起事情来也喜欢按着"唠叨法则"进行，反反复复，做事情很没有效率，但讲得永远比做得快，所以这种人也不是一个容易成功的人，往往做家庭主妇或者家庭煮男比较合适。

八字步的走姿

有一种走姿是脚呈内八字形的走路，也就是人们俗称的有罗圈腿的人走路的姿势。这些人走起路来略显滑稽可笑，他们总是笑呵呵的，一副老实巴交的样子，给别人一种憨憨的感觉，也踏实厚道。但是在这憨实的外表下却是一颗不安分的心。他们非常注重生活中点滴的细节，不管是什么事情，他们都喜欢按部就班、对号入座地完成，严格遵守着自己的计划表。一旦出现了突发事件而无法按照自己的习惯或者规划进行时，就会马上阵脚大乱、手足无措，不知道如何应对。特别是当他拥有一定权利的时候，成为聚光灯下众人焦点的他会觉得浑身不自在，无所适从，并开始烦躁不堪，没有办法应对这种突然到来的压力。他们很会照顾别人，如果别人遇到了什么麻烦，需要向他们求助，他们绝对不会推脱，绝对会全力以赴。而且，在向别人伸出援手之后，他们是绝对不会放在心上，或者等待对方回报的。

在现实生活里，多是一些青春的小女孩喜欢走路内八字，给人一种无知、天真可爱的感觉。让男生忍不住要去保护她们，这个走姿多少也符合那个年纪的特征了。如果是一个成年男子走路呈内八字的话就不太好了，给人一种"娘"的感觉，这样也就会影响别人对他的整体印象了。

路两脚呈外八字的人，心坎都比拟强盛，性情强势，精神茂盛。

而走路时呈外八字的人性格就和内八字的人截然不同。走路外八字的人是一个具有侵略性的人，他们擅长在别人不知不觉中将他人的东西占为己有。这种人走起路来用力而急躁，脚下生风，生怕错过眼前那些可以占为己有的"好东西"。

如果你的身边有这样的朋友的话，可要小心看好自己的东西了，免得一个不经意，就变成他的了。这种人不管做什么事情都很积极，不会唯唯诺诺，勇于承担起责任；应变能力强，凡事可以快刀斩乱麻。

当你犹豫不决、做不了决定的时候，问一问他的意见，马上就会有答案了。因为他们可以给朋友意见建议，而且大部分时间都可以让这个意见迅速解决朋友的困扰，所以人缘不错，常能自动打开人际关系上的困局。

走路常将一只手或两手同时插进口袋的人心思细

我们经常可以在一些韩剧中看到，很多高大威猛、潇洒的公子哥都会走路时一只手或两手同时插进口袋，当他们出现的时候都可以引得一般痴情的女生看得出神入化。因为他们表现出来的气场完全可以将人迷倒，帅气中带着几分忧郁，那些追逐者也正是因为被他们自然流露的忧郁气质吸引。

但这类人尽管有着洒脱不羁的外表，但内心也有着细腻的一面，遇到感情的时候经常表现得多愁善感，他们是一个很重感情又很懂情的人，所以他们感情生活也是很丰富的，一生里有很多风花雪月的故事。

挺肚阔步的人神采奕奕

有的人走路喜欢把肚子挺得高高的，不是说这个人的肚子大，而这个人走路的时候挺高肚子，而前进的速度也不快，一步一步向前踱着。他们觉得这样走路"很有范"，让人看起来是"气宇轩昂，精神奕奕"。

古装剧里的大官也经常这么走路，而现代社会中有不少领导也喜欢这么走路。这种人在单位里是受到青睐的，因为把"重建"的工作交给他们肯定没错，无论遇到多少困难，或者经历多少次失败，他们还是会坚持不懈，直到圆满完成任务。

说到这里，肯定会有不少人马上就学着这样的步伐走几步，看看自己有没有"领导相"，其实走姿是潜移默化中形成的，也许不在其位不谋其责，不到那个层次还真的走不出来。

走路常回头的人心胸狭窄

常回头的走姿。

有的人总是一边走路一边不停地往回看，好像后面有谁在跟着自己，他们的眼神漂移，不时望向身后，而不是正常的直视正前方。没有理由的，不是被跟踪追尾，也不是有事情发生，他们就是这种习惯必须频频回头，走两三步就往回望下，然后继续往前走。正如走路的风格一样，这种人心理比较不健康，很容易就觉得别人不信任他们，在挑战他们的权威，而且喜欢攀比，看到别人的什么好东西，自己就得有更好的。

除此之外，他们还有点小肚鸡肠，如果别人做了点什么不好的事情，他们会斤斤计较很久。他们都很多疑，人生字典里好像没有"相信"这两个字，惯于猜忌身边的人和事，心胸狭窄，一看到别人比自己好就会心生嫉妒，对别人冷嘲热讽。但是，他们并不会自己努力来超越别人，而只是会嘲讽别人，说别人坏话。有时候一些很简单的事情，比如请他们吃饭，或者送他们点东西，会因为他们的疑神疑鬼而变得异常复杂。这种性格当然让他们几乎都没有固定的关系网，人际关系几乎是零。另外，他们还非常爱以自我为中心，爱表现自己，缺乏团队精神。就连普通的相处都无法和谐，还时不时会闹出人事纠纷，影响工作进度，所以这种人几乎是不受欢迎的。

哼，肯定有事麻烦我，这饭我不能吃。

一个人心胸狭窄，不利于人际关系的发展。

373

懒散地拖着鞋子走路的走姿

一般在我们的印象里，只有那些有急事来不及提上鞋子的人才会拖着鞋子走路，而且不会持续很长时间，走几步就会调整到正常的走姿。但是在现实生活中，有的人走路确实很拖拉，一边走，一边还要用鞋跟拖磨着地，发出刷刷的声音，通过观察他们的鞋跟你就可以发现，这类人的共性就是鞋跟的磨损都比较严重，左右边不平行。

这种走姿表现出的是懒散，缺少组织纪律性，不积极的生活态度。他们不喜欢变化，总是安于现状，不希望有任何改变，一旦有所改变，他们就无所适从了。于是他们宁愿不要改变，他们也大多碌碌无为，命运好像没有给他们过人之处，但是也没有比别人差多少，主要是本身不求上进、不思进取。

精神衰弱的走姿

有的人走路非常没有精神，软弱无力，步伐飘浮，表情呆滞，看起来好像没有睡醒，一副在梦游的样子。即使他是身材魁梧的人，可是用这种病快快的精神状态走路，人们也完全感觉不到他的阳刚之气，只会觉得他非常懦弱的感觉，没有一点气场，一点小小的挫折或打击就可以打倒他。

所谓相由心生，从面容上看起来没什么精神，实际上他的心理承受能力也是如此，不堪一击。遇到一点小小的打击都能让他颓废很久，好像是正好为自己的懦弱找到了借口，他会一直沉浸在这种感觉里面，不会主动去摆脱。

也许他不是生来就是这样的，是因为有些童年的阴影、情感创伤他觉得自己被遗弃了，生活没有希望了，但是他不想去做改变。另外，他的抗压能力比较弱，如果有心理创伤，会主动或者被动地放纵它，所以很难愈合。

步伐平缓的人守承诺

步伐平缓的走姿。

当你看到一个人走路的速度较为缓慢，但看起来又像是慢跑（这种跑步的速度是控制在低速的），你就可以判断出他是一个守承诺、不会好高骛远的人（老年人也会有这样的走姿，但是考虑到他们的年龄和身体状况，老年人就不列入判断的范围了）。人们常把有这种走姿的人说成像"生怕踩死蚂蚁"的东郭先生一样的人，他们无论在什么情况下都是一副慢腾腾的样子，或许你站在他旁边已经着急得和"热锅上的蚂蚁"一样，但他的表现还是不紧不慢的，可以说他们是典型的慢性子。这样的人做事都是不急不躁的，做事肯定是要"三思而后行"，如果要他们在仓促下做决定，他们宁愿选择沉默，而他们对自己也很了解，知道自己有几斤几两，他们也绝对没有想过"癞蛤蟆想吃天鹅肉"这样的事情。

他们对待事业也是认真负责的，可以靠着自己的实力一步一个脚印向上走，如果他们有机会得到晋升的话，你一定要相信他是靠着自己的实力和认真负责的态度获得了成功，因为他们是不会走关系、靠后台上位的人。

他们对待朋友也是重情义、守承诺的，他们是最讨厌别人说谎的，因为他们觉得朋友就是要交心，自己对别人付出了真心，自然也要换来别人的真心，如果换来谎言的话，还不如是陌生人。他们对待撒谎的人也是很"绝"的，一旦发现有人说谎，那么一辈子都不可能再当朋友了，所以如果你喜欢说谎的话，千万不要和这种人做朋友，以免最后落得尴尬的境地。但他们还有一个小缺点，就是不大信任别人，他们一定要"眼见为实"，所以有时候给人觉得这个人在最初交往时带着一层隔膜。

走路玩弄手指的人不专心

找死啊！

　　走路时会玩弄自己手指的人，是一个做事不专心、无所事事的人。走路其实就是一个必须专心的行为，万一你不小心被撞了那是得不偿失。而这种人在走路的时候还要玩自己的手指，可见他是一个三心二意的人，做事情精神常常不集中，所以他们也不适合独自承担重任，因为他们不专心常常不能如期完成任务，在事业上也难成大事。

　　如果一定要对这种走姿进行评价的话，大家还是无法给出赞同的建议，首先走路不专心，就很可能给自己带来危险，路上的交通状况有多复杂大家是知道的，而且这样的人给他人的印象也一般，既然弊大于利，为何不改掉它呢？

含胸走路的人没有自信

　　含胸走路这个姿势是一个不健康的姿势，而且看起来整个人也很没有精神。其实很多时候那些含胸走路的人都没有发觉自己是这么走的，只是潜意识就有了这种姿态了。这种人通常是比较没有自信的，每当想藏起自己的自卑时就下意识的缩胸。这种人除了不自信，还不够干脆，要做一件事情往往要犹豫很久。

　　前面说到含胸走路不健康，这又是为什么呢？因为当一个人做出含胸的动作时，肺部的舒展空间就会被"挤压"，这时，人的呼吸也会变得短促，直接影响了心肺功效。久而久之，这种走路姿势的人呼吸是很浅的，常常是气息还没有进肺就被慌忙吐出来了，导致身体的重组供氧。

　　其实含胸走路这个习惯是可以纠正的，第一步就是提高自己的自信心，告诉自己并不差于别人，要说是差了，那就是没有一个精神抖擞的走姿。

走路慌张的人比较能干

患有焦虑症的女性走路的时候就会慌慌张张，她们以小碎步的快走代替"大步流星"，而且经常会改换走路的方向，从她们的改变方向就可以看出，她们此时的心情也是焦虑的。如果一个男人走路的姿势也是这样的话，那么就可以判断出，这个人个性比较阴柔，喜欢"鸡蛋里挑骨头"。

走路比较焦虑的人时间观念强。

无论男人女人，凡是走路比较焦虑的人都是典型的行动主义者，他们充满着活力，精明能干，勇于接受现实生活中各种各样的挑战。一旦接到什么任务，他们肯定会立刻开始。如果他是你的下属，你会觉得这样的人很难管，因为他们不好对付，他们往往会不管你的警告，我行我素，按着自己的方法去工作；但他们又可以按时按量地完成你交代的工作，甚至有可能会提前完成，而且如果发生错误，也是勇于承担责任的。通常你遇到这样的下属的话，你会又爱又恨。当你有一位这样的下属，你应该了解他们，因为他们适应能力强，凡事也讲究效率，所以充分发挥他们的优点，这样他们也可以成为你的好帮手。如果你有这样的一位上司，那可能你会比较痛苦，因为他比较心急，而且总是喜欢拿自己的标准去衡量别人，做事也比较急躁，所以你的任务会比较重。

这种类型的人也很适合当朋友，他们会乐意帮你，也不会出卖朋友。但他们可能生活没有太多的闲情逸致，可能饭后散步对他们来说都是一件奢侈的事情。

走路躬身俯首的人缺乏自信

当你在路上看见一个弓着身子俯首前行的人，如果你仔细观察，就会发现这个人脸上的表情也是不自信的，充满着犹豫和不安。没错，这样的人就是自信心不足的人，他们只喜欢平静的生活，不喜欢做冒险的事，缺乏一定的胆识与气魄；但他们个性谦虚谨慎，不喜欢华而不实的人、事、物，在人际交往中，肯定是冷静沉默的那个人。如果不到万不得已，他们也很少表达自己的看法。

在别人看来，他对任何事都没有特别的兴趣，好像对任何人和事物都非常冷淡，其实我们都错怪了他们了，他们并不是待人冷漠，只是不擅长表达自己而已。由于他的这种个性，他的知己也不多，但凡是当成朋友的人他都会十分重视彼此的友谊，会为对方赴汤蹈火、两肋插刀，所以这种人适合深交。

尾随其后、指指点点，被视为"侵犯人权"

你想了解你的丈夫吗？包括他的过去，现在，甚至将来……

真无聊！

有的人喜欢跟在别人后面走路，鬼鬼祟祟或是一言不发行"注目礼"或是指指点点，一边走路一边打量着对方，这是非常不礼貌甚至是被认为侵犯了别人隐私权或者有人身侮辱之嫌的行为。

我们看得最多的就是那些三姑六婆，喜欢八卦的人。这种人天生就喜欢打探别人的隐私，或者是自以为是的捕风捉影，然后就是滔滔不绝的添油加醋地传播出去。

所以遇到这种人，最好不要太多接近，因为他们是信不过的，也无法保守秘密。他们询问绝对不是关心你，是纯属打探，然后满足自己的好奇心而已。换个角度讲，如果你自己是这样的人的话，那还是请你收一收自己的好奇心吧，八卦的东西别人说了你才听，没完没了地打探就显得你不够尊重别人了。

手足协调的人严于律己

一个人走路时手足协调可以为自己的形象加分。

　　一个人如果在走路的时候手部和脚部都很协调的话，就证明这个人对自己的要求是很高的，并且不允许自己出任何差错，他的精神时刻处于高度集中的状态，他在乎自己的言行举止，希望自己的一举一动都可以成为别人的榜样；这样的人比较适合做组织、协调的工作，因为他足够严谨，意志力坚强、组织能力强，让他策划一个活动是绝对没有问题的。这样的人对于生命是很珍惜的，对于定下的目标，他会孜孜不倦地追求，不会因为别人的一两句话或者外部环境的变化而放弃自己的理想，可以这么说，他会为了实现自己的目标不惜一切。这样的人也有缺点，轻的我们会说他强迫症，一言一行都必须顺从自己的意愿。严重的常常会让周围的人敬而远之，因为他们总是会因为太过坚决而做出武断的决定，说一不二。

　　如果一个人走路的时候双手摆动和双足行进不互相协调，而且步伐也是时而长时而短，就说明这是一个生性多疑的人，而且他们的走姿也让人觉得很不舒服。因为这种人多疑的个性，所以他们做任何事都是小心谨慎的，做一个决定往往是要诸多考虑，瞻前顾后，有时候好不容易等他们做出决定，可能已经错过了最好的时机。另外，虽然他们做事的时候要经过认真的思考，但是他们做出的决定多数时候是为了减少自己应负担的责任，并不是为了整体的利益。这样的人是一个责任感不强的人，做事情往往也是虎头蛇尾，有时会为了逃避责任突然"消失"了。所以要让这种人办事也应该慎重考虑，或者应该做好万全的准备，因为他可能会随时"消失"，并留下一个烂摊子，让你无法收拾。

边走边摸头发的人自恋

　　一边走路一边摸自己头发的情况多出现在青春期的少男少女身上，因为这个时候的人开始注重自己的形象，也开始萌生了对异性的好感。这个时候的少男少女们在走路的时候就会不断摸自己的头发，生怕迎面的风会把自己的秀发弄乱了。

　　或者是遇到异性都会不自觉地摸自己的头发，以此来吸引他人的注意。其实这都是一个想吸引他人的做法，摸头发的动作不一定要走路才可以做，坐着站着都可以。但有一点，连走路都喜欢摸自己头发的人是相当自恋的人，也证明这个人对自己的外貌充满信心，相信通过自己的动作肯定可以吸引到他人的注意和好感。

成年的同性行走时勾肩搭背、搂搂抱抱

　　我们看见路上有两个成年的同性一起走，而且是勾肩搭背、搂搂抱抱时，我们每个人的内心都有着不同的看法。当然，在不同状况下所呈现出这样的行为，内涵也是不同的，我们得分开来看待。

　　当我们在球场边看见两个酣畅淋漓的男生勾肩搭背一起走，一边喝着饮料一边讨论着刚才的比赛时，我们可以确定，这两个人是好朋友，是一起比赛的队友，而且关系挺不错。

　　当我们在路上看见两个同性搂搂抱抱，我们多少会怀疑他们的关系，心想着他们是不是同性恋？也许可以从他们的衣着来判断，如果他们的衣着明显表达着"一男一女"的话（比如有一方女的打扮得男性化，或者两个男的都很中性化），那么他们80%是"拉拉"或者"基友"。

不觉泄露了自己：睡姿信号

潜意识的身体语言

中国古代有这么一个传说，刘伯温肯一辈子为朱元璋卖命的原因是：刘伯温看过朱元璋的睡姿，朱元璋的睡姿是"龙形凤姿"，据说，拥有这种睡姿的人必定可以成就一番大事业，刘伯温根据这种睡姿判断出朱元璋必定会飞黄腾达，所以才会如此死心塌地跟着朱元璋。朱元璋也曾用狂妄的诗句形容自己的睡姿："天为帐幕地为毡，日月星辰伴我眠，夜深不敢长伸脚，恐把山河一脚穿。"

通过睡姿也能判断出一个
人大致的性格特征。

虽然这个故事并不长，但是我们足以从中看出，中国人是十分讲究"相"的，从一个睡姿都可以判断出一个人的性格特点。其实这并不是迷信，而是有一定的科学依据的，一些身体语言研究专家和精神分析专家也是认同这个"睡姿看出性格"的观点，他们认为，一个人一生中有30%的时间都处于睡眠状态，而这个状态是最放松的状态，在身体和精神都最放松的时候，人的潜意识就会自觉不自觉地浮现出来，这也反映了一个人的性格、深层意识。此外，相关研究数据显示，一个人的睡姿具有反应本人身体状态的作用，身体有哪个部位有病或者虚弱等，都可以通过睡姿看出来。例如，一个人肠胃不好的话，就会习惯性把手放在肚子上并蜷缩着身体睡觉。

但有一点要注意，看睡姿应该看沉睡阶段的，因为在浅睡的时候会做较频繁的翻身动作，如果只随机选择其中一件，就会造成判断错误；而人在沉睡时，一个睡姿可以维持数小时，这个时候来进行判断，结果才会相对准确一些。

自恋往往独睡

　　一个独自睡觉的人往往非常自恋，他们喜欢享受孤独的感觉，一个人生活，一个人工作，一个人旅游，反正做什么事情都是独来独往的。这种人是完完全全的独行者，在他们看来，私人空间就是自己的王国，必不可少且神圣不可冒犯，这个空间完全是属于自己的，不用与任何人分享，不管这个人跟自己关系多好，就算是最亲密的人也不该试图进入这个领地，否则很可能会翻脸。

　　孤独是自己最亲密可靠的伙伴，在他们的成长历程中，已经习惯了孤独伴随自己左右，习惯了自己跟自己倾诉，自己来解决一切事情，而非求助他人，习惯了一个人面对问题，独立解决一切困难。他们只相信自己的力量，迷恋自己，凡事亲力亲为，而不习惯咨询别人，或者依赖别人的帮忙。

感性者的裸睡

　　喜欢裸睡的人是感性、向往自由的人。当他休息的时候，他会脱光自己的衣服，就代表他想放松一下被束缚的身体，享受轻盈、自在的感觉。但这种人做事随心所欲，不会很顾及他人的感受。这使他们很容易因无视规则而遭到排挤或指责，但事实上，若能在做事时照顾一下公共规则会让自己更顺利。

　　我们可以从这样的行为看出，这个人是一个感性的人，他会靠自己的感觉去做出判断，好比认识新朋友时，他/她不是从客观的角度出发去看待这个人，而是全靠"眼缘"去结识这个人，结果可想而知，很多时候，眼睛传达的信息并不正确，所以他/她在人际交往上常常遭遇失败。

　　其实这种感性的性格也给他/她带来不少"麻烦"，比如，在工作中会常常遭到别人的指责，说他感情用事，缺乏判断力。但他/她并不会把这种批评放在心上，而是会坚持自己的选择，按自己的方法做事。他/她觉得，人生就应该充满乐趣，凡事随心就好，太多理性的考虑会变成一种负担。

漫不经心的侧卧者

侧卧

有的人睡觉的时候喜欢侧卧着身子，很自然地把脚、小腿、膝盖和脚踝等部位完全叠放一起。拥有这种睡姿的人看重工作与生活的一致性，对于各种关系的处理很到位，力求在二者之间实现一种平衡。他们的人际关系比较广，反应时间短，懂得调节，比如在发现别人的期望和自己的行为习惯有矛盾的时候，他们会及时调整自己，按照别人的要求来行事，以此来获得别人的赞同和认可。不要就此认为这种人属于墙头草，摇摆不定，他们只不过是属于在自己接受的范围内去做的调整而已。

有的人睡觉的时候喜欢身子靠右侧卧着睡，研究表明，这种人的生活规律性较强，时间观念也很强，准时准点地完成任务，绝对不会找任何借口拖延。但是他们也有一个缺点，就是他们会过分地留意细节，认为细节比全局更重要，往往在细节上纠结，有时候会因为细节而忽视了全局。有些工作比如实验室做研究、项目做学术分析等比较需要这种性格的人。另外，由于心脏位于我们身体的右侧，这种右侧卧睡的方式会压迫心脏，所以最好在睡觉时能够调整睡姿，减轻心脏负担。

喜欢侧卧的人时间观念很强。

喜欢躺在床的对角线上的人比较武断

如果一个人喜欢躺在床的对角线上的话，就说明他是一个比较霸道、武断的人。因为如果采取这样的睡姿，那差不多就是把整个床都给占了，容不下别人。这种人做事虽然精明干练，但绝不会轻易向别人妥协，有些固执己见。这种人的控制欲望比较强烈，希望事情在自己的督促下，按照自己的愿望顺利完成。

这也证明这个人在生活中也是如此，做事风风火火，雷厉风行，可以快刀斩乱麻，但喜欢以自我为中心，不喜欢倾听别人的意见，更不会向他人妥协；如果他是领导的话，喜欢领导别人做事情，绝对不允许下属有反对的声音；他的权力欲望很强，一旦当领导的机会他就绝不会放手，更不会与别人分享，他喜欢的就是那种独一无二的感觉。

靠边睡：强力的捍卫者

有一些人的睡姿看起来让人很难理解，不管是睡多大的床，他们总是要靠着床边睡，而且是紧紧地抱着自己。从这种睡姿就可以看出，这种人是非常缺乏安全感的，他们的警惕性很高，对什么事情都怀有戒心。在遇到事情的时候，他们不会感情用事，而往往可以理性地看待问题。

另外，他们情绪控制的能力也特别强，当有情绪需要宣泄时，他总会找到合适的理由说服自己，将这种情绪打压下去，再继续面对生活。这样的人忍受力很强，没有到达一个爆发点，他们都不会发怒、反击的。但是，如果达到了这个爆发点，那就很难说了，所以，尽量不要去招惹他们。

其实这种人由于总是要压制自己的情绪，所以生活得很累，就连睡眠休息的时间也是时刻处于警惕状态的，所以这样的人通常会失眠，睡眠质量不高，严重的话需要靠药物来治疗。

婴儿般睡姿

小孩抱着玩具睡觉可
以增加自身的安全感。

我们经常可以在电视里看见这样的镜头，小孩入睡时会抱着心爱的玩具，父母要等孩子熟睡之后才把玩具拿掉，再抚摸一下小孩的脸，露出一副慈爱的眼神。其实小孩会抱紧心爱的玩具就代表他们希望得到保护，因为自己还未成熟、独立意识较差，希望可以有另外的人能够给自己安全感。

其实这种睡姿并不是小孩特有的，一些成熟的人也会这样，当他深睡的时候，会将自己的身体和双腿弯曲，并向一面侧卧，而且会紧紧抱着一个物品，可以是枕头也可以是玩具。这样的人给人的感觉就像长不大的小孩，做事不够稳重，遇到挫折的时候会不堪一击，甚至会选择放弃。他不会去冒险做任何事；他依赖他人，如果让他自己独立完成一件事情时，他会显得手忙脚乱，毫无头绪，遇到陌生人或者陌生的环境的时候，他都会表现得十分恐惧；这种人的责任心也不强，缺乏有效的思辨能力，往往遇到困难就逃避或者问题推给其他人。

有些大人抱着枕头等物品睡
觉会睡得比较熟。

自我防卫意识强烈：四肢交叉

如果一个人在睡觉时总是把自己的双臂双腿交叉起来，就说明他很可能是一个带有强烈的自我防卫意识的人，这种人为人比较冷漠，对谁都是不冷不热的，拒人于千里之外，不喜欢主动去靠近别人，更不希望别人走进自己的世界。

一般来说，这种人的人际交往能力比较差，因为长期的压抑和冷漠，导致渐渐丧失了与他人沟通的能力，在人际关系上就比较淡漠。如果你仔细观察，就会发现这种人基本没有什么朋友，终日把自己包裹起来，活在自己的世界里。

俯卧的人自信满满

至少你每天起来还能见到太阳，重要的是，你是健康的。

采取俯卧式睡姿的人，多是一个充满自信心的人，而且个人能力十分突出。在多数情况下，他都有自己的想法，知道自己应该怎么做，要得到什么，并且很好地把握自己的优缺点，以及如何在适合的场合下把自己的优点充分地展示出来，赢得大家的认同。

他也知道自己的缺点在哪里，但他并不觉得自己需要改变这种缺点，因为他觉得人应该知足常乐，不要太过强求为好。这种人随机应变的能力很强，常常对自己进行调整，控制情绪的能力也很强，常常把自己的情绪控制得很好，大部分人是看不出他的破绽的。

这种人的交际圈很广，因为他将人情世故这本"书"读得很透，他基本没有敌人，知道遇什么人说什么话，是一个很好的倾听者，更多时候会懂得用一些大家感兴趣的话题让自己参与到整个谈话中，甚至成为众人瞩目的焦点，所以大家也很喜欢和这种人做朋友。

睡觉爱翻身

睡觉时翻身有利于背部放松和缓解疲劳。

如果总是保持同一个睡眠姿势，一晚上睡下来肯定会腰酸背痛的，所以人们在睡眠中总会不自觉地改变自己的睡眠姿势。不过这改变的次数也是有个限度的，不然一晚上不用睡觉，光翻身了。比如说爱翻身睡的人，他们在睡觉的时候总是有翻身的动作，在别人看来，虽然他们在睡觉，但是睡得不舒服，也不踏实。一般来说，经常翻身会造成在性格、情绪上出现较大的波动，甚至在工作和生活中无法控制自己的情绪。

另外，这种人的性格有点急躁，而且缺乏耐性，容易虎头蛇尾。在接下一件事情的时候可能做得很好，但是最后却草草了事，没有常性。所以这种人是很难做到稳中求胜的。对于这种人来说，最好可以多做一些能够平复自己情绪的事情，比如茶道、书法之类的，防止自己的情绪出现太大的波动。另外，还有一种说法，认为这种人一生都会辗转迁徙，居无定所。

脾气急躁多源于晚上翻来覆去，睡眠不足。

恬静的睡姿

恬静的睡姿就是大家平常理解的安静怡然的睡姿，深层睡眠状态。一般来说，采取这种睡姿的人在睡着之后呼吸都会比较顺畅，很少会有翻身的动作，也不会有磨牙或者说梦话之类的动作。从面部看起来，他们睡得非常安静、甜美、安详，看起来就睡得很香。

另外，有这种睡姿的人一般睡眠质量比较高，身体也就会比较健康，自身有着很高的免疫力，受到疾病侵扰的可能性就比较小，所以这是一种最健康的睡姿。

跪卧的人可能失眠

在我们看来，跪着睡觉其实是一个很不舒服的姿势，而且这种姿势也很不雅观，但偏偏就是有人选择这种人睡的方式。不管是白天的小寐，还是晚上的睡觉，他们都是跪着睡。

一般来说，拥有这种睡姿的人平时在生活中过得也不舒服，生活压力比较大，时刻处于紧张的状态下，所以这种人也是容易失眠的人。总的来讲，跪着睡觉的人是惧怕黑夜的，他们宁愿采用这样不舒服的姿势来度过漫漫长夜，就是为了期待白天快点到来，好让自己可以尽快回到正常的生活。

其实这种睡姿已经能够反映一种病态的睡眠状态了，如果发现自己有这种睡眠姿势的话，应该尽快调整自己的生活节奏，看看是不是自己因为生活得太紧张或者是有什么心理问题导致失眠，害怕黑夜的到来，如果有必要的话，应该求助心理医生。

少睡与多睡

首先要解释一点，就是"少睡"，少睡并不是睡眠的时间太少，或者是因为忙于工作和学习而少睡。如果每天的睡眠时间在 6 ~ 8 小时之间，就可以算少睡了。一般来说，每个人都应该保持每天 8 小时的睡眠。但是有的人确实不需要睡这么多，如果能够长期保持少睡而又能够精力充沛、动力十足，而不会恹恹欲睡、毫无活力的话，就说明这种人才思敏捷，可以准确把握自己的工作动向。在生活和工作中也就能少走一些弯路，在面对事情的时候也可以理智分析，不会有不知所措的感觉。比如乔布斯，据说他在每天早上会早起，而在早上 9：30 之前，他已经把一天中要处理的所有事情都处理完了。虽然我们没有那样的野心要成为乔布斯那样的人，但是如果能够养成少睡的习惯，时间长了，必然能在工作中崭露头角，使得自己的工作保持上升的态势，所以能够取得骄人的成绩，成为别人的榜样。

睡得时间越长越
觉得困。

与少睡不同的是多睡，一般来说每天保持 8 个小时的睡眠时间就足以让身心得到充分的休息，但是有的人每天的睡眠时间却在 10 小时以上。而且虽然睡的时间已经够多了，但是在醒来的时候还是疲惫不堪、困乏，仿佛没有休息好。此外还有一点，就是这种状态不是一天两天，而是持续很长时间，成了一种习惯。如果满足这几条，就说明是"多睡"。对于有这种睡眠习惯的人来说，每天好像都没有睡醒，昏昏沉沉的，大脑不够清醒。这样在做起事来的时候就给人一种不能全身心投入的感觉。

从性格上来说，这种人有点不够自信，畏畏缩缩，而且做起事来也是要顾忌这个顾忌那个，没有雷厉风行的感觉。所以，有这种睡姿的人要想获得长远的发展，一定要提高自己的自信心，而且如果有可能的话，最好尽量改正这个习惯。毕竟一天的时间只有那么 24 个小时，花在睡眠上的时间多了，那花在工作和学习上的时间就会相应减少。就算再跟别人付出同样的努力，也很难超越别人。

坐着睡的人规律性强

有一种睡姿比较奇怪，说起来我们在生活中看到的机会不多，但是它确实是存在的，那就是双手自然搭在身上或是自然垂在两旁，坐在椅子上两脚伸直就直接进入梦乡。按说这种睡姿我们在客车或者火车上看到的比较多，但是其实在生活中，有的人习惯于采用这一睡姿，当然这属于极少数人。

这种人时刻保持高度警惕，仿佛危险瞬间就会发生一样，精神绷得像一根随时会断的弦，全身的细胞都高度紧张。他们的生活节奏飞快，但是仔细观察就会发现，其实他们的生活都很有规律，每天都在像陀螺一样不停转动着，但是又有相似的轨迹。

睡觉握拳的人意思多多

如果一个人在睡觉时都握着拳头的话，就说明这个人睡觉睡得很不安稳，就是我们常说的"心里有事儿"，看起来就是随时准备应战的状态。

另外，如果一个人是侧身睡觉或者是仰躺着，握紧的拳头是向外的，则代表这个人潜意识里很不满，很想向人示威，把自己的情绪宣泄出来。

当一个人握拳睡觉时，很容易会惊醒，而且当醒过来的时候还会发现自己十分疲倦，如果发现自己突然醒过来，而且又感觉到疲惫的话，最好是坐起来，或者定定神再继续睡。

仰卧的人不怕得罪人

仰卧

　　喜欢仰卧姿势睡觉的人，是一个独立的、有胆量的人，他自我感觉良好，性格豪爽、仗义，不畏权势，也不怕得罪人。这种人作为朋友的话是值得深交的，因为他很珍惜人与人之间的友谊，而且乐于助人，在朋友需要的时候他都会毫不犹豫伸出双手，所以他的朋友很多，也容易赢得大家的好评，成为大家眼中的好人。

　　他做事的风格就是不喜欢兜圈子，心直口快，就算是自己的上司，遇到不合理的事情，他也会据理力争，毫无惧色。尽管有时候太过直白会得罪人，但因为他自己不记仇，不会对别人的错误耿耿于怀，别人自然也会很快原谅他。

　　他对待朋友是诚心诚意的，不带一点目的，也会把最真的自己表现出来。与别人交往时，别人很快就可以把他的优点缺点看出来，他相信，人与人的交往必须是坦率的，这是人际关系的基础。他最讨厌虚伪和爱说谎的人，他不会与这样的人交朋友，当发现周围有人这么做，他会当场与之绝交。

　　总的来说，仰躺着睡觉的人是一个敢作敢当的人，敢于面对自己，敢于面对别人。

平时喜欢仰卧睡觉的人，心直口快，不怕得罪人。

我有权知道你这个决定是什么！

391

睡觉打鼾的人

> 天啦，真是狮子怒吼。

从医学的角度上讲，睡觉打鼾往往健康有问题。打鼾是因为这个人的呼吸通道：鼻、鼻咽和口咽部以及通道中的软腭、舌根部因为各种原因导致了狭窄、阻塞，进而使得人的呼吸气流不畅，因为鼻部受呼吸气流的撞击、震动、摩擦咽部的皱襞及分泌物，才会形成"呼呼"的鼻鼾声。

还有一种是"睡中气吼"，就是人在完全熟睡之后出现的呼吸粗大短促的现象，就像狮子在怒吼一般。如果是这种程度的就有可能有大病的困扰。睡眠不好，身体容易越来越差。睡觉爱打鼾的人也有他们特有的性格。这种人通常是一个光明磊落的人，为人坦荡，所以他们时常显出胸有成竹的神情，这种人也很容易相处。

从不同的侧睡姿势看出一个人的特点

侧睡——躺在一边

躺在一边侧睡的人是一个非常自信的人，在面对工作和生活中的所有事情时，他们都会坚持到底，努力去克服一切困难，对于这样的人来说，不管做什么事情都会成功。另外，这种枕着臂膀侧睡的姿势也暗示着有这样睡姿的人将会变成一个有权有势有钱的人。

侧睡——蜷缩着身体

蜷缩着身体侧睡的人经常感到有压迫感，觉得周围不安全，觉得别人都对自己居心不良。这样的人比较自私，很容易嫉妒别人，产生报复心理。在这样的人身边一定要小心翼翼的，做什么事都要照顾到他的情绪和脾气，以免一不小心引得他大发雷霆。

侧睡——弯曲一只膝盖

弯曲着一只膝盖侧睡的人很容易大惊小怪，什么事情都很难引起他的兴趣。牢骚跟抱怨都经常挂在嘴边，觉得什么事情都是自己在吃亏，别人在占便宜。这种人容易紧张，神经长期紧绷基本可以是他的代名词了。有时候别人只是在无意中做出一个小小的举动，都会引起他的过度反应，有时候甚至咄咄逼人，不分出个高下决不罢休，让人觉得不可理喻。

不同的仰睡姿势有不同的性格

1. 四肢呈大字形平躺

一千个人有一千种脾气，一万个人有一万种模样，睡觉姿势也是一个道理，而从各种不同的睡姿我们还能窥探出这个人的大概性格。有的人睡相很好，如同白雪公主、睡美人一般优雅动人，任谁看见都会忍不住想上前偷亲一下；而有的人则极富气势，摊成大字形的睡相，在古代，这种睡姿可是被称作皇帝相的；此外，还有人睡觉的时候竟然如时钟一般旋转，隔一段时间前去看他，都能发现他的头部永远都处于不同的方位。

如此放松的"大字形"睡相这类人睡觉时喜欢仰面朝天，手脚张得很开。若是根据咱老祖宗的五行说法，这便是典型的"木形"。拥有这一睡相的人大多心无一物，对外界没有戒备心理，属于非常天真浪漫的类型。他们的内心如同孩童一般，将世界的好全部看在眼里记在心里，遇见不好的事、不好的人也很快便能遗忘，比如，路上有人向他借钱，他爽快地借与，结果发现自己其实被骗了，虽心里难免有些难受，但不久之后，这件事便会消散于无形，再遇上借钱的，他还是会慷慨相借。他的心无杂念，心怀天真，其睡相中完全将这样的意识表露了出来。也只有持着这样心境的人，才能拥有如此放松的"大字形"睡相。"大字形"睡相还能保护心脏和肝脏不受压迫，且手脚张开的姿态，更是有助于血液循环。在众多睡相中，大字形仰睡可以说是血液流通得最好的。

2. 双臂枕在后脑勺

这种人是智慧型的，有着高智商和良好的学习能力，但有时候会有很多别人难以理解的奇思妙想，看起来毫无根据，难免给人留下"异想天开"的印象。但这种人往往觉得是有可行性的。这种人还是一个顾家的人，如果选择结婚对象，这种人可是很好的考虑对象。

3. 交叉跷着二郎腿

睡觉的时候交叉跷着二郎腿的人是一个自恋狂，对自己的一切很满意，觉得自己无可挑剔，但是对别人却不是很满意，总是觉得别人这也不顺眼那也不顺眼。他们对待生活的模式也是一成不变的，不希望目前的状态有所改变，总是觉得这样就挺好的了，实质是害怕改变，因为一旦改变，自己将无所适从。一旦遇到问题时，他们并不会积极主动地去想办法解决，而是下意识就想逃避。虽然有时候如果他们尽力的话，问题完全可以解决，但是他们还是要逃避，有时候自己的能力就会被这种逃避给埋没了。

睡着后常踢被子的人

　　睡觉常"不老实"，爱踢被子的人，就是一个活泼个性、崇尚自由的人。他们很懂得人际交往，在面对任何年龄层、任何阶层的人的时候，他们都可以找到话题说，天南地北地聊，绝对不是枯燥无味的重复，单从这一点上讲，真的不得不佩服他们的能力。

　　但这种人因为喜欢无拘无束的生活，所以也缺乏自制力，有时候会冲动行事，不管场合与对象只要是气头上时就说出一些不该说的话。这种人作为朋友还是不错的，他们经常是大大咧咧，就算遇到双方意见不合的情况，他们可能会一气之下就说了伤别人心的话，但当你跟他们讲通道理时他们很快会意识到自己的错误，也会立马道歉，而且是真心诚意的道歉，所以当你遇到这样性格的朋友，记得要原谅他们。

睡觉时候喜欢俯卧的人

　　喜欢俯卧睡姿的人大多心里积压着无形的压力，却苦于无法宣泄，身边并没有可以完全信赖的人倾诉，也没人能够帮助自己，所以，他们喜欢趴着睡。调查显示，采用这种睡姿的人中女性占了多数，小孩子亦有不少。

　　究其原因，他们只是渴望一份肌肤触摸，渴望一份安全感。他们大多成长于单亲家庭中，或是自己的父母终日忙于工作，无暇与孩子进行心理上的沟通，他们觉得自己的感受被完全忽视了。女性多渴求幸福的感情，但又无法得到理想的爱情，因而内心空虚。当然了，这份不安的感觉也可能是出于友情的缺憾。

　　如果希望改变这样的心理状态，大可试着转移自己的注意力，找点自己感兴趣的事情去做，多进行室外活动，使自己有阳光般的心情。只要长久坚持下来，改变自己的心理和习惯，变得心理独立也不是不可以的。

职场的察言观色：领导信号

领导的眼神

　　都说眼睛是心灵的窗户，我们在与人交往的时候，看着对方的眼睛是为了表示尊重。但是在职场上，很少有人能特别大方而淡定地看着领导的眼睛。领导的这扇"窗户"其实并不是有多可怕，这只是人们对于比自己职位高、富有的人的一种几乎是条件反射的类似于自卑感的身体反应。就好像平凡的你被邀请去一幢富丽堂皇的别墅做客，你在看到别墅的外表的那一刻便产生了一种"啊，我哪里不如别墅主人"的想法，于是进到别墅里面也会变得小心翼翼，最起码会谨慎很多。同理，领导的职位比你高，这是他已有的外在的光环，所以你首先就知道"他是领导，比我位高权重"，所以你在面对他的时候，会很自然地用略低微的姿态，这代表对领导地位的肯定与你对领导的尊重。

与上司交往要学会观察领导的眼神。

　　然而，眼睛里所能传达的信息是其他面部表情与肢体语言所不能比的。面部表情与肢体语言都是相对而言很好控制的，甚至连最能直接反映心情的语音语调都可以有很好的伪装，但眼睛不行。眼睛是与心连在一起的，心里怎么想的，眼睛会先于大脑的反应而抢先将情绪表达出来。所以尽管我们对于领导有崇敬有畏惧，也应该及时地注意到领导的眼神变化。及时了解到领导的情绪，有助于在与领导交流的过程中，发现自己所处的情势，采取相对合适的方式表达自己的想法。

　　最常见的是在向领导做汇报时，领导总会有很多种不同的眼神。不看你，是觉得你不够分量令他抬眼；从上往下看你，说明他在你这有绝对的优越感；眼神四处飘，或者在做别的事，表示他心不在焉，根本没有听你在讲什么；坦率地看着你，是说他觉得你不错，他很喜欢；目光灼灼地盯着你，代表他在观察你以获得更多的信息……当你准确地捕捉到这些细节时，你就可以更加从容地面对你的领导了。

领导训话

人非圣贤孰能无过。在公司里大大小小的或轻或重的，大家都会犯错。上班迟到了，拿错了开会用的文件，打印的东西突然不见了，丢三落四的毛病又犯了，主任找你有事偏偏忘记了……不能说运气是好或坏，恰恰犯错的时候被领导撞见了，情况会有以下几种：

"xxx，怎么最近总是看你犯错呢，自己注意啊"，领导当着一个部门的面说出了责怪的话，当事人必定觉得很丢份，虽然自己有错，但怎么就摊上这么一个不给人面子的领导。说是"走自己的路，让别人说去吧"，但能有几人不去在乎别人的眼光呢？其实如果领导扫一眼以示下次注意，只有当事人知道，也能起到相应的效果。

"xxx，是不是最近状态不好，注意休息啊"，领导一句关怀的话，让人倍感亲切，还会回一句"谢谢领导关心"并且一天都打鸡血似的工作。而且在部门也会引起蝴蝶效应，大家甚至忽略谁犯错了，直接转向咱领导真是平易近人，够体贴。

领导在酒场上

生意场

部门聚餐

陪领导的领导

在生意场上，切莫贪杯，不忘初衷。最终目的是要签合同，领导最后一定要是清醒状态，一般领导要把握自己的量，觉得自己差不多时应示意属下挡下酒，然后开始牵引到合同问题上去。其实喝酒只是走个过程，合同之前彼此双方已经确定利益关系了。

部门聚餐，作为领导讲几句总结性祝贺的话，然后大家随意。喝酒套交情，跟领导多聊聊，平时在部门没有机会面对面聊天，此时要把握机会。领导身上一定有许多需要学习的地方，多注意观察，切莫贪杯。若是领导喝高了，那是被员工灌醉的，情有可原。但是员工喝醉了，就是不懂事贪杯的表现。酒品不好还丢脸，得不偿失啊。

陪领导的领导喝酒，其实和上述情况也有异曲同工之处。切莫贪杯，观察领导是怎么和领导相处的，适时学习之后学以致用。在酒场上要机灵毕竟自己只是打酱油的，添酒加菜要注意细节，让领导看到也认为你谨慎细心。

领导就爱摆架子

你是不是觉得每个领导都特别爱摆臭架子？跟你说话时总用那种命令的语气，端着架子，时刻提醒着你，你是在跟领导讲话。这种现象无疑会引起员工的反感。大家都是人，虽说你是我的领导，但你最起码要拿我当人看，而不是只会工作的机器。

我相信，很多遇到蛮横的领导的员工都有过这样的想法。但是你有没有想过，有时候领导摆架子也会是一件很无奈的事情？

在上大学的时候，一定参加过社团吧？就算没有，也曾经见过那些社团负责人是怎样开会或者分配任务的吧？在学校里，就算是社团的领导，对于那些新进来的小孩儿来说，也不过就是学长学姐，而所谓的"学长""学姐"们，除了比他们多吃了几年食堂饭之外什么都不算。所以身为学长学姐的社团负责人，一定不能用企业领导般的命令的口气对他们说话，不仅治不住他们，还会使他们直接撂挑子走人。

但是在真正的企业中，怀柔政策真的有用吗？

尤其社会发展到现在这个阶段，第一拨 90 后已经上岗，个性如此之强的他们肯定不会像以前的新人那样，面对领导恭恭敬敬甚至唯唯诺诺。领导温和一点他们就会以为领导很好说话甚至很好欺负，然后做出很多令领导为难甚至反感的行为。为了避免这种现象，很多领导都要拿出一点领导的威严来管住他们。这个时候威严就有用了，因为公司不是社团，不是想来就来、想走就走的地方。

所以有很多时候，领导们很爱摆架子也是很无奈的。他们也会想和下属亲近一点，但又不敢，害怕真的管不住，到时就晚了。那么就在一开始拿出点气势，明确地告诉他们我是领导，你要听从我的管理。这样不夹带私人感情正是工作所需要的态度。

不要觉得领导摆架子有什么特别的意义，很简单的，这是正常现象。他不是针对某个人或者其他什么，只是工作需要罢了。

有些领导因为新官上任，生怕威信不够，于是就会用摆架子来显示地位和权势。

397

领导的左膀右臂

　　判断一个人的成功与否，也可以从他的左膀右臂得到启发。一个领导身边总会有几个红人。若是一个人面对领导阿谀奉承，对待工作插科打诨，面对员工又是狐假虎威、狗仗人势，这样一个人却深得领导欢心怎能不让人气愤。这样的领导一是极度缺乏自信，需要人来时时刻刻抬举才有自豪感，二是奸佞不分看人不准，如果带领的团队凝聚力和能力不强，早晚会关门大吉。

　　若是这位红人拥有说服性的办事能力和工作实力，是否就能说明领导教导有方呢？我认为是不能的。有的人在公司里、在部门里一直受领导表彰，奖金不断，但唯独让人困惑的是职位迟迟得不到晋升。那是说明他已经被他的领导当枪使了，遇到一个精明却没有浑厚实力的领导早就应该擦亮眼睛了。

领导如何看待加班加点

领导自己加班

陪员工加班

员工独自加班

　　领导对于加班有三种情况：一是领导自己加班（工作量小的情况下），把员工未完成的工作告一段落，减少人力财力的损失，提高该项目的工作效率，也给大家一个体贴员工的好印象。经常加班的领导大家下意识地会认为这是一个对工作极度负责，事业心强的领导。

　　二是工作需要，员工需要加班，领导没有必要留下的情况下，却选择留下陪大家一起加班，适时地对员工的小犒劳有没有增加领导的亲民体贴感。再工作不排除是拿人手软吃人嘴短的认命，但更多的还是心甘情愿心满意足的被收买后的舒坦。当然这也是你在领导面前一个难得的表现机会，可以好好利用。

　　第三种情况也是存在最多的情况，员工加班，没有领导，怨声载道。在此种情况下，领导很成功地树立了一个领导形象，把领导和员工的界线划分的相当清楚，员工负责工作，领导负责安排工作，员工就是给领导干活的。

领导的笑容

在你还是小孩子的时候，有没有经历过你喜欢的大人对你笑一下你便开心一整天这样的事？

其实在企业中，领导应是处在受人尊崇敬爱的地位的。在新进职员的眼中，他们在面对领导时，就像一个小孩子，而领导就是那位被喜欢的大人。每个新人都会希望受到领导的喜欢与赏识，如果领导对他们笑一下，那真是给了他们莫大的信心与鼓励。他们会因此信心倍增，更加努力认真地完成工作任务，这就增加了工作效率与工作质量，对团队是很有利的。

但是很遗憾，我们发现企业中很少有领导会经常露出那样如沐春风的笑容。他们似乎有一个非官方的共识，便是要严肃，不能笑。所以我们看到的领导基本上都是一样的威严或者面无表情。想在他们脸上看到如此亲民的表情，简直太难了。就算我们从很远的地方就向领导露出了灿烂的笑容，在从身边经过的时候，他也许只会以一个轻轻地点头回应你算作打招呼，更有甚者只是看你一眼就继续走过去了。如果遇到这种情况，请你在郁闷之后打起精神告诉自己，要继续努力到领导对你露出欣慰的微笑。因为那是一个领导们的共同规律，你没得话说。

可如果你遇到的是一个经常笑的领导，也一定不要放松警惕，因为领导们的笑，意义绝没有那么简单。在职场上混迹多年的他们，笑容早已被练成了自己真实情绪的保护色。他们开心时在笑，生气时在笑，难过时在笑，什么时候都会笑。但是你要学会的，是从这些看似相同的笑容中，找到领导真实的情绪。比如领导在笑时双颊肌肉及眼角自然提起，眼睛微微眯起，这说明他是真的高兴；而嘴角上提但面部肌肉及眼角都没有明显的动作时，说明领导在"皮笑肉不笑"，这时你要好好想想在刚刚的情境中，有什么是会触及领导情绪波动的点，再看一下领导的眼色，你会更清楚领导在想什么。

虽然每个领导有其不同风格的微笑，但只要有领导的地方，就有"领导式笑容"。

公务员面试

领导拍拍你的肩膀

美国的心理学硕士邓肯说过：1.2 米是人与人之间的安全距离。除非是特别熟悉亲近的人或者非常信赖的人，否则无论是说话交流还是其他交往，越过这个距离都会让人产生不安全感。

由此可见，不熟的同级的人之间尚会保持这 1.2 米的距离，更何况是领导与下属之间。如果不是特别必要，领导不会主动去碰触一个陌生的下属。不过我们经常能看到领导拍拍下属的肩膀。"被领导拍肩膀"这件事似乎已经成了一个是否被领导赏识的一个关键性标志。的确，当你工作做得很好，领导很满意，他会选择拍拍你的肩膀以示鼓励。这种亲近的行为，便是肯定了你的存在，肯定了你的成绩。

领导常用的手势

讲话中的手势，应该都是真实感情的自然表露，不矫揉造作，这样才会起到让语言更有说服力的作用。注意到这些细节，有助于理解领导言语中的意思。当然最为人们熟知的是，伸出一个大拇指，其他手指回握，这代表夸奖与肯定。

一只手或两只手平摊，掌心向下从上向下轻轻压几下，这代表和缓、稳定、安静，如果你正在说话，那最好闭上嘴巴认真看着领导；抬起手，掌心向你，这代表暂停和停止，如果你正在做汇报，也请停下吧。

经常用食指指向对方（这个动作的本身就是很不礼貌的），这代表这类领导有赤裸裸的优越感与争强好斗的心态；在演讲时总是伸出一根食指指天，这代表这类领导对自己有很强的自信心，也有很明确的奋斗目标；手掌伸平掌心向下，斜劈出去，这代表做事果断和坚决。

领导在打电话

除非是真正在职场上摸爬滚打成了精的老油条们，一般的领导在打电话时的语音语调与面部表情还是会透露出很多当时的情绪信息的。

如果你想知道领导给你打电话时，不掺情绪的话语里究竟是个什么情绪，这就需要你平常对领导的多多观察了。如果领导的面部表情没有变化，那么就听他语气里有没有情绪波动、语速有没有变快或者变缓、音调较平常有没有更高亢或者更低沉；如果声音平平无奇，那就观察他的面部表情有没有改变、眼神有没有晃动、身体有没有下意识地做出某些动作。观察时间久了你总能总结出一套经验，以应对将来领导也许会打给你的电话，这会让你在电话的那一头心里有一点底，而不至于慌慌张张地出糗或者犯错。

而通过领导打电话时的用词方式与态度，也能判断出领导是在给哪类人打电话。给家里人打电话会温馨一点，语气平缓，态度积极，带着商量或撒娇的口气等；给他的上司打电话会更恭敬，用语相对书面化，表达的条理清晰；给下属打电话也许正在生气，口气急躁，态度相对不客气，有显示权利的口吻在里面，也许很高兴，声音柔和了些，受心情影响，声线也会相对变得更有磁性。

多多观察领导在打电话时的习惯反应与习惯用语，可以让你更加了解你的领导是个怎么样的人。情绪经常有波动变化，说明是外显型领导，容易把情绪显示出来；面部没有什么表情但眼神经常浮动，声音较平常更加低沉，说明是很有城府的领导，不外露，心机重。像这样观察总结下来，你还会惧怕你的领导捉摸不定的情绪吗？

下属见领导打电话时在生气，应小心回避一下。

领导的领导来了

看什么看，还不给王总去倒杯茶。

　　领导的领导就是那个硬——职位硬、权力硬、资本硬。在人家眼里，他也就相当于一个小职员，所以他要小心翼翼地，陪着、哄着，力求在他的领导面前留下一个好印象。可是他忘了他所有的这种阿谀奉承的行为全部被他的下属看在眼里，这是一件多么悲哀的事啊！

　　这样的领导一般都有自私自利、骄傲自大的毛病，认为自己做的一定是对的，好像自己深谙职场之道，领导应该给予奖赏一般。但是我们都明白，真正明理的高层最瞧不起的也恰恰是这种人。一个不能善待下属的领导绝不是一个好领导，他无法带领整个团队继续走下去。

领导与秘书的关系

买来了，我知道你最爱吃这个。

李秘书，我要的东西给我买来了吗？

　　在某种意义上来讲，秘书是专属于领导的一类人物。这种类似从属的关系，一个不小心便会生出很多问题，尤其在异性的领导与秘书之间为甚。在一个人的生命中，是很难有一个完全从属于你的人的。但是领导与秘书之间打破了这样的规律。试问一个人完全属于你，你说什么他听什么，禁得住这样的诱惑而不产生别的想法的人有几个？

　　如果有机会可以观察一下你的领导和其异性秘书之间的行为与气场，你会发现很多事情。嗯，或许你会说这太八卦了，但是从正面的角度来说，这是另一个了解领导的途径。不要戴着有色眼镜去想这件事，让我们本身也纯洁一点。其实并不是所有的领导与秘书之间都会出现私人问题，要相信社会道德的力量，出现问题的仍是少数。

　　秘书是最能接近领导私生活的人，从领导对秘书的态度中我们可以看出的是领导更加真实、更加私下的性格，这有利于你确定怎样能与领导更快地亲近起来，让他对你多一分印象，多一分了解，然后重视你的工作能力，给你更多的表现机会，最后为你带来更好的工作环境和更快的升职机会。

领导喜欢走出办公室"视察"

一般来说，领导都有一个自己单独的办公室。有什么需要打一下内线电话，一句话，所有事情都能解决，根本不用起身走动。这样一来，他们便有了更多的时间去处理繁忙的业务。如果领导并不是繁忙得根本无法去别的地方活动一下，但还是只"闷"在自己的办公室里，这能说明领导是一个比较自我的人，忙的时候自己忙业务，不忙的时候在自己的空间里做些自己的事。

老板时不时地出现在工作场所，势必要与员工关系融洽。

但还有一种领导是很喜欢从自己的办公室里走出来，到大家中间活动一圈的。遇到这种领导，你就会很小心地提防领导会不会从自己身后经过，发现自己没有在认真地工作；在偷懒溜号的时候心里也是悬着的，害怕领导发现然后被罚。所以看出效果了吗？领导时不时地出来"视察"一方面是起了监督作用，他要督促员工们不要消极怠工，影响整体的工作效率与工作氛围。而另一方面有人想到吗？领导每天待在自己那个也许大点儿也许小点儿的办公室里，一个人，是很孤独的。这个孤独并不是没有人陪伴的那种，工作场所不需要那么私人的情绪。但一个好的领导，不只是个人能力要强，他的管理能力甚至比个人能力更重要。领导要带领一个团队，就必须能收服人心，而收服人心，势必要与员工关系融洽。但他每天在自己的办公室里不出去见见别人，又怎么能谈得上关系融洽呢？双方建立感情的基础便是多多交流，于是领导喜欢走出办公室，他是要趁着"视察"的机会想跟你们多亲近亲近。

所以不要惧怕领导的视察。当然，前提是你没有因为出现了消极怠工的行为而觉得心虚。在工作的时候就要好好工作，就像你还是个学生时，老师家长们都跟你说要好好学习一样。这就是所谓的"在其位，谋其事"。不要偷懒，然后你会发现领导的"视察"是一件很可爱的行为。

领导的个人性格

"什么样的将带什么样的兵。"这句古语就完整地诠释了一个领导对于其工作团队的影响力。一个好的领导，一个得人心的领导，是有能力并且有资本让与其共事的人追随其脚步，团结一致的。随和的领导带领的一定是一个温馨的环境，大家互帮互助其乐融融，会有小摩擦，但不会有钩心斗角。

严肃的领导会使得整个办公室的气氛相对紧张一些，这是他们对于工作严谨认真的工作方式所致，神经高度紧张可以使办公室的整体效率提高，但也要注意不能紧张过度，会使职员们的心理压力过大，造成不好的影响。

领导喜欢的称呼方式

有一类领导本身就很严肃，在他们眼中工作就是工作，要严肃认真，所以他们给人的感觉就是一板一眼，通常这一类领导喜欢别人以职位作为称呼，例如"×总""经理"。

而遇到本身性格就很不拘小节的领导，对于他们的称呼可以更充满人情味一点儿，例如"×哥"。这种"哥哥""姐姐"的称呼在很多企业中都是很吃得开的，不仅可以对领导在年龄或者身份上表示尊重，还暗含了一点撒娇的意味，能更快的拉近双方的距离，增进感情。

不过如何称呼还是要因人而异，就算是那些被通用的也还是要小心为好。有些三十多岁的女性领导，还是单身，看着年龄不老，平常还特别注意保养，她们就很不喜欢别人叫她们"姐"这种暴露年龄的称呼。对于这种有特别在乎的方面的领导还是要小心一点，否则一个不注意就可能引起对方的不爽。

听懂领导的暗语

你有问问别人的看法吗？

其实平时上司常会说一些暗语，新员工可要听明白了他的"言外之意"。

身在职场，我们不得不学会的一件事就是"听懂暗语"。

很多职场新人都会犯一个同样的通病——总是很单纯地听对方的话，很单纯地实行话所显示的表面的意思。就好像一个广告设计新人，他完成手里的设计文案以后，拿给领导看。领导颇有深意地看了他一眼说："你有问问别人的看法吗？"他感到很疑惑，他觉得只要完成任务就好了，为什么要先问问别人的意见？可是他还是问了。于是一个关系比较好的同事好心告诉他："领导这么说是因为他对你的设计不满意，你还真问了呀？"直到后来他才反应过来，类似于这种话，其背后所暗含的意思绝对不是"认为可行"，而是为了不想伤你的面子在委婉地告诉你"这绝对不行"。

在职场中，有很多时候，领导们说的话都不能只简简单单的听见表层含义，那其中更深层的含义才是领导们所希望你听出来的。

又例如在一个小组任务中，你的能力很强，总是处处严格要求自己，在团队中绝对是做得很多，较其他人非常出彩的人物。于是考核时，你的业务量也是最高的。这时领导对你说："你的个人表现很突出。"你认为这是夸奖你吗？应该是的吧？领导者不是承认我的能力强了吗？可是亲爱的朋友你别忘了，这是一个小组任务。在小组任务中最重要的个人技能便是团队合作，所以得到领导这样的评价，你还是要好好想一想领导的用意。所以你在今后的工作中，一定要注意你的行为，懂得收敛锋芒，懂得与他人合作。"枪打出头鸟"，这句俗语可不是说说而已。如果你的行为过于显眼，你不只会引起共事伙伴的反感，也许还会导致领导的提防以至于疏远。

领导的禁区

我们平时人与人之间的交流亦然，对于自己的朋友，大家都会在相处中慢慢熟悉，这个人的底线在哪，禁区是什么，甚至是了如指掌。往往在说话时都会有所保留。不小心触犯到朋友的禁区，或许只是生气，哄哄道个歉就过去了。

但是对于上级领导就没那么简单了。领导并不是我们的朋友，可以小打小闹，勾肩搭背，互开玩笑。不小心触犯了也不是道歉吃饭就OK，再后亲密如常。或许领导最反感员工做事拖拉，迟到早退。而你恰恰爱迟到，又经常奉承今日事明日做。那你想老板怎么会喜欢这样的员工？对你的印象首先减分，又怎么会另眼相看于你。

领导的办公桌告诉你

看领导的办公桌能得到许多你意想不到的收获。若行事表上出现"接女儿下课""结婚纪念日""给老婆生日礼物"等等，看到这些字眼领导在你心中是否有了一个家庭事业兼顾的好男人形象。

办公桌上的各种文件堆积如山，和文件分轻重缓急分门别类的整理查看批阅，你更喜欢哪种风格？这同样类似于电脑桌面的各种文件整理。

若领导的办公桌上都是各种经济刊物、管理书籍，你的心中对自己上司是否有一种油然而生的仰慕之情。如若是娱乐杂志？不健康刊物呢？看办公桌是不是收获不小，这些你可曾注意过呢？

领导的工作习惯透出心理

一滴露珠可以反射整个太阳的光辉，一件小事可以看出一个人的修养，一个人的工作习惯可以透出这个人的心理。如今科技不断发展，多媒体教学已经是主导授课方式。一些老教师习惯写黑板板书，或许有人认为这是不懂得与时俱进，或者学习能力下降不能掌握新科技。或许这是一方面，但更多的是工作习惯使然，一个既定的思维模式使之认为板书授课学生学习更容易吸收。哪一天突然这位老师用多媒体教学了，但是手法生疏，是不是就能认为该老师开始接受新的想法，是的，根据他的习惯或者习惯改变就可以得出这个结论。年轻一代的老师大家下意识认为以多媒体授课为主，如果一个年轻老师板书授课，你必定会有所触动。年轻有为，工作态度端正，工作习惯好。当他开始用多媒体授课时，你只会想老师们都开始懒了而不去考虑多媒体授课的好处。从不同的人不同的工作习惯我们会读出很多。

一份文件牵涉到 N 个人的工作，领导习惯今日事今日毕，带动一个团队做事的习惯也倾向高效率的好习惯。如果一份文件本该领导上午开会说明，员工再开始工作，一旦领导没安排好或者工作习惯就是拖拉，该工作就顺势延后，负责该项目的员工也没办法进行接下来的程序。一个项目的效率几个项目的效率 N 个项目的效率，从而影响公司的效率、口碑，直接结果就是公司经济效益，这即是所谓的"蝴蝶效应"。一个领导的工作习惯和员工和部门和公司息息相关。

学会从领导的工作习惯分析领导心理。领导经常视察说明什么，监督工作为主，防止员工开小差其次。掌握领导视察习惯一方面方便员工在领导面前表现，另一方面又提高了工作效率。如果一个领导开会习惯让大家主动讲一下对这个项目的了解和解决问题的观点，然后大家再继续开会进行研讨。如果你能在大家面面相觑的情况下，对该项目侃侃而谈，观点到位，想不脱颖而出也是不容易的吧。这样一个工作习惯是不是就带动了员工的积极性，并在一定程度上给员工表现的机会呢。一切都只是例子只为说明，要学会分析并掌握领导的办事风格、工作习惯。领导的工作习惯带动整个部门、整个组织的工作运行。学会从领导的工作习惯看事，你也好办事。

习惯领导的工作方式，有助于工作效率的提高。

领导是美女

对于女人来讲，每周做做美容还是很有必要的。

你要是把这份心用在工作上就好了。

李总，你的皮肤是怎么保养得，这么细嫩。

　　爱美之心人皆有之。不只是美女，平时我们买了件新衣服，换了个新包包，或者化了个新妆是不是希望看到人们惊艳的目光，然后小得瑟小满足一下。三五知己小聚可以交流一下爱美臭美的经验，促进促进感情。但是和你的老板你的领导你还敢吗？

　　遇到美女领导的时候，必定就不能按常理出牌了。知己知彼，方能百战百胜。能做到领导位置靠的是美貌？还是才貌双全的白骨精？当今社会也不乏前者，但你还能肆无忌惮的去和自己的上司大谈阔论交流爱美经验，若是吃那一套还好，但是人家本身就是美女，弄得自讨没趣你又何苦。

领导的咖啡香烟

喜欢喝咖啡的人有极强的时间观念

　　有的领导觉得自己也没什么爱好，高尔夫球是上层人玩的，况且自己也没有时间，打篮球、踢足球自己已经过了年轻时代也算了，咖啡、香烟不但能承受还能提升自己的品位，让人一看也提升层次，有范儿啊。不知道什么好与不好，贵的就是好的，香烟只抽熊猫，喝咖啡只去星巴克。

　　二手烟的危害更大，公共场合是禁止吸烟的，一般公司都有休息室、吸烟室。上班时突然忍不住了，去待一会儿抽根烟。若是不小心撞上领导了，或许是尴尬的吧。或者在领导办公室闻到了熟悉的香烟味，你知道懂得就好了。

大家去喝个水，喝杯咖啡，解解烟瘾，5分钟后继续。

　　吸烟可以提神，但是不可以成瘾。能保证在一定合适的量那也是成功的。部门开会的时候，领导说，大家休息5分钟稍后继续，留给大家去喝个水，喝杯咖啡，解解烟瘾，这也是一种为他人着想。并不是说吸烟就是不好的，也并没有完全否定吸烟的人。只是一种从咖啡、香烟的习惯看人罢了。

第二十九章

高雅的上流社会：礼仪信号

聊天的内容要讲究

我们常常会看到这样一个对话场景：在一个高档的聚会里，有两个同乡用自己的方言在叽里咕噜说着，他们脸上的表情是乐得不行，但同桌的人根本不能插上话，脸上也露出不愉快的表情。毫无疑问，能够在他乡遇故知是人生一大喜事，遇到可以说同样方言的人当然会有一种亲切感了。那么在公开的社交场合里，能不能用方言与同乡交谈、联系感情呢？答案也许会让你失望，那就是不能。

我们都知道，社交场合是拓展人际关系的最佳舞台，通过社交场合你可以认识到不同生活背景的朋友，并可以通过交流来丰富心灵、拓展视野。所以在这种情况下，每个人都要扮演一块吸引力强的"磁铁"，尽量地吸引更多的人、被别人吸引，达到交谈的共鸣。

如果在一个宴会上，有一个人用一种你完全听不懂的语言和你说话，你会不会感觉到自己不被尊重呢？所以相同的道理，你用方言和别人说话，别人也会有同样的感觉。如果还是用方言讨论隐私的话题，那更是严重触犯了国际礼仪的禁忌。但也不是方言就无用武之地了，只是要看在什么场合。

如果是同乡会聚餐，那讲方言就是所向无敌了，不仅有助于凝聚力，还可以拉近大家的距离，说说又何妨。但是在公开的聚会场合，还是要尊重大家的习惯，使用通用的语言。如果你是一个新晋的白领就更应该融入大家的氛围中，不要在团体中孤立别人，不然到头来是自己被孤立了。

一些上流社会时不时会主题派对，这种派对不仅是个秀场，更多的还是一个轻松、休闲的场所。通常是想借这样的派对放松心情，也达到与朋友近距离交流的目的。所以在这种类型的派对上，聊天的内容应当讲究，千万不可在这种派对上谈工作，否则你就犯了禁忌了，有可能下一次派对嘉宾名单上就没有你了。在这种派对上，聊天的内容应当以生活化为主，比如"你最近做什么运动？""有去哪里旅游吗？"无论什么话题只要可以让大家都心情放松就好了，那些比较沉重或深入的话题还是得等到正式的会晤场合再说，特别是不要去问主人家最近工作得如何了，有可能主人家就是因为工作上不顺心，想找一班朋友一起放松心情，被你这么一问，什么心情都没有了。

拍照是一门礼仪学问

我们经常在一些新闻里看见这样的镜头，当明星出行各类颁奖礼或者是晚宴时都会经过一条红地毯，主办方也会热情邀请嘉宾到一个硕大的主题背景墙前拍照留念。这"拍照留念"绝不仅仅是留念，对于嘉宾来说，展现出自己最好的一面至关重要。

如果你是宴会派对的新人，可能会手足无措，那么应该怎么做呢？如果你没有把握成为闪亮的女主角，那就要选择小动作的"基本款"拍照动作，双手稍微叉腰或者双手握着手拿包置于腰下，挺直腰板，给个自然大方的微笑即可。如果真要比较俏皮一些，顶多加个小小的勾腿。

打招呼体现素养

当进入宴会现场，当你发现了一个目标（认识的人）无论他是离你很远还是离你很近，都不能大声地喊出对方的名字，应当慢慢地走到对方的身边，但还有一点要注意，就是不能用手重重地拍对方的肩膀或拉扯对方，这样会吓到对方或者让人觉得你不够礼貌。

一般来说，如果双方是比较熟悉的朋友就可以选择轻轻地抱一下、碰一下脸颊（千万不要选择深情的拥抱，因为这样弄到彼此身上礼服的装饰）。

如果是两位女士打招呼，也不要出现夸张的姿势，比如大声地使用一些象声词，如"哇""啊""咿"；比如踱着急促的小碎步或者击掌；这些都是不高贵、不大气的表现，除了让人觉得你的素养不够外，还会使得主办方觉得没面子，所以在宴会上应当尽量避免。

要学会应对尴尬

有时候的宴会气氛是热闹的，比如是一些派对，会遇到这样一个尴尬的情节：有一个陌生的面孔突然跑过来与你打招呼，但你却怎么想也想不起这个人怎么称呼，把自己的处境弄得很尴尬。这时候的你应该会是怎么做？是顿时涨红了脸不知所措，还是直接问他怎么称呼？想想这两种办法都适合。

其实要应对这样的尴尬场面第一步就是要保持冷静，眼神中万万不可流露出不认识对方的神情，因为让对方觉得你这个人很不懂得社交礼仪。其实还是有不少技巧性的交流方式，可以帮助自己恢复对对方的记忆。

通常有三招：第一招就是"好像上次和你见面的时候，头发没有这么短吧？"当你把似问非问的语句抛给对方时，对方大多数时候会自报家门地回答你："是啊，你说上次 ×× 派对上的我是吗？"第二招就是将身边的朋友介绍给这个面孔熟悉的陌生人，这样他们双方肯定会进行自我介绍，你自然而然地知道他的名字了。最后一招就是利用互留手机号码的方式，可以说："咦，上次我们见面没有留彼此的联系方式啊。"然后主动递出名片，他肯定会回递他的名片，这样你也得到了想知道的信息了。

另外，在社交的场合里，如果你没有一点个性，那会被所有人忽略，如果你的个性太过夸张，也会让所有人对你的印象打折扣。那这个"个性"的度应该如何拿捏才最恰当？

在出席社交的场合之前，你就要给自己一个明确的定位，先给自己贴上个性的标签，当然这些标签是正面的，包括庄重内敛的气质、谨慎的态度、有涵养的风度、高贵以及能赢得别人尊重的各种优良品质，还有一条非常重要的标签就是——独立精神。因为你到一个社交场合，不可能永远不表态，永远只是点头哈腰的那一个，你与别人交流时也需要表达自己的意见和建议。作为一个有涵养的社交高手来说，懂得把自己的个性适当的表达才是社交礼仪的精髓。

这种个性并不是哗众取宠的夸张行径，是真正可以展现个人特色的东西，比如选择一款合适的香水，不是香奈儿的 N^o5 知名度高，你就必须跟着用，而是你要找出一款能够体现出你品位的香水，可以辅助你散发出你独特的气质。应该这么说，每个人都有属于自己的独特味道，找到"最适合你的"那种味道才是关键的因素。

香槟应该怎么喝

小姐，需要来杯香槟吗？

一般来说，这些派对、宴会的服务员是经过专门训练的，他们所走的路线也是事先安排好的，绝不会有疏忽遗漏的角落，服务员会询问你："小姐，需要来杯香槟吗？"这时候你可以优雅地伸出手来拿香槟。

在喝香槟时还有一个小细节需要注意，参加派对的女士肯定会化妆，而涂抹的唇油或唇蜜很容易沾到杯子的杯口，在杯口上留下口红印是一个颇为不雅的行为，有个小技巧可以帮你化解这一难题。就是利用舌尖瞄准需要下口的位置，轻轻地舔一下，然后再喝一口香槟，你就会发觉杯口上的口红印不那么明显了。

选择小食需要礼仪

我们经常在一些喜剧里看见的路人甲闯入宴会现场，哪里有小食哪里就有他的身影，端着盘子大口大口地吃精致小食，甚至吃到饱然后到正餐了却频频打嗝，这样的场面是绝对不允许出现的，狂吃快吃挑着吃会显得你很没有礼貌。

我们应当认识到派对上提供的这些精致小吃并不是为了填饱肚子的，而是让宾客在喝酒前先垫一垫肚子，不至于马上喝醉，就像开胃菜一样，小食只是派对上一个必不可少的环节，所以贪吃的事情切莫发生。

当服务员端着品种纷繁的小食走到你面前时，你也不要马上愣在那里，摆出一副饿得发晕的姿态，你要迅速决定你选择哪一个再下手，一次拿一个，千万不要站在那里东挑西拣，这样会使自己失礼。小食也要挑选容易吃的，不沾手的，越小口越好，以防别人要跟你说话你嘴里却还有东西。

敬酒礼仪

干杯!

从敬酒中能看出个人的
应酬能力和办事能力。

有很多社交场合需要用酒来增加气氛，那就有敬酒这一个环节来。如何敬酒才是最合理、最显得尊重他人的呢？

在中餐的场合里，在与对方干杯前，可以象征性地相互碰一下酒杯，碰杯的时候，自己的酒杯不能高于对方的酒杯，以此表示对地方的尊敬。如果是围桌的话，不方便走到对方跟前，也可以采用酒杯杯底轻碰桌面，这种方式也可以表示和对方碰杯。如果主人亲自敬酒干杯后，要求回敬主人，和他再干一杯。

一般情况下，敬酒的顺序也是有讲究的，以年龄大小、职位高低、宾主身份为先后顺序。当你要去敬酒的时候，一定要考虑好敬酒的顺序，分清主次。如果要和不熟悉的人敬酒，也要先打听好对方的身份或是留意别人对他的称号，避免敬酒的时候出错造成尴尬或伤害彼此的感情。即使你有求于席上的某位客人，当然要对他倍加恭敬，但同一桌上有更高身份或年长的人，也要先给尊长者敬酒再给这位客人敬酒，这样才不会使大家很难为情。

也不是所有人都可以喝酒，比如因为生活习惯或健康等原因不适合饮酒，别人给你敬酒的时候，你也不能表现得不理不睬，应该委托亲友、晚辈、部下代喝或者以饮料、茶水代替。如果你是敬酒人，对方表明不适合喝酒，在对方请人代酒或用饮料代替时，应充分体谅对方，不要让对方非喝不可，更不要好奇地"打破砂锅问到底"是什么原因不喝酒。切记，在公开的场合里问别人的隐私是相当不礼貌的事情。

西餐的敬酒方式和中餐有所不同，西餐一般都是用香槟来敬酒、干杯的酒。而且，只是单纯地敬酒，并没有劝酒这一说。而且他们的敬酒而不真正碰杯，更不能越过自己身边的人和相距较远的人敬酒干杯，特别是交叉干杯。

握手的礼仪

握手的先后顺序

当多人在场时，要按照先上级后下级；先长辈后晚辈；先主人后客人；先女士后男士。如果对方是长着、领导、贵宾，一定要先等对方伸手之后才可上前握手，如果对方没有伸手的意思，点头致意即可，尤其是对方是女士的时候，要更加注意。

握手的姿势

为了表示礼貌，与别人握手时一定要站着，上身略前倾；右手手臂前伸，肘关节屈；张开拇指，四指并拢。

握手的神态

与人握手时眼神应专注，表达出自己的热情、友好。脸上应该带着微笑，目视对方双眼，并且口道问候。如果在握手时表现得漫不经心的话，别人就会觉得你不尊重他，你是一个傲慢冷淡的人。

握手的时间

握手的时间过长过短都是不礼貌的表现，通常的时长是握紧后打过招呼即松开，大概 3～5 秒。但如果是久不见的故友或者是敬慕已久而初次见面、至爱亲朋依依惜别、衷心感谢难以表达等场合，握手时间就可以相对长一些，才可能紧握不放。

握手的禁忌

不宜左手握手；不宜交叉握手；不宜戴墨镜握手；有些人有手汗，建议握手前整理下衣服将汗拭干以免尴尬。

任何场合都要淡定自若

在任何社交场合里，淡定自若都是必须的，千万不要把自己弄得如刘姥姥初进大观园一般，看见什么都像看见外星人一样惊恐。特别是对于女士来说，要吸引到男士的目光，正确的表情应该是：一点傲慢，又略带一点好笑；赞美一切，又鄙夷一切。从来不表现出惊奇和慌张。

有几点需要注意，第一个是千万别因为过分地看，导致让自己发呆愣在那里。你要知道你眼前的一切值得一看的东西都已经见过了，这并不是第一次见过，而是很多很多次。当你持着这种态度的时候，就可以对这些事物推迟判断：可以是表示赞成，也可以是表示沉默。而且这种时候的沉默，不一定代表默认，更多的是洞察一切，而且将这种态度表现在书面或口头上的时候，可以为你排除任何异议。

第二个是不要说太多话，因为言多必失，也容易给人造成不够严谨的印象，虽然这些社交场合就是来让大家交流的，但要把握好一个度，需要适可而止。正如很多事情一样，要知道什么时候该听别人讲话，也要知道什么时候该轮到自己讲。千万不要认为没有把全部话都说出来就是一种遗憾，因为在谈话中，中间的路总是最好的。设想一下，有一位西装革履、仪表不凡的男士坐在你的身边，本来大家对他的印象都不错，但当他开始侃侃而谈，就如一个"话痨"似的没有停下来的时候，而且说话的内容都是一些日常琐事，没有重点也没有值得关注的点时，你还会对他的印象美好吗？答案是肯定的，在座的人都会对他的印象大打折扣了。

最后一点就是说话的时候应该多考虑几次，在这种社交场合下，多数情况是没有人提醒我们说话时应该怎么说，而这些考虑也只能靠自己，几乎所有在谈话中出现的失误或错误都是由于没有认真考虑或缺乏考虑造成的。要怎么判断自己的话有没有引起他人的反感呢？很简单，你只要仔细看一下大家的反应，如果大家的表情看起来都略带难色的话，你就应该立马停住了。一般情况下，那些话多的人是一个想象力丰富的人，这样的人会让宴会的气氛调动起来，但也很可能给人造成"不可靠"的印象。当然一直沉默也会让人觉得你不够合群，所以拿捏好这个度要全靠自己的敏锐。

话太多，容易招人烦。

不要放纵自己的情欲

在一些宴会、派对上的男男女女都有这么一个共性，那就是"郎才女貌"，但在社交礼仪里有一个潜规则——曼妙的女子或者是帅气的男子都只能看，不能摸，永远不要在酒会上放纵自己的情欲，要享受这个社交的过程，而不是把美女相伴当作真正的乐趣。

尽管西方一些高级的社交宴会或者派对里，把引诱旁边的人当作是一种礼貌范围内的游戏，但这种游戏也不是随便就可以玩的，当遇到这样的引诱，最好的办法就是用"社交式微笑"回应，这样足够表达你温婉坚定以及内心的热切。

坐姿讲究分寸

女士们肯定会把自己打扮得光鲜亮丽去参加宴会，但这身宴会行头肯定不是简单的套装，通常都是一件高贵的礼服，而参加宴会难免要坐下，这时候就会出现一些情况了。通常"坐着"这个步骤是女人们最担心的，因为怕这身高贵的礼服坐下去，站起来后却变得皱皱巴巴。

为了避免出现这样有失身份的情况发生，女士们坐下时应该用手轻轻地压一下或撸一下礼服裙摆的后面。目的是让自己坐下之后，裙摆可以处于完全平整的状态。当然，坐的位置也是要讲究的，只能坐椅子的三分位置，而且后臀部一定要安分地待在一个地方，时不时来回移动是一个不雅的表现。

另外，除了坐下的时候需要技巧之外，当坐定下来，双腿的摆放位置也是有讲究的，正确的摆放方式是将双腿交叉，小腿呈一边倾斜的姿势，要注意到是小腿交叉的时候一定不能用力过度，如果把小腿上多余的赘肉挤出来就不雅观了。

着装要凸显个性又不失礼仪

　　出席社交场合，着装问题是每个人都关心的事，很多时候提前好几天就已经准备好"装备"了。没错，因为正确的着装不仅可以让人更加高贵，更可以看出一个人的品位。如果你抱着"一穿惊人"的念头而让自己的打扮变得夸张怪异的话，那你就不要出席了，因为并不会给你带来多大的好处，反而会让你成为社交场所里为众人观赏的"火鸡"。

　　影视明星可以通过奇装异服制造时尚效果，或者将其称为所谓的"个性"，但那是在特定场合的需要，在正式的宴会还是得尽量选择不刺眼的颜色和不引人注目的装饰品，因为这样的搭配可以解决有关服装问题的任何疑问，会让你显得庄重、高贵。

　　作为一个出席各种社交场合的人，在选择衣着上理应追求既可体现优雅又能赢得尊重的形象，在选择衣服前要先确定这次宴会、派对的主题，再挑选搭配的服饰。就好比讲究的家庭中家具的格调应该和窗帘相匹配、杯子应该与杯垫对花。简单来说，男士穿着西服套装，女士选择晚礼服永远不会出错，对于男士而言，穿一双干净并能表现你身价的皮鞋是非常重要的，廉价带污渍的鞋子就放柜子里吧，免得主人家觉得你不重视他们的宴请。

　　出席社交宴会，有一道重要的"工序"就是选择礼服，对于男士来说，通常都是选择晚礼服。而晚礼服的门道很多，从款式上分就有单排扣和双排扣；从领型分也有尖领、丝瓜领及一般西装领等。但无论你要选择哪种款式，出席宴会的西装一定要选择领子是丝光缎面，裤管两侧也必须有两条丝缎饰带，再搭配上丝光提花质料的礼服马甲，如果不搭配马甲则必须使用与领结同材质做成的礼服腰封围在裤腰间，这样的穿着才算得上是绅士。

　　对于女士来说，着装配件是不可以随便的，往往是这些小细节的装饰让一个女士大放异彩。可以穿戴自己名贵的珠宝首饰，但是也不能过多，以合理的搭配为主，一条名贵的项链，一对高档的耳环，一个珍贵的手部饰品，都是不错的选择，通过适量的饰品搭配就可以表现一个女士的品位和地位以及身份。

　　总之，无论你的穿着是多么高贵优雅，你的行为举止要与之搭配，不然的话别人会认为你这个人是"混"进来的，不上档次，从而也会把你"归类"了。

男士着装要求

西装又称"西服""洋装"，
西装是一种"舶来文化"。

一般男士穿着晚礼服的原则是，礼服搭配专用的竖领衬衫，再打黑领结，而且衬衫的颜色也有讲究，一定要簇新和非常雪白的，目的就是为了与礼服的颜色形成明显的对比。

英国的顶级裁缝们认为，一个男性要正确穿好一套西装，就必须要尊重西装的起源。要将一套小礼服穿的绅士，关键在于能不能将它的休闲感控制得宜，必须将自己的感情深藏不露才行。

女士派对着装要求

对于女士来说，参加派对的着装除了要展现自己的高贵大方外，还要能吸引住男士的眼光。因此，女士派对的着装要求则比较多样化，可以是一条拖地长裙，可以是一条紧身短裙，颜色的选择也比较多，主要还是要与派对的主题相符合。

切忌浓妆艳抹，因为高雅的派对里不需要"火鸡女郎"，这样不仅会拉低了你的身份，更会让主办方丢脸。

香水不可以过浓，以清淡为主，如果不好把握则不喷香水为佳。因为宴会通常都在室内举行，香水的味道过浓会引起其他人的不适；如果是一些正式的宴会一般以进餐品食为主，过浓的香味会改变其他人对食物的欣赏，影响大家的食欲。

泰国的礼仪

泰国人见面时通常是双手合十于胸前，稍稍低头，以表示问候。合十也分三种情况：如果是小辈见长辈时，应当把双手举得较高，一般到前额为佳；如果是平辈相见则只需要举到鼻子高度；而长辈对小辈还礼只需要到胸前为止。总的来说，当双手举得越高，就表示越尊敬对方。如果是别人向你合十致意，你也理应要合十回敬对方，不然就是一种失礼的表现。现在的泰国，政府官员和知识分子有时也握手问好，但男女之间见面还是不握手，只行合十礼。

在泰国人的眼中，头部是人最神圣的部位，如果随意摸别人的头被认为是莫大的无礼。泰国小孩的头只可以让国王、高僧和父母摸。别人坐时，切忌将东西抬过他人的头顶。

泰国人对手部的行为也有不少讲究。比如递送东西给别人必须用右手传递，而在正式场合里必须用双手奉上东西，如果是用左手递东西的话会被认为是不尊重他，在鄙视他。但在不得已的情形下使用左手时，要对别人说"请原谅，左手"。如果是后辈给长辈递东西时，则需要用双手，长辈接东西就可用一只手。在泰国人的观念里，认为右手是干净的，左手是肮脏的。如果要给别人东西使用"抛"这个东西是不被允许的。

他们对坐姿也有着自己的规定：坐下时跷腿的话就会被认为不礼貌，把鞋底对着别人则意为要将别人踩在脚下，这是一种带有侮辱性的举止；而妇女在坐下时必须要双腿并拢，不然就是没有教养的表现，妇女走过别人面前，也必须弓着身子，表示歉意。就餐也有特定的礼仪，则按照辈分入座，喝酒吃菜都由长者先动手，之后其他人才可以动手。

此外，在泰国的公众场合，不要做出有损风貌的举动，如拥抱、亲吻或握手，这被认为是不符合当地风俗的。另外，仅在某些海滩允许晒日光浴，在其他地方，泰国人不喜欢这种行为，尽管未构成犯法，但是违背泰国人的佛教理念。泰国男女间讲究授受不亲，即使在公开场合跳舞时，身体也不可接触。

泰国人的姓名顺序与中国人的是不一样的，他们是名字在前，姓氏在后，相互称呼的时候也会在名字前加上一个称呼。称呼成年男人常在名字前面加"乃"（意为"先生"），这个"乃"字是代表尊称的意思，也表示男性。称呼成年妇女常在名字前加"娘"字（意即："夫人"、"女士"）。而泰国人在称呼时一般只简称名字，口头表达时，不论男女一般在名字前加"坤"字，表示亲切。我们经常在电视上看见的泰国电视，总以为他们喜欢用"坤"字做名字，其实不是的，"坤"后面才是他们的名字，而坤只是尊称而已。

印度的礼节

印度人对"牛"有着特殊的情感，牛在印度是象征着神圣，他们把牛称为"圣牛"，牛奶更是代表着圣洁之物。所以印度人不喝牛奶，也不用牛皮鞋和牛皮箱。

印度人见面的礼节是双手合十，而任何男性对妇女不可以主动握手。印度人交谈中有一个很特别的礼节，与我们的观念完全相反。如赞同对方的意见时是将头向左摇动，而不同意时才是点头。

印度教徒在吃饭的时候一般都用右手，就连拿食物或敬茶、递取别人东西时都不能用左手。

日本人的礼仪

寒暄问候

日本人在见面时一般采用互致的问候方式，他们会脱帽鞠躬，稍微低头，眼睛朝下，以表示尊敬和诚恳。

交换名片

如果双方是第一次见面，一般不握手，只是互相鞠躬，互换名片即可。在行礼的时候应该双手平摊膝前，这样也表示向对方问候。如果你没有带名片就应该自我介绍姓名、工作单位和职务。

夫妻之间

日本人十分重视礼节，一些家庭主妇可以每日鞠躬无数次，对待丈夫是温柔体贴，极守妇道，对丈夫很尊重。日本人平时见面问候的语言也是很客气，比如"您早""您好""请休息""再见""晚安""拜托您了""对不起""请多关照""失陪了"等等。

西方社交场合的拥抱礼仪

拥抱礼仪在中国还不多见，但在一些欧美国家十分流行，官方会见场合、熟人、亲友之间经常借拥抱表达亲密感情的一种礼节。在西方国家，见面或告别时都会互相拥抱，表达对对方的尊重和友好，而在拥抱礼也伴随着亲吻礼进行。西方国家的观念里，拥抱和握手一样是重要的问候礼仪。拥抱不仅适用与人们日常交际中，很多国家政府首脑外交场合中也会采取拥抱表示彼此的友谊。随着对外交往的深入，我们与外国的朋友打交道的机会也越来越多，所以也要学会行拥抱礼。

拥抱礼流行于一些欧美国家，多用于官方会见场合，同时也是熟人、朋友之间表达亲密感情的一种礼节。

正确行拥抱礼的姿势是：两人相对站立，上身稍稍前倾，右臂偏上、左臂偏下，右手拥抱着对方的左肩部位，左手环拥对方的右腰部位，双方的头部及上身向一侧相互拥抱。拥抱一共三个回合，首先要向对方左侧拥抱，再向对方右侧拥抱，最后再一次向对方左侧拥抱。

西方国家的拥抱礼虽然大同小异，但还是有细微的区别。在拉美大部分国家，他们比较习惯用热烈的拥抱紧紧拥抱对方，并在对方肩背上热情地拍打，这才显示出彼此的热情，在墨西哥也习惯这样的拥抱礼。哥伦比亚和阿根廷就没有这么热烈了，拥抱就和握手一样普遍，见面与分别时都会礼貌地拥抱。在欧洲一部分国家，如意大利、希腊、西班牙，人们也会行使一些礼貌性的拥抱礼节。但商务交往中，第一次见面还是以握手为主，但第二次见面时迎接的礼节才可能是拥抱礼。在俄罗斯，男性好友见面会先来一轮紧紧握手，然后紧紧拥抱。

然而，大多数北美国家的人对拥抱礼是持否定态度的，尤其男性。他们觉得拥抱是一种太过亲密、出乎意料的行为，会让双方都感觉不适。在我国，除了外事活动以外，普通的社交场合一般也没有行拥抱礼。当然，我们在行拥抱礼的时候要先了解对方的风俗习惯，如果对方国家没有这个风俗，也就不要"画蛇添足"了。

亲吻的礼节

　　亲吻与拥抱一样，是一些国家在官方会见时问候礼节的一部分。亲吻礼在正常的情况下不是独立行使的，常常与拥抱礼同时采用。一般是双方见面时既拥抱，又亲吻。在地中海的国家比较流行亲吻礼。如意大利、西班牙、法国、希腊、葡萄牙这些盛行握手礼的国家，也喜欢在社交场合以亲吻开始，又以亲吻结束。

　　亲吻礼也是有其禁忌的，比如行亲吻礼的时候不能发出声音，或者将唾液弄到对方的脸上。如果你到其他国家做一个有礼貌的访问者，就要先了解其当地的风俗习惯，接受当地特有的问候方式，如果他们不习惯亲吻，你也不要贸然去亲吻他人；如果他们喜欢以此表示欢迎，你也不要过于抗拒。

致意的礼节

| 微笑致意 | 点头致意 | 举手致意 |

　　微笑是一个万能的表情，这种致意方式适用与相识者或只有一面之交者，如果双方处于同一地点，但彼此距离较近又不适宜进行交谈或无法交谈的场合。微笑致意可以不需要附带其他动作，只要两唇轻轻示意，也不用出声，就可表达友善之意。如果可以在微笑加入点头示意，那么效果会更好。

　　点头（也称颔首礼）是一种常用致意方法，它适用于在一些公众场合与熟人相遇又不便交谈时使用，或者是在同一场合多次见面、路遇熟人时等情景，点头时应该带着笑容，眼睛要看对方，如果是戴着帽子的话就不适合选择行点头礼，或者应该把帽子先摘下来。

　　举手致意适用的情景和点头致意的差不多，是一种与距离较远的熟人一种打招呼的形式。正确的做法是：举起自己的右臂，向前方伸直，右手掌心要向对方，拇指叉开，四指并拢，轻轻向左右摆动一两下就可以了，幅度不宜过大。

各国的送礼习俗

送礼物是可以表示对他人的尊重和友谊，但礼物要怎么送，也是要遵循各国的风俗习惯。

1. 法国：送花别捆扎

法国人比较少送礼，一般选在重逢才会送礼。挑选的礼品要表示出对法国主人的智慧的赞美。如果法国人邀请你去他家用餐时，你又想带点礼物表示感谢，最好送几枝不捆扎的鲜花。

2. 日本：礼物是一定要送的

日本人对礼仪是很讲究的，他们也有送礼的习俗。日本人特别喜欢中国的丝绸、名酒及中药，对一些奢侈品也特别喜欢，但对有狐獾图案的东西比较反感，在他们眼中狐狸是代表贪婪，而獾则代表狡诈，所以这些图案的礼物少送。如果你是到普通百姓家做客，送花当礼物也是有讲究的，只能15片花瓣的菊花，皇家徽章才有16瓣的菊花。

3. 英国：讨厌有公司标记的礼品

英国人很讲究外表，那些有着公司标志的东西英国人是不大喜欢的，如果由公司送出的礼物，最好是以老板和私人名义。而且英国人送礼都不会花很高价格去送礼物，主要是投其所好就好了，大多数的英国人喜欢高级巧克力、名酒和鲜花等。送礼时机英国人也是有讲究的，尽量选择在晚餐后或者看完电影之后再送。

4. 美国：送礼，当面打开

美国人一般来说不随便送礼，如果不是在节日的话，他们收到礼物的时候会觉得难为情，如果正好他们没有东西可以当回礼的，他们更会觉得如此。但是逢节日、生日、婚礼或探视病人时，送礼还是免不了的。

美国人收到礼物，一定要马上打开，并且要当着送礼人的面欣赏或品尝礼物，并立即向送礼者表示感谢，如果你送礼给美国人，就不要惊讶于他当场打开礼物。美国人对于礼物包装也比较讲究，有可能礼物并不是很贵重，但这个包装的外表肯定精美华丽，有可能是礼物用着好几层精美的包装纸，但里面只是几颗巧克力糖而已。

美国送礼时很讲究包装，而且喜欢当面打开礼物。

接受名片需要讲究方法

在社交场合里，难免会遇到陌生的朋友，在双方自我介绍后，通常都会互相留名片。"名片"的这一个环节也是有讲究的，无论是递名片还是接名片。如果是单方面递名片的话，无论是递名片还是接名片，都应该用双手接。

如果是双方同时交换名片，则应该用右手递，左手接，并且在接过对方的名片后要点头表示谢意，最好再说上几句真诚的话，比如"幸会"之类的客气话，并认真地看一遍名片上的相关信息。

向外国人送花的禁忌

在印度和欧洲国家，玫瑰和白色百合花不是给情人的，而是送死者的最虔诚悼念品。

在拉丁美洲，菊花是千万不能送的，因为他们觉得人死了才可以送菊花，菊花是一种"妖花"。而在意大利、西班牙、德国、法国、比利时等国，也不能送，因为菊花象征着悲哀和痛苦。

在德国，不能送人郁金香，因为他们认为郁金香是"无情之花"，一旦送人郁金香就代表着要与他们绝交。

在罗马尼亚，他们的国人对鲜花的颜色没有讲究，不过在一般的情况下送花只能送单不送双。过生日时则例外，如果是应邀参加生日酒会，带上两枝鲜花放在餐桌上，那是可以深受主人家的欢迎的。

购物泄露了性格：血拼信号

把手提包当成购物袋的人办事很讲效率

有的人购物的时候会把手提包当成自己的购物袋，这种类型的人一般都是希望能寻找到捷径去办自己的事情，通常情况下这种类型的人办事效率是很高的，总是在最短的时间里用最少的付出、最少的精力去把事情做到最好，在他们的心中最讲究的就是做事的效率，这是他们做事情的一个准则。但是缺点就是做起事情来虽然是追求效率，但是有的时候做事的方式却又显得杂乱无章，没有固定的规则，无章可循，很多时候虽说有了效率但是并不能如愿以偿地做到最好。这种人的性格一般都是对人友善，比较的亲近和随和的人，对待事情有很大的耐心，有很好的耐性，但是总是满足于自给自足。他们这种人是比较感性的，感性的成分大于理性的成分，所以做起事情来会意气用事。这种人还有一个优点就是独立能力很强，不是很习惯去依赖别人，自己的事情总是自己去完成，尽量不会让人去干预自己的事情。

把手提包当成购物袋的人，
做事一般都追求走捷径。

有的人不会把时间浪费在购物上，通常会让别人帮助自己去进行购物，这种类型的人一般都是很珍惜时间，而且时间的安排也是很紧张的，通常情况下，这种人是工作或者学习很忙碌的人。在他们的眼里，进行购物是一件很小的事情，不值得自己去浪费时间进行购物，他们想把更多的时间放在工作和学习上，购物的事情不值得自己去抽取珍贵的时间进行，所以总是找人替代自己去购买。他们的人缘一般都是比较不错的，因为他们做事情认真负责，而且在为人处世等方面是以比较传统的方式进行的。他们做事情通常是大家对自己满意，尽量的不得罪每一个人，就是所谓的老好人。

425

爱买鞋子的人追求完美

她谈恋爱和她换鞋的速度一样快。

爱买鞋子的人一般情况下是一个致力于追求完美的人，对事情比较挑剔，有很严格的要求，做事情严谨。喜欢不断地去追求一种完美的境界，这是爱买鞋子的人好的一方面。

爱买鞋子的人在爱情的道路上显得比较花心，总是不停地在谈恋爱，不停地去追求，给人一种有点喜新厌旧的感觉。这一切都源于对周围缺少关爱感。如果能稍微改一下自己的这一个缺点的话，会获得比较大的成功。

爱买手袋的人好奇心强

爱买手袋的人是一个拥有强大好奇心的人，并且好奇心是相当强盛，对一切新鲜的事物都有着强烈的好奇感，什么事情都会感兴趣。

但是爱买手袋的人也是一个喜欢去学习喜欢探讨的人，这也应该是好奇心在作怪，他总是在不断地去追求新的知识，为自己的大脑进行不停歇的充电，以获得更强大的满足感。所以这样子的人一般都是一个博学多才、有着深厚知识能力的人。

而在爱情的道路上，他（她）的恋爱对象一般都是那种有着深厚学识并且头脑特别灵活的人，这样子他们俩是相当的般配，会在爱情的道路上走得越来越久。如果你还是单身，可以考虑找这样的人做自己的情侣。

因样式或颜色不喜欢而后悔的人

　　有的人平日里去购买一些普普通通的东西，买了之后也会有后悔的时候。例如有的时候你去买一件衣服，明明在试穿的时候是感觉很合适的，但是当你在回去的路上或者回到家里之后再拿出衣服仔细看的时候，你会慢慢地感觉到不合适，慢慢地犯起嘀咕来，感觉这不好那不好的，心里慢慢地开始有了后悔的感觉。比如说这样的领子样式怎么能好看呢，袖子也不咋的，刚才我怎么就能看上眼呢，真后悔，你让我以后怎么能穿出去见人，后悔啊。

　　本来那件衣服还是可以的，算是好的，但是当你心里有了后悔的心态之后，会觉得这件衣服越来越不顺眼，慢慢地你就会越来越后悔。最后，你在家里穿上之后，面对着镜子里穿着这件衣服的自己，你会越看越不好看，越看越后悔，最后会觉得这件衣服就是一件垃圾，根本就不能穿，所以最终慢慢地后悔了，想要去退货了。

　　于是心中后悔买这个东西，你毅然决然地转身拿起衣服坐上公交车奔向了购买衣服的商场，然后坚决果断地退货了，原因只是你越看越不顺眼。然后又重新去选取自己喜欢的类型，然后坐车回家，浪费时间精力。其实退掉的衣服不比现在的差，只是你的心态问题。这样的小例子在生活中很常见，很普通，这种小事无关紧要的，你买错了看着不顺眼了可以换的，可以再去重新选一件，后悔了还可以改变。但是如果有的时候你生活当中其他的一些事情出现这种状况，那你怎么办呢？生活当中的许多事情和商场里买衣服买东西是截然不同的。

　　举个例子说，你谈恋爱，刚开始很喜欢对方，然后慢慢地发现其中的缺点，然后慢慢地心生不满，然后逐步地开始后悔，你可以换一次两次的对象，但是如果你和在商场里买衣服一样随随便便地退还挑选，那能行吗？所以要尽可能地改变这一个缺点，才会在以后的生活中不犯或者尽量少犯这样的错误。有时候女人因为情绪的改变在其他的事情上常常不会去理性的思考，不去从实际的角度想办法，总是习惯于不停地抱怨，这是没有用的。遇到这样的事情的时候，最好是根据实际情况想出办法，提出真正有建设性的意见，不要老是去抱怨这里抱怨那里，不要总是觉得错误都是别人引起的，认为自己是唯一正确的，要辩证地看待一切，不要以为否定他人，把自己排除在外。

　　这样的人经常会不由自主地去挑剔别人的做法，更有甚者会开口骂人，通常情况下会表现出要求很高很严格的样子，但是却因为事情太多导致没有足够的心思去思考解决问题，导致事情越变越糟。这里给这样的人一点小小的建议，可以适当地选择一下，有所改变，需要别人常常给你一些意见，要认真虚心地对待，当别人的意见提出后，要认真地思考，好的方面利用，不好的方面去掉，你真正需要的就是提升你自己的品位，然后做出自己的决定，自己要有主心骨，不要受别人意见的影响。

因尺寸大小不合适而后悔的人

哎，真后悔没有量尺寸。

啊！钱打错了。

转账成功
收款人 xxx

因尺寸大小不合适而后悔的人一般都是马马虎虎的性格，这种人喜欢自由自在地生活，喜欢轻松愉快没有拘束，不喜欢被别人强烈地管教，有的时候异想天开地去做一些惊人的决定，对新鲜事物的好奇心很重，对很多事情都表现出很大的好奇心和兴趣。

这种人呢，一般都很大胆，没有畏惧的东西，不过唯一的缺点就是粗心，这和你的性格很符合，马马虎虎的，你现在需要改掉你的这个缺点，真正需要时训练成为一个胆大心细的人才。目前还是很粗心的，改掉这个粗心的缺点会是一个更加完美的人才的。

因价钱太贵而后悔的人

哎，又买贵了。

有的时候会有很多人因为购买的东西价钱太贵而后悔，这种人平日里有着很好的金钱观，很擅长于理财，但是有的时候会犯很小的错误导致后悔失去机会，生活当中的很多烦琐小事会引诱你无法专心地工作，导致错误的发生，没有一心一意地去专心经营自己的事业。

现在的你需要学会坚持，避免外界的干扰，专心致志做自己所需要去做的工作，全身心地投入其中，这样才能有所成就。其实此时你应该有所改变，要慢慢地去提升你自己的专业技术，这样才能使自己有真正的谋生能力。

理财组合
股票 储蓄 保险 债券 定投

慢慢地有了自己的事业，赚到了很多的钱之后，才能做一个快乐的理财之人，才不会因为价钱太贵而后悔。加油吧，坚持下去，多在工作上努力，提升自己的专业技能，给自己多充电，这样才能成功。

陪情人购物判断性格

有的时候从两个人一起购物的表现可以很好地判断性格，从一些小事当中可以预测感情的发展，这是毋庸置疑的。举个例子说明一下，我有一个很要好的朋友，他和妻子的感情是很好的，整天算是形影不离，到哪里去都要两个人一起。但是在去街上购物这个事情上，他们几乎不是一起的。两个人出去只不过是去买一双鞋子而已，但是自己的妻子需要用一天或者一下午的时间去购买一双鞋子，看完这双看那双，总是在不停地挑选鞋子，总是没有她中意的。挑到好的鞋子也会去不断地比价讲价，明明知道讲很久也只能得到很小的让利，可是依旧是不亦乐乎地进行着这项工作。在一旁的朋友只能干坐着等待。

刚开始的时候还能忍受，可是慢慢地结婚之后依旧是这样子，所以实在受不了，就跟妻子摊牌了，妻子也很快答应以后上街不用朋友陪了。现在妻子去购物他就待在家里。

这种现象是很普遍的，并不只是朋友的妻子去购物会出现这种东挑西选的现象，很多女人都是如此的做法。通过调查显示，很多的女人是不喜欢和丈夫或者情人去购物的，因为他们不习惯这样，但这并不表明妻子对你的感情在变。

男人和女人的购物行为是很不一样的，通常情况下男人都是有着强烈的动机，比如说想买一条皮带，会直接到百货公司去购买，交单挑选然后直接付款，很果断。但是女人通常会除了功能性的选择之外，还夹杂着心里、社交和自我认同等方面的动机，她们总是在不断地观望，把购物当作是一种生活的休闲活动。喜欢乐在其中，对看到的东西和志同道合的姐妹一起讨论。她们用购物来满足自己的内心需要，用来改变自己的心情。

女性在购买物品时，通常情况下会存在自我认同的感觉，希望借用购物来表达自己的品位，从一定的角度来看，女性通常情况下会因为东挑西拣、讨价还价的同时，会购买一些并不是很需要的东西。

很多人都认为男女之间的行为差异是来自于狩猎时代，因为在那个时代，男人负责打猎，目标明确，看到猎物就全神贯注地勇往直前，将之捕杀。而负责采野果、摸螺贝的女人则需要在森林和河里四处搜寻、东挑西拣。

这种只是片面的说法，不必去追寻这种差异的原因。"陪情人购物，不但能看出他的个性，还能预测你的未来命运"这是《彼得原理》当中对男人最重要的一句忠告。

在打折时选购物品的人比较现实

有的人是喜欢在商品进行打折的时候去选购自己需要的商品，这一类型的人一般都是比较实际现实，会过日子，注意在生活当中精打细算，严重的会有自己的小算盘，爱占小便宜，有些唯利是图的缺点。

这种人按照自己的方式去做事情，性格固执，碰到事情的时候不会跟别人去协商解决，总是会一直坚持自己的意见不放，这是一种很不好的缺点，需要尽快地去改变这个缺点，因为这样有的时候做的事情会是很糟糕的，要学会听取他人的建设性意见，不要固执己见。

女王型购物狂

对于女王型的购物狂来说，购物消费是一种潜意识的仪式性的活动，想要一开始就能很简单的改变她们那种购物狂的行为是不可取的，要慢慢地去改变她们，比如让她们客观地记录她们每个月的购物行为，让她们自己去发现自己所存在的问题，这样会比较容易让她们接受。

对于自动取款机而言，她也不会告诉你你的钱花在哪里了，只能告诉你花了多少钱。对于女王型的购物狂而言，自助取款机就是她们的教母，会在她们心情到位进行购物时提供充足的保障，让她们可以很爽快地进行消费。

当她们无论用什么方式去记录自己的消费的时候，会很快地发现自己所存在的这种问题，致使她们很快地就能够从这个购物狂的泥潭中拔出脚来，认识到了她们的问题之后会重新进行定位，重新掌控自己的财富，也就会重新开始一种生活方式，不会再深陷购物狂的泥潭之中。

喜欢办信用卡的人容易相信别人

近些年来，银行信用卡业务不断在发展，"圈地运动"开展得很激烈。很多信用卡人的个人信息被泄露的很严重。很多人的隐私泄露之后，带来了很多隐患，这个隐私权的侵犯，也悄然成为一些商业银行"跑马圈地"过程中的隐患。在很多商业银行中，客户的个人信息会成为银行之间的交换，通过交换客户资料，来达到某种目的。很多一部分是一些没有职业道德的销售人员的私自所为，他们为了提升自己的业绩，和同行进行交换客户信息。还有一部分是因为银行内部监管不严格，有漏洞，导致客户信息的泄露。

同志，办张信用卡吧，刷 100 返 100。

使用信用卡应理性，办卡勿轻信促销人员宣传。

所以建议那些喜欢办信用卡的人要尽可能自己去银行办理信用卡的申请手续，最好是本人去，尽量不要让别人帮自己或者替代自己去，更不要委托他人代办。因为这其中需要提供自己的身份证复印件，如果被人利用，损失会很严重的。所以说交给你一个方法，提供个人身份证复印件的时候要注明使用用途，比如说协商仅供申办银行信用卡用。更不要把自己的身份证和信用卡转接给他人使用。这种类型的人不要完完全全地相信别人，最好是有一点戒备心理，这样才能不被人欺骗，好朋友之间无所谓，重要的是那些陌生人或者很少接触过的人，要有防备心，不要一味相信别人。

为自己的爱好花巨资的人比较偏执

这裙子我喜欢，宁愿这月啃馒头，吃咸菜，也得买下来。

没别人会挣钱，就得想办法存钱。

有的人虽然是在生活方面很节俭，但是如果碰到了自己感兴趣的事情，会不惜耗费巨资花在自己的兴趣上面，这种类型的人一般都是有着偏激的性格，如果他们喜欢的话就会去不遗余力地做，如果不喜欢的话那么再怎么强求他也不会去看一眼的。

这种类型的人还有一个缺点就是在他们的内心深处感到矛盾和自卑。他们总是感觉到自己不如别人，总是感到自己是很卑微的，做起事情来没有自信心。他们对贮存金钱都是乐此不疲的，对于储钱是津津乐道，把储钱看作是一种最终的目的，

购物的基本原则

经济原则

怎么办啊，我那点工资实在是不够还刷信用卡的钱。

在进行购物之前要想一想自己的经济状况，因为自己的经济状况决定自己的购物行为，自己家庭的任何一个支出点，都要以自己的家庭和自己个人的经济为基础的。很多的人都喜欢去打扮自己，爱美之心人皆有之，虽说很多人都舍得花很多钱来装扮自己，让自己变得更美，这是人之常情。但是前提是要量力而行，要根据自己的实际情况进行购买，是需要以家庭条件为基础的。

计划原则

买了一件衬衣，一个包包，一双鞋，一块糖子……基本上是人家不想要的东西随都拿过来。

进行购物的时候要坚持计划原则，要有计划有目的进行购物，这样可以使得自己能够节省很多的时间去干别的事情，可以很有目的地知道自己要去买什么，买哪一种类型，买哪一种款式，买哪一种价位的衣服，这样可以在购买的时候减少了时间的浪费，也节省了体力，不再盲目地去奔波。再就是可以省钱，有了计划之后就不会再去见什么买什么，这样可以省下很多的钱来干别的事情，何乐而不为呢？

兼顾原则

再只给自己买就离婚。

在进行购物的时候不要只给你自己去添置衣物，也要想想自己的家人，做到兼顾的原则，要照顾到家里的所有的人，这样可以让家里更加和睦，不会因为自己单顾一头而致使家里人产生别的想法，在家庭中产生了不必要的矛盾。所以在购物的时候要做到兼顾的原则，不要只让自己衣装华丽，而让家人衣衫褴褛，这样是不对的，也会导致家庭产生不必要的裂痕。

中老年人购物比较理智

中年人购物和青年人是有很大的差异的，他们购物就明显不同于青年人，他们的人生阅历很丰富，而且人生经验也比青年人多很多。所以当他们遇到事情的时候，一般不会有太大的情绪反应，总是以很平稳的情绪去面对事情，很少会是感情用事，冲动做事的。中老年人一般都会很理智地去支配自己的行为，很理性的做事情，所以在购物消费方面，他们消费的时候是很仔细很用心，不会像年轻人那样容易产生冲动的购买行为。

中年人一般都是有家庭的，所以他们在购物的时候会充分考虑到自己的家庭。家庭需要的他们会尽可能去买到，他们也坚持量入为出节俭的原则，因为现在毕竟是有家庭的人了，不会那么的盲目了。

周围环境的影响，无论周围搞什么优惠搞什么促销，都不会动摇他们只买需要品的目的。所以商家在对这种类型的人进行促销时，要咨询他们的建议，对他们晓之以理，切不可动之以情。

中老年人消费观较年轻人更加理性，不会盲目购物。

人到了中老年的时候，一般都会有着很繁忙的工作，一般对他们来说时间和精力是不够用的，所以他们在选择购物的时候都会尽可能少花时间和精力，所以说他们在购物的时候会比较迅速，商家尽可能地提供一些方便，这样可以增加他们的满意度。

中老年有了这么多年的消费行为，到现在已经有了自己的消费习惯，所以说他们在购物的时候会有自己的行为习惯，比如说一些怀旧和保守心理，他们对于以前用过的比较好的商品是有感情的，这样来说，他们是那些商品最忠诚的购买者。

与年轻人购物不同的是，中老年人更讲究经济实惠，经久耐用。

433

男女购物的差异

女人购物都是事先没有计划的，只是计划好了去购物，至于去买什么到了商场再说，所以说女人逛街是看到什么好就买什么，也不管自己需不需要就一下子买了下来。图的只是一时的喜欢和新鲜，有时候买回去新鲜度就没了，或者有的时候根本就没穿过就送给别人了。女人就是一个感性的动物，而男人则是理性的，女人一直喊着没衣服穿，其实她们的衣橱都是满的。

而男人去购物一般都是需要了才去买，买之前，脑子里都会有一个计划，要买什么，买什么样子的，到了商场就直接奔向自己所需要物品的专柜，不和女人一样要走马观花到处转一转，碰到合适的就拿下。男人一般都是到了自己需要的专柜买完之后就立刻闪人，买的一般都是自己所需要的，而女人买的大多数是一时热血买来的，很多时候都是不需要的。

女性消费者比较爱美

俗话说得好，爱美之心人皆有之，对于女性消费者来说更是如此，她们撑起了大半个市场。无论是什么年龄段的女性，都希望把自己打扮得漂漂亮亮的，来展示自己独特的女性魅力，获得别人的欣赏。所以她们的消费心理就是购买的物品都能充分展示自己的魅力，能否增加自己的形象，这是购物的先决条件。例如，她们往往会喜欢那些漂亮或者别致新颖的新衣服，因为这些衣服能增加她们的美感。

女性消费者一般是很注重商品的外观，他们在挑选商品的时候会先看商品的色彩款式，再看商品的价格和质量。女性消费者是感性动物，所以她们的感性理念也存在于购物行为之中。感情的色彩在她们购物的时候占据了主体地位。

很多女性消费者不光是为了满足自己的基本需要，他们还追求一种与众不同一种高档，有的时候也会向别人炫耀自己的独特美，在这种情况下，她们就会不断地展示自己的身份和地位，所以只要是能做到这点的，不管你有没有实用性，他们都会很乐意掏钱购买。

购物三心二意的女人缺乏判断力

有的女人购物的时候总是三心二意，购物的时候看这个就说这个好，看到那个就说那个好，根本不知道到底哪一个好，也不清楚自己真正需要的是什么，缺乏必要的判断力。这种类型的女人一般购物的时候陪她一起的人都会感到受罪，因为她永远在徘徊，不知道怎么去选择，不会一心一意地去选择自己所真正需要的，碰到不错的就会停下脚步，但是下不了决心去做选择，这样不光是陪她一起的人是受罪的，连商铺的店员也是遭罪的。

购物总磨磨唧唧的女人有时招人烦。

所以说这种类型的女人是很善变的，不会一心一意地去做事情，缺乏自己的判断力，这是一个很大的缺点。这样子对于她做事情的时候是一种缺陷，人家做事情会是事半功倍，到了她这里就是事倍功半了。所以说只要改变自己的三心二意的习惯，慢慢地培养自己的判断力，这样子才能慢慢地做起事情来不会很纠结，会获到不小的成功的，相信你的。

做事不能三心二意，
否则将一事无成。

购物毫无主见的女人依赖性重

有的女人去购物的时候必须要有人陪着自己，因为这种类型的人一般都是没有主心骨，是一种毫无主见型的人，外出购物的时候都会去找一个人陪同自己，这样心里才会有底，因为在购物的时候可以不断地去询问自己陪同的朋友，为自己拿主意。

总体来说，这种人的依赖性是很重的，对待别人有着强烈的依赖感，有的时候没有别人帮助的话那就是寸步难行了。所以这种类型的人要不断地改变自己没有主见、做事情老是依赖别人的缺点，慢慢地培养自己的独立性，改掉自己对他人的依赖感，

独立自主购物的女人意志坚强

有的女人在购物的时候是很有主见的，属于独立自主型的人，这种类型的人一般都是有自己见解性的想法，做起事情来有自己的一套做法，在购物的时候认为购物是自己的事情，跟自己周围的人是没有关系的，只要是自己中意的就会去购买的，一般不愿意采纳他人的意见，自始至终都会坚持自己的意见。

这种类型的女人一般都是有着坚强的意志，做事情很独立。这就是所谓的意志坚强，具有独立性的女性。这种女人做起事情来很独立，总是自己做自己的事情，很少去主动要求别人帮助自己，坚持用自己的能力去做完自己的事情。

这是一种能力，但是有的时候会是一种阻碍，给你的建议就是能够学会跟别人的合作，能有团队意识外加自己的独立能力，处理好这两者之间的关系，那就会做起事情来很简单很容易了，获得成功的概率也会很大。

喜欢刷卡积分兑奖的人爱贪小便宜

通常情况下银行信用卡是通过超期还款的利息以及年费和手续费外加商家的佣金来获得利润的。在中国信用卡主要的利润方式和国际是不同的，国际上信用卡的利润主要来源于利息，但是中国的信用卡利润主要是来自与商家的合作所收取的一些佣金，这是最大的不同。因为在中国刷卡购物会打折，所以增加了购物人群，这样对银行和商家来说是双赢的。银行得到了佣金，商家扩大了商品的出售，这样的合作模式是很不健康的，因为这只是以推动消费为目的的，这是很盲目的，有点拔苗助长的嫌疑，长期下去，会导致社会消费机制的不良，容易产生银行坏账，影响经济的持续发展。

信用卡用户刷卡打折积分兑礼品要理智。

很多的女性都是为了贪图那些小便宜，为了得到小的利益失去很多的东西。许多女性选择使用信用卡的目的就是为了那点小的利润。他们看中了各个银行为了增大出款率不定期地推出了刷卡购物打折等优惠活动，这样也导致了女性朋友们花钱的增多，为了抢得那方面的小礼品或者打折，然后花了一批巨款去抢购自己并不需要的一些物品。这种人是捡了芝麻丢了西瓜，聪明的人一般都不会去被这种虚假的信息所蒙蔽自己的双眼。他们是非常的理性的，所以奉劝有的女性朋友们，要理性的购物，做好三思而后行，确定自己是否真的需要购买这种物品，在刷卡的时候更要理智面对，不要为了那小利益把自己的资金投进去，相信一句话天下不会有免费的午餐，还有一句话就是羊毛出在羊身上，银行都有自己的专业核算师，人家肯定不会去做亏本的买卖的，所以理性面对这些吧。

把付款的任务推给别人的人立场不坚定

我忘带钱了，你付吧。

借口

投诉

有的时候出去购物，有的人会把最后付款的任务推给别人，这种人一般都是立场不坚定的人，常常无法坚持自己的原则和立场，没有自己的立场和主见，需要不断地去听从周围人的意见才能做出自己最终的决定。

一般这种人比较马马虎虎，做事不怎么负责任，所以有的时候会找其他的理由和借口为自己所做的事情进行开托，在困难与挫折面前，会显得力不从心，透漏出自己的胆怯和恐惧，不会直接的去面对困难和挫折，这样使得事情越变越糟，所以有的时候这种人需要一种能力去面对挫折和困难，要有一点的勇气去对待，这样才能慢慢地成长起来，获得人生的成功。

付款的时候能拖就拖的人比较自私

好吧。

我先回去试用几天看是否好用，好吗？

有的人是在付款的时候喜欢拖，这种人呢是能拖就拖，一般这种人挺自私的，这种类型的人有一种占小便宜的心理，心中缺乏一种公平的观念，心里总是想着自己少付出能够得到更大的回报，最好是一点的付出得到一片的回报。

这种人做事情比较有想法，会尽可能地去减少付出获得回报，一般有的时候这种人会想出一些奇异的想法，这些想法会省掉很多力气，所以说这种人也是有一些优点的，为了尽可能地省力，会想比较省力的方法去做事情。

能帮我看下东西吗？

对不起，我还有事。

帮你看又没什么好处，还浪费我时间。

这种人一般是不会轻易地去关心身边的人和帮助其他的人，因为心里总是有一股子自私的感觉在作怪，对人虽然说是不算很冷淡，但是也算不上很热情，算是平平常常的吧。这种人如果改掉了这种小心眼的缺点，改掉了自私的缺点的话会是很好的一个人，会有很好的人缘和交际能力的，所以说只要改掉这个优点，会获得巨大的成功。

人的心理无论怎样掩饰，都会通过细微的肢体语言表现出来。这种肢体语言包括表情、动作两个方面。我们将之合称为「微行为」。